凝煉知識品味閱讀

臺灣與非傳統安全

方天賜・左正東・宋學文・李俊毅・林佾靜・林泰和
林碧炤・孫國祥・崔進揆・張登及・張福昌・盛盈仙 著
郭祐輑・葉長城・趙文志・蔡育岱・盧業中・譚偉恩

專書序

林碧炤

非傳統安全處理非軍事性的問題，或者不涉及到國家武力使用的問題。它是冷戰結束之後的新發展，又稱之爲新安全議程或是新安全研究。它的研究方法和處理的問題和以往的研究及作法有很大的不同。在問題方面，能源、疾病、環境污染、氣候變遷、貧窮、毒品走私、恐怖活動、偷渡、數據安全都包含在內。在研究方法上則要求與社會科學方法論一致。

當代非傳統安全與傳統安全的戰略研究距離愈來愈遠。能源、反恐和戰爭雖還密切相關，可是其他議題，例如：疾病、氣候變遷和環境保護已經不是戰略研究。換言之，非傳統安全的每一子題有它的獨立性與專業性，不是長期從事研究的人無法處理。加上子題之間的整合性或相關性很難建立，對的安全威脅是超國界的，一國單獨無法處理，伊波拉壞血病、禽流感及其他傳染病都是如此，跨國合作絕對必要。有了整體的世界合作，才能克服各子題間無法整合的困難。此外，非傳統安全的威脅性在認知上與傳統安全有落差。傳統的戰爭帶來的威脅不必說明，每個人都了解死亡的可怕。可是能源短缺、氣候變遷、貧窮等帶來的威脅有些不是立即的，就是疾病也有潛伏期，等到傳染到全國或整個區域，治療就很困難。

非傳統安全是不確定的學科，主要是非常年輕、需要學界共同努力，讓它能夠很大的長大、茁壯。它是一種知識的傳播、議程的主導、災害的預防和消除。對於一向關注外交及戰爭的臺灣學界先進及朋友來說，這是充滿挑戰及機會的新領域。正因爲如此，我們很希望大家能夠繼續不斷的充實研究的內涵，南海地區是一個很重要的領域，東南亞及東北亞同樣重要，大家更關心的是臺灣與中國大陸的發展，其所可能涉及的非傳統安全問題何其多？整個亞太地區對於非傳統安全需有更高的敏感度及關切度，如果投入的心力及物力更多，研究的成果能夠更具體，就能更有效的預防和解決我們共同的問題。

非傳統安全開始成爲國際安全研究的重要議題，在國內引起戰略、知識社群的關注，各大學開設新課程，研究機構也針對這個領域召開研討會，進行專案研究，呈現一片欣欣向榮的新氣象。鑒於非傳統安全研究對臺灣發展之重要，本書的順利出版，就更具其深厚意義與價值。本書經由國立中正大學蔡育岱所長及遠景基金會執行長左正東教授一起建議出版，邀請國內年輕學者參與，經歷幾次的協商座談，在大夥群策群力下完成此書的編寫，敝人深感榮幸，能有這個機會以文會友、共同切磋，進一步探討非傳統安全。

最後，非傳統安全最大的特色就是，它是和每一位民眾每一天的生活息息相關的。單就此而言，我們的研究是相當有意義的。這本書作爲臺灣國際關係學界對相關議題的研究，是一本相當具有原創性的學術著作，對臺灣正遭逢、即將面臨與未來的威脅分析，也具有極高的敏銳度，值得國內學界同仁與年輕學子，仔細研讀與品味。

導言——非傳統安全與臺灣

蔡育岱、左正東

全球化帶來的效應，使得經濟與社會發展在全球範圍內充斥著各種威脅與衝突，舉凡經濟危機、恐怖主義、重大災害、能源資源、環境問題，乃至糧食與食品、傳染病、人口販運、難民等問題，所造成的衝擊已非攸關一國自身內部，而是涉及跨境、跨國等議題，國家無法單靠自身能力處理，必須藉由國際社會共同戮力解決。

安全研究一直是國際關係領域的主要核心研究。1990年代之後，國際環境也相較以往有了十分明顯的轉變，軍事事務的重要性被經濟等其他問題取代，促使安全研究在分析途徑與方法上有所調整，安全倡議擴展至非傳統安全的面向。當代國際社會產生新的問題、新的挑戰，隨著全球化的發展而擴溢至數個國家或各區域，此時安全研究的發展是多元與複雜，學者普遍提出這種非傳統安全威脅類型的增加，是否威脅國家的角色地位，以及如何衝擊到國際體系的結構，皆受到國際社會的重視。只是鑒於安全是一道不可分割的光譜，儘管歸結出許多不同面向，但當其中一個安全面向受到影響時，其他面向也會受到波及；互賴現象不只適用於經濟關係，也同樣適用安全領域。故而在許多安全涉及的議題上，也確實很難釐清其安全的本質爲何？以及其所影響的對象到底是國家本身？還是國家內部所想要保護的個人？

有別於國家安全之傳統安全，非傳統安全除了在安全的指涉對象、要保護的核心價值、威脅來源不同外，在研究途徑上還是採取傳統由上而下（top-down）的國家中心論（state-centered）研究模式。而面對的議題非急迫性、具跨時間和空間性，並與人的安全有相關，皆是非傳統安全的特性，例如氣候變遷對國家而言非是立即性，傳染疾病所造成的影響是跨時間和跨空間性（AIDS、SARS、MERS、Ebola），此時國家爲因應非傳統安全所造成的衝擊，往往推動並促成在區域與國際上的安全合作；然而，國家對於該如何處理眾多的非傳統安全的威脅，以及如何排序威脅之優先順序始終沒有共識。

21世紀對臺灣而言是一重要的轉折點，伴隨兩岸軍事對峙的趨緩，臺灣在全球脈絡下所面臨的諸多挑戰，多是來自非傳統安全的威脅。2003年SARS侵襲，是臺灣近代史上難以忘懷的一年，近700人感染、84人死亡，對臺灣經濟與社會造成亟不安的動盪，而禽流感高致病性病毒與登革熱亦時時威脅著臺灣；2009年莫拉克風災所造成的災情歷歷在目，加上近期國人所關心食安風暴的侵襲，讓民眾喪失對政府治理的信心；2013年的胡宗賢高鐵炸彈案、2015年伊斯蘭國（ISIS）推特帳號發佈臺北101大樓遭攻擊圖片，引發臺灣民眾討論臺灣是否淪爲恐怖主義攻擊的對象。針對跨境威脅的非傳統安全，身處全球化下的臺灣無法迴避，要如何自處與因應成爲重要的研習課題，爰本書適時的付梓就具有其價值與意義。

本書側重從不同課題探討臺灣在非傳統安全所面臨的挑戰。堪稱現階段有關非傳統安全與臺灣少有之專書。全書共分八項子議題，分別是：非傳統安全的理論部分、社會文化領域、經濟金融領域、 恐怖主義與組織犯罪領域、生態環境領域、資訊網絡領域、糧食安全與食品安全、人的問題（人口販運、移民、疾病健康），以及其他非傳統安全議題。分別由蔡育岱教授與左正東教授統籌，並很榮幸邀請到國立政治大學林碧炤教授，針對「非傳統安全」之概念提出其專業性論述。全書共分十五章，由林碧炤、宋學文、張登及、林泰和、趙文志、李俊毅、郭祐輯、孫國祥、盧業中、方天賜、張福昌、葉長城、林佾靜、盛盈仙、崔進揆、譚偉恩等教授撰寫，彼等對於學術與教學之熱愛，國際政治環境的關心，學有專精，見解獨到，企圖以此書提供讀者一多重性、全方位面向的視野，本書除了適合學術專業人士參考外，亦符合一般大眾社會非政治相關人士閱讀。另外，本書在不損及詞性的考量上，不做全文詞彙的統一，用以尊重作者原意與篇章之完整性，例如兩岸在一些名詞翻譯上的差異，像是數據安全、資訊安全、網路安全等。

本書第一章由林碧炤教授主筆，「什麼是非傳統安全？」本文鞭辟入裡，林教授先分析戰略研究理論脈絡，轉切入安全研究，探討非傳統安全概念的背景與傳統國際關係的關連。強調非傳統安全處理非軍事性的問題，或者不涉及到國家武力使用的問題。它是冷戰結束之後的新發展，又稱之爲新安全議程或是新安全研究。指出非傳統安全的研究方法和處理問題和以往的研究及作法有很大的不同。而非傳統安全在問題方面，主要涉及能源、疾病、環境污染、氣候變遷、貧窮、毒品走私、恐怖活動、偷渡、資訊安全等。

第二章是張登及教授所撰寫的「本體安全視角下的臺灣非傳統安全：威脅與機會初探」。張教授援引本體安全（ontological security）概念，剴切中肯的指出，在經濟全球化中的「中國崛起」現象與兩岸特殊的競和關係，才是「經濟安全」與「社會安全」這兩個非傳統安全還沒有處理，但至關重要的「安全威脅」，而「本體安全」正好可以補足這部分的解釋。該文首先從「本體安全」理論概念出發，進而用以分析臺灣在全球化與兩岸特殊關係下，「社會語言」本體的「自我」所面臨的「本體安全」挑戰。最後，渠認爲臺灣雖屬國際體系較小行爲體，亦應有關於「本體安全」之戰略規劃，「本體安全」作爲非傳統安全研究較少被臺灣研究者注意的一塊，自亦不應被輕忽。

李俊毅教授在第三章發表「兩岸交流的社會（不）安全：臺灣對中國婚姻移民之論述與實踐」一文，以巴黎學派（the Paris School）觀點探討臺灣對中國婚姻移民的不安全論述。臺灣社會往往視中國婚姻移民爲某種安全上的威脅，其具體影響程度則缺乏實證的支持。該文主張，與其說「她們」對臺灣構成何種生存威脅，不如說「我們」對其抱持不安全感－不自在、恐懼、不確定性、擔憂等。本文主張，此一社會不安全化源於我們對國家的封閉性與同質性之想像；兩岸的政治關係更進一步使中國婚姻移民議題成為「安全」與「平等」的二元對立。

同樣探討移民議題的還有第四章郭祐輑教授所撰寫的「自由民主國家的移民政策：政治平等與政治安全」，郭教授藉由討論政治安全與政治平等的關係，來探討臺灣能否要求中國配偶與其他國籍配偶面對取得身分證的不同年限。該文認為臺灣無法以維護其政治安全為由，要求中國配偶以較長年限取得投票權，主要理由包含臺灣制定移民政策時，不能完全忽略道德原則，以及臺灣的政治安全與外籍配偶間的政治平等並不是衝突的兩個價值，最後，中國配偶與其他國籍配偶之間並不存在相關的差異。

本書第五章與第六章，分別由趙文志教授與葉長城教授撰寫經濟安全議題。趙教授以「兩岸經貿整合的安全分析：臺灣經濟安全的思考」為題，強調隨著兩岸關係正常化發展與交流，軍事外交衝突的緩和以及經貿交流乃至整合的方興未艾，卻引起臺灣內部另一種對安全威脅來源的思索。太陽花學運即是一個對於兩岸經貿整合持續深化下對個人層次、團體層次乃至社會層次安全影響顧慮的回應與反動。因此，太陽花學運的發生表面上的訴求是經濟上的理由與原因，然而本質上仍是安全的考量。該文以Barry Buzan等人所提出的安全分析架構作為分析架構對去分析此次太陽花運動所顯示出的兩岸經貿融合中臺灣經濟安全意涵。

葉教授在第六章「臺灣與中東、北非、中亞及南亞（MENASA）國家貿易和投資關係之研究：兼論加強與其貿易及投資關係對臺灣經濟安全之可能影響」表示，其研究主要從「供給安全」（supply security）與「市場進入安全」（market access security）兩大經濟安全面向探析臺灣與中東、北非、中亞及南亞國家之貿易和投資關係，並論述加強與MENASA地區之貿易及投資關係對臺灣經濟安全的可能影響。透過葉教授的認眞梳理，呈現對臺灣產業發展趨勢的豐沛研究成果。

本書議題接著轉入恐怖主義部分。首先，林泰和教授在第七章「臺灣恐怖主義的三波浪潮？」指出，恐怖主義在臺灣的發展，約略可分成三波浪潮，分別是「國家恐怖主義」、「組織型恐怖主義」與「孤狼型恐怖主義」。第一波與第二波浪潮主要發生於臺灣戒嚴時期的「白色恐怖」，而第三波浪潮則是全球化與民主化後，少數個人對政府政策的極端式回應。該文以恐怖主義研究途徑切入，探討臺灣在不同時期政治暴力的形式。這三波恐怖主義浪潮，在不同時期席捲臺灣，有其各自不同的歷史條件與原因，對於臺灣政治改革與社會變遷，影響甚為重大，值得以學術的方式，深入探索。

第八章由張福昌教授接力所撰文的「臺北2017世界大學運動會防範恐怖攻擊之設計與作為」深具實務性。該文以1972慕尼黑奧運會、1996亞太蘭大奧運會、2009巴基斯坦板球大賽、2010南非國家盃足球賽、2010南非世足賽與2013波士頓馬拉松賽等遭到恐怖攻擊的國際賽事為分析案例，整理出恐怖份子的犯案時機、手法與能量。此外，又以2006德國世足賽與2014索契冬奧會等兩場和平落幕的賽事為例，整理與歸納主辦國之成功反恐措施。通過對這些「失敗案例」與「成功案例」交叉比較分析後，作者提出十項反恐建議方案，以供「2017世界大學運動會」之主辦單位參考。

接著第九章由崔進揆教授發表「巴黎恐怖攻擊事件的啓示與省思：一個論述分析的觀點」，崔教授透過「論述分析」，檢視關於巴黎恐怖攻擊事件的各種「文本」（texts），包括：圖像、文字和語言，目的在於釐清衝突發生的原因和還原事件的眞相。巴黎槍擊案同時也道出了我們日常生活中對於恐怖主義亦或伊斯蘭教因缺乏了解和認識所產生的種種迷思，而這種迷思亦存在於臺灣社會。鑒此，如何藉由該一事件對一向被視爲理所當然的「眞理」重新進行省思，並尊重和包容不同的意見與文化，是巴黎恐怖攻擊事件帶給我們的啓示。

在資訊安全議題方面，第十章孫國祥教授從「非傳統安全與傳統安全的連結：從網路安全到網路戰爭」的角度，剖析網路戰爭是網路治理的新穎問題，其核心爭議在於網路戰爭是否完全適用於現行的國際法，還是需要創造新的國際立法。對於網路安全和網路戰爭的相關法律，我國應思考加強國內立法與國際法的接軌；尤有進者，我國必須嚴肅思考對我網路空間「敵對行爲」的界定，作爲我國將網路敵對行爲轉化爲實戰行爲的法律依據。

本書第十一章爲盛盈仙教授所撰寫的「氣候變遷與城市角色的興起」一文，盛教授以《城市環境協定》爲文本，臺灣三大城市（臺北市、臺中市與高雄市）爲個案，深具獨創性地檢視了有關氣候變遷與城市角色興起的研究，該文希冀能透過氣候變遷與城市治理發展路徑的背景脈絡，嘗試結合城市角色興起的國際趨勢，作爲檢視臺灣現階段的發展近況與展望未來的研究基礎。

針對食品安全問題，本書第十二章譚偉恩教授以「反思臺灣食安問題暨其治理規範：非傳統安全的觀點」分享其研究發現，在全球貿易自由化與生產工業化的趨勢下，食品供應體系出現嚴重的法益失衡，即偏重經濟利益的維護，而不是消費者的飲食健康或整體社會的公共衛生。此外，食品詐欺犯罪在此體系中不易被查緝，且獲利性高。鑒此，食品安全的治理應該要對目前視爲理所當然的供應體系進行批判性的反思，尋求市場結構和制度設計轉換的可能，而非盲目地進行修法與加重罰責。

林佾靜教授在本書第十三章「失敗國家與非傳統安全：對臺灣國家安全之審視及衝擊」表示，失敗國家問題引起國際關切，其衍生的危機包含槍枝、毒品及人口販運、毀滅及生化武器擴散、疾病蔓延及國際恐怖主義等，已別於傳統軍事安全，說明影響一國國家安全的來源已非囿於他國的入侵，更多來於他國內部的混亂不安導致的外溢威脅。失敗國家的型態與現象提供一檢視非傳統安全類型及起源的分析主體，一國的安全及社會的不安情勢如何對周邊、區域及國際安全造成衝擊，從中加以審視對臺灣國家安全的影響。

本書最後兩章爲盧業中與方天賜教授所負責。盧教授所撰寫之第十四章「聯合國安理會與人類安全：兼論對臺灣之意涵與啓示」，以建構主義（constructivism）檢視聯合國與非傳統安全之間的連繫關係，並且延伸探討臺灣近年來對於國際組織的有意義參與，並強調我國作爲人道援助提供者的角色。若我國確實可以在國際社會中建立這樣的角色與形象，將有助增加我國之國際能見度並強化我國之主權地位。

第十五章是由方天賜教授主筆之「臺灣海外華語教學的安全化：以臺灣書院與臺灣教育中心的發展爲例」一文。藉由「臺灣教育中心」及「臺灣書院」的設置來討論臺灣海外華語教學「安全化」的過程。該文認爲，我國政府雖嘗試啓動海外華語教學的安全化，但結果並不算成功。整體而言，因爲啓動者的資源、聽眾的配合度、及威脅源的界定等因素，使得臺灣教育中心及臺灣書院的設置處於「不完全的安全化」狀態，導致整體成效不佳，若能將臺灣書院與臺灣教育中心的資源及經濟進行整合，選定重點國家進行推廣，仍是臺灣推動海外華語教學的可行有效機制。

本書結論由宋學文教授執筆，從國際關係理論看「非傳統安全」之起因與未來發展。宋教授探討了「非傳統安全」逐漸受到政府與學界重視之背景與原因。渠認爲在今日許多議題相互聯結，甚至產生高度複雜之互動與互賴之前提下，「傳統安全」與「非傳統安全」其實都反映著國際政治已朝「綜合安全」的方向發展。而在「綜合安全」之大架構下，包含著「傳統安全」與「非傳統安全」之互相交織與鑲嵌，使得有關「國家安全」的議題，更爲多元化與複雜化。最後，《臺灣與非傳統安全》一書得與讀者見面，首先要感謝國立中正大學戰略暨國際事務研究所所提供之相關經費支助，以及所辦助理蕭蓓馨小姐在幾次專書研討會的協助與聯繫；其次是五南圖書劉靜芬副總編輯長期以來對法政叢書的支持；另外，此次專書編輯與校正，尤要感謝五南責編張若婕小姐與中正大學戰略暨國際事務研究所碩士助理魏安沂同學積極負責的處事態度，在此一併感謝。《臺灣與非傳統安全》專書經由初步提議、規劃安排，透過作者們之努力配合，再經歷二次小型座談討論、一次大型研討會後，在眾人群策群力下終於問世，除了表示我們對非傳統安全議題的重視外，也是心存對這塊土地的關懷與謝忱。

作者簡介

方天賜

現職：國立清華大學通識中心助理教授

最高學歷：英國倫敦政治經濟學院國際關係博士

左正東

現職：國立臺灣大學政治學系教授

最高學歷：美國丹佛大學國際研究博士

宋學文

現職：國立中正大學戰略暨國際事務研究所教授

最高學歷：美國匹茲堡大學公共與國際事務學博士

李俊毅

現職：國立中正大學戰略暨國際事務研究所兼任助理教授

最高學歷：英國東英格蘭大學國際關係博士

林佾靜

現職：國立政治大學外交學系博士

最高學歷：國立政治大學外交學系博士

林泰和

現職：國立中正大學戰略暨國際事務研究所副教授兼所長

最高學歷：德國明斯特大學哲學博士

林碧炤

現職：國立政治大學外交學系教授

最高學歷：英國威爾斯大學政治學博士

孫國祥

現職：南華大學國際事務際企業學系副教授

最高學歷：國立政治大學政治學系博士

崔進揆

現職：國立中正大學戰略暨國際事務研究所博士後研究

最高學歷：紐西蘭奧塔哥大學和平與衝突研究博士

張登及
現職：國立臺灣大學政治學系副教授
最高學歷：英國雪菲爾大學政治學博士、政治大學東亞研究所博士

張福昌
現職：淡江大學歐洲研究所副教授
最高學歷：德國科隆大學政治學暨歐洲問題研究所博士

盛盈仙
現職：東海大學政治系兼任助理教授
最高學歷：東海大學政治學博士

郭祐輑
現職：國立中正大學政治系與戰略暨國際事務研究所合聘助理教授
最高學歷：美國加州大學聖塔芭芭拉分校政治學博士

葉長城
現職：中華經濟研究院WTO及RTA中心助研究員
最高學歷：國立政治大學政治學系博士

趙文志
現職：國立中正大學戰略暨國際事務研究所副教授
最高學歷：國立政治大學國家發展研究所博士

蔡育岱
現職：國立中正大學戰略暨國際事務研究所教授
最高學歷：國立政治大學外交學系博士

盧業中
現職：國立政治大學外交系副教授兼國際研究英語碩士學位學程主任
最高學歷：美國喬治華盛頓大學政治學系博士

譚偉恩
現職：國立中興大學國際政治研究所助理教授
最高學歷：國立政治大學外交學系博士

目錄
CONTENTS

第1章 什麼是非傳統安全

林碧炤

壹、前　言

非傳統安全成爲國際安全研究的重要議題，在國內引起戰略、知識社群的關注，各大學開設新課程，研究機構也針對這個領域召開研討會，進行專案研究，呈現一片欣欣向榮的新氣象。國立中正大學蔡育岱所長及遠景基金會執行長左正東教授一起建議出版專書，邀請國內年輕學者參與，敝人深感榮幸，能有這個機會以文會友、共同切磋，進一步探討非傳統安全。由於撰寫時間倉促，錯誤難免，不足之處，尚請兩岸時賢先進，不吝指教爲感。

貳、戰略研究的演進

非傳統安全指的是非軍事性，或不動用國家軍事力量的安全問題研究及處理方法。要了解這個議題範圍之前，我們需要明白戰略研究的特性。作爲社會科學的一個學門，戰略研究相當的特殊。一是它的定義很廣，而且不一致。依據非正式統計，所謂戰略就有上千種以上的定義。中國一向稱之「兵法」，到了晉朝才出現「戰略」一詞，以後中國的研究還是使用「兵法」。希臘人使用「戰略」指的是「將軍之學」，算是清楚易懂。甲午戰爭之後，當時中國知識界學習日本的西化運動，翻譯日文書籍成爲中文，日文使用「戰略」一詞，我們也就配合，社會學、經濟學及法學的許多用語都是如此。不過，原來的《五經七書》還是使用原來的書名，《孫子兵法》就是最好的例子。清朝的湘軍和淮軍都是以團練起家，朝廷對他們深懷戒心。曾國藩對此非常了解，所以他只是提拔子弟兵，並沒有利用湘軍壯大自己。李鴻章則不同，他引進新式武器，一直擁兵自重，又創建北洋艦隊，最後是兵敗結束。袁世凱創立的新軍依照德國的模式，但是黃埔軍校最初是和蘇聯合作以後，國軍又和德國合作，德國的影響力一直存在到日本偷襲珍珠港爲止。克勞塞維茲（Carl Von Clausewitz）的《戰爭論》（*On War*）早就引進中國，成爲主要的戰略研究教材。

美軍對於臺灣的影響力很大，包括軍事援助及整個國軍的重整。有趣的是影響到美軍戰略思想的是約米尼，而不是克勞塞維茲。另外美國本身也有不少的戰略學家，馬漢就是例子。冷戰時期，美國的戰略研究領導世界，但是大部分的戰略專家是經濟學者出身，不是職業軍人，通常爲「文人戰略家」，精通博弈理論，作業研究或運籌學、嚇阻理論、有限戰爭等，和二次大戰期間的戰略專家有很大的差異。軍事、外交和經濟，特別是國防預算的爭取及使用，成爲一門顯學。美國成爲美國和平（Pax Americana）的主導者，取代了英國。

美國的條件和英國不同，核子武器加上強大的越洋打擊力量，長程轟炸機及航空母艦伴隨以後發展出來的洲際飛彈及核能潛艇，史上沒有其他軍事強權可以對比。核能的航空母艦可以航行海上二百年不需要加油，原來的航母幾乎是每天都要加油，否則無法航行。如此強大的軍力自然形成大舉報復（massive retaliation）的戰略或者以後的先發制人攻擊（preventive strike）。臺灣的戰略研究始自韓戰，然後針對解放軍的對外軍事行動，包括中印邊界戰爭及中越戰爭，中蘇的珍寶島衝突都有不同的研究。中國成爲核武國家之後，如何因應可能的威脅？本來臺灣有意發展核武，可是主其事者叛逃，整個計畫被迫終止。

臺灣的戰略研究配合美國是很自然的結果。基本上，它是一種軍事力量的政治使用（the political use of military power），而不是傳統的戰爭。冷戰時期，美軍顧問團協助臺灣，另外臺美之間有軍事及情報合作。日本退役軍人所組成的「白團」也協助國軍，專書已經出版。臺灣的整個戰略研究正式上了軌道，克勞塞維茲、約米尼（Baron De Jomini）、李德哈特（B. H. Liddell Hart）、富勒（J. C. Fuller）、薄富爾（Andre Beaufre）的著作在軍事院校都有傳授，中國的兵法也是研究的重點，另外就是解放軍的歷史、戰略及戰術。臺灣成爲全世界研究解放軍的主要據點之一。

美國的戰略是爲了應付蘇聯及冷戰，完全是大戰略的示意，核心就是圍堵政策，執行上是核子嚇阻，目的不是挑起核戰，而是防止蘇聯及中國大陸對外擴張。結果就是代理戰爭、有限戰爭及不斷出現的危機。作爲美國的盟邦，臺灣和美國簽訂了共同防禦條約，國軍本來有反攻大陸的作戰計畫，以後逐步修改，成爲島嶼防衛到今天。

在社會科學的領域，戰略研究本來是一枝獨秀，而且得到美國政府的優先支持，蘇聯及中國相關的區域研究也受惠。可是，戰略研究分別由軍事院校、智庫及一般大學來進行，退役將領及文人戰略家也有傑出的表現，形成一個很特別的知識社群（the defense intellectual community）。事實上，在英德法俄日這些國家中，也有類似的知識社群，義務爲國家服務，專業水準相當高。設計AK-47及零式戰機的工程師至今還是爲人稱頌，全世界至少有六國的國旗上印有AK-47，以表示該步槍協助打敗殖民者，而獲得國家獨立。美國的武器設計師更多，戰略研究更爲專業，冷戰結束之後，突然之間面對一個沒有敵人的世界，戰略研究應該何去何從？這是任何人都沒有想到的問題。

參、典範的轉移

肯恩（Thomas Kuhn）在《科學革命的結構》（*The Structure of Scientific Revolution*）一書中所說的典範轉移在戰略研究已經慢慢形成。最主要的原因是國家、軍人及戰略社群還面對一個矛盾的困境，就是核子戰爭是不能打的，而且戰爭不是求勝，反而是要求取政治解決的方法。如果能「不戰而屈人之兵」，是最好的結果，它再一度證明「和比戰難」。美國在冷戰時期打了韓戰、越戰，也支持以色列及其他盟國，處理了多少危機，盡全力防止核戰的爆發。大舉報復的戰略風險太高早就停止。臺灣的情況不同，不是世界超強，不必要負擔全球防衛責任，可是戰略研究，軍事訓練及備戰一直沒有鬆懈。

美國的戰略研究不斷的典範轉移。在武器發展及使用之外，就是國家安全戰略的執行以及系列的武器管制談判，防止核武擴散的條約以及聯盟體系的建立。「北大西洋公約組織」是國際關係史上最完整、最有效的集體防衛體系，到今天還得到軍事專家及各國政府的肯定，其他包括美日同盟一路南下的軍事同盟形成了學界所稱的「舊金山防衛體系」，原因是戰後的《舊金山和約》啓動了這個體系。這樣的戰略最初是以軍事優勢、意識形態對抗、外交競爭來維持一個恐怖平衡（the balance of terror）。越戰結束之後，美蘇及美中走向和解，戰略已經開始典範轉移。

另外要特別說明的是，傳統戰爭對於美國及其盟邦的壓力愈來愈大。原來殖民地國家面對的民族解放戰爭，事實上就是游擊戰。極權國家在外交政策上支持美國，可是內部的反對份子也進行游擊戰爭。政變的頻繁造成更多的政治不穩定及內戰。蘇聯或中國一旦介入，美國及其他西方國家不能坐視。有些國家又盛產石油或其他戰略物資，地位更爲重要，美國及其他強國都會考慮是否干預。歐洲國家進行的「典範轉移」更有影響力。一則北約組織採取了系列信心建立措施，降低緊張，減少華沙公約組織的誤判，維持歐洲的安全；二則以往的對峙關係逐漸轉向和解及對話，西德改善與鄰近大國及東德關係，最終接納在一個整體德國的原則之下，東德可以參加聯合國及對外行使主權。整個和平演變的過程很平順的進行，主其事者就是「歐洲安全與合作會議」（Conference on Security and Cooperation in Europe, CSEC），後改稱爲「歐洲安全與合作組織」（Organization on Security and Cooperation in Europe, OSCE），也稱之「赫爾辛基進程」（the Helsinki process）。在此大環境之下，美蘇之間完成了系列武器管制談判，雙方也建立了處理危機的熱線，兩國領袖定期舉行高峰會議，讓核戰的風險降到最低點。

歐洲國家另外也在「和平研究」（the peace research）上特別用心，主要由瑞典、挪威、丹麥及其他北歐國家的外交與戰略智庫來推動，發行期刊，介紹建立和平的概念、架構、方法並分析利弊得失，供各國及聯合國參考。很重要的理念突破是「武器可以限制、戰爭可以預防、和平可以塑造」。值得一提的是，「預防外交」（the preventive diplomacy）即爲聯合國秘書長哈瑪紹之初衷，他本身就是瑞典人，意在防止超強介入地方衝突，由聯合國派出部隊維持和平，再商議解決方法。以後大家將「和平維持」（the peace-keeping operation, PKO）和「預防外交」分別使用，事實上兩者指的是同一件事。聯合國成立之初，是以集體安全及世界政府來規劃，本來想成立部隊，設立參謀本部，根本沒有預防外交或和平維持的想法。以後世局演變讓集體安全不可行，美國及其他盟國才設計出集體防衛，也就是北約組織。聯合國的和平維持功能反而成爲最有貢獻的項目之一，和平維持部隊（又稱爲藍盔軍）也獲得了諾貝爾和平獎，可見國際社會相當肯定。

除了「和平研究」之外，戰略研究也不斷的轉型，有些國家改稱之爲「戰爭研究」（the war studies）或者「防衛研究」（the defense studies），或者兩者合併成爲「戰爭及防衛研究」，偏向實際戰爭的兵棋推演，作戰演習及武器、後勤體系及訓練的分析。歐洲各國很早就有專設的軍事學院，提供的課程相當專業，後來社會科學界發展出來的戰略研究被認爲太學院化，不切實際。大部分的軍事院校還是維持傳統的教材及教法，但是配合核武器及生化武器的來臨，嚇阻及核戰的理論和戰爭分析是必要的。另外是游擊戰、代理戰、心理戰和戰略溝通及宣傳也是新加的課程，又稱之爲軍事社會學，應付敵軍有必要，本國士兵的溝通、領導及戰場適應等問題也要一併解決。最後是冷戰的來臨，又稱之軍事事務革命（revolution in military affairs, RMA），或軍事轉型（the military transformation），俗稱"e"部隊或數據化部隊。

在整個的戰略思考上，傳統的詭道及出奇都還存在，可是新的觀念因應歐洲整合、社會變遷，最主要的是和解的時代來臨，戰爭的痛苦記憶逐漸淡化。東西歐來往增加，尤其是資訊流通之後，大家認爲以往的視敵如仇將長期帶來歐洲的分裂，德法在共同市場及歐盟的大架構之下，已建立新的合作關係，戰爭變成不可能。東西歐之間也應該使用新思維去思考戰略問題。這就是整個歐洲和解及信心建立措施（confidence-building measures, CBM）的精神所在。東西歐國家彼此認爲應該和對方和平相處，而不是一心一意要孤立對方，消滅對方。彼此之間互信不斷增加，不再猜疑、誤導和欺騙對方，達到透明化及公開化的目標。這些理念一開始被認爲過於理想，不過實施多年之後，產生實際效果，前蘇聯解體、德國統一、東歐民主化及私有化成爲普遍的現象。福山（Francis Fukuyama）撰文直稱「歷史的終結」，引起西方社會熱烈迴響。當然，杭廷頓（Samuel Huntington）也提出了「文明衝突」的預警，認爲冷戰結束，以後更難處理的就是文明的衝突，2001年的「九一一事件」爲他的專文做了佐證。

肆、冷戰的結束

冷戰是國際關係史上唯一的個案，表面上看起來不是戰爭，實際上又有不少危機、衝突及作戰行動。時間之長，影響層面之廣，前所未見。如果把權力政治看成是永不停止的算計、爭奪及攻防、冷戰相當正常，不值得大書特書。不過由於核戰的風險太大，以至於核武國家只能以戰止戰，冷戰成爲必要的選擇。爲了維持軍事及科技上的優勢，美蘇花費的預算無法準確估算，從外太空到最普通的文化及宣傳，電影及音樂都包含在內。國際間多少危機幾乎爆發了核戰，所幸美蘇互相克制，沒有引發戰爭。這是一個非常矛盾，而且不合一般邏輯的國際關係，國家使用高度的緊張及風險去維持和平，也就是愈緊張的情勢，反而製造了和平。不少學者對此還表示讚賞，認爲這是國際政治的必然現象，也是人類最本能的政治動機，因爲雙方都沒有致勝的絕對把握，代價又那麼高，所以不敢冒險。

沒有國際安全或國際關係的學者預測冷戰結束。在當時普遍的想法是在列寧體制之下的一黨專制完全控制了社會、國家及生產工具。民生物資確實缺乏，因爲國力全部用在軍事擴張之上，可是後來的前蘇聯的政策確實朝改革的方向在進行，得到了外界的期待。大家沒有想到體制是如此脆弱，而民意是如此的強大，軍事超強無法抵抗要求改變的力量，共產政權的瓦解如同1917年的革命，爲國際社會帶來無限的衝擊。知識社群面對的是一個相當困惑的問題：爲什麼沒有人能預測到如此大的變化？難道長期的研究發生了錯誤而不自覺？這是一個相當嚴肅的專業問題，涉及到國際安全及國際學界的公信力。如果國際關係的研究有如此的缺陷，將來的國際安全是否更令人擔心？

持平而論，外交的研究及實務界本來就有不少人認爲預測是不可能做到的事。社會科學的預測是不可能的。有的預測對了，或許是運氣或其他因素，否則，哪來「選舉結果讓專家跌破眼鏡」的說法？冷戰結束之前，前蘇聯體制已展現太多的缺失，只是軍事力量太強大，以列寧體制的控制力，任何理性的社會科學家不會去斷言體系的崩解。至於背後的經濟、社會因素，最重要的是內部的權力鬥爭則是無法得知，任何列寧體制的內部都有這些特質。只是國際關係的震撼讓西方的知識社群頓時之間不知如何應付，以後才慢慢的找出因應方法，就是以新態度和新思維去分析世局。

在研究的理論上，社會建構論、女性主義、批判理論、歷史社會學和政治社會學不斷的出現，新理論已經多到無法整合或歸類，幾乎是每一種理論都是獨立存在，各有哲學觀、歷史基礎和詮釋的證據。有些學者一再堅持還是冷戰的現實主義還是最好，即使兩元體系高度緊張，隨時有戰爭的風險，但是可以控制本身就是預防戰爭最好的基本條件。冷戰結束之後，國際體系變成單極，萬一美國決策錯誤，誰來制衡她？所以，他們主張應該回到過去，因此，這些意見就不斷的充實及調整，形成了新現實主義或新古典現實主義。

其次是，國際關係一直沒有科學化，這是老問題，也就是說，在實務上國際關係就是一種藝術或政治，和科學研究有相當的距離。書本上講的和實際上的做的是兩回事。這種情況和心理學、經濟學、社會學不同。以上的社會科學接近自科學，或者說，有嚴格的方法論要求，也就是在本體論和認識論上是必備的知識，質化與量化並重，解釋和詮釋區分清楚。經濟學是什麼，不是什麼，在本體論上是很清楚的。經濟學要如何去認識、體會和學習，多少專家已經在宏觀或總體、微觀或個體上，做了系統化的交代。經濟學最暢銷的教科書由薩繆森（Paul Samuelson）撰寫，至今已經十九版，幾乎是全世界共同範本，其他的專書，例如亞當斯密的《國富論》、凱因斯的《貨幣通論》、熊彼得的《經濟發展理論》及《經濟學史》也是跨國的著作。

反觀國際關係正式學科化不到一百年，國際安全更晚。戰略研究雖有千年以上的歷史，中文著作現存的至少兩千年以上，可是正式在大學學科或學系化也是最近的事。「兵者，國之大事也」，它不允許由民間提意見，出主意，中外都是一樣，不足爲奇。戰略研究轉型成爲安全研究也是有其歷史背景，主要是美國與英國在二次大戰之後通過國家安全法，設立國家安全會議，並在大學成立了國家安全研究計畫，培養本科生及研究生，同時爲公職人員提供在職訓練。在此背後是有重要的戰略哲學思考，就是以往以權力爲核心的國際關係研究不符合核子時代的特質，因爲爭權，應用和累積權力本身就是向外擴張，風險更高。反之，以維繫安全爲核心的學科研究，培養出來的是具有戰略高度及廣度的思考，可以預防情勢失控，處理危機，防止核戰的爆發。國家安全先是處理國防及內部安全，進而處理外部及國際安全。於是《國際安全》（*International Security*）期刊出版，現在的政策影響力幾乎超過了《外交事務》（*Foreign Affairs*）。

在基本的研究上，本體論（ontology）及認識論（epistemology）很必要，因爲它們是希臘時期以來就有的兩大基本要件。另外就是以前的所謂「七藝」要求，也就是今天的博雅或通識教育。其中最爲重要的是邏輯、數學及幾何的訓練，讓研究者有了正確認識，客觀判斷及體系思考。西方中世紀從事公職的人一定要懂邏輯，以後成爲學界的傳統，演變成爲哲學，政治和經濟學三大支柱。其中哲學及哲學觀到今天依然是學習的起點。《孫子兵法》的可貴之處是戰略哲學，否則在資訊戰的今天，這本書的價值何在？爲什麼企管專家在分析戰略管理時，還要引述？

本體論和認識論應用到國際關係及國際安全是困難的過程。什麼是本體論及認識論已經有不少爭議，西方的社會科學方法論分析的不多，更不詳細。在科學認識史上，兩種哲學觀互有起伏，在維也納學派或數理邏輯學派流行的時代，根本被忽略。肯恩在討論科學革命之時，學界也沒有提及。社會建構論之前，少數的國際關係學者提出來，鼓勵大家從這個最根本的科學哲學問題著手，才能把國際關係建立在紮實的社會科學基礎上。這項工作才剛開始，傑克遜（Patrick Jackson）的《國際關係的調研》（*The Conduct of Inquiry in International Relations*）是開始，我們不知道方法論的努力是否能夠得到足夠的迴響。到目前爲止，華爾滋（Kenneth Waltz）的《國際政治理論》（*Theory of International Politics*）、溫特（Alexander Wendt）的《國際政治的社會理論》（*The Social Theory of International Politics*）是學術研究的主要參考著作，但在實務界，運用的價值很有限。

簡單的說，理論還是理論，決策針對的是實際問題之解決，兩者不是同一件事。我們從美國的外交政策可以明顯看出，傳統的國際政治理念還是主導決策者的想法。對於亞洲地區，美國提出「再平衡」（rebalancing）及轉向（pivot），這些都是決策階層及知識社群熟悉的語詞，背後的軍力對比、權力平衡和戰略哲學非常清楚，不需要太多說明。簡單地說，美國認爲她的優勢還在，作爲「美國和平」的主導者不會放手，會繼續維持和強化既有的軍事同盟體系，另一方面也會進行中美之間各種互動關係。以實力作爲外交及戰略的基礎本來就是各國的通則，美國更不會例外。

傳統的戰略或安全一向強調的就是國家實力，其中又以軍事力量爲主，再平衡是如此的戰略考慮，而美國與伊朗的核武談判一方面考慮到政績，另一方面爲了避免美國兩邊作戰的風險，因此雖然有不少爭議，歐巴馬政府還是同意接受伊朗的條件。更重要的是，國際安全作爲獨立的學科，分工愈來愈細，國際關係及國際安全的理論比以前多出太多，戰爭史及戰略研究史的分析也一樣增加，而且針對海權及海軍部分的研究明顯的增加。在國際安全的理論部分，本體論及認識論的強化是有目共睹，最主要的目的在於提升學科本質的認識及針對解決方法的設計。它不再是像以前只是論述或回顧歷史而已。伊朗的談判、對俄羅斯的經濟制裁、歐盟和希臘的談判、美日關係的強化都有系統性規劃。反過來看，現實主義又細分成爲攻擊型、防守型、古典及新古典型四大類。新自由主義又細分爲制度型自由主義、全球化與全球治理、地緣政治和地緣經濟（或稱之爲新經濟地理學及經濟安全）、合作安全與安全對話、經濟方略（economic statecraft）與國際開發。社會建構論也已經應用在大國關係及戰略合作上的分析。批判理論和女性主義分別由英國的威爾斯學派（the Welsh School）和丹麥的哥本哈根學派（the Copenhagen School）來發揮，主要的意思是在加強以人的理念爲中心，消除先入爲主的觀念，養成客觀的判斷，避免偏見、也就是以心靈及思維的解放來達到整體性的戰略思考。重要的差別不是以前物質力量的對抗、人員死傷及領土佔領的觀念，而是要「大勇不伐」，安全不是純軍事的，而是一個複合體，決策者就是要客觀及正確地掌握這個複合體，因爲在後冷戰時期有太多非軍事的問題，也就是非傳統安全的問題出現，其威脅及破壞力可能遠超過傳統的武器或者核子武器。

伍、新的安全議程

「安全議程」、「哥本哈根學派」、「威爾斯學派」都是代表著傳統的戰略研究，以打敗敵人、在戰場決勝負的觀念已經改變了，走向了一個多面向、虛擬化、無時差、精確性的戰略觀。以上所說並不是完全歐洲學者的看法。「安全議程」最早先奈伊（Joseph Nye）提出來，「國際安全」及「外交事務」在冷戰結束之前，就已經開始討論。「哥本哈根學派」不是丹麥官方支持的知識社群，而是布贊（Barry Buzan）在倫敦政經學院任教之前，在丹麥推動的「新安全觀」，得到成果。「威爾斯學派」是由布斯（Ken Booth）、林克萊特（Andrew Linklater）、蘇卡拉米（Hidemi Suganami）一起進行的批判性安全研究。這些研究可以追溯到更早的信心建立措施，歐洲和解及其他和平的倡議及研究。等到聯合國提出了「人的安全」（Human Security）之後，整個安全研究的基本框架大致成型，只是內涵還是需要再強化。綜合來說，這個新的研究領域或者更準確地說，調整後的研究領域，大致上有下列特點：

一、安全研究還是以國防、戰爭、危機處理及衝突解決爲基礎。就如同軟實力不能沒有硬實力，文創不能沒有製造業，社會資本不能沒有經濟資本是一樣的道理。如果沒有實實在在的國力作爲後盾，談這些安全研究等於是紙上談兵，花拳繡腿。

二、安全研究的轉型的確受到國際關係的變化很大影響。研究是跟著情勢走的，而且很容易誤導了知識社群。最初的「安全議程」提出之時，比較客觀，而且有前瞻性。冷戰結束帶來相當矛盾的氛圍，一則敵人消失了，可是所有核子武器都還保留著，美國及西方國家如何因應如此的對手？二則知識社群沒有預測到冷戰結束、整個知識體系、戰略觀、軍事部署及國防政策要如何去調整，或者不需要調整？三則國際社會迷漫著「和平紅利」，在「歷史的終結」中相信資本主義及民主體系還是居優勢。可是另外一方的經濟轉型、私有化及自由化在「震憾療法」之下並沒有奏效，混亂與不確定感至今猶存。

三、「安全議程」來自於「議程設定」（agenda-setting），是大眾傳播及美國公共政策的研究議題之一，也是實際的決策溝通過程。這表示新的安全研究重視戰略溝通、社會媒體及資訊社會的特性。大部分的新安全威脅、例如疾病、氣候變遷、災害、恐怖活動、都和媒體有不可分的關係，不論是預警、危機處理及最後的解決方案，都需要和民眾溝通。國際溝通更爲必要。

四、新的安全研究先從認識論、本體論的重新理解開始，循著西方哲學史的路徑，往奧斯丁、阿奎那、史賓諾莎、萊布尼茲、笛卡爾、孔德、史賓塞、康德、黑格爾，一直到羅素、石理克到哈柏瑪斯，肯恩、維根斯坦、胡賽爾、加達默爾、海德格爾。這裡出現的挑戰是很大的，因爲哲學的了解本來就是不容易的。老莊及各家之學就是例子。本體論是由華布尼茲做出總結，他和亞里斯多德、史賓諾莎及康德等人的哲學理念，加上他們在數學和自然科學上的造詣，不是玄學的思考，而是嚴謹的邏輯訓練，再加上基督教教義的了解，這是東方學生面對的難題，因爲在我們的生活環境中，基督教的影響幾乎感受不到。可是，西方的政治及科學認識史中，宗教因素是很重要的。新安全研究又涉及到詮釋論、現象學及語言學，其中以詮釋論和語言學帶來的挑戰必需克服。太多的名詞無法正確翻譯。在清民時期，我們已經面對群學及社會學、生計學和經濟學、史學與歷史學的困擾，在國際關係中，nation、country、state都是國家，issue、problem、question都是問題，regime應該如何中譯，到今天我們沒有共識。以上所說只是最普通的例子，可是造成學習上的困擾及研究的應用，就是語言學及詮釋要協助大家的。一般來說，戰略研究或國際關係研究者不會注意到詮釋學、語言學或現象學。

五、新安全研究並沒有像國際關係或國際政治經濟學經過幾次大辯論，大家把相關的問題、名詞的涵意及如何運用，更重要的是文化上的差異、方法論上的調整，都做了釐清。國際關係的大辯論發揮了正面的功能，否則太多問題懸而不決，學術無法進步，決策者也無法參考運用。我們往回看、核子嚇阻、有限戰爭、不對稱作戰及「反退進及介入」（anti-access and area denial, 2AD），這些基本戰略觀或國家戰略也是借自其他學科。新的安全研究接受了批判哲學及後現代化主義的許多概念和名詞，另外也受到社會學很大的影響，讓本來就很少涉及哲學研究的戰略學者面對了困難。到目前爲止，傳統的戰略學界和新的戰略學界並沒有太深入的辯論或溝通。

六、歐洲面對的安全挑戰證明了新安全研究有必要加速的強化及整合。學界有必要在引用後現代主義的概念上做出必要的說明。這是西方學界在詮釋聖經及其他經典，中國學者在闡釋《左傳》、《公羊傳》、及《穀梁傳》都使用的共同作法。其次是使用的概念及哲學觀是否和當前的戰略環境相關，是否貼近眞實的社會？能否幫助資訊社會及低度發展的社會解決安全困境？這是歐洲國家面對外來非法移民時需要專業的協助。

七、美國面對的安全挑戰並不限於中國崛起及回教世界，其他還有新的問題沒有被發現。當然，強大及機動性的戰力絕對必要。目前美國的軍事超強地位屹立不搖，加上日本、澳洲、北約及其他盟邦，傳統的戰力超越任何其他國家。如何維持如此龐大兵力是財政上的一大負荷，在美國早有縮減軍事預算，列爲民生用途之意思。現在又值大選來臨，未來的軍事和國防部署可能有所調整。這也是美國要求北約及其他盟國增加國防預算的原因之一。

在強大的兵力之下，一個最根本的戰略問題是，我們要重新回到冷戰？還是回到一次大戰之前的情況？也就是說，現在的國際情勢和一次大戰之前的情況相當類似，《夢遊者》（*Sleepwalkers*）本來是描寫一戰之前國際情勢的書名，現在用來形容各大國是否恰當？更多的武器及更強大兵力可能使得我們過分自信，而失去了客觀的判斷。

新的安全議程有多新？它的內容是什麼？傳統的軍事作戰可放棄了嗎？簡單地說，新安全議程是擴大的、延伸的、增加的議程，原來指導戰爭的基本知識，視野及理念都沒有改變。我們常說歷史並沒有埋葬《孫子兵法》及克勞塞維茲的《戰爭論》，道理在此。安全研究分成傳統及非傳統是最簡便的分類，前者處理軍事及作戰，後者處理非軍事及非作戰。需要特別留意的地方是在傳統的安全研究中，又有傳統戰爭和科技化或數據化戰爭之分。以前我們只是傳統與核子戰爭之分，現在的選項更多，因爲科技更爲精準進步，核戰只是一項選擇而己，資訊作戰的範圍更高而且破壞力不容低估。前面提到的「反推進及介入」，就是這個意思。

非傳統安全議程包括了能源、反恐、國土安全、疾病、災害、毒品、環境污染、氣候變遷、貧窮、偷渡和走私。總體而言，經濟安全、數據安全、國土安全、能源及糧食安全均已包含在內。聯合國提出來的「人的安全」也只是包含其中部分而已。如此的分支學科有下列的特點：

一、非傳統安全與傳統安全的戰略研究距離愈來愈遠。能源、反恐和戰爭還密切相關，可是其他議題，例如：疾病、氣候變遷和環境保護已經不是戰略研究。換言之，非傳統安全的每一子題有它的獨立性與專業性，不是長期從事研究的人無法處理。這也是爲什麼有些先進國家已經成立專屬部會來處理氣候變遷。其他的議題也是如此，不是國防部門可以單獨處理。

二、子題之間的整合性或相關性很難建立。傳統的外交與軍事是一家，外交判斷正確，軍事上獲得勝利的例子太多。中國歷史上的諸葛亮是軍事專家，但他的外交更爲卓越，聯吳抗魏就是成功的外交。相反的，拿破崙是一代英雄，可惜外交判斷失策，敗於英國最擅長的權力平衡。現在的非傳統安全還是需要外交的配合，原因是非傳統的安全威脅是超國界的，一國單獨無法處理，伊波拉壞血病、禽流感及其他傳染病都是如此，跨國合作絕對必要。有了整體的世界合作，才能克服各子題間無法整合的困難。

三、非傳統安全的威脅性在認知上有落差。傳統的戰爭帶來的威脅不必說明，每個人都了解死亡的可怕。可是能源短缺、氣候變遷、貧窮等帶來的威脅有些不是立即的，就是疾病也有潛伏期，等到傳染到全國或整個區域，治療就很困難。有些國家因爲低度發展，民眾及菁英人士對於這些問題的認知有很大的差異。我們無法使用一致的標準，去衡量各國的可能反映。這也是「人的安全」面對的問題，以聯合國專家定出的指標，其他低度發展國家並不認爲是威脅，反而是正常的現象。有些專家提出聯合國針對氣候變遷可能帶來的威脅是誇張，等待查證。

四、科技知識太重要，而且很迫切。數據化安全帶來了這方面的問題，而且已經是英美先進國家必須處理的國家安全威脅。如何維持國家的資訊安全，已經是本世紀及未來安全研究的最大挑戰，它的長處正好也是短處，即進步太快、太方便，以致於預防措施及科技跟不上。數據化安全事實上已經獨立成爲一門專門的學科，它的影響面太廣，數據化治理、商業、教學、管理及作戰等都包含在內。最根本的改變是，電腦改變了我們的理念及生活方式，價値及判斷也會跟著改變，它已經不限於安全的範圍。

五、非傳統安全的另外涵意類似孫子所說的「出奇」，也就是不按牌理出牌，或者是逆向思考反而得勝，如此運作完全存乎一心，無法提出通則，這一然必須要由研習者自己去體會。

陸、方法論的調整

這是臺灣社會科學面對的最大難題。一是臺灣使用外國，主要是美國的教科書，一般研習者誤認爲翻譯成爲中文就是研究社會科學，不知道其中還有剽竊的學術倫理問題；二是美國社會科學是針對美國社會或工業先進國家而設計的，以美國地方之大、人口之多及制度之不同，要用在其他國家是不適合的。我們的學者及決策者大部分留學外國，帶回來的社會科學就面對了移植的問題，要成功的首要條件就是確定雙方的環境及條件都合適，最好是有自己的社會科學，即使用外文撰寫也是自己的哲學觀及看法。

戰略研究包含了戰略、戰術、戰爭、訓練、武器及後勤。一般的戰略研究止於戰略，而專業的戰略研究延伸到實際的備戰及作戰，兩者不同。中國的戰略研究有其特色，其戰略哲學的基礎雄厚、紮實，要有深刻了解需要和史學、儒、法、道、墨等經典一起研讀，最主要的是找出余英時所說的「內在理路」，因爲每一場戰爭都不同，而每一個人研讀戰爭史也會得到不同的體會。西方的戰略是「主攻」，而且是經由人力及物資力量的計算之後，決定勝負的事先評斷，是以力求勝。這些基本的方法論本質上是互補，反映出政治及戰略文化的特色，及中國人的處事之道。西方國家從此走向武器的不斷研究、改進，從火炮一直到核子彈到資訊科技，自有其基本哲理做爲驅力。不變的法則是，再精密的武器還是人去操作，而人的「內在理路」又是如此的莫不可測。

首先，新安全研究或非傳統安全研究還是要有最基本的哲學、政治及經濟學基礎。哲學是民族的靈魂，哪一個強大的民族沒有哲學？政治是至善之學，政治不能沒有權力及軍事力量；經濟學是財富，運用在作戰就是軍事預算。這三者結合起來成爲每位研究安全的必備知識是很自然的結果。另外，在科技化愈來愈重要的今天，研習非傳統安全不能沒有數學、科技史、物理學的基礎。非傳統安全要處理的自然科學問題愈來愈多，我們不能沒有這方面的知識，氣候變遷、能源及疾病都是最好的例子。在這裡我們要考慮到一個文化上的問題，即中國人的社會是謀略型社會，重人情講世故成爲行爲的模式，如此的社會化過程難免造成研習者對於戰略研究的誤解，以爲只是謀略、算計或人際問題的一部分。戰略研究涉及到的哲學思考，歷史體會及文學素養，加上作業研究或運籌學及地理學的基礎，已經超越了一般的小說世界或通俗的文化世界。戰略思考（strategic thinking）和思考戰略（thinking strategically）有異同之處，我們先了解相同的地方，也就戰略思想及理論，然後再來找出兩者的不同，處理實際的問題。

其次，前面提到的本體論、認識論、實踐論有參考的必要，可是要研習到什麼程度則依人而定。爲什麼近代的戰略家多是經濟學家出身？文人戰略家打敗軍事戰略家的例子不少，軍事強國反而輸給非工業大國的中小型國家？這些不是本體論和認識論可以回答的問題。可是，人類最基本的思辨道理、觀察情勢及分析敵我做出判斷，本來就有基本的規則可循。這是牛頓、哥白尼及伽利略們的主要貢獻。但是，論者一再提醒我們，非傳統安全或傳統的戰爭不一定全靠科學的法則，例外的情況是特別留意的。歷史上有多少失敗的成功者？

再者，本體論及認識論本身不容易了解，即使對於思辨有所啓發，在非英語系國家的研究及教學中不被認同，這是完全可以理解。沒有這些基本方法論的知識，並無大礙，原因是其他的社會科學基礎學科也會提供協助。值得強調的是，地理學和非傳統安全的相關性很高，可是一般研習者往往忽略這門學科。我們只要稍加留意，就可以發現能源、疾病、環境汙染、糧食生產、低度發展，都和地理因素有關。人爲政策的缺失、國際政治和干預或者公共衛生設備不齊全都造成非傳統安全的威脅，不過地理因素被忽略是從學習階段就出現，一直到國內或國際社會要處理這些問題，才明白知識的落差太大。地理學作爲人文及自然科學的榜樣，早在歐洲就被肯定，英德法三國的地理學相當出色，政府很早就支持海外實地考察及田野研究，造就了達爾文、赫胥黎及無數的生物學家、地理學家。今天，我們要處理的非傳統安全、地理學的知識十分相關。

接著，非傳統安全是否獨立研究？還是先經傳統安全著手，再逐步進入到非傳統的領域？依照學科分類及科學認識史的過程，先了解到人類社會及國家基本結構，然後明白共同的問題，即和平、戰爭發展及秩序，這樣進入傳統與非傳統的安全領域就順理成章。誠如前述，非傳統安全的問題性質不同，它們的專業性太高，有些和作戰無關，但是又需要長期的知識累積，所以，非傳統安全逐漸成爲獨立的學門是有其必要，尤其是氣候變遷涉及到自然科學領域太廣，不是運籌帷幄、決戰千里之外的學問，研習者自然可以進入非傳統安全的領域。

最後，非傳統安全到目前爲止都是隸屬於外交及戰略的領域。眾多的研究已經證明它是和國家發展及社會進步密切相關，不一定是戰爭的問題。國際合作確實非常必要，可是要確實的解決或者採取完善的預防措施，屬於內政的範圍。在內政方面又有更爲專業的部門，例如公共衛生及醫療、海關檢驗、出入境的管理及相關立法、能源開發及工業政策的制定。即使美國已經成立了國土安全部，它所處理還是涉及到與治安及人身安全相關的問題。非傳統安全的複雜及多元性使得我們要使用新的思維去研究，什麼是基礎學科、應用學科及專業學科都需要有仔細的規劃。

實踐滿足社會科學研究的最終項目，有些國家不討論到此一部分。在學術分工上，它是公共行政、或公共政策的一部分。照理說，非傳統安全的學習過程完成之後就已足夠。從學用合一的角度來看，我們還要去了解非傳統安全如何落實及評量績效。由於非傳統安全是嶄新的領域，有些國家新設部會專司其責。有些國家則劃歸內政部門，由司法機構或經濟部門處理。我們最常見的是在國家安全的架構下，以公共政策視之，決策的過程完全依照既定程序。如果是重大危機就要以緊急事件來處理，例如日本的福島災變、馬來西亞航空公司空難、非洲的伊波拉傳染病、韓國的「中東呼吸症候群」（Middle East Respiratory Sydrome, Mers）。

非傳統安全會演變成爲傳統安全威脅，以致於引發戰爭？這種可能性是存在的，最好的例子是1930年代的經濟大恐慌，最後引發了二次世界大戰。不過，在當時並沒有非傳統安全的想法，大家還是認爲經濟歸經濟，二次大戰的起因是德國納粹黨及希特勒的個人野心造成的。今天的北非及整個回教世界的不安定引起了民眾以偷渡方式，非法進入西歐國家，是另外的例子。伊波拉壞血病已經對於西非經濟造成嚴重損失，最嚴重的是國際恐怖主義對於美國及西方國家的威脅，目前看不出來有下降的趨勢。由於核子武器的製造及取得比以前更容易，國際恐怖份子擁有小型核子武器不是不可能的事。加上電腦網路及系統的可能被破壞，非傳統安全的危機性不容低估，長期累積之後，將會造成更大的威脅。非傳統安全就會變成傳統的威脅，而且破壞力可能更大。

綜合以上所言，我們可以明白非傳統安全的研究方法不能脫離社會科學的研究方法。至於本體論和認識論要了解多少留由研習者自行決定，目前只有先進工業國家的頂尖大學或者研究型大學才嚴格要求此一基本的科學哲學訓練。軍事院校則不一定作此要求，因爲長期以來，作戰訓練及軍事部屬完全依國家的戰略來進行。軍事體系重視的是指導全局的作戰計畫、戰略及部屬、盟國的態度及對手國的可能反應。在資訊社會的科技化戰爭所需要的戰略思考和作戰計畫已經在時間、空間和場域的了解上脫離了傳統的想法。作戰的間短、打擊精確、傷害面積縮小、平民死傷也減少。如果只是從事實際的作戰、戰略研究的方法論需要科學的精確及成本效率的掌握，而不是思辨、歸納、檢驗及軍事攻擊及保衛計畫的最後展現，如此的程序過於冗長，違背了制敵機先的最基本法則。

非傳統安全的研究目前還繼續使用國際安全及國際關係的基本理論，其中以克勞塞維茲、李德哈特及約米尼的著作最常用，其他則是冷戰結束之後，英美大學出版的安全研究教科書，整個理論架構不外乎是現實及自由主義、社會建構論、批判主義、女性主義及規範性政治哲學。後現代主義及批判主義有太多的概念不容易了解，我們比較布贊的「新安全觀」和李德哈特的「間接路線」就可以完全理解，前者根本沒有提到戰爭，而後者使用不同的戰爭、戰役來說明。這個區別就像華滋（Kenneth Waltz）的《國際政治理論》和墨根索的《國家間政治》一樣，前者對於西洋外交史隻字未提，後者使用無數的外交史個案來說明權力政治及權力平衡。學習國際安全或國際關係者還是繼續使用傳統的教材。

柒、不確定的學科和不完美的社會

國際關係在1919年正式在大學學科化時，不少學者抱怨沒有理論可用，現在的情況大不相同。即便如此，社會建構論引起不少興趣，可是它還是被認爲頂多只是一種研究的途徑（an approach）而已，稱它爲理論是不正確的。再進一步去看，新現實主義、進攻型、防守型、古典型及新古典型現實主義的區別何在，內涵又是什麼？新自由主義也是派別林立，所以，社會建構論提出之時，最初的用意是希望把兩大派系結合成爲一種理論、研究、教學及決策參考都比較系統化，可惜至今沒有成功。

國際關係已經脫離早期理論貧瘠的時代，它不是不確定的學科，可是社會建構論的前途還是不確定。以此來看非傳統安全研究也是相同的遠景。最基本的問題是傳統與非傳統的區分確有必要嗎？至少大部分的專書還只是使用「安全研究」來包含兩大類及原來的戰略研究。學界之所以如此做，在於安全、戰略及防衛不可分。爲求學術分工、決策周全、安全和戰略分出來，專門談經濟安全或科技安全，有其必要。食品安全、環保安全、海運及空運安全也是如此。這樣的分類到最後成立一種分支學科，或者問題處理（problem-solving）而已。論者主張國際安全應該和國際關係區隔開來，自立門戶，形成安全研究，內部再包括國際、國內及區域安全三大主要領域。當然，也有不少學者已經使用世界安全（world security）做爲總學門，這和世界政治、世界經濟、世界史及世界地理的科學分工原則是相同的。這一切都要再進一步觀察才能看出發展的趨勢。

以目前學界及政界的作法，學術和行政還是有分工，非傳統安全的問題和戰略及戰爭不同，涉及到民事及內政地方太多，公共政策畢竟和國防政策不同，研究方法自然有差異，行政權責各有專責，不能相混。美國學界使用「新安全議程」有其道理。本來的「議程設定」就是輿論或知識社群的意見。經過媒體討論，再經由國會的法定程序形成提案，最後成爲法案，或者沒有拘束力的決議案，或者被打消。成立法案的提案或原來的公共意見就成爲政府的政策，分配預算交由權責單位去執行。其他發展國家的制度不同，不完全依照這個程序，但是其他民主國家的程序大致相同，使用「新安全議程」普遍被接受。

其實，「安全議程」或「安全體制」（security regime）都是表示知識社群對於國內及國際社會的關注。所有社會科學應該貼近社會，這是最簡單的道理。形式或名稱很重要，比它更需要留意的是內容及社會貢獻度及政策影響力。非傳統安全的問題確實相當專業，不是一般公務人員、國防及外交官員可以單獨處理。在研究上，學科整合十分必要。由於整合的難度，或者時間不允許，非傳統安全還是留在各自的專業領域，例如食品安全、傳染病、災害造成傷亡等必然由醫療及衛生單位及專家負責。能源、氣候變遷、國際恐怖活動、數位化入侵及電腦破壞系統更是專業。先進國家的作法是成立專責部會來負責行政部分，例如國土安全部、氣候變遷部、能源部，在研究及教學部分則由單獨的學程（program）、研究中心或個別的課程來進行知識的傳授。不少國際基金會及國際組織定期舉行評估會議或撥專款進行專業研究。南海的島嶼主權爭議及海洋資源開採、海道活動及懲治、颱風及海嘯、森林過度砍伐、空氣汙染、食品及藥物安全、國際勞工都是亞太地區主要的非傳統安全問題。

問題的解決累積行政經驗、跨國合作的實踐及互信、學界自然會形成肯恩所說的「科學革命」，或者說知識的啓蒙。到時候非傳統安全自然成爲確定、共認的學科或學門。這一切都需要一段努力的過程，反過來看神學、法學、醫學及史學，每一學門經過了上千年以上的努力才有今天的地位。非傳統安全在國際關係或國際安全學門之下，繼續成長應該指日可待。

由於學科的不確定，我們只能使用解決問題的途徑來處理。在目前的不完美的社會之中，新的安全威脅不斷出現，有些是結構性的，有些是突發性的，就像疾病一樣，我們盡可能做好公共衛生及食品安全，但是疾病不可能完全根除。國際社會的發展程度、文化、制度、歷史、地理都有不同，國內社會只有貧富差異、城鄉差距、世代隔閡，衝突不可避免，犯罪更是如此。進步如美英法等國，青年鬧事、族群衝突、治安事件或恐怖殺害頻傳，如此不完美的社會更需要我們的關懷及仔細研究，找出問題的因果關係。所有的社會問題，不論是國際或國內，事先預防、一定可以降低傷害，更快可以解決。要達成這個目標，事先一定要有科學性的研究、完整的資料庫、標準作業程序及必要的演練或兵棋推演。

捌、結　語

非傳統安全是不確定的學科，主要是非常年輕、需要學界共同努力，讓它能夠很大的長大、茁壯。前已述及，國內研究社會科學長期以來使用英文資料，翻譯吸收之後即以爲大功告成。事實上，各國知識社群以英文撰寫論文及學者無不提出自己的見解，語言只是表達及溝通的工具。非傳統安全除了實際的行政處理措施、專業的協助之外，就是對於每一項問題的了解，涉及到不只是國際關係或公共外交的話語權（the discursive power）而已，它是一種知識的傳播、議程的主導、災害的預防和消除。對於一向關注外交及戰爭的臺灣學界先進及朋友來說，這是充滿挑戰及機會的新領域。

正因爲如此，我們很希望大家能夠繼續不斷的充實研究的內涵，南海地區是一個很重要的領域，東南亞及東北亞同樣重要，大家更關心的是中國大陸的發展，十三億同胞所可能涉及的非傳統安全問題何其多？整個亞太地區對於非傳統安全有更高的敏感度及關切度，大家投入的心力及物力更多，最主要的是研究的成果能夠更具體，更有效的預防和解決我們共同的問題。非傳統安全最大的特色就是，它是和每一位民眾每一天的生活息息相關的。單就此而言，我們的研究是相當有意義的。

第2章　本體安全視角下的臺灣非傳統安全——威脅與機會初探*

張登及

壹、前　言

對臺灣安全的研究，過去多半是依循國關理論主流的現實主義框架來進行。但冷戰結束後，無論是張力強大的恐怖主義，或靜水流深的傳染病、氣候變遷、糧食短缺與網路駭客，非傳統安全問題也開始日益受到學界的重視，並與傳統安全進行嘗試性的連結[1]。筆者認爲，臺灣安全研究開始重視非傳統安全，雖不能說是典範轉移，但隨著臺海兩岸物質權力（material power）差距的日益懸殊，且建構主義與後現代、後結構主義的理論發展，臺灣公眾對非傳統安全的關注必然會繼續向前推展。而且無論是理論界或國內的官方與媒體，也都會愈來愈重視臺灣面臨的非傳統安全威脅。

筆者則要指出，無論是食品、糧食、氣候、網路、疫病問題，這些臺灣面臨的非傳統安全都與一個核心項目相關，即「本體安全」（ontological security）。本體安全涉及行爲主體的自我認知和「人我關係」，也就是身分界定，並依此對傳統安全所重視的「威脅感」（與機會感，亦即損益預期）發生重大影響。因此筆者要假定本體安全是傳統安全的重要組成部分，並結合社會學與心理學的相關論述加以延伸運用，初步探討決定「威脅vs.機會」認知彼此升降的情境類型（types of scenario）。

貳、本體安全：傳統安全的天然成分？

傳統的國家安全概念可以用國際關係學說中的現實主義理論直接說明，特別是學界一般公認科學化較高、推論最爲簡潔的結構現實主義。綜合美國結構現實主義者華爾茲

---

* 本文結合社會學與心理學兩種分析途徑，其中社會學的部分理論段落已發表於「本體安全視角下的恐怖主義：以英國倫敦七七恐怖攻擊事件爲例的分析」，**問題與研究季刊**，第48卷第4期（2009年），感謝季刊同意筆者轉用。心理學的部分成果曾與石之瑜共同發表於「中國崛起的意義」，**文化研究季刊**，第8期（2009年），感謝石之瑜教授同意筆者援用。

1 例見張登及、蔡育岱、譚偉恩，「兩岸未來互動模式之研究：以「自由聯繫邦」爲基礎之探析」，**全球政治評論**，第35期（2011年7月），頁29-51。

（Kenneth N. Waltz）與米爾斯海默（John J. Mearsheimer）兩位的見解，可以把傳統安全的核心和條件扼要地陳述如下[2]。

現實主義總是認定國際政治永遠處於「無政府狀態」，「國家」又是國際政治的主要行爲者。由於無政府狀態下誰也無法確知其他行爲者的意圖，況且國家都具備可正當行使並傷害彼此的武力，使得每個國家的生存都時時處於高度不確定的恐懼中。在這種環境下，國家的生存唯有依賴自助，也就是提升能用於攻、守的物質能力，尤其是經濟和軍事實力。依照這些假定和推論可以得知，國家利益之所繫即在於國家的實體的存在。此一實體的存在則依賴經濟與軍事能力，對實體的安全威脅就是破壞和削弱國家的經濟與軍事能力，使國家實體存在的不確定性增高。這樣的安全概念就是現實主義下的傳統安全，也可以稱爲「實體安全」（physical security）[3]。只要現代國際體系持續存在，實體安全就仍將是國家安全的終極判準。即便是強調「文明衝突」的知名學者杭廷頓（Samuel P. Huntington）也承認，文明的浮沉和國家的興衰，最終還是取決於它們物質成就的表現[4]。基於類似理由，現實主義者認爲九一一恐怖攻擊並未眞正影響美國的權力和優勢，「反恐戰爭」只是國際政治的插曲[5]。如果我們接受這樣的判斷，未造成大國戰爭的非傳統威脅，不會對國家本身的實體安全和核心利益構成根本影響。

國家要在自助的條件下保障和增加其能力，必須仰賴一定程度的自主權（autonomy），在現代國際政治與國際法上，稱爲主權（sovereignty）。然而吾人必須注意，主權概念不是自古即有，也不是亙古不變[6]。若干研究顯示，前現代國際政治體系的行爲者並沒有現代國際法意義上的主權概念，卻不妨礙它們發展自助的物質性力量以維持自主[7]。

---

2 米爾斯海默，大國政治的悲劇一書與「向臺灣說再見」一文可說是現實主義理論家嚴格依照傳統安全概念，做出與臺灣安全相關最集中的陳述。請見John J. Mearsheimer著，潘崇易、張登及、王義桅、唐小松等譯，「向臺灣說再見？」（Say Goodbye to Taiwan），**大國政治的悲劇**（*The Tragedy of Great Power Politics*）（臺北：麥田出版，2014年），頁475-493。

3 亦有譯做「物理安全」。請見Jennifer Mitzen, "Ontological Security in World Politics: State Identity and Security Dilemma," *European Journal of International Relations*, Vol. 12, No. 3 (September 2006), pp. 342-343；Brent J. Steele, *Ontological Security in International Relations: Self Identity and the IR State* (London: Routledge, 2008).

4 Samuel P. Huntington, *The Clash of Civilization and the Remaking of World Order* (New York: Touchstone Press, 1996), pp. 83-84, 92-95.

5 Kenneth N. Waltz, "The Continuality of International Politics," in Ken Booth & Tim Dunne, eds., *World in Collision: Terrorism and the Future of Global Order* (New York: Palgrave Macmillan, 2002), pp. 348-354。美國估計九一一事件造成的損失達800億美元，其中半數由保險公司完成理賠。請見Howard Kunreuther & Erwann Michel-Kerjan, "Policy Watch: Challenge for Terrorism Risk Insurance in the United States," *Journal of Economic Perspectives*, Vol. 18, No. 4 (Fall 2004), pp. 201-214，依照上述數據估計，則九一一事件導致的美國損失，約合事件次年（2002年）GDP的0.8%。

6 關於主權概念的系譜學考察，可參閱Jens Bartelson, *A Genealogy of Sovereignty* (Cambridge: Cambridge University Press, 1995)；有關主權被誤用爲超歷史、跨區域概念造成的影響，請參閱Benjamin De Carvalho, H. Leira, & John M. Hobson, "The Big Bangs of IR: The Myths that Your Teachers Still Tell You about 1648 and 1919," *Millennium: Journal of International Studies*, Vol. 39, No. 3 (March 2011), pp. 735-758.

7 西藏與中國的歷史上的「主權」關係是一個很有意思的案例。請見張登及，「現實主義的僞善？國際政所以現代主權觀念對國家保障傳統安全的功能，實不僅限於發展傳統安全所需的物質力量，還在於主權有助於現代國家強化一個邊界想像，以及有形的領域（territorial）與邊境管制。這些現象與前現代國家不盡相同，導致的「安全化」（securitization）效果也因此不同[8]。這一「理念想像——管制實踐」，有助於國家內部的成員接受現代國際政治無政府狀態下有關的安全假定，以憑確認我們（We）／他者（Others），和敵／我等等區隔。這也是「差異政治」（politics of difference）研究的主題之一[9]。確立差異即是同時在國防與心防上，以實踐鞏固「我們」的邊界和邊境，防止「我們」渙散、流動，使「異己」得以滲透並引發混淆。雖然實證上，沒有任何國家能同時完整確保所有領域的主權，但筆者認爲，「自主」與「邊界／境」兩個要素是主權的核心，主權則是保障國家能力的前提，應無疑問[10]。

上述傳統安全的討論其實已經涉及本體安全（ontological security）的一個簡易出發點：「自我」（the Self）。假定微觀／宏觀層次，個人行動者與團體行動者都具有作爲體系中的單位而行動的能力（agency）[11]，則行動者的自主權和邊界設定，都必須要以特定的「自我」（the Self） 概念的存在爲條件。沒有自我，則安全政策就失去了要保護的對象。沒有自我，就是「敵人」也將喪失攻擊的目標。這是何以杭廷頓提出「文明衝突」的命題時，反覆強調「我們是誰」（Who we are）的原因。當代國際關係研究也因此愈來愈重視認同政治 （politics of identity）的問題[12]。

不過「自我」是否必然注定要與「他者」（Others）處於這種永恆的衝突與緊張之中，就像現代西方社會哲學所假定的國家與社會間的對抗關係一樣，只能靠各種「社會契約」（social contract）來調節？這其實是一個哲學人類學（philosophical anthropology）問題。筆者認爲現代西方的社會哲學立足於一種霍布斯—洛克式的、原子化的「佔有式個人主義」（possessive individualism）之上，其對「正義」的思考也本於同一邏輯[13]。而西方主流社會學也以現代化論（modernization）的觀點看待自我與他

治主要行動者對「西藏問題」立場演變的理論反省」，蔡增家編，**中國轉型研究：2000年後政治、外交、經濟與社會之轉變**（臺北：政大國關中心，2011年），頁265-290。

8 「安全化」是國際關係理論哥本哈根學派的重要概念，請見Bill McSweeney, "Identity and Security: Buzan and the Copenhagen School," *Review of International Studies*, Vol. 22, No. 1 (January 1996), pp. 81-93.

9 David Cambell, *Writing Security: United States Foreign Policy and the Politics of Identity* (Manchester: Manchester University Press, 1998).

10 Stephen D. Krasner, "Sovereignty and Its Discontent," in Stephen D. Krasner, ed., *Sovereignty: Organized Hypocrisy* (Princeton: Princeton University Press, 1999), pp. 3-42.

11 關於「國家」作爲團體行動者，是否有與個人相同的行動能力的爭論，請參閱Colin Wight, "State Agency: Social Action without Human Activity?" *Review of International Studies*, Vol. 30, Issue 2 (April 2004), pp. 269-280。

12 Rawi Abdelal & Alastair I. Johnston: "Identity as a Variable," in I Yuan, ed., *Is There A Greater China Identity?* (Taipei: Institute of International Relations Press, 2002), pp. 19-50.

13 經典性陳述請參閱C. B. MacPherson, *The Political Theory of Possessive Individualism: Hobbes to Locke* (Oxford: Oxford University Press, 2010)。

者的二元性，認爲是社會演化的結果[14]。但東方世界的許多哲學流派（包括中國、印度、日本）則並不把「自我」等於個人主義的「我執」。它們或假定從小我、大我（各種層次的社群）直到自然的彼此交融辯證的關係，或根本認爲社會賦予的角色可以被超越，而臻至無我的存在狀態[15]。如此一來，非霍布斯—洛克式的自我，可能開展出完全不同的本體安全視野[16]。簡言之，霍布斯—洛克式的自我並不是傳統安全的「天然成分」。這種本體的能動性是否可以賦予臺灣一種反思安全的新動力，由於偏離現代國際關係典範較多，本文只在稍後的段落略加討論這個問題。

參、社會學：「自我」的誕生與「自我」的安全

社會學又稱「群學」，因爲「自我」不可能離群索居，而需要經營社會生活。但是「自我」對於行動者來說，並不是一個與生俱來的觀念。沒有任何人出生時就知道「我」是「誰」。這個「誰」的認識，就是一種主體性的存在狀態。所以與其說「我／誰」是理所當然、固定不變、與生俱來，不如說它是一個行動者與「他者」，包括外在的自然和社會互動的產物。它一方面由行動者所處的環境所形塑，卻同時能對環境做出反饋。這是由於「人」作爲能動者，具有反思與自覺能力，而非純然爲物質或符號世界所制約。

英國社會學理論家紀登斯（Anthony Giddens）在重新檢視現代性的特質時，經由回顧現象學、語言學、存在主義哲學和心理學的成果，檢視了自我的存在條件[17]。紀登斯的論點雖與安全研究沒有直接關連，卻可當作「本體安全」研究中，「自我」概念的起點。他認爲，自我是行動者假定時間與空間的延續，對自身經歷的反思性理解。而且此一自我之理解，必須被反覆實踐，得出某種常例，才能維持不墜[18]。然而行動者注定要面對實在的無限與雜亂。行動者的日常生活要延續下去，用現象學的話講，必須將這些雜亂「放入括弧」（bracketing）[19]。而且「實在」往往並非此時此刻的直觀可

14 經典說明請參閱Talcott Parsons, *The Evolution of Societies* (New York: Prentice Hall, 1977)。

15 請見黃光國，**知識與行動：中華文化傳統的社會心理詮釋**（臺北：心理出版社，1995年），頁138-151。

16 臺灣社會學前輩葉啓政教授對此問題已有深入的相關探討，特別是該書第七、八章。請見葉啓政，**進出「結構—行動」的困境**（臺北：三民書局，2004年），頁246-370。

17 Anthony Giddens, *Modernity and Self-Identity: Self and Society in the Late Modern Age* (California: Stanford University Press, 1991), p. 35；關於現象學與維特根斯坦語言學對當代社會科學理解人類作爲具有反思自覺（reflexive awareness）的行動者的貢獻，請參閱Jurgen Habermas, *On the Logic of the Social Sciences* (London, Polity Press, 1988), pp. 89-170。若進一步追究行動者的反思性，也將使討論延伸到哲學人類學與社會科學的本質，本文此處不擬追索，但此一線索足證「安全研究」可能具有的縱深。

18 Anthony Giddens, *Modernity and Self-Identity: Self and Society in the Late Modern Age*, pp. 52-53.

19 關於現象學學者胡賽爾（Edmund Husserl）簡明的解說，請參閱 “Edmund Husserl,” Stanford *Encyclopedia*

以經驗，還包括用語言符號來媒傳的，一種「不在場」的實在。因此自我的概念，正是帶領行動者穿越時間與空間的零碎感，爲身體（body）與身分想像帶來連續感的必要框架。此框架可以透過對語言符號的特定解釋，爲行動者回答「存在」與否的根本問題。可以說，這一「自我」的相對穩定，即是「本體安全」[20]。在分化變遷快速的「現代」風險社會，關於自我的性質與安定與否的問題，對社會學而言又變得更爲迫切。

紀登斯等學者將上述自我概念框架的發展，溯源至嬰兒與照護者互動的經驗。這便與精神分析等心理學的學說有關[21]。自我也可以是一個社會語言性（sociolinguistic）的複合體。其語言上的基礎即在於主詞與受詞「我」（「我們」）、和「你」（「你們」），以及「他」（「他們」）的發展和分化。以國家團體而論，套用安德遜（Benedict R. Anderson）的話講，就是所謂的「想像共同體」[22]。它有助於把時常變動不居的「自己」[23]和不斷變化的環境統整成一個有意義、可理解的、時間上的連續主體，並且用一套特定的語言和論述再現出來，而不使自我淪爲無意義的、不連續的、粉碎的片段。這樣的「自我」在紛雜的環境中，才能找到一個相對穩定的「身分」（identity）。

易言之，自我必然是在特定的社會環境中形成，且以特定的語言（無論如何原始或複雜）來表達。它還必須要靠自己（the self）透過實踐去反覆證明和鞏固，成爲一套規律化的日常行爲模式[24]。沒有社會就沒有自我；沒有表達自我的語彙，自我也將陷入「失語」狀態：無法說也無法被聽到（to speak and to be heard）。一個「自我」與所熟悉的社會關係發生斷裂，以致於既往的日常生活模式無法繼續，甚至危及自我該如何被表述時，如果這個「自我」不能康復，「自己」就無法了解「自我」，則其實體安全和物質力量再充裕，也無法阻止更嚴重的「問題」的發生。

基於上述現代社會學式的分析，不僅本體安全概念變得較爲清晰，行爲者保衛本體安全的原因也更容易理解。本體的安全其實就是「自我」身分與認同相對穩定地固著，以降低自然、社會環境變化以及他者帶來的不確定性，並使生活中一系列的選擇和決策保持一貫（integrity），並強化原來的自我觀念。對本體安全的威脅，則是對上述「自

---

of Philosophy, http://plato.stanford.edu/entries/husserl/ (accessed: Oct. 12, 2015)

20 Anthony Giddens, *Modernity and Self-Identity: Self and Society in the Late Modern Age*, pp. 36-43.

21 Anthony Giddens, *Modernity and Self-Identity: Self and Society in the Late Modern* Age, p.38; Julia Kristeva, *In the Beginning Was Love: Psychoanalysis and Faith* (New York: Columbia University Press, 1987)；石之瑜，「精神分析對主體性的再詮釋」，石之瑜編，**社會科學方法新論**（臺北：五南圖書，2003年），頁271-292。

22 Benedict R. Anderson, *Imagined Communities: Reflections on the Origin and Spread of Nationalism* (London: Verso, 1991).

23 這裡小寫的「the self」指個人物理的存在自身。大寫的「The Self」指前述物理存在在社會條件中轉化造成的，關於「自我」的認識。

24 Anthony Giddens, Modernity *and Self-Identity: Self and Society in the Late Modern Age*, p. 43; Janice Bially Mattern, "Why 'Soft Power' Isn't So Soft: Representational Forces and the Sociolinguistic Construction of Attraction in World Politics," *Millennium: Journal of International Studies*, Vol. 33, No. 3 (March 2005), p. 601.

我」想像和一貫性的干擾和改變，使其再現（represent）「自我」的話語與社會資源面臨挑戰，甚至可能陷入無法再現自我的失語狀態[25]。換言之，要維護本體安全，行爲者至少有兩個基本選擇：一是透過實踐，調動能力與資源，維護原有的自我概念和想像。例如美國的反恐戰爭或伊斯蘭國（Islamic State of Iraq and the Levant, ISIL）的恐怖主義行動，都是如此；第二個選擇則是對自我的身分與認同內容作調整與修正，使之適應新環境與新情況。這兩個選擇可以單獨存在，也可以同時發生。前文所說東方哲學中的自我超越，接近第二種情況。

肆、心理學：關於自我認識的兩種需要

人類對於區分「自我」與「他者」關係的需要（needs），始自兩項原因：1.自我尋找歸屬感的需要；2.抗拒群體以自我爲中心的需要。這兩種需要處在一種緊張的狀態，都有深層的基礎，因而影響著行爲者在面對群己關係時的選擇。

與社會學類似，心理學認爲這種緊張關係的基礎也源於嬰兒初生時期，由於自我脫離母體而產生對自己的負面感受，也導致對母體外的環境之厭惡與焦慮。首先，自我承受的就是地心引力帶來的墜落的力量以及腹餓的感受。早期對自我存在本身的負面感受，倘可因爲母親的懷抱與哺育而平撫。母親容忍嬰兒的依賴猶如賦予嬰兒期的自我宰制世界的權力，使嬰兒在需要時總能獲得關懷與保護。這樣的處境隨著自我的成長而有變化，母親的角色逐漸一分爲二。母親的關愛證實了自我的安全；母親的規訓則始自我產生被拋棄感，自我最早的「恐懼」因而產生。

兩種母親的角色都在自我語言能力完整之前就進入記憶，這樣的記憶缺乏文字，因而只能是情感的與潛意識的。具有語言再現能力的自我成形後，社會規範隨之而來，自我與社會之間衝突難免。社會作爲大的「他者」，取代了母親的雙重角色。社會一方面是自我攫取資源的機會和母體，另一方面是對規訓自我甚至拋棄自我的威脅來源[26]。

前段心理學的簡明分析顯示了一種自我與他者（社會）間的複雜權力關係。自我一方面需要從他者處汲取資源並確認身分，但同時也需要防範他者對自己的限制甚至拋

25 Janice Bially Mattern, “Why ‘Soft Power’ Isn't So Soft: Representational Forces and the Sociolinguistic Construction of Attraction in World Politics,” pp. 601-602.

26 精神分析視角的相關討論可參閱米爾頓等（Jane Milton, et al.）著，施琪佳等譯，**精神分析導論**（*A Short Introduction to Psychoanalysis*）（臺北：五南圖書，2007年）；米切爾等（Stephen A. Mitchell, et al.）著，陳祉妍等譯，**佛洛依德及其後繼者：現代精神分析思想史** (*Freud and Beyond: A History of Modern Psychoanalytic Thought*)（北京：商務印書館，2007年）。心理學的精神分析途徑對嬰兒期形成獨特的「主／客」、「滿足／挫折」等等的重要貢獻。請見梅當陽，「概談self psychology對精神分析的貢獻」，**西安心理諮詢網**，2007年10月5日，http://www.xapsy.com/Show_Article.asp?ArticleID=3443。

棄。所謂權力，指的是汲取和控制的需要，控制的需要強，爭取權力的意志就強大，控制與汲取需要強卻無法控制，便需要尋求更強者代爲控制。自我居於控制者需要宰制對象，對象可以是物體也可以是群體（「他者」）。尋求代爲控制的強者時，自我就可能同時被這種強者控制，但這種緊張關係可以透過對最大控制者（例如「大我」或宗教）的認同獲得紓解。這說明群體歸屬裡的大我作爲一種他者，與自我是相互衝突又相互建構的。

精神分析學中的本我（id）展現自我中心的需求，超我（super ego）則彰顯歸屬於群體的需求。歸屬於社會的需要產生求同的過程，展現自我中心的需要則產生排異的過程。前者因爲「自我」達不到被認可的目的而沮喪，促成自我調整與放棄目標兩種行爲；後者因「自我」滿足而有熱情，因排斥「他者」而有仇恨，促成追求與排斥兩種行爲[27]。

從自我中心與群體歸屬兩種意識在社會生活中產生兩種欲望的衝突，一種是回歸自我中心繼續「主宰」的欲望，另一種是歸屬於群體成爲有意義「參與者」的欲望[28]。不論是自我中心欲望的滿足或群體歸屬欲望的滿足，都可能引發行爲者之間的「機會」感與「威脅」感。

這些機會感與威脅感實際上先於認知的邏輯推論與道德判斷而存在。比如臺灣公眾對「中國」的認知所調動的邏輯鋪陳與價值論述，根據認知心理學的實驗結果，其實是既定傾向的事後圓說之詞[29]。依照一項通過普遍心理學實驗的發現，每一項認知在儲存到大腦記憶庫時，都伴隨著一個類似於情感袋的附屬物，當爾後大腦受到外界刺激時，首先動員的是情感袋，一旦情感傾向決定了之後，才漸次帶出符合情感傾向的認知[30]。

這樣的推論得到一個對國際政治研究造成重大衝擊的結論：現實主義或自由主義的邏輯其實只是後見之明，主體的威脅感與機會感的情感才是產生在前，具有關鍵影響的自變數。所以心理學的視角認爲「情感」是最具有預警功能的情報，因爲它比物質利害關係的盤算能更快的掌握到行爲者的「需要」，幫助行爲者去簡化對複雜世界資訊過多

---

27 深入分析請見Anna Freud, *The Ego and the Mechanisms of Defense*, Reprinted Version (London: Karnac Books, 1992).

28 Sigmund Freud, *Group Psychology and the Analysis of the Ego* (New York: Liveright, 1951); Julia Kristeva, *In the Beginning Was Love: Psychoanalysis and Faith*; Harold D. Lasswell, *Psychopathology and Politics* (New York: Viking 1962).

29 Milton Lodge & Patrick Stroh, "Inside the Mental Voting Booth: An Impression-Driven Process Model of Candidate Evaluation," in Shanto Iyengar & James McGuire, eds., *Explorations in Political Psychology* (Durham, NC: Duke University Press, 1993), pp. 225-263.

30 Milton Lodge & Patrick Stroh, "Inside the Mental Voting Booth: An Impression-Driven Process Model of Candidate Evaluation," pp. 225-263。關於價值認知與道德判斷的心理機制，另可參閱鄭昭明，**認知心理學：理論與實踐**，（臺北：桂冠，2006年）；Joshua Greene, M*oral Tribes: Emotion, Reason, and the Gap Between Us and Them* (London: Penguin Books, 2014).

難以一一解讀的困擾[31]。

情感的種類不勝枚舉，經過相關性分析又可以大別爲三：焦慮感、機會感與排斥感。行爲上，焦慮感促使人傾向防衛；機會感促使人傾向爭取；排斥感促使人傾向逃避或毀滅。焦慮感與威脅感是相互引發的，具有促進行爲的作用；沮喪感與排斥感是相互加強的，具有抑制行爲的作用[32]。例如目前許多臺灣人對「中國」作爲臺灣主要的「他者」感到鄙夷與憎惡，卻還無法想出因應之道時，沮喪便是促成不做爲或逃避、忽視背後的情感基礎。

此外，人們對他者的認知的程序有兩種，一種是蠶食法，另一種是鯨呑法[33]。蠶食法是指自我對於認知對象的認識先經過各種指標的歸納後加以判斷，這些指標是社會對事物進行認識的既有參考基礎，比如性別、省籍、黨派、世代，都已經是社會廣泛共享的認知，行爲者對這些指標往往已經具有某種情感傾向：焦慮、機會或排斥。情感傾向的動員，影響自我對其他資訊的歸類標籤，所以具有先入爲主的優勢。鯨呑法是指認知對象本身已經長期被自我所觀察，因此不需要仰賴其他細瑣特質來判斷其屬性後才產生好惡。當一種包含各種特質的「他者」一再出現，則之後就不需要經過比對，即刻便可產生對這個他者的情感。這樣的心理機制主導了後續從認知與記憶動員對此一事物的其他認知[34]。

當這樣的事物一旦出現變化，未必立刻被自我有意識的偵測到。但如果這樣的事物是自我生活中所依賴的重要參考依據，則些許變化便足以在認知發生前就引起情感焦慮，焦慮感進一步引導自我的認知判讀此一變化的意義，從而決定變化所代表的是什麼機會或什麼威脅[35]。

「中國」對臺灣的自我而言，就是一個可能包含了各種特質如廣大、東方、落伍、儒教、社會主義、熊貓、天安門、黃禍、蠻橫、龍、黑心商品等等特質的「他者」。對許多人而言，由於已經形成對這一他者的刻板印象，因而當與中國有關的新事件、新聞出現時，心理上不需蠶食法重新採證，便可判斷其性質是威脅或機會，會加以抵制、批判還是會利用、爭取。十多年來「中國崛起」的相關事件無時無刻不在臺灣周圍發生，這個他者對臺灣人的意義也複雜多變，自然會隨之不斷產生相互混雜的機會感與威脅感。

---

31 George E. Marcus, et al., *Affective Intelligence and Political Judgement* (Chicago: University of Chicago Press, 2000).

32 Martha L. Cottam & Richard W. Cottam, *Nationalism & Politics: The Political Behavior of Nation States* (Boulder: Lynne Rienner Publishers, 2001).

33 Susan T. Fiske & Stephen L. Neuberg, "A Continuum of Impression Formation, from Category-based to Individuating Processes: Influences of Information and Motivation on Attention and Interpretation," in Mark P. Zanna, ed., *Advances in Experimental Social Psychology* (New York: Academic Press, 1989), pp. 1-73.

34 Paul M. Sniderman, Richard A. Brody, & Philip E. Tetlock, *Reasoning and Choice: Explorations in Political Psychology* (Cambridge: Cambridge University Press, 1993).

35 Drew Westen, *The Political Brain: The Role of Emotion in Deciding the Fate of the Nation* (New York: Public Affairs, 2007).

伍、威脅與機會：中國他者的效應

同一個現象對自我可以帶來機會感，也可以帶來威脅感，端視自我中心的需求較強，還是群體歸屬的需求較強。用社會學的概念來講，即是互動雙方的自我強調的是個人主義或群體主義。例如若是自我的認知是在個人主義的環境面對「他者」的競爭，因爲自我滿足的能力受到擠壓，形同面對一股抑制自己的力量，於是威脅感與排斥感會被強化。臺灣面對「中國崛起」的現象，社會與心理的背景即是個人主義，所以威脅感與排斥感較常壓倒機會感。臺灣近十年的政經發展造就了高度個人主義的風氣，但也吊詭地以臺灣土地作爲個體自我間最終的情感歸屬點、集中點和道德判準。在這樣的社會語境中，中國成爲臺灣「自我」話語被壓迫、感情無法抒發的傷悲根源。臺灣「個人」只能回歸臺灣「土地」，造成臺灣身分的主要話語包含了個人主義、自由主義，卻也有強大的保護主義、社會主義色彩等多元浪漫的前衛論述。其中「中國崩潰」的元素有趣地協助緩和臺灣的被威脅感，參加美日「再平衡」（rebalancing）和「圍堵中國」創造了自我主體性滿足的機會感。

此處關鍵變數是「自我」與「中國」在社會學的本體論與心理學上的歸屬或疏離關係。社會與心理的驅策力促使「自我」必須回應自我與中國的關係，便有上述自我中心與群體歸屬兩個面向：一是從自我中心出發，問「中國」是否與「非中國」（中國之外的其他行爲者）屬性相同；二是從群體歸屬出發，問「中國」是否必然獨立於「非中國」之外，還是兩者可以整合而屬於同群（某種「大我」[36]）。簡言之，自我的認同需要與歸屬需要，分別使「中國」這個他者成爲情感的來源與對象，所以「中國」會引發臺灣「自我」的機會或威脅的情感。

心理學的「情感」方法論上是個人主義的，如何擴及社會乃至大我的政治社群呢？答案是威脅感與機會感可以「傳染」。傳染的途徑是透過從認知上進行角色指派來完成。例如臺灣網民根據自我對「中國」的情感傾向，對於在認知上自認爲不屬於中國範疇的其他自我加以動員[37]。如果認爲中國是威脅，便動員其他自我作爲我的盟友，協助打擊造成威脅的「他者」。被動員協防的其他行爲者獲得善待與信任，對行爲者產生好感，便接受行爲者認知中的中國威脅。反之，如果認爲中國是機會，行爲者便與其他行爲者競爭在中國的資源。其他行爲者被視爲是競爭者，他們對自己在中國的機會也採取積極的作爲，於是中國益加顯得是機會。行爲者還透過「自我」對中國或其他行爲者的行爲，將前者情感傾向，傳染給中國或國外的其他行爲者，引發中國或其他行爲

---

36 例如自由聯繫邦、邦聯、某種「屋頂」。請見張登及、蔡育岱、譚偉恩，「兩岸未來互動模式之研究：以『自由聯繫邦』爲基礎之探析」，頁29-51。

37 James M. Glass, *Psychosis and Power: Threats to Democracy in the Self and the Group* (Ithaca: Cornell University Press, 1995).

者對號入座扮演某種「角色」，這就是情感與「自我」角色的建構、價值共享（shared values）與傳染。

在國內，一個視「中國」他者爲威脅的群體或個人，透過對中國的高度警覺與批判，若因而引發「中國人」（或其他認爲中國是「機會」而非「威脅」的事物）的駁斥，更可以確認中國「他者」對臺灣「本體安全」的威脅：壓制自我的文本建構，造成「失語狀態」。受到危脅的群體與個人也可以在即便無法確認物質性威脅程度的情況下，設想非物質的威脅證據，使恐懼傳染並動員拒斥感，影響到在旁等待接受動員的第三者。後者在恐懼與動員的氣氛下，共同蒐尋合理化威脅感的文本，同時也循環地引發「中國人」（或其他認爲中國是「機會」而非「威脅」的臺灣人）的負面情緒，此一「安全化」效果使自我與他者都彼此強化邊界感並鞏固威脅感[38]。

對本體安全的威脅印象在不同行爲者間引發不同反應。各個群體之內先透過社群網站如Facebook、Twitter與大眾傳播機制相互傳染，群體之間則透過各種國際交流機制（如會議、論壇）相互傳染。傳染的是強化與動員情感的文本，而不是「物質性威脅」的計算和評估。然後情感帶動對「他者」的後續認知[39]。換言之，行爲者在動員其他行爲者之前，會先動員其機會或威脅的情感而不是現實主義的利益計算，繼而供應關於機會或威脅的文本（texts），鞏固自我／我群的身分論述，維護自我／我群的本體安全。但如果行爲者之間的情感發生牴觸，則各自根據情感調動記憶中的認知圖像相互「踹共」、「嗆聲」，這反而更強化彼此的排斥感與威脅感，並導致相互疏離或攻擊。而這樣的相互「嗆聲」，關係到國人共屬的群體是何屬性，也就關係到「自我」的存在意義。

陸、結　語：臺灣本體安全的四種視野

根據前文社會學與心理學對「自我」在非傳統安全中關鍵作用的分析，本文初步歸納出臺灣本體安全意涵上，四種面對中國「他者」的認知屬性，可以稱爲「臺灣vs.中國本體安全分析框架」（請見表2-1）。

38 James M. Glass, *Psychosis and Power: Threats to Democracy in the Self and the Group*.

39 如以太陽花學運爲案例的社群網站動員分析。請見信強、金九汎，2014，「新媒體在太陽花學運中的動員與支持作用」，發表於1995-2015兩岸關係回顧與展望研討會（騰衝：全國臺灣研究會主辦，11月7日）。

表2-1　臺灣本體安全的四種視野——以中國為首要「他者」

自我中心／群體歸屬	他者與自我身分相同	他者與自我身分差異
他者與自我無可能共屬更大群體	1.中國與臺灣是涇渭分明的民族國家 本體不安全：威脅 前景：一邊一國或統一	3.中國是與臺灣涇渭分明的另一「文明」或者「國家」 機會與威脅並存 前景：中國崩潰
他者與自我有可能共屬更大群體	2.中國與臺灣是關係交織的民族國家 機會與威脅並存 前景：邦聯、國協	4.中國是與臺灣關係交織的「文明」或者「國家」 本體安全：機會 前景：自由聯繫邦、「大一中」架構

資料來源：作者改編自石之瑜、張登及，「中國崛起的意義」，文化研究，第8期（2009年8月）頁193-212。

表2-1根據「自我」的心理需求，分爲強調自我中心的向度與強調群體歸屬的向度。自我中心向度上的「自我」與「他者」關係區分爲身分相同與身分相異。作爲國家行動者，身分區別主要指雙方在國際社會中被彼此認爲是同質或異質行爲者。這個性質的區分於是不是根據政體來判斷，而是根據民族國家／非民族國家（帝國、文明、聯邦等等）來判斷[40]。群體歸屬向度上的「自我」與「他者」關係區分爲有可能共屬更大群體，與無可能共屬更大群體。前者最明顯的例子如共同參加某種區域經濟整合，甚至組成邦聯性的經濟共同體（如歐盟）。後者則意味著兩者的「自我」身分不相容，不可能因自我的群體歸屬需求，而融入一個「大我」之中。

四個視野的第一類型爲「民族國家對抗型」。這個視野下，臺灣的本體安全建築在與中國國際身分相同的民族國家角色之上，同時也設想雙方將處於無止境對抗的「霍布斯文化」中[41]。此一情境下的「不安全」不僅是對抗帶來的物質權力與傳統安全損耗，還來自雙方互構的強烈自我中心需求下帶來的威脅感與對華拒斥感。自我在此種本體不安全下將追求兩個行爲者身分的明確化，但也可能導致強弱雙方的衝突與兼併。

四個視野的第二類型爲「民族國家共存型」。這個視野下，臺灣的本體安全雖然建築在與中國國際身分相同的民族國家角色之上，但並不設想雙方將處於無止境對抗的「霍布斯文化」中。也就是說，雖然雙方仍有很強的自我中心需求，但彼此的群體歸屬並非積不相容，甚至有可能因爲複雜交織的經濟與文化傳統，而用某種妥協性的安排共

40 關於「文明」在國際政治過程中的作用與「中國」的國家屬性，延伸討論請參閱甘懷眞編，**東亞歷史上的天下與中國概念**（臺北：臺大出版中心，2007年）；Peter J. Katzenstein, *Sinicization and the Rise of China: Civilizational Processes beyond East and West* (New York: Routledge, 2012).

41 此處援用溫特（Alexander Wendt）的概念。參閱溫特（Alexander Wendt）著，秦亞青譯，**國際政治的社會理論**（*Social Theories of International Politics*）（上海：上海人民出版社，2000年）。

存於某種更大的社群。臺灣自我在此種本體安全視野下，可能尋求作爲中國作爲主導者之一的某種架構的參與者。此種參與的過程雙方機會感與威脅感並存，兩相抵銷下，本體不安全程度較低，訴諸現實主義常見手段的衝突與兼併的可能性較小。

四個視野的第三類型爲「文明國家對抗型」。這個視野下，臺灣的本體安全建築在與中國國際身分不同的自我身分上，同時也設想雙方將處於對抗的「霍布斯文化」中[42]。此一情境的本體不安全程度低於「民族國家對抗型」，因爲中國他者的身分被建構爲「非民族國家」，且是落後的、將被淘汰的前現代「文明」、「帝國」，注定「崩潰」[43]。因此，對臺灣而言，落後的中國文明，其物質資源也是可以被經略、攫取的對象，可謂機會與威脅並存[44]。

四個視野的第四類型爲「文明國家共存型」。這個視野下，臺灣的本體安全建築在與中國國際身分不同的自我身分上：臺灣是民族國家，中國是非民族國家——文明或帝國，但並不將雙方完全設想在「霍布斯文化」中。此一情境的本體不安全程度最低，因爲中國他者與臺灣自我身分不同，建構身分差異的需求減小，且臺灣自我在此種本體安全視野下，可能因爲與中國存在著複雜交織的經濟與文化關係，需要尋求參與中國作爲主導者之一的某種區域架構，攫取因而產生的資源，卻不會使自我本體「失語」。國內論者曾提及的「自由聯繫邦」或「大一中」關係建構或屬此類型[45]。

兩個向度產生之四個本體安全視野可以應用到中國，自然也可以應用到日本、美國等對臺灣來說十分重要的「他者」。對臺灣而言，美國是二戰以來的「傳統盟友」、可

---

42 例如學者吳叡人2009年提出之「賤民宣言—或者，臺灣悲劇的道德意義」一文號召「賤民所能期待的解放，不是結構性的解放，而是精神的自我強韌，以及尊嚴的自我修復。還有蓄勢，爲不可知的未來歷史蓄勢，當帝國突然崩解，或者當帝國揮軍東指……（臺灣要）爲自由蓄勢，或者爲有尊嚴的死亡蓄勢。」臺灣與中國國際身分的差異，即躍然紙上。請見吳叡人，「賤民宣言—或者，臺灣悲劇的道德意義」，**樂多日誌：Halcyon Days**，2009年12月24日，http://blog.roodo.com/nakts0123/archives/11163597.html。

43 兩岸固然在語言、信仰、生活中存在不可能斬斷的共享元素，但臺灣特殊的歷史命運與發展軌道，使外來文化與文明（從飲食到語言、習慣與價值觀）廣泛參與了臺灣的身分建構，並形成一種對華的優越意識。這種優越意識部分來自於「保存著眞正的漢人文化」的自我認知，部分又有日本風格的「脫亞」傾向（朝向日、美）。此一自我身分論述中，中國成爲部分臺灣民眾睥睨的他者。中華人民共和國物質實力愈強大而其公民文明素質無法同步，更增加了臺灣人對中國與海內外華人族群的貶抑感、疏離感。這種情形也部分地出現在香港，其社運界新民族建構的內涵，一樣展現了新「城邦」對中國性（Chineseness）的優越意識。例見陳雲，**香港城邦論**，（香港：天窗出版社，2010年）。筆者認爲，利用本文的方西框架看中港關係，也可以發現第三視野與第四視野發生作用的痕跡。所以僅僅從香港倚賴內地造成貧富差距分化等物質性因素看，無法充分理解中港的疏離關係。英國與日本對香港與臺灣的統治，實爲兩地「自我」，也就是本體安全的有機組成部分。

44 西方（與日本）近代至今如此設想中國身分的論述並不少見。相關介紹例見松本三之介，**近代日本の中国認識：徳川期儒学から東亜協同体論まで**（東京：以文社，2011年）；Gerald Segal, "Enlightening China?" in David S. G. Goodman & Gerald Segal, eds., *China Rising: Nationalism and Interdependence* (London: Routledge, 1997), pp. 172-189.

45 張登及、蔡育岱、譚偉恩，「兩岸未來互動模式之研究：以「自由聯繫邦」爲基礎之探析」，頁29-51。關於施明德、蘇起、陳明通等所提「不完整國際法人」的大一中架構，參閱**蘋果日報**，2014年5月28日，http://www.appledaily.com.tw/appledaily/article/headline/20140528/35856062/。

靠的「安全後盾」，彼此意識型態、菁英文化相近的「民主領袖」；中國則是冷戰後經濟發展的最大動力、歷史傳統無法割斷的鄰居、地理鄰近無法逃離的競爭者，都是臺灣面對的客觀條件，不容易改變。只是本文僅先假定中國爲他者之最首要，對四個視野給予簡要陳述，作爲本研究的初步結論，並期望未來可以引入更多理論與經驗性探索加以修正和補強。

參考文獻

中文

John J. Mearsheimer著，潘崇易、張登及譯，「向臺灣說再見？」，**大國政治的悲劇**，（Say Goodbye to Taiwan）（臺北：麥田出版，2014年）。

John J. Mearsheimer著，王義桅、唐小松等譯，**大國政治的悲劇**（*The Tragedy of Great Power Politics*）（臺北：麥田出版，2014年），頁475-493。

甘懷眞編，**東亞歷史上的天下與中國概念**（臺北：臺大出版中心，2007年）。

陳雲，**香港城邦論**（香港：天窗出版社，2010）。

黃光國，**知識與行動：中華文化傳統的社會心理詮釋**（臺北：心理出版社，1995年）。

葉啓政，**進出「結構—行動」的困境**（臺北：三民書局，2004年）。

鄭昭明，**認知心理學：理論與實踐**（臺北：桂冠，2006年）。

米切爾等（Stephen A. Mitchell, et al.）著，陳祉妍等譯，**佛洛依德及其後繼者：現代精神分析思想史**（*Freud and Beyond: A History of Modern Psychoanalytic Thought*）（北京：商務印書館，2007年）。

米爾頓等（Jane Milton, et al.）著，施琪佳等譯，**精神分析導論**（*A Short Introduction to Psychoanalysis*）（臺北：五南圖書，2007年）。

溫特（Alexander Wendt）著，秦亞青譯，**國際政治的社會理論**（*Social Theories of International Politics*）（上海：上海人民出版社，2000年）。

石之瑜，「精神分析對主體性的再詮釋」，**社會科學方法新論**（臺北：五南圖書，2003年），頁271-292。

張登及，「現實主義的僞善？國際政治主要行動者對『西藏問題』」立場演變的理論反省」，蔡增家編，**中國轉型研究：2000年後政治、外交、經濟與社會之轉變**（臺北：政大國關中心，2011年），頁265-290。

石之瑜、張登及，「中國崛起的意義」，**文化研究**，第8期（2009年8月），頁193-212。

張登及、蔡育岱、譚偉恩，「兩岸未來互動模式之研究：以「自由聯繫邦」爲基礎之探析」，**全球政治評論**，第35期（2011年7月），頁29-51。

信強、金九汎，2014/11/7。〈新媒體在太陽花學運中的動員與支持作用〉，「1995-2015兩岸關係回顧與展望」研討會。騰衝：全國臺灣研究會主辦。

日文

松本三之介，**近代日本の中国認識：徳川期儒学から東亜協同体論まで**（東京：以文社，2011年）。

西文

Anderson, Benedict R., *Imagined Communities: Reflections on the Origin and Spread of Nationalism* (London: Verso, 1991).

Bartelson, Jens, *A Genealogy of Sovereignty* (Cambridge: Cambridge University Press, 1995).

Cambell, David, *Writing Security: United States Foreign Policy and the Politics of Identity* (Manchester: Manchester University Press, 1998).

Cottam, Martha L. & Richard W. Cottam, *Nationalism & Politics: The Political Behavior of Nation States*. (Boulder: Lynne Rienner Publishers, 2001).

Freud, Anna, *The Ego and the Mechanisms of Defense*, Reprinted Version (London: Karnac Books, 1992).

Freud, Sigmund, *Group Psychology and the Analysis of the Ego* (New York: Liveright, 1951).

Giddens, Anthony, *Modernity and Self-Identity: Self and Society in the Late Modern Age* (California: Stanford University Press, 1991).

Glass, James M., *Psychosis and Power: Threats to Democracy in the Self and the Group* (Ithaca: Cornell University Press, 1995).

Greene, Joshua, *Moral Tribes: Emotion, Reason, and the Gap Between Us and Them* (London: Penguin Books, 2014).

Habermas, Jurgen, *On the Logic of the Social Sciences* (London: Polity Press).

Huntington, Samuel P, 1996. *The Clash of Civilization and the Remaking of World Order* (New York: Touchstone Press, 1988).

Katzenstein, Peter J., *Sinicization and the Rise of China: Civilizational Processes beyond East and West* (New York: Routledge, 2012).

Kristeva, Julia, *In the Beginning Was Love: Psychoanalysis and Faith* (New York: Columbia University Press, 1987).

Lasswell, Harold D., *Psychopathology and Politics* (New York: Viking, 1962).

MacPherson, C. B., *The Political Theory of Possessive Individualism: Hobbes to Locke* (Oxford: Oxford University Press, 2010).

Marcus, George E., et al., *Affective Intelligence and Political Judgement* (Chicago: University of

Chicago Press, 2000).

Parsons, Talcott, The Evolution of Societies (New York: Prentice Hall, 1977).

Sniderman, Paul M., Richard A. Brody, & Philip E. Tetlock, *Reasoning and Choice: Explorations in Political Psychology* (Cambridge: Cambridge University Press, 1993).

Steele, Brent J, *Ontological Security in International Relations: Self Identity and the IR State* (London: Routledge, 2008).

Westen, Drew, *The Political Brain: The Role of Emotion in Deciding the Fate of the Nation* (New York: Public Affairs, 2007).

Abdelal, Rawi & Alastair I. Johnston, "Identity as a Variable," in I Yuan, ed., *Is There A Greater China Identity*? (Taipei: Institute of International Relations Press, 2002), pp. 19-50.

Fiske, Susan T. & Stephen L. Neuberg, "A Continuum of Impression Formation, from Category-based to Individuating Processes: Influences of Information and Motivation on Attention and Interpretation," in Mark P. Zanna, ed., *Advances in Experimental Social Psychology* (New York: Academic Press, 1989), pp. 1-73.

Kenneth N. Waltz, "The Continuality of International Politics," in Ken Booth & Tim Dunne, eds., *World in Collision: Terrorism and the Future of Global Order* (New York: Palgrave Macmillan, 2002), pp. 348-354.

Krasner, Stephen D., "Sovereignty and Its Discontent," in Stephen D. Krasner, ed., *Sovereignty: Organized Hypocrisy* (Princeton: Princeton University Press, 1999), pp. 3-42

Lodge, Milton & Patrick Stroh, "Inside the Mental Voting Booth: An Impression-Driven Process Model of Candidate Evaluation," in Shanto Iyengar & James McGuire, eds., *Explorations in Political Psychology* (Durham, NC: Duke University Press, 1993), pp. 225-263.

Segal, Gerald, "Enlightening China?" in David S. G. Goodman & Gerald Segal, eds., *China Rising: Nationalism and Interdependence* (London: Routledge, 1997), pp. 172-189.

Carvalho, Benjamin De, H. Leira, & John M. Hobson, "The Big Bangs of IR: The Myths that Your Teachers Still Tell You about 1648 and 1919," *Millennium: Journal of International Studies*, Vol. 39, No. 3 (2011), pp. 735-758.

Kunreuther, Howard & Erwann Michel-Kerjan, "Policy Watch: Challenge for Terrorism Risk Insurance in the United States," *Journal of Economic Perspectives*, Vol. 18, No. 4 (2004), pp. 201-214.

Mattern, Janice Bially, "Why 'Soft Power' Isn't So Soft: Representational Forces and the Sociolinguistic Construction of Attraction in World Politics," *Millennium: Journal of International Studies*, Vol. 33, No. 3 (2005), pp. 583-612.

McSweeney, Bill, "Identity and Security: Buzan and the Copenhagen School," *Review of International Studies*, Vol. 22, No. 1 (1996), pp. 81-93.

Mitzen, Jennifer, "Ontological Security in World Politics: State Identity and Security Dilemma," *European Journal of International Relations*, Vol. 12, No. 3 (2006), pp. 341-370.

Wight, Colin, "State Agency: Social Action without Human Activity?" *Review of International Studies*, Vol. 30 (2004), Issue 2, pp. 269-280.

相關網站資料

Christian Beyer, "Edmund Husserl," *Stanford Encyclopedia of Philosophy*, http://plato.stanford.edu/entries/husserl/ (accessed: Oct. 12, 2015).

吳叡人，「賤民宣言—或者，臺灣悲劇的道德意義」，**樂多日誌：Halcyon Days**，http://blog.roodo.com/nakts0123/archives/11163597.html。最後瀏覽日：2009年12月24日。

梅當陽，「概談self psychology對精神分析的貢獻」，西安心理諮詢網，http://www.xapsy.com/Show_Article.asp?ArticleID=3443。最後瀏覽日：2009年12月24日。

第3章 兩岸交流的社會（不）安全——臺灣對中國婚姻移民之論述與實踐

李俊毅

面對跨國人口遷移可能帶來的負面效應，如婚姻移民之生活適應問題、非法停居留、人口販運犯罪及國境安全維護之挑戰等，有必要從有效規劃預防作爲，落實查緝行動，周延救援與保護等面向，持續努力，以兼顧便民、安全與國家永續發展[1]。

[移民署]……隨著全球化時代趨勢及國家政策趨勢，扮演之角色日益重要。本署施政願景爲「強化國境管理；維護國家安全；尊重多元文化；保障移民人權」[2]。

很多大陸配偶都是假結婚來臺，「滿街都是大陸之子，很可怕[3]。」

壹、前言：「遷徙」與「安全」的連結？

從官方報告、政府機構、乃至立法委員的言論皆不難發現，遷徙（migration）與移民（immigration）已然成爲國家安全的一環。然而，人口的跨境流動究竟在哪些面向、造成何種程度的危害、從而是臺灣整體的安全問題？這些議題卻沒有清楚的答案。從正面的角度來看，人口白皮書宣稱「隨著全球化發展，國際間人流與物流往來頻繁，伴隨犯罪、傳染病、走私、非法移民等問題，凸顯國境管理之重要性」[4]，指出國家之間的人口移動，至少有帶來犯罪與疾病問題的可能。然進一步來說，「美國於911恐怖攻擊事件後，利用個人生物特徵進行身分辨識措施，成爲國際間推動國境管理之重點[5]」，則又隱含著犯罪問題有演變爲恐怖主義的可能，蓋生物特徵辨識系統的建置正是近年來臺灣在國境管理上的重點之一，而此一實踐之最有力的支持，莫過於美國的九一一恐怖攻擊事件。我們固然不需將跨境人口移動的可能問題上綱到恐怖攻擊的層次，白皮書對此亦無明確的指涉，但諸如此類的陳述卻反映了人們對「遷徙」與「安全」問題的想

1 內政部戶政司，**人口政策白皮書：少子女化、高齡化及移民**（臺北：內政部，2013年9月），頁116。

2 「移民署願景」，**內政部移民署**，http://www.immigration.gov.tw/ct.asp?xItem=1291392&CtNode=29676&mp=1。最後瀏覽日：2015年4月22日。

3 林政忠、李祖舜，「綠委嗆江 不赴立院 別想待海基」，**聯合報**，2009年4月20日。語出民進黨立法委員邱議瑩，係針對行政院與立委徐中雄的兩岸人民關係條例修法草案之評論。

4 內政部戶政司，**人口政策白皮書**，頁79。

5 內政部戶政司，**人口政策白皮書**，頁79。

像。在實踐上，移民署自2012年7月1日擬定「加強查處行蹤不明外勞在臺非法活動專案工作」（祥安專案），由國家安全局統合，結合警政署、海巡署、調查局與憲兵指揮部等「國安團隊」查處行蹤不明之外勞，明顯將國際人流涉及的「人口販運」界定爲既是「社會治安」更是「國家安全」的問題[6]。以此觀之，跨境人口流動的負面效應在概念與實務上皆與國家安全密切相關。

從反面的角度來看，跨境人口流動可能引發的負面效應，實難以證明其危害高於一般犯罪，以致影響國家或社會的存續。跨國犯罪、走私、傳染病、人口販運引起的性剝削及勞力剝削等，當然不以（非法）移民爲限，本國人亦可爲之。這些以及虛僞結婚、非法停居留等國際間人口流動引起的問題，目前亦缺乏客觀與系統性的驗證，指出其在性質與嚴重性方面和一般的社會秩序或犯罪問題有本質上的差異，而堪稱國家安全問題。換句話說，這些與跨境人口移動相關的負面現象，究竟應稱爲社會秩序或安全問題，其間並不無可斟酌之處。命名（naming）是一個高度政治性的實踐，因爲「它識別了一個事物，將其由未知的領域移除，而賦予其一系列的特質、動機、價值與行爲」[7]。一個事物或現象是犯罪或安全問題，牽涉不同的知識學科、專家、組織、制度、並有不同的政策意涵。

面臨此一不確定性，本文從「不安全」（insecurity）的建構，探討臺灣對兩岸交流中的大陸／中國婚姻移民之論述與政策實踐[8]。此一作法有三項理由。首先，本文選擇以「安全」而非犯罪爲切入點，除了呼應政府相關單位的用語之外，更是著眼於「遷徙／移民—安全」的主軸在國際關係與安全研究中，已逐漸成爲一個議題領域[9]。臺灣將包含中國婚姻移民在內的跨境人口移動視爲安全問題，這並不是一個特殊的現象，而可置於更廣大的時代脈絡考察。其次，既以安全爲概念架構，其意涵需要探究。本文著重「不安全」的概念，係著眼於若干論者主張以「生存威脅」（existential threat）爲安全一詞的核心意涵[10]，然而中國婚姻移民乃至跨境人口移動恐怕不足以構成國家及其相

---

6 韋祿恩、劉懋漢，「啓動祥安專案，打擊人口販運」，**內政部入出國及移民署雙月刊**，第34期（2013年6月），頁14-15；立法院，「立法院第8屆第5會期第2次會議議案關係文書」，院總第887號，2014年2月26日。

7 Max K. Adler, *Naming and Addressing: A Sociolinguistic Study* (Hamburg: Helmut Buske, 1978), pp. 12, 93-94;Cited from Michael Bhatia, "Fighting Words: Naming Terrorists, Bandits, Rebels and Other Violent Actors," *The Third World Quarterly*, Vol. 26, No. 1 (2005), p. 8.

8 以下本文以「臺灣」指涉「臺、澎、金、馬」，且除直接引用的資料之外，一律以「中國」與相關詞語（如中配、中生、中國觀光客）指涉「大陸」及相關概念（含陸配、陸生、陸客）等。

9 Cf. Roxanne Lynn Doty, *Anti-Immigration in Western Democracies: Statecraft, Desire, and the Politics of Exclusion* (London: Routledge, 2003); Ole Waever, Barry Buzan, Morten Kelstrup & Oierre Lemaitre, eds., *Identity, Migration and the New Security Agenda in Europe* (New York: St. Martin's Press, 1993); Jef Huysmans, *The Politics of Insecurity: Fear, Migration and Asylum in the EU* (London: Routledge, 2006); Rens van Munster, Securitizing Immigration: The Politics of Risk in the EU (Basingstoke: Palgrave Macmillan, 2009); William Walters, "Migration and Security," in J. Peter Burgess, ed., *The Routledge Handbook of New Security Studies* (London: Routledge, 2010), pp. 217-228.

10 Barry Buzan, Ole Waever & Jaap de Wilde, Security: A *New Framework of Analysis* (Boulder, Colo.: Lynne

關概念（如社會或民族）在生死存亡方面的危害。相對來說，「不安全」隱含的不自在（unease）、風險（risk）、不確定性（uncertainty）、恐懼（fear）等，似更能捕捉我們對相關問題之感受。

第三，安全與不安全的對照並不只是用語的不同，更隱含了安全研究的不同途徑。無論是日常生活的用語或是學術性的分析，我們對「安全」的理解與使用並不一致。論者指出，我們或許不宜將「安全」視爲一個有固定意義的概念或客觀的分析工具，而應視之爲一套關於社會生活的知識、論述、技術與實踐之觀點，探討社會關係是如何、應如何維持與確保、什麼構成安全問題、是不是愈安全愈好、何者是適當的研究議程與政策做成……等[11]。臺灣當前對遷徙／移民的曖昧態度——它們既似與國家安全有關，卻又不盡如此——即隱含著對這些議題的不確定性。換言之，與其說中國婚姻移民是否在客觀層面上構成安全問題，不如說我們對社會與政治生活的想像，決定了此一議題是否或在何種程度上成爲安全問題。本文將藉由探討安全研究中的哥本哈根學派（the Copenhagen School）與巴黎學派（the Paris School），爬梳這些議題[12]。臺灣學界對於移民的相關文獻多從社會學的角度出發，探討這些現象的成因[13]、認同問題與社會影響[14]、公民權的問題[15]、臺灣移民與移工政策的反省等[16]，多是站在同情移民與移工的立場。本文從安全研究的角度切入，則擬進一步指出，何以在這些文獻的分析與學者的鼓吹之下，中國婚姻移民仍然持續成爲一個國家或社會不安全的議題。

本文以臺灣對中國婚姻移民的論述爲探討對象。中國婚姻移民的爭議主要是在取得中華民國身分上的限制。根據內政部移民署的資料，截至2015年2月底，臺灣（含金門與馬祖）已有323,985名中國籍配偶（不含港澳），佔全臺外籍配偶總數的64.83％；其

Rienner, 1998), pp. 5 & 21.

11 Cf. Jef Huysmans, "Security! What Do You Mean? From Concept to Thick Signifier," *European Journal of International Relations*, Vol. 4, No. 2 (1998), pp. 226-255.

12 Ole Waever, "Aberystwyth, Paris, Copenhagen: The Europeanness of New 'Schools' of Security Theory in an American Field," in Arlene B. Tickner & David L. Blaney, eds., *Thinking International Relations Differently* (London: Routledge, 2012), pp. 48-71. 須特別強調的是，學派的區分並不是清楚與絕對的；此一做法僅是凸顯研究旨趣的差異。本文因主題與篇幅之故，亦不討論Aberystwyth School的途徑。

13 夏曉鵑，**流離尋岸：資本國際化下的「外籍新娘」現象**（臺北：臺灣社會研究，2002年）。

14 陳志柔、于德林，「台灣民眾對外來配偶移民政策的態度」，**台灣社會學**，第10期（2005年12月），頁95-148；朱柔若、孫碧霞，「印尼與大陸配偶在臺設會排除經驗之研究」，**教育與社會研究**，第20期（2010年6月），頁1-52。

15 楊婉瑩、李品蓉，「大陸配偶的公民權困境—國族與父權的共謀」，**台灣民主季刊**，第6卷第3期（2009年9月），頁47-86；廖元豪，「移民—基本人權的化外之民：檢視批判『移民無人權』的憲法論述與實務」，**月旦法學雜誌**，第161期（2008年10月），頁83-104；柯雨瑞、蔡政杰，「從平等權論台灣新住民配偶入籍及生活權益保障」，**國土安全與國境管理學報**，第18期（2012年12月），頁91-172。

16 曾嬿芬，「誰可以打開國界的門？移民政策的階級主義」，**台灣社會研究季刊**，第61期（2006年3月），頁73-107；黃秀端、林政楠，「移民權利、移民管制與整合—入出國及移民法在立法院修法過程的分析」，**台灣民主季刊**，第11卷第3期（2014年9月），頁83-133；趙彥寧，「現代性想像與國境管理的衝突：以中國婚姻移民女性爲研究案例」，**台灣社會學刊**，第32期（2004年6月），頁59-102；趙彥寧，「社福資源分配的户籍邏輯與國境管理的限制：由大陸配偶的入出境管控機制談起」，**台灣社會研究季刊**，第59期（2005年9月），頁43-90。

中女性則佔所有中國籍配偶的95%[17]。由於兩岸之間的特殊關係，臺灣當前賦予她們「既非國民、也非外籍」的特殊地位。本文認爲，此一類別的建構反映了臺灣社會對於兩岸關係中「我群／他者」（self／other）的不確定性與不安全感，因此是認同或社會安全（societal security）的展現。此不安全感使中國婚姻移民被認爲對臺灣社會具有社會與政治的可能與潛在威脅，因此她們適用特別的法規、其人數需要受到限制、其居停留則需受到政府部門特別的監控與管理。

本文以下將分三部分進行。第貳節簡要回顧安全研究中哥本哈根學派的「社會安全」概念，以及巴黎學派對「移民與安全」的見解。第參節則沿著後者的思路，探討臺灣「不安全化」中國配偶的知識脈絡、歷史條件與建構。第肆節則是結論。

貳、安全研究中的「社會（不）安全」

在安全研究中對於「遷徙／移民—安全」關係提出較系統性的分析者，當屬哥本哈根學派。該學派以Barry Buzan與Ole Waever爲主要代表。後冷戰時期以來，國際關係見證愈來愈多來自國家內部（intra-state）而非國家之間（inter-state）的安全問題，Buzan於是首先發展「社會安全」概念，將之定義爲「一個國家語言、文化、宗教與國家認同、以及習俗的傳統模式之持續發展[18]」。此一定義擴充了安全研究的對象；安全的指涉對象不必然是國家，而可以是其他單元，如社會內部具政治重要性的族群或宗教實體。一個社會之所以可能，往往預設了某種共同性質的特色如語言與習俗，使「我們」跟「他們」可以區分。一旦這一個集體的認同被認爲受到威脅，社會的穩定或存續便會成爲亟待處理的問題。因此，若說傳統國家安全考量的，主要是對主權的威脅，則社會安全考量的，是對認同的威脅。國家可以因爲（外部勢力）對其社會的威脅而變得不安全，也可以因爲其社會內部凝聚力的問題而產生安全問題。

在Buzan之後，Waver等人探討歐洲的移民與安全問題，認爲族群、民族與宗教問題將日亦挑戰歐洲的國家主權，帶來認同上的安全問題[19]。Buzan, Waever & de Wilde進一步將安全概念的指涉對象分爲五大部門（sector），而每一個部門都可能影響社會安全，例如戰爭的發生導致相當比例人口的減少，而使特定文化與認同無法有效傳承；政府或國家機器對少數族群的壓迫；資本主義與全球化減弱既有的文化特色，改變人們的

17 「外籍配偶人數與大陸（含港澳）配偶人數」，內政部移民署，http://www.immigration.gov.tw/ct.asp?xItem=1293989&ctNode=29699&mp=1，2015年4月22日。

18 Barry Buzan, *People, States and Fear: An Agenda for International Security Studies in the Post-Cold War Era* (Boulder, Co.: Lynne Rienner, 1991), pp. 122-123.

19 Ole Waever, et al., eds., *Identity, Migration and the New Security Agenda in Europe*.

態度及行為的型態；當一個社會的認同與其環境有直接相關時，環境的變遷可能導致認同的危機。就社會部門而言，其安全威脅則可分三種：首先是移民問題，因外來人口的移入而改變社會人口的比例，使原有的族群產生陌生與疏離感；其次是水平競爭，某一主要社群的主要地位，使其文化與認同影響到其他群體；第三則是垂直競爭，因為整合（南斯拉夫聯邦的組成、歐盟）或解體（魁北克獨立），使得一個群體的認同的範疇發生變大或變小的情況[20]。在概念上，遷移與移民因此僅構成社會安全的一部分。

一個政治社群是否面臨社會安全的威脅，可觀察其語言、文化、宗教與習俗等客觀因素是否穩定。哥本哈根學派的另一個重要貢獻，是加入主觀或建構的成分，亦即由Waever發展出的「安全化」（securitization）理論[21]。受語言學家John Austin的影響，Waever主張安全是一種言說（speech-act）。安全並不是一個符號，用以指涉某種更眞實的事物；相對的，說某個事物是安全問題這個陳述（utterance）或動作，本身就建構了安全[22]。「安全化」意指行為者選擇將一個議題以安全概念呈現的過程，其間行為者不僅標舉出一個存在的威脅，並進一步論述此一威脅的嚴重性，從而證成該安全問題可以或必須以違背既有程序或規範的方式處理。一項議題越是以安全的方式呈現，則安全化的程度越高；相反的過程，則稱為「去安全化」（desecuritization）[23]。

哥本哈根學派的途徑與社會安全觀影響深遠，但也引起批判[24]。本文以為，我們毋須深入這些概念性的分析，即可一窺它在解釋中國婚姻移民對臺灣的安全影響之限制。首先，就客觀因素而言，由於一般咸信兩岸在語言、文化與習俗上十分相近甚至相同，中國婚姻移民在這些面向上帶來的變化將難以觀察與論證；就國家與文化認同而言，近年來兩岸之間的社會與經貿交流日益頻繁與密切，但臺灣社會並沒有因此出現轉向認同中國的現象，甚至有相反的趨勢[25]。凡此皆證明臺灣的認同並未因兩岸婚姻交流而受到威脅。其次，就主觀的層面來看，我們可探討是否有行為者做出安全化的實踐，以及若有，其是否成功。本文發現，實務上不乏安全化的實例，例如在針對中國婚姻移民取得身分證與選舉權的議題上，施正鋒教授即主張在中國「未放棄併吞臺灣的野心」、通過「反分裂國家法作為入侵臺灣的依據」、甚至「共諜案的件數一直在攀升」

20　Buzan, Waever & de Wilde, *Security*, pp. 121-122; Paul Roe, "Societal Security," in Alan Collins, ed., *Contemporary Security Studies*, second edition (Oxford: Oxford University Press, 2010), pp. 207-208.

21　Ole Waever, "Securitization and Desecuritization," in Ronnie D. Lipschutz, ed., *On Security* (New York: Columbia University Press, 1995), pp. 46-86.

22　Ole Waever, "Securitization and Desecuritization," p. 55.

23　Buzan, Waever & de Wilde, *Security*, pp. 23-26.

24　關於哥本哈根學派的批判，可參Matt McDonald, "Securitization and the Construction of Security," *European Journal of International Relations*, Vol. 14, No. 4 (2008), pp. 563-587.關於社會安全的批判，可參Tobias Theiler, "Societal Security," in Myriam Dunn Cavelty & Victor Mauer, eds., *The Routledge Handbook of Security Studies* (London: Routledge, 2010), pp. 108-112.

25　「重要政治態度分布趨勢圖」，國立政治大學選舉研究中心，http://esc.nccu.edu.tw/course/news.php?class=203。最後瀏覽日：2015年4月24日。

等情況下，「基於國家安全考量之下……應該更加緊縮陸配身分取得」[26]。然而儘管此類主張明顯將中國婚姻移民提升為國家安全的層次，其操作實難可謂成功。臺灣政府並未因此進一步限縮中國婚姻移民的權益（但也未放寬），且即使是施教授本人亦不主張此一議題已到了須繞過正常政治程序的緊急狀態。簡言之，我們實難得出臺灣因有大量中國婚姻移民而面臨社會安全問題的結論。

如此一來，我們如何解釋前述官方文件、機構與立委將「遷徙」與「安全」相連結的現象？根據安全化的理論，我們似乎僅能將這些陳述看成安全化的失敗，亦即部分行為者以安全的概念描述中國婚姻移民的可能影響，但卻因某些原因（如普世人權的論述），而使這些現象未能被社會接受為對主流認同造成威脅。這固然是一個可能的解釋，且有其政治與規範性的啓示，例如政府單位從而不宜再視中國婚姻移民乃至跨境人口流動為安全議題，但恐與一般的經驗不符。環諸國際，各國將婚姻移民視為實際或潛在安全問題並不少見[27]，而我們在聽或看到政府單位將外籍與中國婚姻移民列為國安議題之一時，或許也不會感到十分突兀。在移民署是否應成立或如何成立的辯論中，「外籍新娘與大陸新娘所引發的社會問題」一直被視為其「首要（甚且是唯一）的業務」，即反映此種心態[28]。如何更妥適的解釋此一心態，因此需要不同的概念架構。

本文主張，巴黎學派的見解可提供相關的解答。該學派指一群以巴黎政治學院（Science Po, the Paris Institute of Political Studies）為基地的學者，並以Didier Bigo為主要代表。與哥本哈根學派相較，安全化理論主要源自於語言哲學，關注行為者使用安全的概念建構軍事與非軍事議題（或部門）的後果；巴黎學派則取經於法國社會學者Pierre Bourdieu與歷史哲學家Michel Foucault，而嘗試將安全研究轉向和社會學、犯罪學、歷史學等領域結合，論者因此稱之為國際政治社會學的取向[29]。Bigo等人接受哥本哈根學派將安全視為政治與社會建構的主張，但認為安全化的實踐並不只是行為者策略性的言說之產物，而更與這些行為者所處的脈絡有關。因此他們追問的，是「誰在執行（不）安全化的動作或反制手段、在何種條件之下、針對誰、並有哪些後果？」[30]。他們探討

26 「『臺灣地區與大陸地區人民關係條例第十七條及第二十一條條文修正草案』—大陸地區人民為臺灣地區人民配偶取得身分證年限及相關權益議題公聽會紀錄」（以下簡稱「兩岸人民關係條例公聽會紀錄」），立法院內政委員會，http://lis.ly.gov.tw/pubhearc/ttsbooki?n100143:0033-0099:PDF，頁71-72。最後瀏覽日：2015年4月24日。

27 Cf. Anne-Marie D'Aoust, "Circulation of Desire: The Security Governance of the International 'Mail-Order Brides' Industry," in Miguel de Larrinaga & Marc G. Doucet, eds., *Security and Global Governmentality: Globalization, Governance and the State* (London: Routledge, 2010), pp. 113-131; Claudia Aradau, *Rethinking Trafficking in Women: Politics out of Security* (Basingstoke: Palgrave Macmillan, 2008).

28 趙彥寧，「現代性想像與國境管理的衝突」，頁62。

29 Columba Peoples & Nick Vaughan-Williams, *Critical Security Studies: An Introduction* (London: Routledge, 2010), pp. 69-70.

30 Didier Bigo & Anastassia Tsoukala, "Understanding (In) security," in Didier Bigo & Anastassia Tsoukala, eds., *Terror, Insecurity and Liberty: Illiberal Practices of Liberal Regimes after 9/11* (London: Routledge, 2008), pp. 4-5.

安全的專家與官僚體系如何在其日常的實踐中、藉由具體的科技與技術，而生產出特定的安全問題。影響所及，他們反對哥本哈根學派將國際安全視爲一個特殊且關於生存問題的議程、也反對把安全看成「超越常態政治」或一種「例外的政治」[31]。

Bigo援引並發展Bourdieu的「慣習」（habitus）與「場域」（field）的概念。前者意指行爲者的「取向架構」（framework of orientation）或結構，它一方面受行爲者過去與現在的環境而塑造，一方面也幫助塑造現在與過去的實踐；後者則指行爲者所處的外在環境結構，是相關行爲者的關係之總和，一個社會則可分成不同的場域[32]。具體來說，安全問題的產生是若干行爲者——特別是安全專家與官僚組織——的實踐結果。這些行爲者被賦予並被接受爲國家安全的代理人，其慣習或行爲的取向是藉由不安全、危險、風險、不自在的生產，而證明自身存在的價值。它們因爲本位主義而彼此競爭預算及任務，從而不是一個協調的整體。然而因爲都是國家安全的機關，這些專家與組織也形成一個網路（甚至跨國網路），儘管它們往往不會認知其個別實踐的後果，但其各自或聯合的實踐，卻共同構築了當代安全關係的形貌。科技或技術的發展與運用，則進一步促成安全問題的轉型[33]。

Bigo進一步指出，在當代西方，安全關係的慣習出現轉變。傳統上以國家疆界爲基準而區分的「內部」與「外部」雖未消失，卻已被解構。我們不再能清楚區分內部安全與外部安全，而分別以「警察」與「軍隊」對應之。在歐洲統合、全球化、以及九一一事件等脈絡下，移民、跨國犯罪、恐怖主義等逐漸被視爲同時是內部與外部安全的問題，警察與軍隊在功能與執掌上日益相近。影響所及，安全專家、政府與非政府的制度、警察、軍隊、情報單位、海關、私人企業、私人軍事公司等……成爲處理安全問題的行爲者，在全球層次上構成了新的安全關係之場域。這些行爲者的實踐之結果，使國家的立法更嚴峻、對人們的側寫、監視、及查驗更全面與深入、對外人或疑犯的羈留、拷問甚至刑求也進一步被合理化；自由的政權需要並正當化不自由的實踐。Bigo稱此爲「（不）安全化」（（in）securitization）的過程[34]。

不安全既是由專家與官僚生產，他們在日常實踐中使用的監視、管理與干預技術也因此成爲研究對象。受傅柯的影響，巴黎學派及一群「全球治理性」（global governmentality）的學術社群，探討知識與權力的交互運作，如何具體而微地落實在安全管理中，讓愈來愈多種身分—移民、旅客、宗教、難民、貧窮……等—成爲國家安全

---

31 Bigo & Tsoukala, "Understanding (In) security," p. 5.

32 Peoples & Vaughan-Williams, *Critical Security Studies*, p. 69.

33 Bigo & Tsoukala, "Understanding (In) security"; Didier Bigo, "Security and Immigration," *Alternatives: Global, Local, Political*, Vol. 27, Special Issue (2002), pp. 63-92.

34 Cf. Didier Bigo, "Globalized (In) security: The Field and the Ban-opticon," in Didier Bigo & Anastassia Tsoukala, eds., *Terror, Insecurity and Liberty: Illiberal Practices of Liberal Regimes after 9/11* (London: Routledge, 2008), pp. 10-48.

機構可以知道並掌握的事實，是種種法規、計畫與流程可以運作的對象[35]。臺灣對中國婚姻移民的面談機制，也是風險管理的重要機制[36]。

以此觀之，中國婚姻移民在主、客觀層次未必影響臺灣的國家與社會安全，但此一議題（以及諸如跨國犯罪、毒品、傳染病等），卻因爲國家安全機構的運作所需，而落入國家安全的範疇。我們要進一步追問的，是這些實踐的內涵及其社會與知識脈絡。儘管國家安全的相關機構有其自主性與本位主義，它們卻不是隔絕於社會之外，其安全作爲在一定程度上仍反映了社會整體的不安以及對風險的看法。

參、中國婚姻移民的不安全化

移民與安全之交相連結，已是許多國家普遍出現的現象。本文大致整理出三項相關的知識與歷史脈絡，討論臺灣對中國婚姻移民的不安全化之可能性條件。

一、國家作為「容器」的想像：「我們」vs.「她們」

現代政治生活建立在以「領土—民族—主權國家」爲基本單元，並以此區分國內與國際政治的基礎上。此一構成原則或隨著全球化意象的流行而受到衝擊[37]，但仍是我們建構自我身分時的重要依據。國家被想像爲有獨特界線的實體，像是一個密閉的容器（container）一般，秩序的生活得以在國家的權威之下受到維持，並在國際關係無政府狀態下受到保障[38]。此一譬喻（metaphor）進一步隱含著同質性的宣稱，亦即國家及其相關概念（如民族或人民）具有某些獨特的特質，是「我們」（Self）之所以是「我們」的依據。然而由於這些特質（文化、民族性、傳統……等）實難以實證的方式定義，其往往需要一方面指出「他者」（Other）的存在以凸顯差異，另一方面在政治社群內部排除這些他者以維持自我[39]。在社群內部或（與）外部尋找負面的他者—危險的、低下的、不道德的、不正常的——從而是建構認同的常見策略[40]。

35 Didier Bigo, “Globalized (In) security”; Wendy Larner & William Walters, eds., *Global Governmentality: Governing International Spaces* (London: Routledge, 2004); Louise Amoore & Marieke de Goede, eds., *Risk and the War on Terror* (London: Routledge, 2008).

36 參照侯夙芳，「大陸配偶面談機制之研究」，中央警察大學警學叢刊，第36卷第1期（2005年7月），頁137-158。

37 David Held & Anthony McGrew, *Globalization/Anti-Globalization* (Cambridge: Polity, 2002).

38 Michael P. Marks, *Metaphors in International Relations Theory* (New York: Palgrave Macmillan, 2011), pp. 45-46; Didier Bigo, “Security and Immigration,” p. 65.

39 Ernesto Laclau, “Why do Empty Signifiers Matter to Politics?” in Ernesto Laclau, *Emancipation (s)* (London: Verso, 1996), pp. 36-46.

40 David Campbell, *Writing Security: United States Foreign Policy and the Politics of Identity*, second edition

國家做爲一個容器的想像，促使國家機器從事「不安全化」的實踐。移民作爲「外來」的「他者」，因爲容易被想像爲是對國家邊境的滲透，對理想但實際上不可能之內部同質性造成威脅，常被賦予負面的意象。移民常和犯罪、失業、貧窮等相連結，成爲國家權力需要干預的地點。因此，人口白皮書將移民可能引發的問題定位爲「國境安全」。立法委員邱議瑩「滿街都是大陸之子，很可怕」一語，雖未明確指出可怕之處何在，但顯然對中國婚姻移民的後果抱持不安的態度。

需說明的是，此一不安全的建構並非憑空想像，而有其社會與經濟背景。從世界體系的觀點來看，臺灣因1980年代的經濟發展而成爲半邊陲的國家，參與對邊陲國家的剝削，表現在臺灣自東南亞「進口」移工（「外勞」）與婚姻移民的現象。就婚姻移民而言，則無論是娶外籍配偶的臺灣男性，或嫁臺灣男性的外籍女性，雙方往往都處於本國的社會與經濟的弱勢地位[41]。是故，臺灣媒體多將婚姻移民定調爲「社會問題」，將外籍新娘定調爲並充滿若干刻板印象和歧視，如賣淫、破碎家庭、低學歷低素質人口、苦命認命的受害者、爲錢賣身的淘金者等；娶外籍新娘的本國男子，則視之爲下層階級（殘障、農民、工人）、沙豬或騙徒；對其後代（「新臺灣之子」）以及臺灣的人口素質，則持憂慮的態度[42]。對於中國婚姻移民的再現，則傾向將之標籤爲「和榮民結褵者」、「來臺從事統戰陰謀者」以及「爲錢結婚者」[43]。

正因爲如此，無論官方文件如何論述移民對多元文化價值與經濟發展的貢獻、學術文獻如何凸顯官方與媒體對移民的偏差再現、以及媒體及社運人士如何敘述感人與正面的眞實故事，（婚姻）移民似乎總被賦予某種不確定性、威脅或風險，持續成爲社會不安全的來源之一。政治人物、媒體與一般大眾（我們）源於對國家的想像而對外來者的不自在，是安全專家與官僚不安全化中國婚姻移民的知識與社會背景。

二、兩岸關係的模糊定位：「平等」vs.「安全」

前述討論可說是臺灣不安全化中國與東南亞婚姻移民的一般邏輯。就中國婚姻移民的特殊性而言，則需將之置於兩岸關係的脈絡觀察。由於臺灣與中國的歷史關係與主權爭議，「中國」長久以來扮演「臺灣」在身分建構上最重要的他者：中國既非「外國」，也不是或還不是「本國」；中國必須是專制獨裁、落後、以及不文明的，才能彰顯並確保臺灣是民主、富裕、文明的；更重要的，中國必須是對臺灣有威脅的，臺灣的政府與國安機構才有其正當性[44]。但與此同時，兩岸又在相當程度上被想像爲是同屬一個民族甚至一個國家。兩岸之間的「差異」與「相同」曖昧關係，因此被轉化爲「安

(Manchester: Manchester University Press, 1998).

41 夏曉鵑，*流離尋岸*，頁5-9。

42 夏曉鵑，*流離尋岸*，頁121-156。該文雖以東南亞婚姻移民爲主，但其分析亦多適用於中國婚姻移民。

43 趙彥寧，「現代性想像與國境管理的衝突」，頁65-66。

44 這套二元對立的邏輯雖然在近年來開始受到挑戰，特別是在經濟發展方面，但仍是臺灣維繫自身認同的基礎架構；甚至正因爲經濟表現的成就受到鬆動，其他面向的二元對立與臺灣的優越性更須受到鞏固。

全」與「平等」的擺盪。

「臺灣地區與大陸地區人民關係條例」（以下簡稱兩岸人民關係條例）是規範兩岸交流相關人士的特別法。在行政院1990年就該條例的草案總說明中指出，「中共爲遂行『一國兩制』之陰謀，始終未放棄以武力犯臺之心態，復對我肆行統戰；在國家統一前，爲顧及國家安全及社會安定，並維護人民權益，實有……研擬（該條例）……之必要」[45]。現行條例第一條立法目的亦陳述，「國家統一前，爲確保臺灣地區安全與民眾福祉……特制定本條例」。兩者皆主張安全與權益／福祉並重的立場。惟隨著兩岸關係的變遷以及執政者的政策，安全與平等的關係似有向後者傾斜的態勢。

翻閱該法的立法紀錄[46]，上述態勢表現在若干議題與法條的修正過程上。近期最具爭議與代表性的，莫過於2012年11月行政院提出該法第17條的修正草案，擬將中國籍配偶取得中華民國身分證的年限由現行的6年調整爲4-8年[47]。前此，政府曾於2009年間修正「兩岸人民關係條例」，讓中國婚姻移民取得我國身分證的年限，由8年縮短爲6年，然這仍較外籍配偶在4-8年間可取得身分證的時限爲長[48]。2013年5月立法院內政委員會爲此舉行公聽會，邀請政府代表、立委、學者、專家提出正反意見。迄今，相關議案仍未排進立法院院會審議。

時任陸委會主委王郁琦代表行政機關，闡述對兩個草案的立場。針對第17條身分證取得年限的放寬，王郁琦以「大陸與外籍配偶權益衡平」原則，主張應使中國與外籍配偶的身分取得制度一致。就社會上的不安全疑慮，他則指出兩岸關係條例於2009年修正後，無論是兩岸通婚對數或假結婚案件並無明顯增加的數據，同時承諾將協請相關單位，「強化面談制度」與「審查」，並對有中國配偶之家庭建立定期「查察、訪視機制」[49]。

相對於此，提案的臺聯立委許忠信則以前述行政院提出的兩岸人民關係條例之立法說明，申論「在政治的參政權方面，我們認爲應該要讓他們在臺灣接受民主、自由、人權的洗禮時間久一點、甚至要比外配久一點，等到他們有民主、人權、法治的概念以

45 「立法院第1屆第86會期第32次會議議案關係文書」，立法院，院總第1554號，1990年12月5日。

46 「台灣地區與大陸地區人民關係條例」，立法院圖書館，http://glin.ly.gov.tw/web/redirect/redirect.do?method=fullText&html=http://lis.ly.gov.tw/lghtml/lawstat/version2/01825/0182592100900.htm。最後瀏覽日：2015年5月2日。

47 此外，台聯黨則另外提出第21條的修正草案，擬在原先的被選舉權之限制外，限制中國籍人士在臺定居設籍後的選舉權。

48 外籍婚姻移民適用國籍法與入出國及移民法，現行規定外籍配偶持有外僑居留證，合法居留繼續3年以上，且每年有183日以上之居留事實，可申請歸化。經歸化許可後，再視在臺居留期間（居留1年完全不能離境、居留2年每年在臺居住超過270日、居留5年每年在臺居住超過183日），始得申請定居領取身分證，故外籍配偶取得身分證的時間爲4年至8年。2009年兩岸關係條例第17條的修法，則將中國籍配偶由團聚2年、依親居留4年、長期居留2年，共計8年的規定，放寬到依親居留4年、長期居留2年，共計6年的年限。

49 「兩岸人民關係條例公聽會紀錄」，立法院內政委員會，頁36-39。

後，再來行使參政權」[50]，意味將中國婚姻移民視爲較臺灣落後、因此需要更多教育的他者。立委黃文玲則直指中國「有1000多顆飛彈對著臺灣」，因此若中國配偶取的身分權的年限放寬，2016年將有19萬人可投票，從而有「影響國安的問題」；「我們尊重大陸配偶爲臺灣付出的生活權益，但不應該忽略中國對臺灣可能有其他目的的侵害，包括政治統戰等……這樣的開放程度不可不防」[51]。施正鋒教授除了部分呼應前述兩位立委的發言，亦從其他國家的實踐，主張「憲法所保障之基本人權並非至高無上，仍須與國家安全取得妥適平衡」，在面對「敵國挑釁」的情況下，需有「木馬屠城」的擔心[52]。

簡單來說，在前述國家做爲「容器」的想像中，（婚姻）移民容易因其社會與經濟地位而被賦予負面的刻板印象，成爲社會不安全與不自在的來源。但在政治的場域，對中國婚姻移民進行「不安全化」者，則進一步受到行爲者的政治立場，特別是對中國的態度而定。相關研究亦指出，「政黨支持」和「族群成見」這兩個因素，影響臺灣民眾對中國婚姻移民的態度[53]。但這並不是說對中國婚姻移民的「不安全化」，全然是藍綠或統獨意識形態的對決；在該場公聽會中，亦有學者、婚姻移民與新住民的代表，從非政治的角度提出論述。

三、經濟全球化：「自由」與「安全」

從前述行政機關的立場來看，國家機器在頻繁的兩岸交流與政治立場的考量下，主張法規的鬆綁與放寬。這當然並不意味著國家機關對安全的全面撤守，例如陸委會也強調安全管理機制如面訪的有效性，並承諾政府的把關之責。本文認爲這種「先開放、後把關」的立場，在相當程度上反映了經濟全球化下對自由與安全的權衡，也使安全專家與官僚組織的地位更形重要。

經濟全球化帶來人、資本與資訊的流通，但三者往往無法分割。問題因此是如何一方面開放國界，鼓勵跨國資訊、資本與知識的流通，另一方面控制其負面影響，甚至閉鎖國界防制境外人口的流入[54]。肯定開放或自由的必要性，但強調安全機構把關的職能，因此成爲政府面對社會不安全的基調；對中國婚姻移民的政策，主要不是法律的禁止，而是開放之後的「管理」。邊境管理或「內部安全」因此成爲臺灣國家安全的重要內涵；內政部移民署與警政署、勞動部（勞委會）也成爲國家安全的核心機構；對中國婚姻移民的境外及國境線上面談、入境後訪查、指紋按捺等，也成了重要的安全管理技術。

50　「兩岸人民關係條例公聽會紀錄」，立法院內政委員會，頁36。
51　「兩岸人民關係條例公聽會紀錄」，立法院內政委員會，頁62。
52　「兩岸人民關係條例公聽會紀錄」，立法院內政委員會，頁71。
53　陳志柔、于德林，「台灣民眾對外來配偶移民政策的態度」，頁133。
54　趙彥寧，「現代性想像與國境管理的衝突」，頁62。

此一過程產生了安全「技術化」的效果。當我們把安全或不安全的討論由政策面轉向執行面，既正當化甚至強化相關組織機構的必要性，也賦予它們壟斷知識生產的權力。具體來說，我們如何得知中國婚姻移民的現況與影響？相關的事實（如中國婚姻移民與外籍婚姻移民的人數、離婚率的高低、假結婚的嚴重程度等）主要由相關部會掌握，而社會不安全的管理成效（如面談機制的有效性、審核或查緝成效），其話語權也由行政單位壟斷。2014年2月，內政部爲解凍移民署的年度預算，而向立法院提出的報告裡，即詳列了近幾年查獲行蹤不明外勞成效、相關政策配套情形、該年度策進作爲、以及近幾年查處外來人口在臺逾期居（停）留之成效，並透過數據與統計表的方式呈現[55]。社會的事實、問題與解決之道，即是透過此類看似平凡無奇的作爲而呈現並顯得合理，也進一步鞏固了權責單位在安全治理上的正當性[56]。這當然並不是指控相關單位做假，惟在此「知識／權力」的邏輯下，我們可能需要關注數據透漏以及沒有透露的「事實」，從而思考安全機構是否隔絕於民意機關的有效監督。

兩岸人民關係條例在2009年修法的過程中，立委翁金珠在委員會審查的階段，質疑陸委會與勞委會對於中國籍配偶經依親居留而取得工作權的數字並不一致；立委賴士葆批評陸委會在統計項目的不足，以致無法招架外界的攻擊；立委張顯耀的質詢，則凸顯陸委會關於中國婚姻移民假結婚比率爲7%的數字，雖據稱來自移民署，但後者卻表示沒有相關數據[57]。官僚組織能因爲其掌握事實與對策的「專業」而享有權威，但也可能據此而受到質疑與挑戰。

臺灣社會對中國婚姻移民引起的不安全與不自在，正朝向交由相關官僚組織從事安全「管理」，而這也凸顯第一線人員在實踐上的重要性。固然公務人員「依法行政」，但他們並非機械式的照章行動，而在執行上有一定程度的裁量權。若干研究即觀察到警官、面談官、健保局業務人員、經貿辦事處的官員在處理中國與外籍婚姻移民的行政事務時，往往帶有先入爲主的刻板印象[58]。這些個別的故事或許有代表性的問題，但關於婚姻移民的事實與問題，卻正是透過這些執行者的日常與制式作爲（如申請案的准駁）累積而成；他們在相當程度上，生產了社會不安全的現象。前引報告距今已有一段時日，當前第一線安全人員的實踐爲何，是可以持續探討的議題。

---

55 「立法院第8屆第5會期第2次會議議案關係文書」，立法院。

56 Cf. Peter Miller & Nikolas Rose, "Governing Economic Life," *Economy and Society*, Vol. 19, No. 1 (1990), pp. 1-31.

57 立法院，立法院公報，第98卷第26期（2009年5月12日），頁432-436，451-452。

58 趙彥寧，「社福資源分配的户籍邏輯與國境管理的限制」；夏曉鵑，流離尋岸，頁57-81。

肆、結　語

本文從「遷徙／移民」與「安全」的角度，探討臺灣對中國婚姻移民的論述與實踐。從既有對（中國婚姻）移民問題的表述來看，與其說「她們」對臺灣構成何種生存威脅，不如說「我們」對其抱持不安全感——不自在、恐懼、不確定性、擔憂等。以此出發，本文主張在我們以安全概念描述相關現象時，應先檢討概念工具的意涵。在社會（不）安全的議題上，哥本哈根學派與巴黎學派皆由獨到之處，而本文則認爲後者較能適用臺灣的情境。本文因此嘗試沿著巴黎學派的要旨，就臺灣如何「不安全化」中國婚姻移民提出討論。在最抽象的層次上，對（中國婚姻）移民的不安全化根源於我們對國家的封閉性與同質性之想像；在兩岸關係層面，兩岸在身分上的「差異/相同」常在政治的脈絡下被轉化爲「安全／平等」的二元對立，對中國婚姻移民的不安全化因此常和兩岸政治關係的主張結合；最後，隨著全球化的論述及兩岸經濟與社會交流的頻繁，「開放」取得政策上的優先性，對於人口「自由」流動的疑慮，則藉由「安全管理」的方式應對。愈來愈多的部門（特別是具警察性質的單位如移民署）擔負起國家內部安全之責。它們以此取得安全治理的權威，但其生產事實與問題的方式，乃至第一線人員的日常作爲，也成爲值得深入探究的議題。

參考文獻

中文

「立法院第1屆第8屆第6會期第32次會議議案關係文書」，**立法院**，院總第1554號，1990年12月5日。

立法院，**立法院公報**，第98卷第26期（2009年5月12日），頁419-495。

「立法院第8屆第5會期第2次會議議案關係文書」，**立法院**，院總第887號，2014年2月26日。

朱柔若、孫碧霞，「印尼與大陸配偶在臺設會排除經驗之研究」，**教育與社會研究**，第20期（2010年6月），頁1-52。

林政忠、李祖舜，「綠委嗆江 不赴立院 別想待海基」，**聯合報**，2009年4月20日。

侯夙芳，「大陸配偶面談機制之研究」，**中央警察大學警學叢刊**，第36卷第1期（2005年7月），頁137-158。

柯雨瑞、蔡政杰，「從平等權論臺灣新住民配偶入籍及生活權益保障」，**國土安全與國境管理學報**，第18期（2012年12月），頁91-172。

韋祿恩、劉懋漢，「啓動祥安專案，打擊人口販運」，**內政部入出國及移民署雙月刊**，第34期（2013年6月），頁14-15。

夏曉鵑，**流離尋岸：資本國際化下的「外籍新娘」現象**（臺北：臺灣社會研究，2002年）。

陳志柔、于德林，「臺灣民眾對外來配偶移民政策的態度」，**臺灣社會學**，第10期（2005年12月），頁95-148。

曾嬿芬，「誰可以打開國界的門？移民政策的階級主義」，**臺灣社會研究季刊**，第61期（2006年3月），頁73-107。

黃秀端、林政楠，「移民權利、移民管制與整合——入出國及移民法在立法院修法過程的分析」，**臺灣民主季刊**，第11卷第3期（2014年9月），頁83-133。

楊婉瑩、李品蓉，「大陸配偶的公民權困境—國族與父權的共謀」，**臺灣民主季刊**，第6卷第3期（2009年9月），頁47-86。

廖元豪，「移民——基本人權的化外之民：檢視批判『移民無人權』的憲法論述與實務」，**月旦法學雜誌**，第161期（2008年10月），頁83-104。

趙彥寧，「現代性想像與國境管理的衝突：以中國婚姻移民女性爲研究案例」，**臺灣社會學刊**，第32期（2004年6月），頁59-102。

趙彥寧，「社福資源分配的戶籍邏輯與國境管理的限制：由大陸配偶的入出境管控機制談起」，**臺灣社會研究季刊**，第59期（2005年9月），頁43-90。

西文

Amoore, Louise & Marieke de Goede, eds., *Risk and the War on Terror* (London: Routledge, 2008).

Aradau, Claudia, *Rethinking Trafficking in Women: Politics out of Security* (Basingstoke: Palgrave Macmillan, 2008).

Bhatia, Michael, “Fighting Words: Naming Terrorists, Bandits, Rebels and Other Violent Actors,” *The Third World Quarterly*, Vol. 26, No. 1 (2005), pp. 5-22.

Bigo, Didier, “Security and Immigration,” *Alternatives: Global, Local, Political*, Vol. 27, Special Issue (2002), pp. 63-92.

Bigo, Didier, “Globalized (In) security: The Field and the Ban-opticon,” in Didier Bigo & Anastassia Tsoukala, eds., *Terror, Insecurity and Liberty: Illiberal Practices of Liberal Regimes after 9/11* (London: Routledge, 2008), pp. 10-48.

Bigo, Didier & Anastassia Tsoukala, “Understanding (In) security,” in Didier Bigo & Anastassia Tsoukala, eds., *Terror, Insecurity and Liberty: Illiberal Practices of Liberal Regimes after 9/11* (London: Routledge, 2008), pp. 1-9.

Buzan, Barry, *People, States and Fear: An Agenda for International Security Studies in the Post-*

Cold War Era (Boulder, Co.: Lynne Rienner, 1991).

Buzan, Barry, Ole Waever & Jaap de Wilde, *Security: A New Framework of Analysis* (Boulder, Colo.: Lynne Rienner, 1998).

Campbell, David, *Writing Security: United States Foreign Policy and the Politics of Identity*, second edition (Manchester: Manchester University Press, 1998).

D'Aoust, Anne-Marie, "Circulation of Desire: The Security Governance of the International 'Mail-Order Brides' Industry," in Miguel de Larrinaga & Marc G. Doucet, eds., *Security and Global Governmentality: Globalization, Governance and the State* (London: Routledge, 2010), pp. 113-131.

Doty, Roxanne Lynn, *Anti-Immigration in Western Democracies: Statecraft, Desire, and the Politics of Exclusion* (London: Routledge, 2003).

Held, David & Anthony McGrew, *Globalization/Anti-Globalization* (Cambridge: Polity, 2002).

Huysmans, Jef, "Security! What Do You Mean? From Concept to Thick Signifier," *European Journal of International Relations*, Vol. 4, No. 2 (1998), pp. 226-255.

Huysmans, Jef, *The Politics of Insecurity: Fear, Migration and Asylum in the EU* (London: Routledge, 2006).

Laclau, Ernesto, "Why do Empty Signifiers Matter to Politics?" in Ernesto Laclau, *Emancipation(s)* (London: Verso, 1996), pp. 36-46.

Larner, Wendy & William Walters, eds., *Global Governmentality: Governing International Spaces* (London: Routledge, 2004).

Marks, Michael P., *Metaphors in International Relations Theory* (New York: Palgrave Macmillan, 2011).

McDonald, Matt, "Securitization and the Construction of Security," *European Journal of International Relations*, Vol. 14, No. 4 (2008), pp. 563-587.

Miller, Peter & Nikolas Rose, "Governing Economic Life," *Economy and Society*, Vol. 19, No. 1 (1990), pp. 1-31.

Peoples, Columba & Nick Vaughan-Williams, *Critical Security Studies: An Introduction* (London: Routledge, 2010).

Roe, Paul, "Societal Security," in Alan Collins, ed., *Contemporary Security Studies* ,second edition (Oxford: Oxford University Press, 2010, pp. 202-217.

Theiler, Tobias, "Societal Security," in Myriam Dunn Cavelty & Victor Mauer, eds., *The Routledge Handbook of Security Studies* (London: Routledge, 2010), pp. 105-114.

van Munster, Rens, *Securitizing Immigration: The Politics of Risk in the EU* (Basingstoke: Palgrave Macmillan, 2009).

Waever, Ole, "Securitization and Desecuritization," in Ronnie D. Lipschutz, ed., *On Security*

(New York: Columbia University Press, 1995), pp. 46-86.
Waever, Ole, "Aberystwyth, Paris, Copenhagen: The Europeanness of New 'Schools' of Security Theory in an American Field," in Arlene B. Tickner & David L. Blaney, eds., *Thinking International Relations Differently* (London: Routledge, 2012), pp. 48-71.
Waever, Ole, Barry Buzan, Morten Kelstrup & Oierre Lemaitre, eds., Identity, *Migration and the New Security Agenda in Europe* (New York: St. Martin's Press, 1993).
Walters, William, "Migration and Security," in J. Peter Burgess, ed., *The Routledge Handbook of New Security Studies* (London: Routledge, 2010), pp. 217-228.

相關資料網站

「移民署願景」，**內政部移民署**，http://www.immigration.gov.tw/ct.asp?xItem=1291392&CtNode=29676&mp=1。最後瀏覽日：2015年4月22日。
「外籍配偶人數與大陸（含港澳）配偶人數」，**內政部移民署**，http://www.immigration.gov.tw/ct.asp?xItem=1293989&ctNode=29699&mp=1。最後瀏覽日：2015年4月22日。
「人口政策白皮書：少子女化、高齡化及移民」，**內政部戶政司**，http://www.gec.ey.gov.tw/Upload/RelFile/2712/703845/%E4%BA%BA%E5%8F%A3%E6%94%BF%E7%AD%96%E7%99%BD%E7%9A%AE%E6%9B%B8.pdf。最後瀏覽日：2012年4月24日。
「『臺灣地區與大陸地區人民關係條例第十七條及第二十一條條文修正草案』——大陸地區人民爲臺灣地區人民配偶取得身分證年限及相關權益議題公聽會紀錄」，**立法院內政委員會**，http://lis.ly.gov.tw/pubhearc/ttsbooki?n100143:0033-0099:PDF。最後瀏覽日：2015年4月24日。
「臺灣地區與大陸地區人民關係條例」，**立法院圖書館**，http://glin.ly.gov.tw/web/redirect/redirect.do?method=fullText&html=http://lis.ly.gov.tw/lghtml/lawstat/version2/01825/0182592100900.htm。最後瀏覽日：2015年5月2日。
「重要政治態度分布趨勢圖」，**國立政治大學選舉研究中心**，http://esc.nccu.edu.tw/course/news.php?class=203。最後瀏覽日：2015年4月24日。

第4章 自由民主國家的移民政策——政治平等與政治安全

郭祐輑

壹、前　言

2014年陸委會擬修正「臺灣地區與大陸地區人民關係條例」，將中國配偶在臺灣取得身分證（以及隨之而來的選舉權）年限由現行的6年縮短爲4年。依據現行條例第17條，中國配偶在臺依親居留滿四年後可以申請轉換爲長期居留，長期居留滿兩年後可申請定居以及戶籍與身分證。與中國配偶相比，依據現行國籍法與移民法，來自其他國家的外籍配偶取得身分證年限爲4到8年。外籍配偶在臺居留滿3年後可申請居留證，而連續居留或居留滿一定期間後可申請定居。移民法第10條規定，「連續居留或居留滿一定期間」爲「連續居住一年，或居留滿二年且每年居住二百七十日以上，或居留滿五年且每年居住一百八十三日以上」。

陸委會希望透過此一修法維持中國配偶與來自其他國家的外籍配偶之間的平等[1]。然而，臺聯立委與部分學者反對此一修法，認爲中國仍是臺灣的唯一敵國，不能將中國配偶與來自其他國家的外籍配偶等同視之，此外，中國配偶取得選舉權即可參與2016年總統大選，恐會造成國安問題[2]。

這場政策辯論中，贊成修法的一方堅持平等價值，但忽略中國配偶來自一個對臺灣造成武力威脅的國家，而其他外籍配偶的母國並沒有對臺灣帶來武力威脅。相較之下，反對修法的一方強調國家安全，卻忽略國家安全並不是絕對的價值，強調國家安全的重要並不代表國家可以採用任何手段追求國家安全。因此，針對此一修法爭議，比較恰當的問題應該是：國家安全是否可成爲差別對待中國配偶與來自其他國家外籍配偶的正當理由？或是，自由民主國家所強調的平等原則是否可以限制國家追求安全的正當手段？

本文從國際關係規範性理論的角度探討這兩個問題[3]。關於移民與國家安全的關

1 「背景說明」，行政院陸委會，http://www2.mac.gov.tw/RuleView.aspx?RuleID=3&TypeID=1。最後瀏覽日：2015年4月15日。

2 「臺聯：陸配入籍6年才能投票」，蘋果日報，2014年5月10日，http://www.appledaily.com.tw/appledaily/article/headline/20130510/35008254/。最後瀏覽日：2015年4月15日。

3 規範性理論並非追求價值中立的實證研究來解釋國際關係，而是分析能否從特定的規範性前提推論出關於國際關係的推範性結論。關於規範性理論的定義，參閱Hidemi Suganami, "The English School and International Theory," in Alex J. Bellamy, ed., *International Society and its Critics* (Oxford: Oxford University

係，在討論移民政策與道德的文獻中，不少學者認爲移民政策可以受到國家安全考量的限制，這種看法在911事件後更爲普遍[4]。美國的移民政策更是深受國家安全考量的影響[5]。對自由民主國家來說，保護自身政治體制的運作亦可成爲限制移民入境的理由[6]。然而，其他學者反對這種看法，認爲以國家安全爲由限制移民政策，不僅無效，更會限縮自由民主國家內部人民的公民自由[7]。

上述兩種對立立場大多著重在移民的入境對於國家安全的影響，而非移民取得公民權對國家安全的影響。移民問題包含入境、居留權、公民權三面向，不同面向對國家安全帶來的威脅也不同。如果我們將焦點放在入境與居留權，則分析移民對國家安全的影響會著重在移民是否會顚覆國家體制、進行間諜或情報蒐集工作、破壞人民之間的信任並危及自由民主國家的社會福利體系[8]。如果把焦點放在公民權，問題則變成：外籍配偶歸化後行使選舉權爲何會危及臺灣的國家安全？只有在討論完這個問題後，我們才能進一步分析臺灣能否採用差別對待中國配偶與其他國籍配偶的方式來確保國家安全。

本文第貳節從非傳統安全的角度分析外籍配偶行使選舉權對臺灣帶來的可能安全威脅。第參節討論爲何自由民主國家必須平等對待來自不同國家的外籍配偶。第肆、伍、陸小節分別討論三種基於國家安全爲由反對修法的立場。藉由反駁這三種立場，本文認爲臺灣政府不能以國家安全爲由，要求中國配偶與其他國籍配偶有不同取得身分證的年限。

Press, 2005), p. 34.

4 Arash Abizadeh, "Liberal Egalitarian Arguments for Closed Borders: Some Preliminary Critical Reflections," *Éthique et économique/Ethics and Economics* Vol. 4, No. 1 (2006), pp. 1-8; Joseph Carens, "Aliens and Citizens: The Case for Open Borders," *Review of Politics* Vol. 49, No. 2 (1987), pp. 251-273; Joseph Carens, *The Ethics of Immigration* (Oxford: Oxford University Press, 2013); James Nafziger, "The General Admission of Aliens under International Law," *American Journal of International Law* Vol. 77, No. 4 (1983), pp. 804-847; Rainer Baubock, "Global Justice, Freedom of Movement and Democratic Citizenship," *European Journal of Sociology* Vol. 50, No. 1 (2009), pp. 1-31; John Scanlan and O. T. Kent, "The Force of Moral Arguments for a Just Immigration Policy in a Hobbesian universe: The Contemporary American Example' in Mark Gibney, ed., *Open Borders? Closed Societies? The Ethical and Political Issues* (New York: Greenwood Press, 1988), pp. 61-107; David Hendrickson, "Migration in law and ethics: A realist perspective," in Brian Barry and Robert E. Goodin, eds., *Free Movement: Ethical issues in the transnational migration of people and of money* (Pennsylvania: The Pennsylvania State University Press, 1992), pp.218-219.

5 Christopher Rudolph, "Immigration and Security in the United States," in Rogers Smith, ed., *Citizenship, Borders, and Human Needs* (Philadelphia: University of Pennsylvania Press, 2011), pp. 211-231.

6 Thomas Christiano, "Immigration, Political Community, and Cosmopolitanism," *San Diego Law Review* Vol. 45, No. 4 (2008a), pp. 933-961; Frederick Whelan, "Citizenship and Freedom of Movement: An Open Admissions Policy?' in Mark Gibney, ed., *Open Borders? Closed Societies? The Ethical and Political Issues* (New York: Greenwood Press, 1988), pp. 3-39; Richmond Mayo-Smith, *Emigration and Immigration* (New York: Charles Scribner's Sons, 1890), pp. 290-292.

7 Chandran Kukathas, "The Case for Open Immigration," in A. Cohen and C. Wellman, eds., *Contemporary Debates in Applied Ethics* (Malden, MA: Blackwell Publishing, 2005), pp. 207–220; Philip Cole, *Philosophies of Exclusion: Liberal Political Theory and Immigration* (Edinburgh: Edinburgh University Press, 2000); Philip Cole, "Part Two; Open Borders: An Ethical Defense," in Christopher Wellman and Phillip Cole, *Debating the Ethics of Immigration: Is There a Right to Exclude*? (New York: Oxford University Press, 2011), pp. 280-282.

8 關於移民對社會信任的破壞，參閱：David Miller, "Immigration: The Case for Limits," in A. Cohen and C. Wellman, eds., *Contemporary Debates in Applied Ethics* (Malden: Blackwell Publishing, 2005), pp. 193–206.

貳、移民與非傳統安全

爲什麼中國配偶行使投票權會對臺灣國家安全帶來威脅？我們可以藉由對比傳統與非傳統安全研究來釐清這個問題。傳統安全研究強調軍事安全，認爲國家安全的威脅來自敵人的武力[9]。相較之下，非傳統安全研究認爲安全的概念除了軍事安全之外，必須擴展至其他部門（sector），例如政治安全、社會安全、經濟安全與環境安全[10]。

與移民議題特別相關的是社會安全與政治安全。社會安全涉及政治社群成員的身份認同，主要考量問題是，這些成員是依照哪些理念或是文化習俗來界定他們屬於同一個政治社群？針對這個問題，外來移民對移入國的社會安全所帶來的威脅包括危及當地社會的文化認同、國家文化遺產與社會凝聚力[11]。外來移民的文化可能成爲當地社會的主流文化，改變當地社會的文化認同。另外，移入國的成員擔心外來移民的數量過多會淹沒原先的居民，導致移入國的社會不再由原先的居民所組成[12]。最後，外來移民所帶來的文化可能引起不同族群之間的緊張關係，減低社會凝聚力。這些改變都危及當地社會的身分認同，造成移入國的當地現有成員認爲他們社會的組成份子也隨之改變。不可否認，移民對社會安全的威脅的確存在。然而，在上述的修法爭議中，社會安全並不是最主要的考量，反對修法者在意的是中國配偶取得投票權的年限，而非中國配偶對臺灣人民身分認同的影響。

與社會安全相對比，中國配偶取得投票權則可能會危及臺灣的政治安全。根據學者布讚（Barry Buzan）、維夫（Ole Waever）與懷爾德（Jaap de Wilde）的解釋，政治安全與傳統軍事安全的不同處在於，前者強調非軍事手段對於國家主權的威脅[13]。此次修法爭議中，持反對立場的臺聯立委認爲，中國配偶受到共產主義的影響，有侵犯臺灣主

9 Stephen Walt, "The Renaissance of Security Studies," *International Studies Quarterly* Vol. 35, No. 2 (1991), p. 212; Barry Buzan, Ole Waever, and Jaap de Wilde, *Security: A new Framework for Analysis* (Boulder: Lynne Rienner, 1998), pp. 1.

10 Barry Buzan, *People, States and Fear: An Agenda for International Security Studies in the Post-Cold War Era*, second edition (Boulder: Lynne Rienner, 1991); Barry Buzan, Ole Waever, and Jaap de Wilde, *Security: A New Framework for Analysis* (Boulder: Lynne Rienner, 1998); Ken Booth, *Theory of World Security* (Cambridge: Cambridge University Press, 2007), pp. 162-163; Columba Peoples and Nick Vaughan-Williams, *Critical Security Studies: An Introduction* (London: Routledge, 2010); Richard Ullman, "Redefining Security," International *Security* Vol. 8, No. 1 (1983), pp. 129-153; Emma Rothschild, "What is Security?," Daedalus, Vol. 124, No. 3 (1995).

11 Columba Peoples and Nick Vaughan-Williams, *Critical Security Studies: An Introduction* (London: Routledge, 2010), p. 81; Barry Buzan, Ole Waever, and Jaap de Wilde, *Security: A New Framework for Analysis* (Boulder: Lynne Rienner, 1998), p. 121.

12 Michael Dummett, *Immigration and Refugees* (London: Routledge, 2001), pp. 51-52.

13 Barry Buzan, Ole Waever, and Jaap de Wilde, *Security: A New Framework for Analysis* (Boulder: Lynne Rienner, 1998), p. 141.

權的企圖，必須經過更長時間的民主洗禮方能行使選舉權[14]。這種侵犯臺灣主權的企圖，並非體現在顛覆臺灣政治體制、武裝攻擊臺灣政府或從事間諜或情報蒐集工作，否則臺聯立委應該主張禁止中國配偶入境，而不是限制中國配偶取得投票權的年限。比較合理的推論是，臺聯立委擔憂中國配偶的政治立場導致他們在投票時，偏好可能危及臺灣主權的政策，例如強化臺灣對中國依賴的經濟或貿易政策，或是選擇過於傾向中國的候選人與政黨。這些政策偏好將導致臺灣受限於中國，最後失去政治獨立性。所以，中國配偶藉由非軍事行動（行使投票權）會對臺灣政治地位帶來的威脅，危及臺灣國家安全。之後的討論我把這種模式稱爲「投票威脅模式」[15]。

綜上所述，中國配偶取得投票權年限對於臺灣的非傳統安全威脅有兩特徵。第一，該議題危及臺灣的政治安全，而非傳統的軍事安全；第二，對於臺灣的政治安全威脅來自一般平民（及中國配偶），而非軍隊。面對這種非傳統安全威脅，臺灣政府能否延長中國配偶取得投票權的時間來確保臺灣的政治安全？

參、政治平等原則

贊成修法者認爲，基於平等的價值，臺灣政府應該對中國配偶與來自其他國家的外籍配偶一視同仁，不應延長中國配偶取得身分證的年限。這種平等對待建立在兩個基礎上：第一，中國配偶與其他國籍配偶相同地面對臺灣政府的法律管轄。在等待取得身分證的期間，兩者在臺灣社會都居住了相當長的時間，也因此兩者在臺灣社會的生活都受到臺灣法律規範與限制。更重要的是，臺灣政府透過武力（警察）來執行這些法律，換句話說，中國配偶與其他國籍配偶都相同地面對臺灣政府執行法律所使用的武力。在這種情況下，使用武力執行法律的政府必須平等對待來自不同國家的移民[16]。舉例來說，臺灣政府不能一方面允許其他國籍配偶在臺灣境內享有遷徙自由，但同時拒絕中國配偶享有相同遷徙自由；第二，中國配偶與其他國籍配偶在投票時都可能偏好選擇危及臺灣主權的政策，或是選擇對中國比較友善的候選人。所以，上述的投票威脅模式也發生在其他國籍配偶行使投票權的情況。中國配偶與其他國籍配偶都會透過相同管道（行使投票權）對臺灣政治安全帶來相同的威脅。既然如此，臺灣政府不能差別對待兩者取

14 「限制陸配參政權 綠營：需接受更多民主洗禮才能投票」，**Nownews**今日新聞，2013年5月9日，http://www.nownews.com/n/2013/05/09/277520。最後瀏覽日：2015年4月15日。

15 關於移民的政治影響力，在美國也曾出現相同的擔憂，參閱Richmond Mayo-Smith, *Emigration and Immigration* (New York: Charles Scribner's Sons, 1890), pp. 79-92; Peter Brimelow, *Alien Nation: Common Sense about America; Immigration Disaster* (New York: Random House), pp. 191-201。

16 Michael Blake, "Immigration and Political Equality," *San Diego Law Review* Vol. 45, No. 4 (2008), pp. 963-979.

得投票權的年限。政府必須針對相同案例給予相同對待[17]。由於這兩個基礎涉及政府與其管轄對象之間的關係，本文將這種立場稱爲政治平等原則。

也許有人會納悶，政治平等原則預設臺灣政府必須以平等原則規範其移民政策。但是，爲何要強調平等這價值？可能理由有二：第一，當代各種政治理論都同意人類有平等道德價值（equal moral worth），不能因爲他人的性別、宗教、種族與階級而給予差別對待[18]；第二，對自由民主國家來說，人類的平等更是其支持的根本價值，國家必須平等對待人民，不得任意歧視[19]。因爲平等原則的重要，而且因爲中國配偶與其他國籍配偶對臺灣政治安全可能帶來相似的威脅，所以臺灣政府必須平等對待受到其管轄的中國配偶與其他國籍配偶，不能要求中國配偶以較長的時間取得身分證與投票權。

然而，上述結論不能完全說服反對修法的一方。他們或許會質疑，即使承認政治平等原則的重要，但考量到中國配偶與其他國籍配偶的差異，差別對待兩者並不違背平等原則。除了這個質疑外，反對修法者也會挑戰上述立場的兩個前提：第一，上述立場預設政府對待非本國居民的政策必須受到道德原則的限制；第二，上述立場預設政府的移民政策，特別是取得選舉權的政策，必須受到政治平等原則的限制。針對第一個前提，反對修法者或許會認爲國際關係中沒有考量道德價值的空間，所以政府的移民政策不需被政治平等原則限制。針對第二個前提，反對修法者或許會質疑，即使政府對待非本國居民的政策需要考量道德價值，政治平等原則也不是最重要的道德價值。

簡言之，反對修法者可能會提出三個質疑：

一、國際關係中沒有考量道德價值的空間，所以政府的移民政策不需被政治平等原則限制。

二、即使國際關係必須考量道德價值，政府在對待非本國公民時，政治平等原則也不是最優先的價值。

三、即使承認平等原則的重要，差別對待中國配偶與其他國籍配偶並不違背平等原則。

前兩項質疑著重在支持修法者的論點前提，第三項質疑則挑戰支持修法者論點的結論。本文接著將分別討論這三項質疑。

---

17 Thomas Christiano, *The Constitution of Equality: Democratic Authority and its Limits* (Oxford: Oxford University press, 2008b), pp. 20-22.

18 Will Kymlicka, *Contemporary Political Philosophy: An Introduction*, second edition (Oxford: Oxford University Press, 2002), p. 4.

19 Blake, Michael, *Justice and Foreign Policy* (Oxford: Oxford University Press, 2013), p 2.

肆、國際關係與道德原則

學者阿特（Robert Art）與華爾茲（Kenneth Waltz）認爲國際關係中沒有考量道德價值的空間，因爲：「在無政府狀態下，國家不能冒險採取合乎道德的行爲。道德行爲的前提是一個有效政府必須存在，來嚇阻與懲罰違法行爲。在無政府狀態下，政府不存在；所以法律也不存在……國際政治中並不存在道德的先決條件。所以，每個國家必須準備好採取必要手段去追求他們自己定義的利益[20]。」根據這種看法，世界政府並不存在，無法規範各國行爲。因爲這種國際政治的結構導致國家無法採取道德的行爲，只能透過各種必要手段追求自己的利益。如果這種看法成立，臺灣政府的移民政策就不需要也不能考慮平等原則。

許多學者認爲阿特與華茲對國際關係的觀察並不合乎現實狀況，國際關係並不是全然無政府的狀態[21]。即使世界政府不存在，國家依然可採取其他手段，例如經濟制裁，來迫使他國遵守法律與道德規範[22]。學者布爾（Hedley Bull）提出五種維持世界秩序的機制：權力平衡、戰爭、國際法、外交與強權[23]。除了國際法之外，其他四種機制亦可用來執行國際規範。換言之，即使缺少世界政府以中央機制來執行國際關係的各種規範，這些規範依然能經由分散（decentralized）機制來執行[24]。這些機制的運作也許不是非常完美，但他們的存在顯示國際關係並不如阿特與華茲所言是個全然無政府的狀態。如果國際關係不是全然無政府狀態，而是存在著執行法律與道德規範的各種機制，則國際關係中就有考量道德價值的空間。

然而，針對本文所探討的臺灣移民政策與政治安全議題，上述包括布爾等學者對於阿特與華茲的回應並不全然成立。第一，臺灣似乎缺少足夠的資源或他國支持來抗衡或制裁中國的武力威脅，布爾提出維持世界秩序的機制並無法適用到臺灣與中國的緊張關係，所以臺灣與中國的關係接近阿特與華茲所描述的無政府狀態。在這種狀態下，爲了追求政治安全，臺灣對待非本國公民的政策就不受道德考量的限制；第二，布爾等學者對於阿特與華茲的反駁並無法證明臺灣政府的移民政策必須受道德原則限制。布爾等學者強調無政府狀態下，國家可以採取不同的機制維持國際秩序，執行各種法律與道德規

---

20 Robert Art and Kenneth Waltz, "Technology, Strategy, and the Uses of Force," in Robert Art and Kenneth Waltz, eds., *The Use of Force: International Politics and Foreign Policy*, second edition (Lanham: University Press of America, 1983), p. 6.

21 Allen Buchanan, *Justice, Legitimacy, and Self-determination: Moral Foundations for International Law* (Oxford: Oxford University Press, 2004), pp. 31-32.

22 Charles Beitz, *Political Theory and International Relations* (Princeton: Princeton University Press, 1979), pp. 46-47.

23 Hedley Bull, *Anarchical Society: A Study of Order in World Politics* (New York: Columbia University Press, 1977).

24 Terry Nardin, *Law, Morality, and the Relations of States* (Princeton: Princeton University Press, 1983).

範。然而，在缺少世界政府來確保臺灣政治安全的情況下，移民政策或許是臺灣確保政治安全的眾多機制之一。換句話說，反對修法的一方可以同意布爾等學者對於國際關係無政府狀態的看法，但同時間援引阿特與華爾茲的論點，認爲臺灣政府的移民政策正是臺灣在無政府狀態下追求政治安全的必要手段，因此沒有考量道德價值的餘地。

針對此次修法爭議，雖然布爾等學者對阿特與華爾茲的回應不具說服力，阿特與華茲的論點仍然無法否定道德價值在國際關係的角色。阿特與華爾茲似乎將道德與追求國家利益視爲對立的兩面。然而，這種看法過於限縮道德原則的內涵。「追求國家利益」也可視爲是一種道德價值，決策者應該採取各種必要政策追求自身社會的利益，例如確保國家主權與安全。換句話說，阿特與華爾茲的論點有其預設的道德價值，即國家在無政府狀態下應該採取必要手段追求國家利益[25]。如果我們對道德原則的內涵有比較寬廣的定義，則阿特與華爾茲的論點不必然是反對道德價值在國際關係的角色。關於道德價值與國際關係的關係，比較恰當的討論焦點應該是「在國際關係中，何種道德價值是適切的原則」，而非「道德價值在國際關係中有無存在餘地」。

我們可以擴大對道德價值內涵的理解，進而回應阿特與華茲的論點。然而，這種策略帶來另一個問題：此次修法爭議中，何種道德價值是最適切的原則？本節討論只說明道德原則在國際關係有存在的空間，卻沒說明哪種道德原則是最適切的原則。反對修法者或許會再次引用阿特與華爾茲，強調臺灣的政治安全是國家的重要利益，所以臺灣政府制訂移民政策時，考慮的道德價值應該是國家利益，而不是平等原則。本文將於下一節討論這個議題。

伍、政治安全與平等原則

反對修法的一方或許會強調國家應追求國家利益，特別是政治安全，所以臺灣在制訂移民政策時，應該優先考慮現有居民的政治安全，而非外籍配偶的政治平等地位。學者肯楠（George Kennan）在討論政府的道德義務時提到：「政府是代理人，不是委託人。政府的主要義務是追求它所代表的社會的利益，而非社會個別組成份子所感受到的道德悸動」[26]。這些國家利益包括軍事安全、健全的政治生活（integrity of political life）與人民福祉[27]。政府受到社會的委託，追求其利益。決策者不該以自身的道德考量作爲決策標準，否則政府的角色會從代理人變成委託人，並將自己偏好的道德價值強

25　關於類似的論點，參閱：Duncan Bell, “Political realism and the limits of ethics,” in Duncan Bell, ed., *Ethics and World Politics* (Oxford: Oxford University Press, 2010), p. 97。

26　George Kennan, “Morality and Foreign Policy,” *Foreign Affairs* Vol. 64, No. 2 (1985/1986), p. 206.

27　George Kennan, “Morality and Foreign Policy,” *Foreign Affairs* Vol. 64, No. 2 (1985/1986), p. 207.

加在整體社會之上。此次修法爭議中，反對修法的一方可以引用肯楠的看法，認爲臺灣政府受到人民委託，其任務在確保臺灣現有公民的政治安全，而非考量外籍配偶的政治平等地位。外籍配偶的政治平等地位或許是個重要的考量，但這個考量屬於決策者自身偏好的道德價值，所以決策者在制定移民政策時，不能把自身的政策偏好強加於臺灣社會之上。這種看法並不否認國家對待非本國居民的移民政策必須考量道德價值。然而，有鑒於決策者身爲代理人的角色，臺灣的移民政策必須考慮臺灣的政治安全，而非外籍配偶的政治平等地位。

我們可以把上述看法有系統地整理如下：

一、臺灣制訂移民政策時，面對兩種衝突的道德價值：臺灣現有公民的政治安全與外籍配偶的政治平等地位。

二、決策者接受社會委託，追求其利益。

三、臺灣社會的利益是確保政治安全。

四、所以，制定移民政策時，決策者應該選擇的道德價值是臺灣現有公民的政治安全，而非外籍配偶的政治平等地位。

在此次修法爭議中，我們似乎遇到前提1.所陳述的兩種衝突道德價值[28]。前提2.較不具爭議，大多數人可以同意肯楠把政府界定爲社會的代理人。關於前提3.，大多數人應該不否認政治安全是臺灣社會的重要利益。但是，即使我們同意前面三個前提，這並不代表可以得出結論4.。臺灣社會的政治安全的確是重要的道德價值，政府也應該追求社會所委託的重要利益，但這不意味著政府可以完全忽略其他道德價值[29]。舉例來說，臺灣政府不能以大規模任意屠殺無辜外國人的手段追求國家安全。所以即使政治安全是重要的道德價值，臺灣政府以政治安全爲由制定移民政策時，這個政策的內容仍須受到其他道德原則，例如平等原則的限制。

這些限制性質的道德原則從何而來？以大規模任意屠殺無辜外國人爲例，臺灣政府只是接受臺灣社會的組成份子的委託來確保國家安全，但如果委託人本身並沒有大規模任意屠殺無辜外國人的權利，則臺灣政府身爲代理人也沒有這個權利，因爲委託人並無法把這個權利委託給代理人來執行。因此，就算臺灣政府身爲代理人追求臺灣社會的政治安全，這也不代表臺灣政府可以採取任何手段不受限制地追求這個目標。

贊成修法的一方下一個要回答的問題是，政治平等原則是否可限制臺灣追求政治安全的目標？在追求政治安全時，臺灣政府不得大規模任意屠殺無辜外國人。我們是否也能依照相同邏輯認爲臺灣政府不得忽略外籍配偶間的政治平等地位？

回答這個問題前，或許我們可以思考一個更根本的議題：臺灣希望追求政治安全，

---

28 稍後我將反駁這個前提。

29 Allen Buchanan, "In the National Interest," in Gillian Brick and Harry Brighouse, eds., *The Political Philosophy of Cosmopolitanism* (Cambridge: Cambridge University Press, 2005), pp. 110-126.

但這個政治安全要保護的是什麼性質的國家？[30]至少，對於贊成與反對修法的兩方來說，威權統治國家應該不是值得保護的對象，臺灣的政治安全要保護的應該是一個自由民主國家。自由民主國家有兩個特徵：保障人民自由以及實行民主制度[31]。關於保障人民自由，國家應該確保公民的政治與公民權利，例如生命、安全、財產、隱私與公平審判等權利。公民享有集會結社、遷徙、宗教與表達意見等基本自由。關於民主制度，國家應該定期舉行公平選舉，保障人民直接或間接參與政治事務權利，公民享有擔任公職的平等權利。自由與民主兩個面向結合起來，限制政府對人民生活的干涉，並提供人民機會與自由追求自己的人生目標。

平等是這些自由民主制度運作時的根本原則。自由民主國家保障的是每一個公民的權利與基本自由。每位公民都享有平等的公平審判權利，政府不得任意歧視人民擔任公職的權利，政府必須保障每位公民都平等的投票權，政府應該消除性別或宗教信仰對人民生活帶來的各種歧視待遇。更重要的是，除了公民享有平等的權利與基本自由外，平等原則也適用居住於臺灣領土內的外國人。舉例來說，臺灣警察應該保障所有人（不論是本國籍或外國籍）的人身安全與宗教自由。法院審理案件時，應該提供外國籍當事人相同的權益保障，不得因爲當事人的國籍而給予差別對待。這些平等待遇的背後所隱含的原則是，政府不得因爲他人的性別、宗教、種族與階級而給予差別對待。

關於外籍配偶取得投票權年限的議題，如果臺灣政府給予中國配偶與其他國籍配偶相同的等待年限，這種作法會與臺灣社會在上述各方面的平等待遇更爲一致。就好像臺灣政府不應該以性別、宗教、種族與階級差別對待現有公民，臺灣政府也不應該因爲國籍因素差別對待中國配偶與其他國籍配偶。就好像臺灣政府平等地保障本國籍與外國籍人士的權利與基本自由，臺灣政府應該平等對待中國配偶與其他國籍配偶。這些對待本國人與外籍配偶的政策都奠基於平等原則上。

除了一致性的考量外，臺灣政府對待中國配偶的政策更可能影響對待臺灣本國籍公民的態度[32]。在臺灣內部，有些人也支持傾向中國的政策，這些人的投票傾向最終也可能影響臺灣主權。如果臺灣政府現在以中國配偶的政治傾向爲理由，差別對待中國配偶與其他國籍配偶以確保臺灣的政治安全，將來臺灣政府也可以持相同理由差別對待臺灣社會內部支持傾中政策的本國籍公民。但是這種差別對待本國籍公民的社會，牴觸了臺灣追求政治安全所要保護的自由與民主價值。

---

30 相同地，德國對於現代國家的概念也影響其移民與公民權政策。關於這點，參閱William Barbieri Jr., *Ethics of Citizenship: Immigration and Group Rights in Germany* (Durham: Duke University Press, 1998), pp. 15-20。

31 關於自由民主國家的特徵，參閱：David Held, *Models of Democracy*, third edition (Stanford: Stanford University Press, 2006), pp. 56-95; Frank Cunningham, *Theories of Democracy: A critical introduction* (London: Routledge, 2002), pp. 27-51。

32 美國的移民政策對國內公民有類似的影響，參閱Kevin Johnson, The "*Huddled Masses*" *Myth: Immigration and Civil Rights* (Philadelphia: Temple University Press, 2004), p.12。

上述討論可見，臺灣的政治安全指的是一個平等對待人民的自由民主國家的安全。學者布贊、維夫與懷爾德在分析政治安全時亦提到，這個概念涵蓋國家穩定、政府組織以及支撐政府正當性的意識形態[33]。既然平等原則是維持臺灣政府正當性的重要原則與意識形態，臺灣追求政治安全時就不能忽略這個原則的限制。維持平等原則不只讓臺灣在對待本國居民、其他國籍配偶與中國配偶的政策更為一致，也避免臺灣政府在未來以政治安全為由差別對待臺灣的本國籍公民。換句話說，在此次修法爭議中，我們面對的不是選擇政治安全或政治平等原則，而是同時間追求政治安全與政治平等原則，一個堅持政治平等原則的國家才是值得臺灣社會保護其政治安全的國家。

陸、正當的差別待遇？

至此，藉由反駁其他學者論點，本文已說明臺灣在制定移民政策時必須受道德原則的限制，特別是平等原則。反對修法者或許可以接受平等原則的重要，但依然反對給予中國配偶與其他國籍配偶相同取得身分證年限。他們或許認為，平等原則要求相同案例必須平等對待，但是中國配偶與其他國籍配偶並不是相同案例，所以針對兩者給予差別對待並不違反平等原則。

為什麼中國配偶與其他國籍配偶不是相同案例？可能的答案是中國配偶受到中國影響較深，在選舉時會偏好傾向中國的政策或候選人，所以必須接受較長時間的民主洗禮才能行使投票權。但是這個答案並不具說服力，因為其他國籍的配偶也會有相同的政策或候選人偏好。此外，除了中國配偶之外，其他國籍配偶也可能來自威權國家。所以這個理由無法證明中國配偶與其他國籍配偶的不同。

或許中國配偶與其他國籍配偶的不同處在於，因為中國政府對臺灣具有敵意，會刻意灌輸其人民支持對臺灣主權不利的政策，進而導致中國配偶支持傾中政策的比例高於其他國籍配偶。當然，此論點是否有效取決於中國政府是否刻意灌輸這些中國配偶特定的政策偏好，以及中國配偶支持傾中政策的比例是否較高。但是，即使我們忽略這些不確定因素，此論點仍無法證明臺灣政府必須要求中國配偶以較長的年限取得投票權。此論點只說明臺灣政府可以限制中國配偶的數量，使他們不致於產生高於其他國籍配偶的政治影響力，並沒有觸及投票權年限的問題[34]。

反對修法者或許可以進一步強調中國配偶的政策偏好比較根深蒂固。雖然中國配偶

33 Barry Buzan, Ole Waever, and Jaap de Wilde, *Security: A New Framework for Analysis* (Boulder: Lynne Rienner, 1998), p. 119.

34 關於自由國家限制來自非自由國家移民的數量，參閱Bruce Ackerman, *Social Justice in the Liberal State* (New Haven: Yale University Press, 1980), p. 93。

與其他國籍配偶都會支持傾向中國的政策或候選人，但是前者的政策偏好較後者更根深蒂固，所以需要較長時間的調整才能行使投票權。根據這種看法，選民的政策偏好會隨時間而調整。然而，這種看法也意味著，就算中國配偶比較疏離傾中政策後，經過時間推移他們可能會再度擁抱傾中政策。如此一來，延長中國配偶取得身分證年限並無法完全確保臺灣的政治安全。

柒、結語

本文藉由討論政治安全與政治平等的關係，來探討臺灣能否要求中國配偶與其他國籍配偶有不同取得身分證的年限。針對此次修法爭議，本文認爲反對修法的一方無法以維護臺灣政治安全爲由，要求中國配偶以較長年限取得投票權。主要理由有三點：第一，臺灣以安全考量制定移民政策時，不能完全忽略道德原則對此政策的限制；第二，臺灣的政治安全與外籍配偶間的政治平等並不是衝突的兩個價值，前者包含後者；第三，反對修法者無法成功說明中國配偶與其他國籍配偶的不同，因此在這議題上無法說明兩者必須差別對待。

在此必須說明本文的兩個侷限，爲了讓本文有清楚焦點，本文無法全面地針對這兩個侷限進一步討論[35]。第一，本文只討論臺灣政府能否差別對待中國配偶與其他國籍配偶取得公民權的年限，並沒有討論其他可能的差別對待政策，例如限制中國配偶的人數；第二，本文只討論政治安全與政治平等的關係，因此無法排除其他影響臺灣對待中國配偶的可能因素。我們可以把這些其他因素分成三類：

第一類是關於如何看待中國配偶的角度，應該將他們視爲中國籍人士，或是僅視爲獨立個人？如果是前者，則臺灣對中國配偶的政策就受到臺灣與中國之間政治關係的影響。如果是後者，則臺灣把中國配偶當成企求移民的「人類」，其對待中國配偶的政策不受臺灣與中國關係的影響。

第二類是關於中國移民對於臺灣社會的影響。舉例來說，反對修法者或許會認爲，民主社會的運作又有賴於其中成員的彼此信任，然而，有鑒於兩岸的緊張關係，臺灣社會不容易信任中國配偶，所以臺灣政府必須要求中國配偶以較長的時間取得公民權[36]。這種社會信任的考量涉及非傳統安全研究中的社會安全面向。

35　本文作者感謝左正東與魏楚陽所提出的相關討論。

36　關於社會信任對移民政策的影響，相關討論參閱David Miller, "Immigration: The Case for Limits," in A. Cohen and C. Wellman, eds., *Contemporary Debates in Applied Ethics* (Malden: Blackwell Publishing, 2005), pp. 193–206; Ryan Pevnick, *Immigration and the Constraints of Justice: Between Open Borders and Absolute Sovereignty* (Cambridge: Cambridge University Press, 2011), pp. 154-161。

第三類是關於臺灣與中國的特殊關係。舉例來說，臺灣與中國的特殊法理關係亦可能影響臺灣政府是否應該差別對待中國配偶與其他國籍配偶。除了兩岸的特殊法理關係之外，互惠考量也可能影響臺灣對待中國配偶的政策。反對修法者會認爲，其他國家並沒有像中國一樣以飛彈威脅臺灣，因此基於互惠原則，臺灣可以要求中國配偶以較長的年限取得公民權。但是，這種互惠論點有待更進一步商榷。首先，贊成修法者可以中國給臺商的特殊優惠爲由，認爲應該給予中國配偶較短的年限取得公民權；其次，互惠原則本身的內涵有待釐清[37]。互惠原則要求當其他國家給予我國較佳對待時，我國也應該給予相同的對待。然而，針對其他國家對我國的傷害，我國是否能施以相同或相似的傷害？或是應該要求對方給予賠償？如果是前者的話，則會落入惡性循環[38]；最後，更根本的問題是，互惠原則應該著重中國的哪些對臺行爲？臺灣政府決定中國配偶取得公民權的政策時，應該以「臺灣配偶在中國取得公民權的年限」、「中國對待境內所有臺灣人的政策」、「中國給予臺商的優惠」或是「中國對於臺灣全體人民的武力威脅」爲基準點？不同的基準點會得出不同結論，持互惠論點者必須進一步討論確切的比較基準點爲何。

參考文獻

西文

Abizadeh, Arash, "Liberal Egalitarian Arguments for Closed Borders: Some Preliminary Critical Reflections," *Éthique et economique/Ethics and Economics* Vol. 4, No. 1 (2006), pp. 1-8.

Ackerman, Bruce, *Social Justice in the Liberal State* (New Haven: Yale University Press, 1980).

Art, Robert and Kenneth Waltz, "Technology, Strategy, and the Uses of Force," in Robert Art and Kenneth Waltz, eds., *The Use of Force: International Politics and Foreign Policy*, second edition (Lanham: University Press of America, 1983), pp. 1-32.

Barbieri Jr., William, *Ethics of Citizenship: Immigration and Group Rights in Germany* (Durham: Duke University Press, 1998).

Baubock, Rainer, "Global Justice, Freedom of Movement and Democratic Citizenship," *European Journal of Sociology* Vol. 50, No. 1 (2009), pp. 1-31.

Becker, Lawrence, *Reciprocity* (London: Routledge & Kegan Paul, 1986).

Beitz, Charles, *Political Theory and International Relations* (Princeton: Princeton University Press, 1979).

---

37 關於互惠的概念，參閱Lawrence Becker, *Reciprocity* (London: Routledge & Kegan Paul, 1986)。

38 Mark Osiel, *The End of Reciprocity: Terror, Torture, and the Law of War* (Cambridge: Cambridge University Press, 2009), pp. 15-16.

Bell, Duncan, "Political realism and the limits of ethics," in Duncan Bell, ed., *Ethics and World Politics* (Oxford: Oxford University Press, 2010).

Blake, Michael, "Immigration and Political Equality," *San Diego Law Review* Vol. 45, No. 4 (2008), pp. 963-979.

Blake, Michael, *Justice and Foreign Policy* (Oxford: Oxford University Press, 2013).

Booth, Ken, *Theory of World Security* (Cambridge: Cambridge University Press, 2007).

Brimelow, Peter, *Alien Nation: Common Sense about America: Immigration Disaster* (New York: Random House,1996).

Buchanan, Allen, *Justice, Legitimacy, and Self-determination: Moral Foundations for International Law* (Oxford: Oxford University Press, 2004).

Buchanan, Allen, "In the National Interest," in Gillian Brick and Harry Brighouse, eds., *The Political Philosophy of Cosmopolitanism* (Cambridge: Cambridge University Press, 2005), pp. 110-126.

Bull, Hedley, *Anarchical Society: A Study of Order in World Politics* (New York: Columbia University Press, 1977).

Buzan, Barry, *People, States and Fear: An Agenda for International Security Studies in the Post-Cold War Era*, second edition (Boulder: Lynne Rienner, 1991).

Buzan, Barry, Ole Waever, and Jaap de Wilde, *Security: A new Framework for Analysis* (Boulder: Lynne Rienner, 1998).

Carens, Joseph, "Aliens and Citizens: The Case for Open Borders," *Review of Politics* Vol. 49, No. 2 (1987), pp. 251-273.

Carens, Joseph, *The Ethics of Immigration* (Oxford: Oxford University Press, 2013).

Christiano, Thomas, "Immigration, Political Community, and Cosmopolitanism," *San Diego Law Review* Vol. 45, No. 4 (2008), pp. 933-961.

Christiano, Thomas, *The Constitution of Equality: Democratic Authority and Its Limits* (Oxford: Oxford University press, 2008).

Cole, Philip, *Philosophies of Exclusion: Liberal Political Theory and Immigration* (Edinburgh: Edinburgh University Press, 2000).

Cole, Philip, "Part Two; Open Borders: An Ethical Defense," in Christopher Wellman and Phillip Cole, *Debating the Ethics of Immigration: Is There a Right to Exclude*? (New York: Oxford University Press, 2011), pp. 159-313.

Cunningham, Frank, *Theories of Democracy: A critical introduction* (London: Routledge, 2002), pp. 27-51.

Dummett, Michael, *Immigration and Refugees* (London: Routledge, 2001).

Held, David, *Models of Democracy*, third edition (Stanford: Stanford University Press, 2006), pp. 56-95.

Hendrickson, David, "Migration in law and ethics: A realist perspective," in Brian Barry and Robert E. Goodin, eds., *Free Movement: Ethical issues in the transnational migration of people and of money* (Pennsylvania: The Pennsylvania State University Press, 1992), pp.213-231.

Johnson, Kevin, *The "Huddled Masses" Myth: Immigration and Civil Rights* (Philadelphia: Temple University Press, 2004).

Kennan, George, "Morality and Foreign Policy," *Foreign Affairs* Vol. 64, No. 2 (1985/1986), pp. 205-218.

Kukathas, Chandran, "The Case for Open Immigration," in A. Cohen and C. Wellman, eds., *Contemporary Debates in Applied Ethics* (Malden, MA: Blackwell Publishing, 2005), pp. 207-220.

Kymlicka, Will, *Contemporary Political Philosophy: An Introduction*, second edition (Oxford: Oxford University Press, 2002).

Mayo-Smith, Richmond, *Emigration and Immigration* (New York: Charles Scribner's Sons, 1890).

Miller, David, "Immigration: The Case for Limits," in A. Cohen and C. Wellman, eds., *Contemporary Debates in Applied Ethics* (Malden: Blackwell Publishing, 2005), pp. 193-206.

Nafziger, James, "The General Admission of Aliens under International Law," *American Journal of International Law* Vol. 77, No. 4 (1983), pp. 804-847.

Nardin, Terry, Law, *Morality, and the Relations of States* (Princeton: Princeton University Press, 1983).

Osiel, Mark, *The End of Reciprocity: Terror, Torture, and the Law of War* (Cambridge: Cambridge University Press, 2009).

Peoples, Columba and Nick Vaughan-Williams, *Critical Security Studies: An Introduction* (London: Routledge, 2010).

Pevnick, Ryan, *Immigration and the Constraints of Justice: Between Open Borders and Absolute Sovereignty* (Cambridge: Cambridge University Press, 2011).

Rothschild, Emma, "What is Security?" Daedalus, Vol. 124, No. 3 (1995), pp. 53-98.

Rudolph, Christopher, "Immigration and Security in the United States," in Rogers Smith, ed., *Citizenship, Borders, and Human Needs* (Philadelphia: University of Pennsylvania Press, 2011), pp. 211-231.

Scanlan, John and O. T. Kent, "The Force of Moral Arguments for a Just Immigration Policy in a Hobbesian universe: The Contemporary American Example" in Mark Gibney, ed., *Open*

Borders? Closed Societies? The Ethical and Political Issues (New York: Greenwood Press, 1988), pp. 61-107.

Stephen Walt, "The Renaissance of Security Studies," *International Studies Quarterly* Vol. 35, No. 2 (1991), pp. 211-239.

Suganami, Hidemi, "The English School and International Theory," in Alex J. Bellamy, ed., *International Society and its Critics* (Oxford; Oxford University Press, 2005), pp. 29-44.

Ullman, Richard, "Redefining Security," *International Security* Vol. 8, No. 1(1983), pp. 129-153.

Whelan, Frederick, "Citizenship and Freedom of Movement: An Open Admissions Policy?" in Mark Gibney, ed., *Open Borders? Closed Societies? The Ethical and Political Issues*. (New York: Greenwood Press, 1988), pp. 3-39.

相關資料網站

「背景說明」，**行政院陸委會**，http://www2.mac.gov.tw/RuleView.aspx?RuleID=3&TypeID=1。最後瀏覽日：2015年4月15日。

「限制陸配參政權 綠營：需接受更多民主洗禮才能投票」，**Nownews今日新聞**，2013年5月9日，http://www.nownews.com/n/2013/05/09/277520。最後瀏覽日：2015年4月15日。

「臺聯：陸配入籍6年才能投票」，**蘋果日報**，2014年5月10日，http://www.appledaily.com.tw/appledaily/article/headline/20130510/35008254/。最後瀏覽日：2015年4月15日。

第5章　兩岸經貿整合的安全分析——臺灣經濟安全的思考

趙文志

壹、前　言

傳統上臺灣安全議題的關注是附著於中國大陸軍事威脅與外交封鎖的討論上。然而隨著兩岸關係正常化發展與交流，軍事外交衝突的緩和以及經貿交流乃至整合的方興未艾，卻引起臺灣內部另一種對安全威脅來源的思索。臺灣過去傳統安全的認知是以對國家安全衝擊與威脅來源進行思辨與預防，以軍事、政治、外交等面向作爲理解的核心，如今這樣的安全論辨已經在兩岸局勢改變下，透過經濟、社會、文化乃至教育的密切交流、往來、互動乃至整合，外溢到個人、團體乃至社會安全威脅的辯論。

太陽花學運即是一個對於兩岸經貿整合持續深化下對個人層次、團體層次乃至社會層次安全影響顧慮的回應與反動。因此，太陽花學運的發生表面上的訴求是經濟上的理由與原因，然而本質上仍是安全的考量。然而這樣安全的思考已經跳脫過去全然是軍事威脅、外交封鎖傳統國家安全考慮，其中混雜著對於個人就業生存威脅、社會安全衝擊等交織不同面向的非傳統安全憂慮。本文主要目的即是要釐清與中國大陸經貿整合與互動不再純然是國家安全的思考，當深度整合在持續進行過程中，個人、團體乃至社會安全影響擔憂就會出現在臺灣內部社會，而太陽花運動即是這樣心理深層次憂慮的具體反射。

本文採取經濟安全的研究途徑，同時借用Barry Buzan與Ole Wæver等人所提出的安全化分析架構（安全化分析架構將再下文進一步說明），去分析此次太陽花運動所顯示出的兩岸經貿融合中臺灣經濟安全意涵。因此，本文第貳節首先梳理經濟安全的意涵，對經濟安全的內容進行回顧與綜整，並提出以Barry Buzan與Ole Wæver等人的安全分析架構作爲分析架構；第參節則是歸納與整理兩岸經貿關係的現況，藉以說明兩岸經貿整合的必然性作爲理解太陽花運動的背景；第肆節則是說明在這種經貿關係越加緊密下，政府推動兩岸經貿整合作爲所引發的太陽花運動之成因及其背後經濟安全上的意涵；最後爲本文結論。

貳、經濟安全的意含：內容、主體[1]

傳統安全研究偏重在軍事政治的面向與議題，強調安全威脅來源是來自於軍事威脅。因此，傳統學派的安全研究以戰爭、戰略研究為主要範疇，認為安全研究即是戰爭研究、戰略研究。因此對於安全研究的主要面向著重在戰爭的本質、原因、影響與如何防範與管理，並以國家為主要研究對象[2]。

然而，隨著冷戰結束，安全研究學者展開了對於安全研究的檢討與反思。這股對於傳統安全研究的反思擴大了安全研究的範疇與概念。而這股西方對於非傳統安全之研究的開展與深化的發展，是源由於外在環境變化下，對於本身威脅來源認知的多樣化與複雜化，所產生對於安全內涵的豐富化。致使一些與傳統安全所強調的政治、軍事、戰爭之外的低階議題，如環境、糧食、經濟、人類安全等得以被納入在安全研究的範疇之中。這擴大了安全研究的內涵，卻也增加了安全研究的複雜度[3]。

---

1 本段對於經濟安全的梳理內容部分內容改寫自作者另一篇文章的對於經濟安全的討論，趙文志，「中國經濟安全之研究：以人民幣為例」，蔡育岱、左正東主編，**中國大陸與非傳統安全**（臺北：臺灣大學中國大陸研究中心，2014年），頁155-184。

2 相關傳統安全研究的著作相當多，僅列舉一些包括了：Sean M. Lynn-Jones, "The Future of International Security Studies," in Desmond Ball and David Horner, eds., *Strategic Studies in a Changing World: Global, Regional and Australian Perspectives* (Australia: The Australian National University Press, 1994), pp. 71-107; Colin S. Gray, *Strategic Studies and Public Policy: The American Experience* (Lexington, KY: The University Press of Kentucky, 1982); Colin S. Gray, *Villains, Victims, and Sheriffs: Strategic Studies and Security for an Interwar Period* (Hull: University of Hull Press, 1997); Colin S. Gray, "Villains, Victims, and Sheriffs: Strategic Studies and Security for an Interwar Period," *Comparative Strategy*, Vol. 13, No. 4 (1994), pp. 353-369; Colin S. Gray, "New Directions for Strategic Studies: How Can Theory Help Parctice?" in Desmond Ball and David Horner, eds., *Strategic Studies in a Changing World: Global, Regional and Australian Perspectives* (Australia: The Australian National University Press, 1994), pp126-153; Alden Williams and David W. Tarr, eds., *Modules in Security Studies* (Lawrence: Allen Press, 1974). 國外學者David A. Baldwin做了一些回顧與評論，請見David A. Baldwin, "Security Studies and the End of the Cold War," *World Politics*, Vol. 48, No. 1 (1995), pp. 117-141. 而國內學者莫大華對於安全研究的發展有相當完整的梳理，請見莫大華，「安全研究論戰之評析」，**問題與研究**，第37卷第8期（1998年8月），頁22-33。

3 相關的反思，請參閱：David Baldwin, "The Concept of Security," *Review of International Studies*, Vol. 23, No. 1 (1997), pp. 5~26; Keith Krause and Michael Williams, eds., *Critical Security Studies* (Minneapolis, Minn.: University of Minnesota Press, 1997); Andrew T.H. Tan and J.D. Knneth Boutin, eds., *Non Traditional Security Issues in Southeast Asia* (Singapore: Institute of Denfense and Strategic Studies, 2001); Alan Collins, *Security and Southeast Asia: Domestic, Regional, and Global Issues* (Boulder, Colo.: Lynne Rienner, 2003); Ralf Emmers, Mely Caballero-Anthony and Amitav Acharya, eds., *Studying Non-Traditional Security in Asia: Trends and Issues* (Singapore: Institute of Denfense and Strategic Studies, 2006); Ronnie Lipschutz, ed., *On Security* (New York: Columbia University Press, 1995); Jessica T. Mathews, "Redefining Security," *Foreign Affairs*, Vol. 68, No. 2 (Spring 1989), pp. 162-177; Helga Haftendorn, "The Security Puzzle: Theory-Building and Discipline-Building in International Security," *International Security Quarterly*, Vol. 35, No. 1 (1991), pp. 3-17; Stephen Walt, "The Renaissance of Security Studies," *International Studies Quarterly*, Vol. 35, No. 2 (1991), pp. 211-239; Barry Buzan, Ole Wæver and Jaap de Wilde, *Security: A New Framework for Analysis* (London: Lynne Rienner Publishers Press, 1998); Steve Smith, "The Increasing Insecurity of Security Studies: Conceptualizing Security in the Last Twenty Years," in Stuart Croft and Terry Terriff, eds., *Critical Reflections on Security and Change*

時空環境轉變將安全概念、指涉主體、內容向非傳統安全延伸，經濟安全基本上在安全研究的範疇中，被劃歸為非傳統安全領域。經濟安全截至目前為止仍是一個並未得到定論的概念。此一概念是由Barry Buzan所先提出，他開啓了後續經濟安全研究的濫觴。而後他進一步與Ole Waever and Jaap de Wilde發展出安全研究架構，對於經濟安全給予進一步闡述[4]。

在以Barry Buzan與Ole Wæver代表的哥本哈根學派（the Copenhagen School）帶領下，其他不同國家學者也紛紛展開經濟安全研究（以下的論述並不限於哥本哈根學派觀點）。

對於經濟安全概念的討論，西方學術社群已有相當一段之歷史，但對於經濟安全概念的探索結果確有相當程度之差異。而經濟安全指涉內容的討論大致沿著兩條軸線論述：首先是經濟因素在國家安全的定位，進而討論經濟安全的定義與範疇；其次，討論不同經濟安全層次下的經濟安全問題。對於經濟安全觀指涉的內容，涉及到主體在經濟事務對於其影響的認知評估。西方學者對於經濟安全觀指涉的內容，也多從這樣的角度出發論述。

首先以國家為主體探討經濟安全內涵的例如，學者奈伊（J. S. Nye） 對經濟安全的討論其先從安全概念出發，認為安全是一個模糊的概念，安全問題事實上是一個「不確定性程度」的問題，也就是不確定性程度愈高則愈不安全，反之不確定程度愈低，則相對較為安全。但奈伊強調安全的內容與內涵是因人、因時而異的。接著對於傳統安全之外的經濟安全概念，奈伊認為由於經濟上的互賴，使得集體性經濟安全（Collective Economic Security）成為我們在傳統政治與軍事安全之外亦必須關注的焦點。同時他也認為這種經濟上的互賴是兩面刃，經濟政策上的互賴要有正面影響，則必須透過國際社會有此一共同認知與規則。在經濟安全定義上，奈伊認為可以將其區分為定義為基本價值本身與對基本價值威脅的潛在工具兩種意涵。其中奈伊認為在這兩種不同的界定中，定義為基本價值是將其作為增加福利的基本信念，而另一定義將其視為工具性的觀點則是遂行其他目的的工具。其中將其定義為基本價值對於經濟安全概念的了解將更為有用。奈伊進一步認為對於經濟福利威脅的來源有三種：一是其他國家意圖性或非意圖性的行為；二是跨國組織的意圖性與非意圖性之行為；三是天然災害。而經濟福利的重要面向包含了成長、分配問題、效率問題、價格穩定問題、失業率問題、環境品質問題。促進這些經濟安全的達成需要有一個廣泛的制度，奈伊認為聯合國的社經委員會，將可以扮演這樣的角色[5]。由以上來看奈伊所提之集體經濟安全概念是偏重於福利的增加，

(London: Frank Cass, 2000), pp. 72-101; Richard H. Ullman, "Redefining Security," *International Security*, Vol. 8, No. 1 (Summer 1983), pp. 129-153。

4 請見Barry Buzan, People, *States and Fear: An Agenda for International Security Studies in the Post-Cold War Era* (Boulder, Colorado: Lynne Rienner Publishers, 1991); Barry Buzan, Ole Wæver and Jaap de Wilde, *Security: A New Framework for Analysis* (London: Lynne Rienner Publishers Press, 1998)。

5 J. S. Nye, "Collective Economic Security," *International Affairs*, Vol. 50, No. 4 (Oct. 1974), pp. 584-598.

所關注的面向是以國家機關爲主體所衍生出來的經濟相關議題，分析層次則是國際層次，因此其提出透過制度性的安排來去處理與面對國際社會經濟互賴逐漸加深的事實，因應所可能產生的負面效應。

學者蓋博（Vincent Cable）則認爲經濟安全內涵有應該包含以下四個面向：首先經濟安全是指涉貿易與投資面向中直接影響一國去保護自己的能力；其次經濟安全也指涉爲經濟政策工具，去遂行某些特定目標；第三則是間接面向，經濟安全爲一國軍事能力或權力的投射與經濟表現相關；第四爲經濟安全指涉爲對於全球經濟、社會與生態的不穩定[6]。蓋博（Vincent Cable）進一步認爲由於經濟整合，擴大了許多安全威脅領域的灰色地帶，然而這些灰色地帶中對安全眞正具有威脅的卻是模糊不清。不過蓋博（Vincent Cable）嘗試以地緣經濟（Geo-economics）作爲出發去強化經濟安全的內涵，其認爲地緣經濟是以商業手段去追求對立的目標（the pursuit of adversarial goals）。其實質內容包含了：赤字與重商主義、競爭力、供給的安全（包含戰略礦產、石油、高科技、食物）等內容[7]。而這種對經濟安全的界定，顯然與其所持的國家中心主義有關。對於蓋博（Vincent Cable）來說，影響國家生存與發展與相關福利的經濟事務乃至可以遂行國家政策目標的經濟工具，乃至影響國家外部環境變化和建構國家權力的經濟面向均是經濟安全觀指涉的內容。

學者波拉斯（Michael Borrus）與齊斯曼（John Zysman）則認爲經濟安全是把經濟力量轉化成爲權力進一步去構築相關的國際政治經濟架構與規範的能力[8]，而顯然波拉斯（Michael Borrus）與齊斯曼（John Zysman）也是持國家中心主義的立場，其雖然將經濟安全內涵單純化許多，但仍將經濟安全與國家權力掛勾起來。但此一論述內容有過度偏重以大國的角度出發之嫌，因爲只有大國有能力將經濟力量轉化爲權力進而去構築國際政治經濟架構與規範，對於中小型國家來說，轉化經濟力量進而構築相關國際規則是較不容易的是，兩位學者這樣的論述使其經濟安全指涉內容產生了限制性存在，事實上，中小型國家的經濟安全內容也有其探討之必要。

此外，持國家中心主義的還有學者紐（C.R. Neu）與沃夫（Charles Wolf），認爲經濟安全是在面對任何對美國經濟利益有危害時，可以促進與維護美國國家經濟利益的能力[9]。柏格斯坦（C. Fred Bergsten）、基歐漢（Robert O. Keohane）與奈伊（J. S. Nye）則認爲經濟安全是包含許多特定利益，並不是一個單獨的目標，其包括了確保可以取得

---

6 Vincent Cable, "What is International Economic Security?," *International Affairs*, Vol. 71, No. 2 (Apr. 1995), pp. 306-308.

7 J. S. Nye, "Collective Economic Security," *International Affairs*, Vol. 50, No. 4 (Oct. 1974), pp. 305-324.

8 Michael Borrus and John Zysman, "Industrial Competitiveness and American National Security, " in Wayne Sandholtz, et al., *The Highest Stake: The Economic Foundations of the Next Security System* (New York: Oxford University Press, 1992), p. 9.

9 C. R. Neu and Charles Wolf, Jr., *The Economic Dimensions of National Security* (Santa Monica, CA : RAND, 1994), pp. 1-14.

外國資源管道、確保可以進入外國市場，以促進出口與增進就業率、確保本國不受到國外產品、勞動力與資本的滲入[10]。

另外一條擴大經濟安全範疇，不侷限在國家範圍的探討則以布贊（Barry Buzan）爲代表，其則把經濟安全主體區分爲五個層次：個人、公司、階級、國家與國際體系，不再只以國家爲唯一的分析單元。由此其針對五個不同層次分別給予不同的定義與意涵：在個人層次的經濟安全定義爲獲得基本人類需求，如食物、水、居所與教育；在公司層次的經濟安全定義則爲透過優越的適應力與創新使公司處於市場的頂端或是在市場成爲獨佔或是透過政治手段保有市場等來追求公司的經濟安全；在階級層次的經濟安全定義作者則認爲較難予以定義，因爲其並沒有具體範圍與如同其他團體一般具有具體行爲；在國家層次的經濟安全定義則爲去取得國家生存的必要的經濟條件，同時減少對經濟效率影響的脆弱性，以及長期來說改善或維持國家在體系中的地位。在國際體性層次的經濟安全定義則爲國際貿易、市場與金融網絡的穩定[11]。布贊（Barry Buzan）這樣的論述顯然與前面學者以國家爲主體的論述更加豐富與多元，擴展了經濟安全指涉的內容。

布贊所提出的安全內如論述則延伸出另一個安全研究課題：這些安全是誰的安全？對於傳統安全研究來說，這個課題非常明確，所探討關於安全內涵均是指國家的安全，亦即「國家」是其關心的焦點，如何使國家處於安全狀態，免於外來武力侵犯或威脅，維護國家主權完整，是傳統安全研究關注的核心。但隨著安全研究關注的內涵增加，安全研究指涉的主體亦隨之多元化。

也就是，經濟安全所面臨的問題：經濟安全是誰的經濟安全？但可惜的是，雖然擴大了安全研究範疇，但卻也讓經濟安全在西方學術社群同樣並未獲得到一致的看法與定義。布贊認爲誰的經濟安全，可以透過個人（individual）、企業（business firm）、階級（class）、國家（state）、國際體系（international system）這五個層次來說明誰的經濟安全。首先其認爲經濟安全概念在1945年之後已經獲得在政治上一個重要的位子。在西方，國家被要求爲國民與國家追求經濟安全，在第三世界國家則是用來表達其國家在世界體系所處之不利位置，在共產國家則是用來解決問題[12]。然而這樣的看法顯然與蓋博（Vincent Cable）的看法有所差異。蓋博（Vincent Cable）認爲經濟安全所指涉的對象是包含個人、國家與全球三個層次，但其仍以國家中心主義的角度去論述經濟安全的內涵，個人與全球層次只是國家中心主義下受到國家行爲影響的兩個層面[13]。

---

10 C. Fred Bergsten, Robert O. Keohane, and Joseph S. Nye, "International Economics and International Politics: A Framework for Analysis," *International Organization*, Vol. 29, No. 1 (Winter 1975), pp. 34-35.

11 Barry Buzan, *People, States and Fear: An Agenda for International Security Studies in the Post-Cold War Era* (Boulder, Colorado: Lynne Rienner Publishers, 1991), pp. 230-269.

12 Barry Buzan, *People, States and Fear: An Agenda for International Security Studies in the Post-Cold War Era* (Boulder, Colorado: Lynne Rienner Publishers, 1991), pp. 230-269.

13 Vincent Cable, "What is International Economic Security?," *International Affairs*, Vol. 71, No. 2, (Apr. 1995), pp. 305-324.

換句話說，誰的經濟安全指涉的主體是個人、國家與全球。這樣的認知與布贊（Barry Buzan）是由個人層次向外依序推展所觸及五個主體是有所差異。顯然企業與階級不在蓋博（Vincent Cable）的討論範疇之內。

學者羅斯柴爾德（Emma Rothschild）則認爲經濟安全的討論是因爲安全內涵與概念的擴大，由過去傳統軍事面向向外延伸擴大。因此，誰的經濟安全則就包含四種形式（form）：一是從國家安全到團體與個人安全：是向下的擴展，亦即從國家延伸到個人；二是從國家安全到國際體系或是超國家自然環境安全：是向上的擴展，從國家向上延伸到生物圈；三是水平的擴展，將安全的概念從軍事延伸到政治、經濟、社會、環境以及人類安全；第四則爲確保安全的政治責任的擴展：從國家往所有方向擴散，向上擴展到國際組織，向下擴展到區域或地方政府，向水平擴展則到非政府組織、民意與媒體、以及抽象的自然或市場力量[14]。換句話說，學者羅斯柴爾德（Emma Rothschild）亦認爲安全指涉的主體是個人、國家與體系，而經濟安全則是安全概念中傳統安全的向外延伸，自然經濟安全概念主體和布贊（Barry Buzan）所提出的主體是大同小異，但同樣的，和學者蓋博（Vincent Cable）的觀點相同，亦是由國家爲中心，向外延伸。

此外，學者奈伊（J. S. Nye）、波拉斯（Michael Borrus）、齊斯曼（John Zysman）、紐（C. R. Neu）與沃夫（Charles Wolf）等人，則從國家與國際體系角度去看經濟安全中誰的經濟安全問題，其都討論到國家與國際體系爲主體下的經濟安全的意涵與內容[15]。另外，其他學者陸斯亞尼（Giacomo Luciani）的研究從安全領域中經濟的內容去探討，分別從狹隘、領土的安全定義與寬廣的定義去探討安全中經濟的角色[16]；赫胥曼（Albert O. Hirschman）則是將經濟視爲增加國力的工具，做爲達成政治與安全目的的工具。其探討對外貿易與國力之間的關係[17]，而這些學者所探討經濟安全牽涉誰的安全問題與前面幾位學者亦有其重疊之處。

綜上所述，顯然西方學術社群對於經濟安全所指涉之主體，是以國家爲中心向外延伸。這樣的內涵當然是反映出傳統安全觀內涵的變化所致。時空環境轉變與複雜化，在大國著重議題、技術發展、關鍵事件、學術爭論與制度化五種驅動力量下，將經濟安全指涉主體由國家向非國家單元延展[18]。也因此，國家成爲經濟安全中的重要主體，但

14 Emma Rothschild, “What is Security?,” *Dædalus*, Vol. 124, No. 3, 1995, p.55.

15 請參閱J. S. Nye, “Collective Economic Security,” *International Affairs*, Vol. 50, No. 4 (Oct. 1974) pp. 584-598; Michael Borrus and John Zysman, “Industrial Competitiveness and American National Security,” in Wayne Sandholtz, et al., *The Highest Stake: The Economic Foundations of the Next Security System* (New York: Oxford University Press, 1992); C. R. Neu and Charles Wolf, Jr., *The Economic Dimensions of National Security* (Santa Monica, CA: RAND, 1994)。

16 Giacomo Luciani, “The Economic Content of Security,” *Journal of Public Policy*, Vol. 8, No. 2 (Apr./Jun. 1988), pp. 151-173.

17 Albert O. Hirschman, *National Power and the Structure of Foreign Trade* (Berkeley: University of California Press, 1980); David A. Baldwin, *Economic Statecraft* (Princeton, N.J. : Princeton University Press, 1985).

18 余瀟楓譯，Barry Buzan著，「論非傳統安全研究的理論架構」，世界經濟與政治，第1期（2010年），頁113-133、157。

對於其他主體，則由於不同學者其關懷重點不同，而呈現多樣化的情況。

在爬梳完經濟安全的界定與內容後，本文要進一步處理如何應用在本文個案上的研究方法上的問題，要如何使用經濟安全來分析本文研究個案：太陽花運動。首先本文並不採取經濟安全嚴格的界定。Barry Buzan, Ole Wæver and Jaap de Wilde認爲無論就哪一個層次來說來說，經濟安全應該是指涉關於生存問題。但事實上對於經濟安全研究中，經濟安全的意涵與概念仍是未獲得學術界的共識與定論[19]。因此爲能夠最大程度分析與適用本文個案，本文對於經濟安全的界定採取Kristin M. Lord一個較爲廣泛的定義：經濟安全是國家及其人民可以成功保衛其主權經濟事務的控制權，得以免於威脅以及免於恐懼的一種能力。其強調經濟安全除了權力（power）的概念外，還包含了脆弱性（vulnerability）在內[20]。也就是在經濟主權事務上，除了建構對他人的權力外，還要如何避免脆弱性。

其次本文要使用在Barry Buzan, Ole Wæver and Jaap de Wilde所提出的安全研究架構作爲分析架構，處理本文個案問題。根據Barry Buzan, Ole Wæver and Jaap de Wilde指出，安全是一種自我參照的實踐（self-referential practice），在這個實踐過程中，某一議題變成安全議題不必然需要有一個眞實存在的威脅出現，而是因爲某一議題被宣稱成爲威脅。這是一種建構的結果，安全化行爲者（securitizing actor）透過言語行爲（speech act）方式指出存在的威脅（existential threat），一旦議題被宣稱成爲威脅時，則需採取非常態性的程序因應。換句話說，這種安全化是一種相互主觀的建構，言說者與聽眾（audience）對於一項議題共同認知爲威脅，且同意接受應該採取超越正常法定程序來因應這項威脅[21]。因此，本文試圖借用Barry Buzan, Ole Wæver and Jaap de Wilde所提出的這樣的安全研究理論，以Kristin M. Lord經濟安全的內涵，去分析太陽花運動所帶來的經濟安全意涵，去說明兩岸經貿整合過程中，太陽花運動某種程度是一種安全化行爲者透過言語行爲指出兩岸經貿整合過程中，與中國大陸持續整合是一種對臺灣經濟主權、勞動工作權以及生活權的威脅，爲了因應這樣的威脅，源自於安全化行爲者認爲這樣的經貿整合會造成臺灣經濟主權上的脆弱性，進而形成經濟安全上的顧慮。因此太陽花運動中佔領立法院、佔領行政院等非常態性作爲，成爲因應這項危機的非常態程序，對於太陽花運動以及認同太陽花運動的組織、群體、個人以及政黨來說，這樣超越正常法定程序因應危機的作爲就取得合理性與正當性。當然此處安全化行爲者，包括言說者與聽眾所指稱的此次太陽花運動中的公民團體、政黨以及個人。

19　李俊毅，「經濟安全或經濟政治化？中國與臺灣之比較」，蔡育岱、左正東主編，中國大陸與非傳統安全（臺北：臺灣大學中國大陸研究中心，2014年），頁98。

20　Kristin M. Lord, “The Meaning and Challenges of Economic Security,” in Jose V. Ciprut, (ed.) *Of Fears and Foes: Security and Insecurity in an Evolving Global Political Economy* (USA: Greenwood Publishing Group, 2000), p. 60，當然這樣的界定也同樣面臨了定義太過寬鬆與廣泛的問題。

21　Barry Buzan, Ole Wæver and Jaap de Wilde, Security: *A New Framework for Analysis* (London: Lynne Rienner Publishers Press, 1998), pp. 23-26.

參、兩岸經貿整合的經濟必然：兩岸經貿關係的密切

根據2009年10月19日中國商務部國貿經濟研究院、南開大學與外貿大學聯合研究組所進行的「兩岸經濟合作協定研究報告」內容指出，中國是臺灣最大的貿易夥伴、出口市場和貿易順差來源地[22]。事實上，從一些經濟相關數據也可以看出這樣的事實。首先兩岸貿易額來看，從2000年開始，雙邊貿易總額就快速增加，這顯示無論那個政黨執政，即使是民進黨執政時期，兩岸貿易總額仍舊快速成長，雙邊經貿關係是持續愈來愈密切。2000年民進黨執政第一年，兩岸雙邊貿易總額為106億美元，到2008年民進黨下臺為止，兩岸貿易總額成長到約983億美元，約成長了九倍，這期間並沒有受到兩岸關係停滯而影響雙邊貿易增長趨勢。到了2009年因為受到美國次級房貸影響有所下降外，國民黨執政時，兩岸貿易總額仍然呈現持續增加，到2013年增加到了1244億美元（見圖5-1、表5-1）。因此，兩岸經貿關係的加溫與密切，是一個持續發展的現象，與哪個政黨執政並無太大關係。

圖5-1　兩岸貿易總量圖

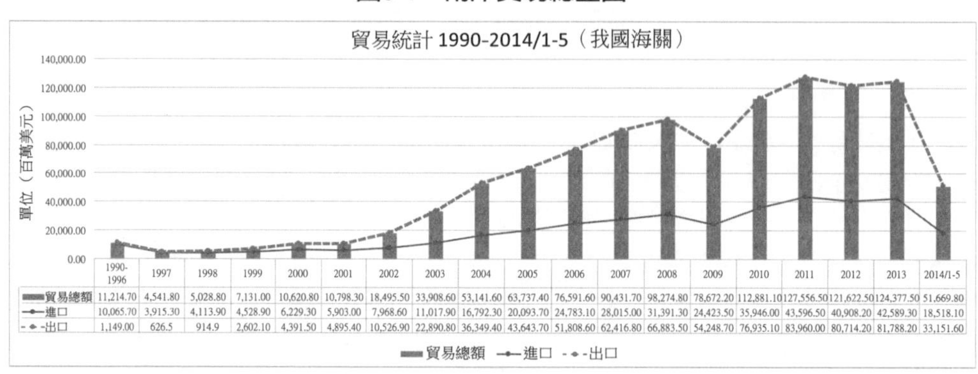

	1990-1996	1997	1998	1999	2000	2001	2002	2003	2004	2005
貿易總額	11,214.70	4,541.80	5,028.80	7,131.00	10,620.80	10,798.30	18,495.50	33,908.60	53,141.60	63,737.40
進口	10,065.70	3,915.30	4,113.90	4,528.90	6,229.30	5,903.00	7,968.60	11,017.90	16,792.30	20,093.70
出口	1,149.00	626.5	914.9	2,602.10	4,391.50	4,895.40	10,526.90	22,890.80	36,349.40	43,643.70

	2006	2007	2008	2009	2010	2011	2012	2013	2014/1-5
貿易總額	76,591.60	90,431.70	98,274.80	78,672.20	112,881.10	127,556.50	121,622.50	124,377.50	51,669.80
進口	24,783.10	28,015.00	31,391.30	24,423.50	35,946.00	43,596.50	40,908.20	42,589.30	18,518.10
出口	51,808.60	62,416.80	66,883.50	54,248.70	76,935.10	83,960.00	80,714.20	81,788.20	33,151.60

資料來源：作者自行繪製

22　「大陸商務部對兩岸經濟合作協議研究報告（摘要）」，經濟日報，2009年10月20日，A9版。

表5-1　兩岸貿易統計1990-2014/1-5（我國海關）

年別	貿易總額	進口	出口
1990-1996	11,214.7	10,065.7	1,149.0
1997	4,541.8	3,915.3	626.5
1998	5,028.8	4,113.9	914.9
1999	7,131.0	4,528.9	2,602.1
2000	10,620.8	6,229.3	4,391.5
2001	10,798.3	5,903.0	4,895.4
2002	18,495.5	7,968.6	10,526.9
2003	33,908.6	11,017.9	22,890.8
2004	53,141.6	16,792.3	36,349.4
2005	63,737.4	20,093.7	43,643.7
2006	76,591.6	24,783.1	51,808.6
2007	90,431.7	28,015.0	62,416.8
2008	98,274.8	31,391.3	66,883.5
2009	78,672.2	24,423.5	54,248.7
2010	112,881.1	35,946.0	76,935.1
2011	127,556.5	43,596.5	83,960.0
2012	121,622.5	40,908.2	80,714.2
2013	124,377.5	42,589.3	81,788.2
2014/1-5	51,669.8	18,518.1	33,151.6

資料來源：作者自行整理。

其次，臺灣對中國大陸貿易總額佔臺灣貿易總額的趨勢來看，1994年臺灣對中國大陸貿易總額佔臺灣整體貿易總額的百分比約爲13.9，至2004年已達到臺灣貿易總額的25%，2009年更接近三成，前（2013）年也接近三成（見圖5-2、表5-2），這顯示中國大陸對臺灣整體貿易額比重不斷上升，上升的結果意味著中國大陸市場對臺灣的重要性也愈來愈大，同時這樣的現象也與那個政黨執政沒有正向關係，不管是民進黨執政或是國民黨執政，都呈現增加趨勢，所以這是市場力量推動的結果，而這樣高的比重，也形成與中國大陸簽署自由貿易協定的經濟誘因。

圖5-2 臺灣對中國大陸貿易總額佔臺灣貿易總額圖

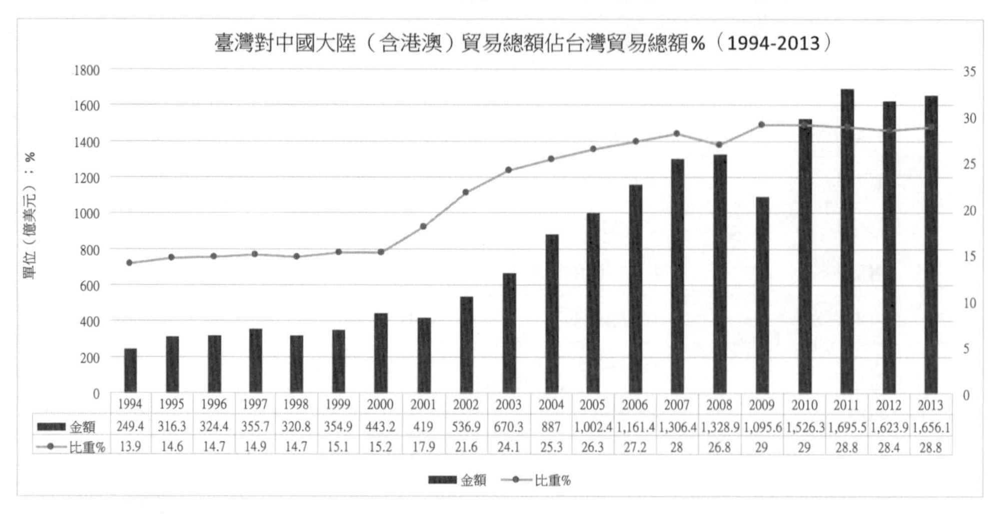

資料來源：作者自行繪製

表5-2 臺灣對中國大陸（含港澳）貿易總額佔臺灣貿易總額%（1994-2013）

年別	金額	比重
1994	249.4	13.9
1995	316.3	14.6
1996	324.4	14.7
1997	355.7	14.9
1998	320.8	14.7
1999	354.9	15.1
2000	443.2	15.2
2001	419	17.9
2002	536.9	21.6
2003	670.3	24.1
2004	887	25.3
2005	1,002.40	26.3
2006	1,161.40	27.2
2007	1,306.40	28
2008	1,328.90	26.8

（續前頁）

年別	金額	比重
2009	1,095.60	29
2010	1,526.30	29
2010	1,695.50	28.8
2012	1,623.90	28.4
2013	1,656.10	28.8

資料來源：作者自行整理。

第三，從另一個角度來觀察，臺灣每年對中國大陸貿易順差佔臺灣每年貿易順差的百分比來看，也呈現出中國大陸已經成爲臺灣貿易順差的主要來源，以2000年民進黨執政時期爲例，2000年與2001年還是呈現負的16.4%與5.5%，這表示臺灣對中國大陸是貿易逆差，但從2002年開始成爲正11.6%，2003年快速增加爲正52.6%，增加了將近五倍，2004年達到正143.7%，又再增加將近三倍，到2008年民進黨下臺時，臺灣每年對中國大陸貿易順差佔臺灣每年貿易順差的百分比已經高達233.8%，輪到國民黨執政時期，百分比反而降下來，2013年臺灣對中國大陸貿易順差佔臺灣每年貿易順差的百分比爲110.3%，這顯示出，如果沒有中國大陸的市場，臺灣的對外貿易將會是呈現逆差的狀況，這也表示臺灣對於單一市場（中國大陸）的高度依賴特質。（見圖5-3、表5-3）

圖5-3　臺灣每年對中國大陸貿易順差佔臺灣每年貿易順差的百分比

資料來源：作者自行繪製

表5-3　臺灣對中國大陸貿易順差佔每年順差%（2000-2014）

期間	金額	比重（%）
2000	-1,837.8	-16.4
2001	-1,007.6	-5.5
2002	2,558.3	11.6
2003	11,827.9	52.6
2004	19,557.1	143.7
2005	23,550.0	148.9
2006	27,025.5	126.8
2007	34,401.8	125.4
2008	35,492.2	233.8
2009	29,825.2	101.8
2010	40,989.2	175.4
2011	40,363.4	150.5
2012	39,806.0	129.6
2013	39,198.8	110.3
2014/1-5	14,633.5	102.4

資料來源：作者自行整理。

此外，從另一個面向來看，臺灣對主要國家或地區出口比重來觀察，中國大陸對臺灣的重要性更加凸顯。中國大陸佔臺灣出口比重從2007年開始，已經高達40%，到了前年（2013）這樣的比重並沒有太多的變化，相較於中國大陸，美國佔臺灣出口比重已經大幅下滑至10%左右，日本2007年至2013年的比重則只佔臺灣出口平均的約6.5%，而歐盟則只有佔約10%左右，東協六國則約平均18%左右。這些國家與地區都遠遠低於中國大陸佔臺灣出口的比重，這顯示出中國大陸對臺灣出口市場的重要性。（見表5-4）

表5-4　臺灣對主要國家（地區）出口成長率與出口比重（2007-2013）

單位：%

	2007		2008		2009		2010		2011		2012		2013	
	成長率	出口比重	成長率	出口比重	成長率	出口比重	成長率	出口比重	成長率	出口比重	成長率	出口比重	成長率	出口比重
大陸	12.6	40.7	-0.8	39.0	-15.9	41.1	37.1	41.8	8.1	40.2	-4.4	39.4	2.2	39.7
美國	-0.9	13.0	-4.0	12.0	-23.5	11.6	33.6	11.5	15.6	11.8	-9.3	10.9	-1.2	10.7
日本	-2.2	6.5	10.2	6.9	-17.4	7.1	24.2	6.6	1.2	5.9	4.2	6.3	1.2	6.3
歐洲	9.7	11.6	4.6	11.7	-24.6	11.1	30.1	10.7	6.2	10.1	-7.8	9.6	-3.5	9.1
東協六國	16.7	14.5	7.3	15.0	-21.5	14.8	37.2	15.1	22.7	16.5	9.8	18.5	3.9	19.0

資料來源：童振源，臺灣未來關鍵下一步：透視2016選前兩岸關係發展與政策（新北：博誌文化出版，2014年），頁55。

這讓馬英九政府意識到，中國大陸做爲臺灣最大出口市場與貿易伙伴，有其經濟上和中國大陸進行經貿整合的必要。再加上，面對競爭對手——韓國政府積極與中國大陸談判，希望早日與中國大陸進行自由貿易協定的簽署，如何因應這股來自韓國壓力，早日爲臺灣企業與廠商在大陸市場布局過程中創造良好的條件，有利臺商在大陸市場的卡位，是其必須面對的課題。ECFA就成爲其重要的戰略選擇。

此外，藉由中國大陸經濟發展的動能提升臺灣內部經濟表現。臺灣在經濟發展過程中，一直面對內部經濟發展瓶頸，導致就業狀況與相關經濟數據表現欠佳，民眾對於政府在經濟表現上持續不滿。爲了扭轉民眾負面觀感，同時讓臺灣民眾對於政府經濟表現「有感」，與中國大陸經貿關係成爲國民黨政府希望扭轉民眾印象的重要一環。藉由中國大陸不斷持續增長的經濟動能，經由雙邊經貿關係深化，將這股經濟動能所產生的經濟利益能夠導入臺灣，讓臺灣民眾感受到國民黨執政下與民進黨執政時期的差別，因此，與中國大陸進行經貿自由化的談判，希望透過自由貿易所產生臺灣總體經濟福利上升，讓臺灣民眾感受到實質好處與利益，進而有利於國民黨執政。

就在上述的戰略思維下，臺灣積極展開與中國大陸在經貿整合上的談判過程。隨著雙方進入到實質談判階段，服務貿易審議引發了臺灣內部社會對與中國大陸經貿整合上憂慮的辯論。在執政黨認爲這是有利於臺灣發展的判斷下，利用立法院人數優勢以及相關議事技巧通過服務貿易委員會審查，卻引發了太陽花運動表面化。讓臺灣長久以來面對與中國大陸往來時更爲深層的問題——安全的考量，在此次完全展現出來。以下將進一步分析太陽花運動所代表的非傳統安全意涵。

肆、太陽花學運的非傳統安全分析

一、太陽花學運的發展過程

太陽花學運導火線源起於2014年3月17日下午立法院內政委員會中，中國國民黨立法委員張慶忠以30秒速度宣布完成「海峽兩岸服務貿易協議」的委員會審查，這樣的審查引起臺灣大學生與相關公民團體的不滿，於是2014年3月18日這些學生在立法院外舉行「守護民主之夜」晚會，抗議輕率的審查程序；之後有400多名學生趁著警員不備，而進入立法院內靜坐抗議，接著於晚間21時突破警方的封鎖線佔領立法院議場，這開啓了臺灣318太陽花學運的序幕[23]。

在學生進入立法院議場後，警察嘗試攻堅並切斷議會網路，藉以阻止場內學生對外發布消息，並切斷立法院內議場電源，關閉廁所與議場內空調，企圖藉由這樣的方式迫使學生在環境條件不佳的情況下撤出立法院，但最後並沒有成功。這使得雙方展開長期的對峙。

到了2014年3月23日晚間七點，發生了另一群學生與公民團體衝到位於立法院附近的行政院大樓，破窗而入。3月24日零時，警方採取了強制驅離的手段，將進入行政院的抗議群眾陸續驅離行政院，而此時在立法院的佔領仍然持續當中[24]。到了3月30日，相關抗議團體與組織號召在凱達格蘭大道靜坐、遊行，而當天約有數十萬身著黑衫爲標誌的民眾湧入博愛特區及立法院周邊，表達對於政府的不滿與抗議。佔領立法院行動到了4月6日開始出顯轉圜，由於立法院長王金平進入議場內探視學生並與學生對話達成共識，王金平承諾兩岸協議監督條例草案完成立法前，不會召集兩岸服務貿易協議相關黨團協商會議，於是在立法院議場內學生等相關團體決定於4月10日退出立法院，整個事件於4月10日學生團體退出立法院後落幕[25]。

在整個太陽花學運期間，主要的抗議團體是以學生爲主體，但其背後的意涵並非只是一場單純的學生運動以及單純學生群體對於兩岸簽署服務貿易協定的憂慮與不滿而已。事實上，臺灣太陽花學運持續將近一個月時間，對於一場群眾抗議活動來說，要做長期的抗爭活動必須要有充分的後勤補給能量在支撐，這其中包含了飲食、醫療、裝備等，才可能進行長期的抗爭。此次太陽花學運抗議可以持續將近一個月，其背後顯示有著源源不絕的後勤支援著學生對政府進行抗議，而這後勤支援顯然是臺灣內部社會有部

23 威克，「臺灣反服貿協議團體佔領立法院議事場」，**BBC中文網**，2014年3月18日，http://www.bbc.co.uk/zhongwen/trad/china/2014/03/140318_taiwan_demo.shtml。最後瀏覽日：2015年5月6日。

24 劉建邦、顧荃，「闖政院 警方：現行犯依法逮捕」，**中央通訊社**，2014年3月23日，http://www.cna.com.tw/news/asoc/201403230265-1.aspx。最後瀏覽日：2015年5月6日。

25 盧姮倩，「318到408『太陽花學運』大事記」，**ETtoday新聞網**，2014年4月9日，http://www.ettoday.net/news/20140409/343775.htm。最後瀏覽日：2015年5月12日。

分民眾藉由對學生的後勤支援，間接表達對於臺灣政府與中國大陸簽署相關經貿協議的不滿或是擔憂。這也顯示學生佔領立法院不只是學生意見的表達，也很大程度顯示出臺灣民眾的意見立場。也因此，此次太陽花學運不只是學生或是政黨動員結果，其相當程度也顯示臺灣民眾對於兩岸經濟合作、交流乃至整合所凸顯出心理上的矛盾與疑慮甚至是擔憂。以下將進一步分析太陽花運動的經濟安全意涵。

二、太陽花學運的經濟安全分析

在整個太陽花學運期間，學生團體的訴求可以區分爲幾個面向：一是先退回服貿協議，要求先將服務貿易協議退回行政院；二是制定兩岸監督條例專法，先建立兩岸協議的監督機制，再用其來審查與中國大陸的服務貿易協議，同時要求兩岸協議的監督機制要符合五大原則：公民能參與、人權有保障、資訊要公開、政府負義務，國會要監督；三是先立法再審查，需先通過監督條例才審查服務貿易；四是召開公民憲政會議。要求公民憲政會議討論內容包括：憲政體制、選舉制度與政黨制度、兩岸關係法治基礎、社會正義與人權保障、經濟政策與世代正義等並反對會議由執政黨召開、也反對侷限在經貿議題以及反對由工商團體主導[26]。這些訴求反映出太陽花學運背後對和中國大陸深化整合上的擔憂，害怕執政黨逕自和中國大陸簽署不利臺灣的協議。因此，訴求精神是對執政黨的不信任、對中國大陸的恐懼以及對未來的不確定感。而我們根據Buzan等人的安全分析架構來觀察，Buzan 等人的安全分析架構的動態過程（安全化過程）可以分爲兩步驟：一是言說與指稱對象，二是指稱議題是一項威脅：

1. 言說與指稱對象：運動發起者與參與者

雖然整個太陽花運動是是由學生帶頭發起，但觀察整個抗議活動卻不限於學生團體，大致可以區分爲關心臺灣人權、勞工、環保、婦女、社會福利以及農民等不同NGO團體。其包括了這場學生運動主要學生領導人：臺灣大學政治研究所研究生林飛帆，清華大學社會研究所研究生陳爲廷、魏揚，世新大學社發所研究生陳廷豪等人；相關參與的組織則包括了：反黑箱服貿民主陣線[27]、公民1985行動聯盟與各個社會運動團體進行組織。而聲援學生的團體則有包括了政黨、勞工團體、社運團體以及相關非政

---

26 李鴻典，「批馬英九記者會華麗　林飛帆重申學運四訴求」，今日新聞，2014年3月30日，http://www.nownews.com/n/2014/03/30/1170999。最後瀏覽日：2014年10月13日。

27 其包括了：「兩岸協議」監督聯盟、臺灣守護民主平台、澄社、臺灣教授協會、台灣人權促進會、兩公約施行監督聯盟、台灣勞工陣線、台灣農村陣線、婦女新知基金會、黑色島國青年陣線、1985公民覺醒聯盟、地球公民基金會、綠色公民行動聯盟、台灣環境資訊協會、高雄市產業總工會、大高雄總工會、文化元年基金會籌備處、中華民國殘障聯盟、中華民國老人福利推動聯盟、民間監督健保聯盟、台灣少年權益與福利促進聯盟、建教生權益促進聯盟、勵馨基金會、社區大學全國促進會、台南市社區大學研究發展學會、憲政公民團、永社等；318運動之後加入的團體：民主鬥陣、島國前進、親子共學促進會、人本教育基金會、公民監督國會聯盟、台灣社會福利總盟、廢除死刑推動聯盟、北社；改名爲經民聯合後加入的有：看守台灣協會、民間司法改革基金會。

府組織（NGO）[28]。

這些不同團體之間都共同提出了爲何採取佔領立法院運動的說帖：

「國民黨爲了強行通過與中國大陸的經貿整合，進行黑箱作業，並粗暴的通過服務貿易協議。國民黨可以如此粗暴通過這樣影響青年、影響全民的協議，完全不受國會監督、沒有國會實質審查，後續影響臺灣經濟自主更爲嚴重的自經區、貨貿也將比照辦理。這些由大財團、大企業、少數執政者所組成的跨海峽政商統治集團，隨時可以拋棄臺灣，他們隨時可以轉往世界上任何一處勞動力更廉價的地方；他們就像吸血鬼一樣，吸乾一個國家青年的血汗，就開始找尋其他國家青春的肉體。我們不是不願意接受挑戰、不是不願意面對競爭的青年，我們只是不願意面對這種不公平的競爭、我們不願看見我們未來的生活掌控在這些少數權貴統治集團手裡、我們不願我們的工作都被大企業家、被跨海峽資本家控制；我們要掌握我們自己的未來，我們要的是一個給年輕人公平發展和競爭的環境與機會！」[29]

因此可以顯見安全化行爲者是學生以及幾十個公民團體，在上述說帖下，參與學運的學生與公民團體認爲必須代表人民奪回立法院，透過這種非常態性程序因應這樣的威脅。同時這些安全化行爲者透過不同管道，包括：網路、社群網站以及媒體等，去指稱所面臨的威脅，以取得更多支持與行動正當性。

2. 指稱的議題是一項威脅

第二個步驟則是：安全化行爲者（securitizing actor）透過言語行爲（speech act）方式指出存在的威脅（existential threat）。我們從佔領立法院與相關公民團體的訴求中發現，其大體指出在與中國大陸進行經貿整合過程中，將會危害勞工的工作權，同時這種「國民黨所組成的政商集團」將會在這種經濟整合結構中獲取最大利益，而這種最大利益的獲取是以犧牲青年的工作權與未來發展作爲代價。例如在學生團體佔領立法院後所發表的宣言即指出：「服貿最大的問題在於，自由化下只讓大資本受益，巨大的財團可以無限制地、跨海峽地擴張，這些跨海峽的財團將侵害臺灣本土小型的自營業者。」[30]又如公民團體臺灣農村陣線表示：「我們對抗的是獨裁暴力、挾持國會、踐踏臺灣民主、斷送七百萬服務業人民生計的國民黨統治霸權」，黑色島國青年陣線表

---

28 其包括了：綠色公民行動聯盟、公民1985行動聯盟、民主進步黨、台灣團結聯盟、親民黨、綠黨、計程車團體、全國自主勞工聯盟、台北市產業總工會、中華電信工會、全國教師工會總聯合會、台塑關係企業工會聯合會、大高雄總工會、宜蘭縣產業總工會、桃園縣產業總工會、新竹縣產業總工會、苗栗縣產業總工會、台南市產業總工會、新高市產業總工會、高雄市產業總工會、高雄市職業總工會、高雄市石化業產業總工會、全國關廠工人連線、人民火大行動聯盟、公投護台灣聯盟、青平台基金會、人民民主陣線、PLURS電音反核陣線、台灣親子共學教育促進會、g0v零時政府、反黑箱服貿行動聯盟、台灣教授協會、公民憲政推動聯盟、台灣農村陣線等。

29 羅添斌，「學生發表反服貿宣言 要求馬到立院回應」，**自由時報**，2014年3月19日，http://news.ltn.com.tw/news/focus/paper/763362。最後瀏覽日：2015年5月6日。

30 羅添斌，「學生發表反服貿宣言 要求馬到立院回應」，**自由時報**，2014年3月19日，http://news.ltn.com.tw/news/focus/paper/763362。最後瀏覽日：2015年5月6日。

示：「我們不願看見我們未來的生活掌控在這些少數權貴統治集團手裡、我們不願我們的工作都被大企業家、被跨海峽資本家控制；我們要掌握我們自己的未來。」[31]

這顯示，學生與公民團體選擇了服務貿易作爲安全議題的言說內容，其標舉出與中國大陸進行經貿整合過程會帶來對於臺灣這塊土地的威脅，其中包括了工作權、生存權、以及未來的生活的選擇權，進而擴大出這種威脅是攸關所有人未來前途與發展。透過這種安全化過程進而合法化與合理化這個經濟安全上的問題，爲了避免這種被宰制的命運，因此在不斷言說過程下（利用在國際媒體登廣告、臉書與Youtube以文字或是影像直播其訴求，甚至製作歌曲爭取民意支持），指出這種與中國大陸經貿整合是一種對於臺灣所有人的威脅。因此，可以透過佔領立法院的非正常程序方式迫使執政黨回應學生與公民團體的需求的方式來處理臺灣所面臨的經濟安全問題。

也因此，兩岸經貿整合雖是經濟問題，但這種經濟問題對於太陽花運動的學生與公民團體來說卻是一種安全上的問題，這種安全上的問題表現出一種主觀式的建構過程。原因在於，首先學生與公民團體並沒有提出臺灣維持非傳統安全的具體客觀標準以及兩岸服務貿易影響臺灣經濟安全的評估具體客觀標準，這使得對於安全認知是屬於建構式與主觀式。再加上事實上面對臺灣與其他國家的經貿整合或是要加入區域性經貿整合組織，例如臺灣與新加坡、紐西蘭乃至政府積極推動臺美經貿協議以及不斷提出要加入高標準的TPP的過程均很少發現學生與相關公民團體表示異議或反對。然而在面對與中國大陸經貿整合，這種安全憂慮卻發展成爲佔領立法院運動。換句話說，同樣的經貿整合議題，在面對不同對象／國家時，卻因爲主觀看法產生截然不同意見。這顯示出臺灣在面對與中國大陸經貿整合時，臺灣內部社會不只是經濟的思維去面對與中國大陸經貿上的整合，更有非傳統安全上的顧慮，這種顧慮源自於兩岸之間特殊的關係以及中國大陸傳統以來對臺灣軍事威脅與外交封鎖以及統一臺灣的政治宣稱所形成敵對心理狀態進而外溢到經貿議題上安全的思考。

伍、結　語

兩岸關係發展過程中，臺灣內部社會始終面臨著二元對立的辯論。這種二元對立辯論的議題從統獨最爲敏感的問題到與中國大陸交流互動的經濟議題。辯論的中心議題大多集中在與中國大陸交流互動下對臺灣安全的影響。過去傳統臺灣對中國大陸安全威脅認知來自於軍事對抗與外交政治封鎖。但隨著兩岸開放探親，經貿開始互動，雙邊經貿

31　g0v零時政府，「318公民佔領立法院　行動聲明、活動訴求」，**g0v零時政府網站**，https://g0v.hackpad.com/ep/pad/static/H6s4KlBRSC3。最後瀏覽日：2015年4月21日。

關係逐漸深化下，許多擔心兩岸經貿深化發展帶來安全上的衝擊與侵蝕的政黨、團體與個人開始反對兩岸經貿毫無設限的發展與整合。臺灣在經過兩次政黨輪替下，國民黨從2008年開始大幅開放與中國大陸的經貿互動與整合。然而這樣的整合更開啓了臺灣內部社會對於與中國大陸經貿交往的論辯。隨著經濟合作架構協議的簽署，隨之而來服務貿易接續進一步制度化過程的開展，終於觸動臺灣內部由來已久關於和中國大陸經濟整合上安全威脅認知的神經與反動，終至於引發太陽花運動的爆發。

太陽花運動的爆發，顯示臺灣社會對於安全的認知與指涉是屬於建構式安全觀，在許多議題上同樣性質的主題但指涉對象的差異導致臺灣內部社會對於安全威脅的認知產生差異化。太陽花學運所反應出的即是這樣的現象。當臺灣與中國大陸進入經貿整合層次時，對於反對運動來說，這樣的經貿整合並不構成問題，構成問題的是對象是誰？對象是誰就成爲反對與否的重要出發點。這樣的案例可以從臺灣與新加坡、紐西蘭乃至政府積極推動臺美經貿協議的過程中獲得印證。臺灣內部反對團體並沒有同樣反對這些經貿整合，然面對與中國大陸經貿整合，反對者立即動員，多方質疑政府在態度、作法以及手段上所可能造成臺灣安全的傷害。這種指涉對象式的反對，當然根源於中國大陸的政治主張與宣稱：臺灣屬於中國的一部分，兩岸統一是中國大陸神聖使命。也因此，臺灣在面對與中國大陸的交流互動時，自然會引起內部對交流互動上安全威脅的擔憂與焦慮。

參考文獻

中文

「大陸商務部對兩岸經濟合作協議研究報告（摘要）」，**經濟日報**，2009年10月20日，A9版。

余瀟風譯，Barry Buzan著，「論非傳統安全研究的理論架構」，**世界經濟與政治**，第1期（2010年），頁113-133，157。

李俊毅，「經濟安全或經濟政治化？中國與臺灣之比較」，蔡育岱、左正東主編，**中國大陸與非傳統安全**（臺北：臺灣大學中國大陸研究中心，2014），頁97-122。

莫大華，「安全研究論戰之評析」，**問題與研究**，第37卷第8期（1998年8月），頁22-33。

西文

Albert O. Hirschman, *National Power and the Structure of Foreign Trade* (Berkeley: University of California Press, 1980).

David A. Baldwin, *Economic Statecraft* (Princeton, N.J.: Princeton University Press, 1985).

Alden Williams and David W. Tarr, eds., Modules in Security Studies (Lawrence: Allen Press, 1974).

Baldwin, David A., "Security Studies and the End of the Cold War," *World Politics*, Vol. 48, No. 1 (1995), pp. 117-141.

Baldwin, David A., "The Concept of Security," *Review of International Studies*, Vol. 23, No. 1 (1997), pp. 5-26.

Bergsten, C. Fred, Robert O. Keohane, and Joseph S. Nye, "International Economics and International Politics: A Framework for Analysis," *International Organization*, Vol. 29, No. 1 (Winter 1975), pp. 34-35.

Borrus, Michael and John Zysman, "Industrial Competitiveness and American National Security," in Wayne Sandholtz, et al., *The Highest Stake: The Economic Foundations of the Next Security System* (New York: Oxford University Press, 1992).

Buzan, Barry, *Ole Wæver and Jaap de Wilde, Security: A New Framework for Analysis* (London: Lynne Rienner Publishers Press, 1998).

Buzan, Barry, *People, States and Fear: An Agenda for International Security Studies in the Post-Cold War Era* (Boulder, Colorado: Lynne Rienner Publishers, 1991).

Cable, Vincent, "What is International Economic Security?," *International Affairs*, Vol. 71, No. 2 (Apr. 1995), pp. 305-324.

Collins, Alan, *Security and Southeast Asia: Domestic, Regional, and Global Issues* (Boulder, Colo.: Lynne Rienner, 2003).

Emmers, Ralf, Mely Caballero-Anthony and Amitav Acharya, eds., *Studying Non-Traditional Security in Asia: Trends and Issues* (Singapore: Institute of Denfense and Strategic Studies, 2006).

Gray, Colin S., "New Directions for Strategic Studies: How Can Theory Help Parctice?" in Desmond Ball and David Horner, eds., *Strategic Studies in a Changing World: Global, Regional and Australian Perspectives* (Australia: The Australian National University Press, 1994), pp126-153.

Gray, Colin S., "Villains, Victims, and Sheriffs: Strategic Studies and Security for an Interwar Period," *Comparative Strategy*, Vol. 13, No. (1994), pp. 353-369.

Gray, Colin S., *Strategic Studies and Public Policy: The American Experience* (Lexington, KY: The University Press of Kentucky, 1982).

Gray, Colin S., Villains, *Victims, and Sheriffs: Strategic Studies and Security for an Interwar Period* (Hull: University of Hull Press, 1997).

Haftendorn, Helga, "The Security Puzzle: Theory-Building and Discipline-Building in

International Security," *International Security Quarterly*, Vol. 35, No. 1 (1991), pp. 3-17.

Krause, Keith and Michael Williams, eds., *Critical Security Studies* (Minneapolis, Minn.: University of Minnesota Press, 1997).

Lipschutz, Ronnie ed., *On Security* (New York: Columbia University Press, 1995).

Lord, Kristin M., "The Meaning and Challenges of Economic Security," in Jose V. Ciprut, eds., *Of Fears and Foes: Security and Insecurity in an Evolving Global Political Economy* (USA: Greenwood Publishing Group, 2000), pp. 59-78.

Luciani, Giacomo, "The Economic Content of Security," *Journal of Public Policy*, Vol. 8, No. 2, (Apr./Jun. 1988), pp. 151-173.

Lynn-Jones, Sean M., "The Future of International Security Studies," in Desmond Ball and David Horner ,eds., *Strategic Studies in a Changing World: Global, Regional and Australian Perspectives* (Australia: The Australian National University Press, 1994), pp. 71-107.

Mathews, Jessica T., "Redefining Security," *Foreign Affairs*, Vol. 68, No. 2 (Spring 1989), pp. 162-177.

Neu, C. R. and Charles Wolf, Jr., The *Economic Dimensions of National Security* (Santa Monica, CA: RAND, 1994).

Nye, J. S., "Collective Economic Security," *International Affairs*, Vol. 50, No. 4 (Oct. 1974), pp. 584-598.

Rothschild, Emma, "What is Security?," *Dædalus*, Vol. 124, No. 3, 1995, pp.53-98.

Smith, Steve, "The Increasing Insecurity of Security Studies: Conceptualizing Security in the Last Twenty Years," in Stuart Croft and Terry Terriff, eds., *Critical Reflections on Security and Change* (London: Frank Cass, 2000), pp. 72-101.

Tan, Andrew T.H. and J.D. Knneth Boutin, eds., *Non Traditional Security Issues in Southeast Asia* (Singapore: Institute of Denfense and Strategic Studies, 2001).

Ullman, Richard H., "Redefining Security," *International Security*, Vol. 8, No. 1 (Summer 1983), pp. 129-153.

Walt, Stephen, "The Renaissance of Security Studies," International Studies Quarterly, Vol. 35, No. 2 (1991), pp. 211-239

相關資料網站

g0v零時政府，「318公民佔領立法院　行動聲明、活動訴求」，**g0v零時政府網站**，https://g0v.hackpad.com/ep/pad/static/H6s4KlBRSC3。最後瀏覽日：2015年4月21日。

李鴻典，「批馬英九記者會華麗　林飛帆重申學運四訴求」，**今日新聞**，2014年3月30日，http://www.nownews.com/n/2014/03/30/1170999。最後瀏覽日：2014年10月13

日。
威克，「臺灣反服貿協議團體佔領立法院議事場」，**BBC中文網**。2014年3月18日，http://www.bbc.co.uk/zhongwen/trad/china/2014/03/140318_taiwan_demo.shtml，最後瀏覽日：2015年5月6日。
劉建邦、顧荃，「闖政院 警方：現行犯依法逮捕」，**中央通訊社**，2014年3月23日，http://www.cna.com.tw/news/asoc/201403230265-1.aspx。最後瀏覽日：2015年5月6日。
盧姮倩，「318到408『太陽花學運』大事記」，**ETtoday新聞網**，2014年4月9日，http://www.ettoday.net/news/20140409/343775.htm。最後瀏覽日：2015年5月12日。
羅添斌，「學生發表反服貿宣言 要求馬到立院回應」，**自由時報**，2014年3月19日，http://news.ltn.com.tw/news/focus/paper/763362。最後瀏覽日：2015年5月6日。

第6章 臺灣與中東、北非、中亞及南亞（MENASA）國家貿易和投資關係之研究——兼論加強與其貿易及投資關係對臺灣經濟安全之可能影響

葉長城

壹、前　言

「經濟安全」（economic security）係國家安全的重要構成，冷戰結束後隨著國際經濟議題受到重視，經濟安全議題已成為1990年代以降研究非傳統安全問題時的重要課題之一。過去學界有關「經濟安全」概念的界定頗為分歧，本研究主要採用美國學者Lord與英國學者Dent的說法，Lord認為「經濟安全是國家與其人民成功避免其所認知會對本身控制主權經濟事務造成威脅的一種能力[1]」。正因國家具備該種能力，才能成功「捍衛本身結構的完整與創造榮景，並在身處國際體系中面臨各種外部風險與威脅時，追求政經實體的利益[2]」。根據學者Dent的看法，在研究特定國家對外經濟安全政策時，通常可以下列八項安全利益的追求作為觀察依據，它們包括：一、供給安全（supply security）；二、市場進入安全（market access security）；三、金融—信用安全（finance-credit security）；四、技術—工業能力安全（techno-industrial capability security）；五、社會—經濟典範安全（socio-economic paradigm security）；六、跨越國界社群安全（trans-border community security）；七、系統性安全（systemic security）與八、結盟安全（alliance security）等。

在前述八項安全利益中，尤以「供給安全」和「市場進入安全」兩大面向與本研究直接相關，且亦為本研究觀察臺灣與MENASA地區國家之貿易及投資關係時的主要切入方向。根據學者Dent的定義，所謂「供給安全」主要係指確保包括國外資源的關鍵供應鏈，這對高度依賴進口或國外技術，並且缺乏天然資源或本地自主工業技術的經濟體而言格外重要[3]。至於，「市場進入安全」按Dent的定義則指一國為「確保進入可能主要國外市場之最佳渠道」的相關具體作為。

1 Kristin M. Lord, "The Meaning and Challenges of Economic Security," In Jose V. Ciprut, ed., *Of Fears and Foes: Security and Insecurity in an Evolving Global Political Economy* (Greenwood Publishing Group, 2000), p. 60.

2 Christopher M. Dent, "Transnational Capital, the State and Foreign Economic Policy: Singapore, South Korea, and Taiwan," *Review of International Political Economy*, Vol. 10, No. 2 (2003), p. 253.

3 Christopher M. Dent, *The Foreign Economic Policies of Singapore, South Korea and Taiwan* (Cheltenham, UK, 2002), pp. 18-19.

準此定義可知，就「供給安全」與「市場進入安全」而言，由於臺灣四面環海是一個海島型國家，資源相對匱乏，不僅98%的能源均需仰賴進口，且土地發展腹地受限，因此對外貿易已成爲國家經濟成長與發展的重要命脈。惟相較國人對於歐美、亞太地區等臺灣主要出口市場的高度關注，過去國內對臺灣與中東、北非、中亞及南亞（Middle East, North Africa, Central Asia, and South Asia, MENASA）地區等重要新興市場的雙邊經貿及投資關係現況，未來發展趨勢等議題之研究則相對不足。

由於，目前中東地區係臺灣石油及天然氣的主要供應來源地區，且包括北非、中亞與南亞國家，在人口數量龐大、人口年齡結構相對年輕與經濟消費力逐漸提升的趨勢下，亦已成爲臺灣目前拓展海外市場多元布局策略的重要目標市場之一。因此，國內若能掌握目前臺灣與MENASA地區市場的雙邊經貿及投資現況，針對未來尚有潛力之商機拓展領域進行研析，不僅有助於臺灣對外貿易之開展，同時也可從強化「供給安全」與「市場進入安全」兩大面向，提升臺灣整體之經濟安全。

爲達成前述研究目標，本研究之主要研究目的有三：1.彙整、歸納與分析MENASA地區30國之總體經濟發展趨勢、重點特色與潛力產業發展概況；2.分析臺灣與MENASA國家之雙邊貿易與投資關係；3.從確保「供給安全」與「市場進入安全」兩大面向分析臺灣加強與MENASA地區貿易及投資關係對臺灣經濟安全之可能影響。

至於，研究範圍部分，本研究所指之中東、北非、中亞及南亞（MENASA）國家主要包括中東（Middle East）地區的「阿拉伯海灣國家合作理事會」（Gulf Cooperation Council, GCC）六個成員國（即沙烏地阿拉伯、阿拉伯聯合大公國、科威特、卡達、阿曼與巴林）、地中海東岸三國（黎巴嫩、約旦與敘利亞）、與其他中東國家（即伊朗、伊拉克、葉門與土耳其）；北非（North Africa）地區的阿爾及利亞，埃及，摩洛哥，突尼西亞，利比亞與蘇丹；中亞（Central Asia）地區的哈薩克、吉爾吉斯、塔吉克、烏茲別克、土庫曼、阿富汗與亞塞拜然；以及南亞（South Asia）地區的印度、孟加拉、巴基斯坦與斯里蘭卡等共30國。

貳、MENASA地區國家之總體經濟發展趨勢、重點特色與潛力產業發展概況

一、MENASA區域總體經濟概況與發展趨勢

綜觀MENASA地區總體經濟發展概況可知（如表6-1所示），首先，該區域主要可分爲中東、北非、中亞與南亞四個地區，境內包括至少30國，涵蓋幅員廣大，人口約達22.47億人，其中南亞地區人口最多達16.32億人，其次依序爲中東（2.98億人）、北非

（2.1億人）與中亞（1.06億人）地區。MENASA地區的人口結構相對年輕，統計2010-2014年其人口年複合成長率除北非地區外，均超過1%，其中中東與中亞地區人口年複合成長率最高均爲1.9%，預測未來於2015-2018年期間，此兩區域仍係MENASA地區人口成長動能最高的地區，分別可達1.6%與1.57%。

其次，從經濟規模來看，中東地區因包含GCC產油國，區域經濟體規模最大達3.3兆美元，其次依序爲南亞（2.5兆美元）、北非（8,002.6億美元）與中亞地區（4,313億美元）。若進一步由MENASA各地區的經濟成長動能來看，2010-2014年期間以中亞地區的實質GDP複合成長率最高達11.42%，其次爲南亞（5.8%）、北非（2.9%）與中東地區（1.2%）。展望未來2015-2018年，中亞地區的經濟成長動能仍相當可期，估計其實質GDP年複合成長率可達9.12%，其次則爲南亞的6.6%、北非的4.2%與中東的3.2%。

最後，從MENASA各地區人均GDP的發展水準評估，中東地區應係區域內經濟發展水平和綜合經濟實力最高的地區，2014年人均GDP達11,064美元，其次依序爲中亞（4,066美元）、北非（3,815美元）與南亞地區（1,549美元）。其中，中東地區由於人口及經濟規模與其成長動能整體平均水準均屬MENASA區域之首選，再加上擁有人均GDP達35,291美元的GCC成員國亦係中東重要成員，未來該地區，特別是GCC市場的消費成長潛能將持續受到各界重視。此外，中亞地區由於其人均GDP已超過3,000美元，達4,066美元，根據世界銀行（World Bank）的標準，該地區國民經濟已跨過現代化的門檻，進入3,000至10,000美元之間的經濟活躍及加速發展的重要階段[4]。再加上其過去5年兩位數的年複合成長率動能，以及未來5年實質GDP年複合成長率仍有可能出現超過9%的表現，均使其成爲未來全球各主要國家在拓展MENASA市場時，所不可忽視的重要潛力市場之一。

二、MENASA區域重要特色與潛力產業發展概況

MENASA區域範圍遼闊，人口與天然資源豐沛，有關其區域內重要特色與潛力產業發展各有殊異，茲分別就中東、北非、中亞與南亞四大區域說明其重要特色與潛力產業發展概況如下：

(一) 中東地區

中東地區國家主要可分爲GCC產油國、地中海東岸三國與其他中東國家三類。首先，如表6-2所示，GCC各國工業部門均以石油業與天然氣相關之能源與石化產業爲大宗，其次煉鋁業、紡織業、食品加工等產業則係其特色之一；農業部門因當地氣候乾

4 「科教與市統計指標解讀：人均GDP」，中國上海市政府網，2014年，http://www.shanghai.gov.cn/shanghai/node2314/node28946/node29201/node29202/u30ai25066.html。

燥，耕地面積有限，部分國家有意採取海外投資農業生產品回銷國內方式滿足國內對農產品的需求（例如沙烏地阿拉伯）亦或尋求積極開發海水淡化技術，發展沙漠農業因應（例如卡達）。至於，在服務業的發展方面，GCC各國各有差異，沙烏地阿拉伯有營建業、零售業、資訊業與電子商務產業之發展；阿拉伯聯合大公國則有房地產業、運輸業、觀光業；科威特的航運業及食品零售業係其發展重點；卡達除航運業外，其運動服務業也將因其將主辦2022世足賽而商機可期；阿曼則有海運業、觀光業的發展；巴林的金融業與運動服務業發展亦頗爲興盛。

表6-1　MENASA區域總體經濟發展概況

區域別	2014年人口數（百萬人）	2010-2014年人口年複合成長率	2015-2018年預測人口年複合成長率	2014年GDP預估值（十億美元）	2014年實質GDP成長率	2010-2014年實質GDP年複合成長率	2015-2018年預測實質GDP年複合成長率	2014年人均GDP（美元）
中東地區	298.35	1.9%	1.6%	3,300.9	2.0%	1.2%	3.2%	11,064
GCC	49.84	2.9%	1.9%	1,758.9	4.4%	5.5%	4.5%	35,291
地中海東岸三國（黎巴嫩、約旦、敘利亞）	34.46	1.6%	2.1%	121.5	-1.8%	*1.4%	4.0%	3,526
其他中東國家（伊朗、伊拉克、葉門、土耳其）	214.05	1.7%	1.5%	1,420.5	3.4%	1.1%	3.2%	6,636
北非地區	210.38	0.4%	1.5%	802.6	0.8%	2.9%	4.2%	3,815
中亞地區	106.07	1.9%	1.57%	431.3	5.4%	11.42%	9.12%	4,066
南亞地區	1,632.49	1.3%	1.2%	2,529.1	5.4%	5.8%	6.6%	1,549

說明：

1.* 標示處係因敘利亞在IMF World Economic Outlook資料庫未有實質GDP數據，故本表所列地中海東岸三國之GDP複合成長率數據僅計算並呈現黎巴嫩和約旦數據。

2. 北非地區國家包括阿爾及利亞、利比亞、埃及、摩洛哥、突尼西亞、蘇丹。

3. 中亞地區國家包括哈薩克、吉爾吉斯、塔吉克、烏茲別克與土庫曼等中亞五國，以及阿富汗與亞塞拜然。

4. 南亞地區國家包括印度、孟加拉、巴基斯坦、斯里蘭卡。

資料來源：本研究整理自Global Insight與IMF World E

表6-2 GCC各國重要特色與潛力產業概況

產業別	沙烏地阿拉伯	阿聯大公國	科威特	卡達	阿曼	巴林
農業	因氣候乾旱，實際耕地面積不到全國面積2%，另有35%土地用為低度放牧。沙國為達農產品自給自足之目標，有意以海外投資農業生產品回銷沙國。	農業：推動沙漠綠化，並設立花卉農場生產並外銷花卉與農產品；規劃運用現代加工技術將駱駝乳製品行銷至全球。	農業：以生產蔬菜為主，其他農產品多仰賴進口。 漁業：盛產大蝦、石斑魚和黃花魚等。	卡達國內只有6%的土地可種植農作物，目前積極運用海水淡化技術等，發展沙漠農業。	椰子、香蕉、椰棗、甜檸檬、煙草、番茄及洋蔥	農產品多仰賴進口。
工業	能源：（沙國擁有全球已知25%之石油蘊藏量）石化業，產量佔全球產量的8%。 礦業：除富藏原油及天然氣外，尚有豐富的黃金、銀、銅、鋅、鋁、鎢、錳、磷、鐵、鈾、煤、鉛等礦藏。	能源：石油（蘊藏量全球10%）、天然氣（蘊藏量全球第4）； 煉鋁業：杜拜鋁業公司產能佔世界3%，全球第三大煉鋁廠； 紡織業：紡織業佔GDP的10%，為第二大出口產業； 食品業：阿聯大公國已成為世界第三大食品轉口貿易國。	石油業（全球第10大）； 公共工程：發展太陽能，主要提供包含冷水加溫、海水淡化、食品加工、偏遠地區獨立發電等能源； 電子業：因工資迅速上升、家庭支出增加，帶動電子產品需求。	天然氣、石油為單一石油出口國家，其經濟支柱為石油與石化產業。	石油業、石化業與天然氣。 製藥業：阿曼政府支持Raysut工業區的製藥廠，希望提供阿曼及其他GCC國家估計40億美元藥品市場的需求。	石油業：石油和天然氣是巴林最重要的經濟來源； 煉鋁業：巴林最大的煉鋁公司為民營的巴林製鋁，係世界十大製鋁公司之一，負責生產鋁錠、鋁鈑及鋁箔等各類型鋁製品。
服務業	營建業：逐漸擴大到包括海水淡化、電力、煉油設備、多晶矽工廠及光纖建造計畫等； 零售業：家庭消費支出逐漸增加、年輕人口比例上升，可帶動沙國境內大型超市、購物商場的發展； 資訊業：在消費電子產品、個人電腦具發展潛能。 電子商務：據沙烏地郵政總局資料顯示，沙國電子商務市場在2015年前可創下500億沙幣（133.3億美元）的紀錄，且沙國使用網路人口不斷增加。	房地產業：房地產2008年佔阿聯大公國GDP產值的10%，但自國際金融海嘯以來，官方與民間預估結果顯示，阿聯大公國市場供過於求的情況。 運輸業：杜拜為全球第七大貨櫃港； 醫療服務業：近年來成為各國健康照護器材廠重要市場。 觀光業：阿聯大公國吸引高消費能力國家民眾前來旅遊，相關國家的旅遊觀光組織亦積極在此設立據點。	航運業、食品零售	航運業； 運動服務業：卡達將主辦2022世足賽。	海運業：南部的撒拉拉港每年可處理的貨櫃數量已達200萬個TEU（20呎貨櫃）； 觀光業：阿曼的自然風景、歷史古蹟、生態旅遊等觀光資源豐富，吸引大量遊客前來。	金融業：海灣地區乃至中東地區的金融中心； 會展業：成為地區性和國際性會展中心； 運動服務業：承辦一級方程式賽車。

資料來源：本研究整理自中華民國對外貿易發展協會，「海外貿易資訊：中東」，貿協全球資訊網，http://www.taitraesource.com/default.asp；與Central Intelligence Agency (CIA), The World Factbook, https://www.cia.gov/library/publications/the-world-factbook/。

其次，如表6-3所示，地中海東岸三國因國內產業主要係以服務業爲主，整體工業基礎相對薄弱，其中黎巴嫩係以中小型企業爲主；約旦的紡織業則因美國—約旦FTA的生效而享有出口美國優惠關稅之利益。另外，約旦亦有礦業之發展，而包括製藥業、食品加工業、鋼鐵業、家具業與石材業也可望成爲其國內未來具有發展潛力的產業之一。至於，敘利亞的礦業主要集中在磷酸鹽、煉油、水泥與化學肥料等產品的發展上。此外，在服務業的發展方面，服務業係黎、約、敘等地中海東岸三國的產業重點項目，佔三國GDP比重均超過六成。其中，黎巴嫩的經濟結構更係以服務業爲主，金融業及旅遊業爲其主要產業。約旦的旅遊觀光業則係其重要收入來源，並且帶動約國包括航空業、房地產、旅館業、醫療業等相關服務業的發展。至於，敘利亞由於自2011年3月中旬因「阿拉伯之春」的影響爆發民眾要求改革示威的遊行，最終因遭到政府強力鎮壓，而演變成內戰，導致絕大部分外國使領館關閉，多數外國觀光客停止前往，外資亦大幅抽離，從而爲該國整體產業經濟發展前景帶來不利影響。

表6-3　地中海東岸三國重要特色與潛力產業概況

產業別	黎巴嫩	約旦	敘利亞
農業	農業約佔GDP的5%，生產尚可自給。	主要農作物為小麥、大麥、玉米、蔬菜與橄欖等。	敘利亞的農業部門在GDP的佔比頗高，總值達GDP的17.6%。小麥與棉花。
工業	整體工業基礎薄弱，以中小型企業為主。	紡織業透過美國—約旦FTA出口，享受免稅進入美國市場的優惠關稅。 礦業主要集中在磷酸鹽、鉀鹽、煉油、水泥與化學肥料等石油產業：成立於1958年的約旦煉油公司為唯一的煉油廠。 潛力產業：製藥業、食品加工業、鋼鐵業、家具業、石材業。	礦業主要集中在磷酸鹽、煉油、水泥與化學肥料等。
服務業	經濟結構以服務業為主，金融業及旅遊業為主要產業。黎巴嫩在2008年戰爭結束後的戰後重建工作，營建業獲得大量重建合約。	旅遊觀光業為約旦重要收入來源，並且帶動其他航空業、房地產、旅館業、醫療業等相關服務業。	敘利亞由於自2011年3月中旬因「阿拉伯之春」的影響所爆發的民衆要求改革示威的遊行，最終因遭到政府強力鎮壓，而演變成內戰，導致絕大部分外國使領館關閉，多數外國觀光客停止前往，外資亦大幅抽離，從而為該國整體產業經濟發展前景帶來不利影響。

資料來源：本研究整理自中華民國對外貿易發展協會，「海外貿易資訊：中東」，貿協全球資訊網，http://www.taitraesource.com/default.asp；與Central Intelligence Agency (CIA), The World Factbook, https://www.cia.gov/library/publications/the-world-factbook/。

最後，有關伊朗、伊拉克、葉門、土耳其等其他中東國家之重要特色與潛力產業發展概況方面，如表6-4所示，由於工業與服務業佔伊朗、伊拉克、葉門及土耳其GDP總值超過八成以上，因此除土耳其之國內農業無需仰賴進口可自給自足，並有農產品可供外銷，包括伊朗與伊拉克的農業部門均只有漁業及養殖漁業較爲凸出，伊拉克的農業部門在椰棗產量排名上於2012年時曾名列全球第三位。至於，在工業部門方面，伊朗、伊拉克與葉門均以石油、天然氣產業爲主，其中伊朗尙有煉油工業、石化工業、鋼鐵業、汽車業、紡織業與水泥產業的發展。未來一旦伊朗與國際間開始落實2015年7月，包括美國、英國、法國、中國、俄羅斯及德國六國與伊朗就限制其核計畫達成的全面協議，並逐步解除對伊朗的經濟制裁，則伊朗的工業與整體經濟表現應會得到更大的發展空間[5]。而土耳其的鋼鐵及紡織業則係其產業發展重點，2012年土國曾爲全球第八大鋼鐵生產國。此外，土耳其亦是全球紡織成衣業的重鎭，不但爲全球第5大紡織成衣出口國，也是歐盟第2大的進口來源國。

另外，就伊拉克目前的發展情況來看，由於自2011年美軍撤離伊國後，伊斯蘭國（Islamic State）的勢力不斷在敘利亞及伊拉克兩國境內壯大，並嚴重衝擊伊拉克國家安全與經濟發展，連帶使得伊拉克原來已逐漸恢復正常的石油業、觀光業的運作受到波及，後續影響値得持續觀察。而葉門部分，石油與天然氣係其財政重要來源，不過與GCC國家相較，葉門石化產業發展相對落後，其製造業基礎亦顯薄弱，產業主體多以小型企業爲主；在服務業部分，觀光旅遊業資源有待開發，惟自2015年3月，葉門爆發內戰，並引發鄰國沙烏地阿拉伯組成多國聯軍空襲葉門叛軍陣地迄今，葉門多處地方政府已陷癱瘓，實際傷亡人數及經濟衝擊仍待觀察[6]。

5 「伊朗核談判達成『歷史性』全面協議」，**BBC中文網**，2015年7月14日，http://www.bbc.com/zhongwen/trad/world/2015/07/150714_iran_nuclear_agreement。

6 「沙國宣布停止對葉門空襲」，**中時電子報**，2015年4月22日，http://www.chinatimes.com/realtimenews/20150422001140-260408。

表6-4　中東地區其他各國重點特色與潛力產業概況

產業別	伊朗	伊拉克	葉門	土耳其
農業	養殖漁業，特別是養殖蝦。農業：開心果（全球第一）、番紅花（全球第一）。	農業部門就業人口佔總人口的三分之一，但伊拉克糧食供給仍無法自給。2012年伊拉克椰棗產量排名全球第三名。	漁業：葉門擁有2千多公里的海岸線，漁業部門為僅次於石油業的部門。	農業：土耳其為全球少數無需仰賴進口可自給自足，農產品並可供外銷的國家。
工業	石油及煉油工業（儲量為OPEC第2）、天然氣工業（全球第2）、石化工業、鋼鐵業（中東產量第2）、汽車業（生產量全球第13）、紡織業、水泥業等。	石油工業：伊拉克過去受兩伊戰爭、波斯灣戰爭影響，石油生產設施受嚴重破壞。近年來，伊拉克石油業發展逐漸恢復正常。	石油和天然氣是葉門最重要的財政來源，對財政收入的貢獻超過70%，但葉門的石化產業發展相對落後。葉門製造業基礎薄弱，境內91%均為小型企業。	汽車業、鋼鐵業係其發展重點。在2012年為全球第八大鋼鐵生產國。土耳其是全球紡織成衣業的重鎮，不但是全球第5大紡織成衣出口國，也是歐盟第2大的進口來源國。
服務業		觀光業：伊拉克具有豐富的古文明文化遺址。	觀光服務業：豐富的旅遊資源尚未充分開發。	觀光服務業（休閒度假與歷史古蹟）、航空運輸業、醫療服務業等。

資料來源：本研究整理自中華民國對外貿易發展協會，「海外貿易資訊：中東及歐洲」，貿協全球資訊網，http://www.taitraesource.com/default.asp；與Central Intelligence Agency (CIA), The World Factbook, https://www.cia.gov/library/publications/the-world-factbook/。

(二) 北非地區

如表6-5所示，首先，北非六國農業各有特色，阿爾及利亞主要農產品爲小麥、大麥及燕麥、葡萄，橄欖，柑橘，另亦有畜牧業之發展；利比亞農業生產則相對落後，因此境內農牧業相對重要；埃及係傳統農業國家，主要農作物有棉花、小麥、水稻、玉米、柑橘等；摩洛哥的主要出口農業產品爲柑橘類、橄欖油、罐頭水果、蔬菜與魚產加工產品。另外，漁業與漁業加工業亦爲摩國出口主要產業之一，爲非洲及阿拉伯世界最大的漁產國；突尼西亞的農業部門中，橄欖油生產與加工佔有重要地位。突尼西亞爲全球第二大橄欖油出口國；蘇丹的經濟以農牧爲基礎，亦爲全球棉花、花生、芝麻主要供應國。蘇丹的長絨棉產量僅次於埃及，爲全球第二；花生產量爲阿拉伯世界第一，爲全球第四；芝麻出口量爲阿拉伯國家中最高，幾乎佔全球市場一半。

其次，在工業部門發展方面，北非六國有不少係以能礦相關產業爲主，其中阿爾及利亞係全球第二大天然氣出口國，並且爲全球第18大石油儲量與天然氣儲量國家。阿國面積廣闊，全國交通基礎建設不良，汽車及零組件市場需求強勁；利比亞亦依賴石油工業作爲其主要經濟來源；埃及則爲石油生產國之一，日產量約70萬桶，煉油能力居非洲首位。另外，埃及紡織業生產鏈相對完整，主要出口市場爲歐盟及美國；摩洛哥的紡織業與礦業係其發展重點，其中摩國紡織業者主要生產成衣與服裝出口，出口產品以梭織紡織品爲主，而礦業則以磷酸鹽等產品生產爲大宗；突尼西亞在工業發展上主要仰賴礦業及紡織業的發展，礦業部分主要集中在磷礦等化工產品生產，其重要出口產品包括磷酸、三過磷酸鈣與磷酸二銨。至於，突國紡織業中9成主要生產成衣與鞋類產品；蘇丹在工業部門發展上亦以能源礦產包括，石油、天然氣與金礦探勘及開採爲主。此外，農牧產品加工業及人民日用品工業，棉紡織、麵粉、製糖、菸草、鞣革、屠宰、榨油以及其他日用品工廠，亦爲蘇丹工業部門發展重點。

表6-5　北非地區各國重點特色與潛力產業概況

產業別	阿爾及利亞	利比亞	埃及	摩洛哥	突尼西亞	蘇丹
農業	主要農產品為小麥、大麥及燕麥、葡萄，橄欖，柑橘；畜牧業。	利比亞的農業人口佔總人口的7%，然農業生產相對落後，農牧業則相對重要。	埃及是傳統農業國家，主要農作物有棉花、小麥、水稻、玉米、柑橘等。	摩洛哥主要出口農業產品為柑橘類、橄欖油、罐頭水果、蔬菜與魚產加工產品。漁業與漁業加工業亦為摩國出口主要產業之一，為非洲及阿拉伯世界最大的漁產國。	突尼西亞的農業部門中，橄欖油生產與加工佔有重要地位。突尼西亞為全球第二大橄欖油出口國。	蘇丹的經濟以農牧為基礎。棉花、花生、芝麻亦為全球主要供應國。蘇丹的長絨棉產量僅次於埃及，為全球第二；花生產量為阿拉伯世界第一，為全球第四；芝麻出口量為阿拉伯國家中最高，幾乎佔全球市場一半。
工業	阿爾及利亞是全球第二大天然氣出口國，並且為全球第18大石油儲量與天然氣儲量國家。阿國面積廣闊，全國交通基礎建設不良，汽車及零組件市場需求強勁。	石油工業為利比亞的主要經濟來源。	埃及為石油生產國之一，日產量約70萬桶。煉油能力居非洲首位。埃及紡織業生產鏈相對完整，主要出口市場為歐盟及美國。	摩洛哥紡織業者主要生產成衣與服裝出口，出口產品以梭織紡織品為主。礦業主要集中在磷酸鹽等產品。	礦業主要集中在磷礦等化工產品。突尼西亞的主要出口產品為磷酸、三過磷酸鈣以及磷酸二銨。另突尼西亞紡織業中9成主要生產成衣與鞋類產品，	能源礦產：蘇丹目前以石油、天然氣與金礦探勘與開採為主。此外，主要是蘇丹本國農牧產品的加工業，及人民日用品工業，棉紡織、麵粉、製糖、菸草、鞣革、屠宰、榨油以及其他日用品工廠。
服務業			埃及服務業以觀光服務及蘇伊士運河的船運服務為主。	旅遊業為摩洛哥的重要收入以及外匯來源。	旅遊業為突尼西亞的重要收入以及外匯來源。	

資料來源：本研究整理自中華民國對外貿易發展協會，「海外貿易資訊：非洲」，貿協全球資訊網，http://www.taitraesource.com/default.asp；與Central Intelligence Agency (CIA), The World Factbook, https://www.cia.gov/library/publications/the-world-factbook/。

最後，在服務業發展方面，觀光旅遊業係北非包括埃及、摩洛哥與突尼西亞的服務業重點項目，其中埃及服務業以觀光服務及蘇伊士運河的船運服務為主；另外，對於摩洛哥與突尼西亞來說，旅遊業均係其國家財政上之重要收入以及外匯來源。

(三) 中亞地區

如表6-6所示，首先，在農業部門發展上，包括主要經濟作物種植及畜牧業係中亞5國、阿富汗及亞塞拜然7國的農業發展重點。其中，哈薩克主要種植作物包括小麥、大麥、玉米、棉花、水果，另有畜牧業發展；吉爾吉斯的主要農產品為小麥、甜菜、棉花、菸草，而畜牧業的發展則以羊毛、肉、奶製品為主；塔吉克的主要生產農作物為棉花、水果、蔬菜、穀物、家畜；烏茲別克的主要生產農作物為棉花、蔬菜、水果、小麥、家禽、蠶絲、毛皮；土庫曼農作物係以棉花、小麥為大宗，亦有畜牧業之發展；阿富汗的農作物則有鴉片、小麥、水果及堅果、棉花；另外在畜產品方面為羊毛、獸皮及毛皮等；亞塞拜然除畜牧業外，主要農作物為棉花、穀物、小麥及魚子醬等。

其次，在工業部門發展方面，除吉爾吉斯外，包括其他中亞4國、阿富汗及亞塞拜然等均以石油與天然氣為其重點產業項目，哈薩克另有輸油管、冶金產業、航太科技（衛星發射）、汽車產業、機械產業、醫療器材、消費電子產品與傢俱業；吉爾吉斯則以成衣、食品加工、機械設備、礦產【鈾、汞、黃金、水銀（開採量世界第三）】與電力生產為主；塔吉克另有鋁工業、電力、紡織品、水泥、食品加工、採礦、供水排水及基礎建設；烏茲別克主要有黃金、金屬、機械及設備、棉織、紡織、食品加工、採礦、化學、汽車與飛機製造、太陽能產業之發展；土庫曼有紡織業、電力工業；阿富汗的手織地毯、成衣、織品、傢俱、製鞋、肥料、食品加工、採礦業及建築業則為其特色產業；亞塞拜然另有採礦、機械及營造業之發展。

最後，在服務業部門發展方面，哈薩克主要重點項目為資通訊產業、阿富汗另有金融、通訊及物流業之發展；而亞塞拜然服務業的發展則以觀光服務業、營建業與銀行業為其特色與發展潛力重點項目。

表6-6 中亞五國、阿富汗及亞塞拜然重點特色與潛力產業

產業別	哈薩克	吉爾吉斯	塔吉克	烏茲別克	土庫曼	阿富汗	亞塞拜然
農業	小麥、大麥、玉米、棉花、水果、畜牧業	畜牧業：羊毛、肉、奶製品 農產品：小麥、甜菜、棉花、菸草	棉花、水果、蔬菜、穀物、家畜	棉花、蔬菜、水果、小麥、家禽、蠶絲、毛皮	畜牧業、棉花、小麥	鴉片、小麥、水果及堅果、羊毛、棉花、獸皮及毛皮	棉花、穀物、小麥、畜牧、魚子醬
工業	石油與天然氣、輸油管、冶金產業、航太科技：衛星發射、汽車產業、機械產業、醫療器材、消費電子產品、傢俱業	成衣、食品加工、機械設備、礦產：鈾、汞、黃金、水銀（開採量世界第三）、電力生產	石油與天然氣、鋁工業、電力、紡織品、水泥、食品加工、採礦、供水排水、基礎建設	石油與天然氣、黃金、金屬、機械及設備、棉織、紡織、食品加工、採礦、化學、汽車與飛機製造、太陽能	石油與天然氣、紡織業、電力工業	石油與天然氣、手織地毯、成衣、織品、傢俱、製鞋、肥料、食品加工、採礦業、建築業	石油與天然氣、採礦、機械、營造
服務業	通訊產業、資訊產業	—	—	—	—	金融、通訊、物流	觀光服務業、營建、銀行

資料來源：本研究整理自中華民國對外貿易發展協會，「海外貿易資訊：歐洲」，貿協全球資訊網，http://www.taitraesource.com/default.asp；與Central Intelligence Agency (CIA), The World Factbook, https://www.cia.gov/library/publications/the-world-factbook/。

(四)南亞地區

如表6-7所示，首先，在農業部門發展上，儘管除巴基斯坦外，農業在南亞4國GDP比重多低於兩成，但各國仍有其不同的重點產業項目，其中印度農業之主要糧食作物有小麥、稻米等，主要經濟作物則爲油料、棉花、黃麻、甘蔗、咖啡、茶葉與橡膠等；漁業部分，印度爲世界第3大漁獲及第2大水產養殖國家，因此養殖漁業及飼料業亦其發展重點；另外，在畜牧業的發展上，印度是世界最大畜牧國家，世界第7大家禽飼養國及世界最大乳品生產與消費國；而巴基斯坦農業佔其GDP比重於南亞4國中相對較高，2013年達25.3%，主要生產農作物爲小麥、稻米、棉花（佔世界產量5%）；孟加拉的農業生產則有香料、紅茶、稻米、蔬果及黃麻，另外水產業包括冷凍水產食品（冷凍魚蝦）亦係其發展重點；斯里蘭卡的農業生產除茶業、橡膠與椰子外，近年來斯國政府亦鼓勵優先投資農業/農產品加工、乳業發展、漁產品加工業等領域之發展。

其次，在工業部門發展方面，印度的電子產業、通訊設備業、汽機車零組件、電機電氣、食品加工、基礎建設營造等產業均十分具發展潛力；巴基斯坦則以皮革業、水泥業、化學肥料業、紡織業與製糖業爲其特色；另外，石油及天然氣、大理石、硫磺、矽土、鐵礦等能礦產業的發展亦頗具潛力；而孟加拉的工業發展特色則以紡織成衣業、皮

革及皮革製品、輕工業、醫藥品、食品加工業、電力設備為主；斯里蘭卡部分，紡織服裝業，係其工業發展重點，近年來斯國政府鼓勵優先投資領域包括：非傳統出口商品的製造與生產業、基礎設施項目、城市基礎設施與商業住宅、資訊科技業、工業園區、經濟特區和知識城市之建設等。

最後，在服務業發展方面，印度以零售業、生技醫療業（製藥業規模全球排名第14名，以產量而言更位居全球第3位）與通訊服務業為其重點發展項目。巴基斯坦亦欲開發其金融業，而斯里蘭卡則以批發零售業、酒店、餐飲業、交通運輸、倉儲、資訊及通訊業、旅遊業、金融服務、房地產與商用服務業為主，近年來斯國政府更優先鼓勵投資出口導向型服務業、知識性服務之出口、旅遊業與綜合性休閒活動業、體育及健身中心、高等教育／技能發展、資訊科技服務業等領域之服務業項目。

表6-7　南亞地區各國重點特色與潛力產業

產業別	印度	巴基斯坦	孟加拉	斯里蘭卡
農業	農業：主要糧食作物有小麥、稻米等，主要經濟作物則為油料、棉花、黃麻、甘蔗、咖啡、茶葉與橡膠等。 漁業：世界第3大漁獲及第2大水產養殖國家；養殖漁業及飼料。 畜牧：世界最大畜牧國家，世界第7大家禽飼養國及世界最大乳品生產與消費國。	農業：小麥、稻米、棉花（佔世界產量5%）。	水產業：冷凍水產食品（冷凍魚蝦）。 農業：香料、紅茶、稻米、蔬果、黃麻。	茶業、橡膠與椰子。 政府鼓勵優先投資領域包括：農業／農產品加工、乳業發展、漁產品加工業。
工業	電子產業、通訊設備業、汽機車零組件、電機電氣、食品加工、基礎建設營造。	皮革業、水泥業、化學肥料業、紡織業與製糖業。 能礦產業：石油及天然氣、大理石、硫磺、矽土、鐵礦等。	紡織成衣業、皮革及皮革製品、輕工業、醫藥品、食品加工業、電力設備。	紡織服裝業。 政府鼓勵優先投資領域包括：非傳統出口商品的製造與生產業、基礎設施項目、城市基礎設施與商業住宅、資訊科技業、工業園區、經濟特區和知識城市之建設等。
服務業	零售業、生技醫療業（製藥業規模全球排名第14名，以產量而言更位居全球第3位）、通訊服務業。	金融業	—	以批發零售業、酒店、餐飲業、交通運輸、倉儲、資訊及通訊業、旅遊業、金融服務、房地產與商用服務業為主。 政府鼓勵優先投資領域包括：出口導向型服務業、知識性服務之出口、旅遊業與綜合性休閒活動業、體育及健身中心、高等教育／技能發展、資訊科技服務業。

資料來源：本研究整理自中華民國對外貿易發展協會，「海外貿易資訊：亞太」，貿協全球資訊網，http://www.taitraesource.com/default.asp；與Central Intelligence Agency (CIA), The World Factbook, https://www.cia.gov/library/publications/the-world-factbook/。

參、臺灣與MENASA國家之雙邊貿易與投資關係

一、臺灣與MENASA國家之雙邊貿易概況分析

(一) 近五年貨品貿易總額與進出口金額概況

有關臺灣與MENASA地區雙邊貿易總額方面（如表6-8所示），在2009年至2013年間臺灣與MENASA國家雙邊貿易總額出現逐年成長趨勢，其中2009年臺灣與MENASA國家雙邊貿易總額僅約332.24億美元，隨後逐年上升到2013年的613.15億美元，其佔臺灣對全球貿易總額比重亦由2009年的8.78%上升至2013年的10.65%。由此顯示，MENASA市場在臺灣對外貿易上的重要性有日益提升的情況。

其次，在貨品貿易出口與進口方面，臺灣近五年對MENASA國家之出口金額約在84.43億美元（2009年）至139.65億美元（2011年）之間，佔臺灣對全球出口金額的4.15%至4.55%之間。至於進口方面，臺灣近五年從MENASA國家進口金額約在247.80億美元（2009年）至479.13億美元（2013年）之間，在金額的比重變化上，可見到自2012年起，臺灣從MENASA國家進口金額佔其進口總額比重，已從2009年的14.16%上升到2013年的17.70%，相關發展趨勢值得深入探討。

最後，從年複合成長率的統計數據來看，臺灣無論是對MENASA國家出口、進口與貿易總額等成長情況，皆高於同時期臺灣對全球之出口、進口與貿易總額成長。由此可知，近五年間，臺灣與MENASA國家之雙邊貿易擴張的幅度已超越其對全球貿易的成長幅度。

(二) 臺灣對MENASA國家前20大貨品出進口稅項與金額概況

首先，在出口部分，如表6-9所示，以2013年為例，臺灣對MENASA地區主要出口貨品以塑膠及其製品（HS 39）、核子反應器、鍋爐、機器及機械用具；及其零件（HS 84）和電機與設備及其零件產品（HS 85）為大宗，出口金額分別為20.35億美元、17.90億美元，以及17.27億美元（合計55.52億美元），三類產品合計佔我國對MENASA地區出口金額的41.42%。進一步觀察MENASA市場在臺灣出口同稅項產品至全球之比重亦能發現，MENASA地區佔臺灣塑膠及其製品（HS 39）稅項之產品出口至全球的比重為9.28%、佔我國機器及機械用具（HS 84）稅項產品全球出口比重為6.07%、佔我國電機與設備及其零件（HS 85）稅項產品出口全球比重達1.51%。除上述三類主要稅項產品外，2013年我國對MENASA地區出口前十大貨品尚有鐵路及電車道車輛以外之車輛及其零件與附件（HS 87）、鋼鐵（HS72）、礦物燃料、礦油及其蒸餾產品（HS 27）、有機化學產品（HS 29）、針織品或鉤針織品（HS 60）、橡膠及其製品（HS 40）與鋼

鐵製品（HS 73）等。

其次，在進口部分，如表6-10所示，同樣以2013年爲例，臺灣從MENASA地區進口貨品主要以礦物燃料、礦油及其蒸餾產品（HS 27）、有機化學產品（HS 29）與鋁及其製品（HS 76）等三類產品爲大宗，其進口金額分別爲421.54億美元、24.66億美元與6.80億美元（合計453.00億美元）。三類貨品分別佔2013年臺灣自MENASA進口總額的87.98%、5.15%與1.42%（合計佔比約爲94.54%）。其中，2013年MENASA地區供應臺灣的礦物燃料、礦油及其蒸餾產品（HS 27）、有機化學產品（HS 29）與鋁及其製品（HS 76），分別佔臺灣自全球進口同稅項產品金額的61%、20.89%與30.95%（合計佔比約爲54.51%），顯示MENASA地區實爲臺灣重要能礦資源、有機化學產品與鋁及其製品之主要進口來源地區之一。此外，在其他貨品進口方面，2013年臺灣自MENASA進口貨品佔臺灣自全球進口同稅項產品比重較高者，依序尚有：棉花（HS 52）（佔27.46%）、鋅及其製品（HS 79）（佔15.11%）與食品工業產製過程之殘渣及廢品；調製動物飼料（HS 23）（佔10.86%）等。

表6-8　2009-2013年臺灣與MENASA國家之雙邊貿易概況

單位：千美元；百分比

年度	出口至MENASA金額	出口至全球金額	對MENASA出口金額佔總出口值之比重	自MENASA進口金額	自全球進口金額	自MENASA進口金額佔總進口值之比重	對MENASA之貿易總額	對全球之貿易總額	對MENASA貿易總額佔與全球貿易總額之比重
2009	8,443,478	203,493,850	4.15%	24,780,494	174,942,559	14.16%	33,223,972	378,436,409	8.78%
2010	11,375,207	273,705,866	4.16%	35,611,556	251,315,168	14.17%	46,986,763	525,021,034	8.95%
2011	13,965,003	306,997,986	4.55%	40,662,195	281,315,583	14.45%	54,627,198	588,313,569	9.29%
2012	12,922,878	300,621,666	4.30%	47,380,374	270,863,153	17.49%	60,303,252	571,484,819	10.55%
2013	13,401,592	305,137,251	4.39%	47,913,038	270,688,956	17.70%	61,314,630	575,826,207	10.65%
年複合成長率	12.24%	10.66%	–	17.92%	11.53%	–	16.55%	11.06%	–

資料來源：本研究整理自ITC Trade Map資料庫。

表6-9　2011-2013年臺灣出口貨品至MENASA國家概況（前20大商品）

單位：千美元；百分比

排名	HS二位碼	中文產品說明	2011年			2012年			2013年		
			臺灣出口MENASA地區	臺灣出口到全球	比重	臺灣出口MENASA地區	臺灣出口到全球	比重	臺灣出口MENASA地區	臺灣出口到全球	比重
1	39	塑膠及其製品	1,987,015	21,842,833	9.10%	1,798,318	21,025,259	8.55%	2,034,618	21,935,241	9.28%
2	84	核子反應器、鍋爐、機器與機械用具及其零件	2,059,511	31,620,652	6.51%	1,853,922	29,793,020	6.22%	1,790,328	29,489,138	6.07%
3	85	電機與設備及其零件	1,851,342	112,097,075	1.65%	1,836,332	108,833,494	1.69%	1,726,613	114,167,635	1.51%
4	87	鐵路及電車道車輛以外之車輛及其零件與附件	982,551	8,988,117	10.93%	1,273,708	9,775,401	13.03%	1,398,332	9,788,651	14.29%
5	72	鋼鐵	1,087,779	11,710,012	9.29%	1,033,679	10,343,504	9.99%	1,136,378	10,102,379	11.25%
6	27	礦物燃料、礦油及其蒸餾產品；含瀝青物質；礦蠟	957,870	17,391,578	5.51%	821,820	21,543,133	3.81%	931,577	23,146,348	4.02%
7	29	有機化學產品	1,010,997	13,264,655	7.62%	832,119	11,770,830	7.07%	883,262	12,089,265	7.31%
8	60	針織品或鉤針織品	319,263	2,440,673	13.08%	343,968	2,444,824	14.07%	385,548	2,624,138	14.69%
9	40	橡膠及其膠品	345,785	3,243,254	10.66%	347,222	3,117,067	11.14%	301,768	2,828,992	10.67%
10	73	鋼鐵製品	307,401	7,500,752	4.10%	300,847	7,343,004	4.10%	298,675	7,243,120	4.12%
11	54	人造纖維絲；人造紡織材料之扁條及類似品	357,070	4,007,774	8.91%	320,936	3,526,580	9.10%	297,561	3,394,830	8.77%
12	55	人造纖維棉	283,054	1,731,268	16.35%	257,433	1,561,726	16.48%	265,741	1,497,608	17.74%
13	32	鞣革或染色用萃取物；鞣酸及其衍生物；染　、顏料及其他著色料；漆類及凡立水；油灰及其他灰泥；墨類	152,635	1,681,831	9.08%	134,141	1,648,442	8.14%	172,249	1,548,023	11.13%
14	90	光學、照相、電影、計量、檢查、精密、內科或外科儀器及器具；及零件、附件	145,695	23,452,786	0.62%	154,630	22,957,356	0.67%	148,201	22,244,457	0.67%

（接續前頁）

排名	HS二位碼	中文產品說明	2011年			2012年			2013年		
			臺灣出口MENASA地區	臺灣出口到全球	比重	臺灣出口MENASA地區	臺灣出口到全球	比重	臺灣出口MENASA地區	臺灣出口到全球	比重
15	38	雜項化學產品	131,218	3,373,049	3.89%	145,502	3,250,180	4.48%	143,799	3,456,367	4.16%
16	48	紙及紙板；紙漿、紙或紙板之製品	112,575	1,681,508	6.69%	122,898	1,740,222	7.06%	143,773	1,689,163	8.51%
17	59	浸漬、塗布、被覆或黏合之紡織物；工業用紡織物	148,252	1,465,299	10.12%	138,627	1,331,312	10.41%	133,043	1,284,035	10.36%
18	82	卑金屬製工具、器具、 器、匙、叉及其零件	133,574	2,599,187	5.14%	120,645	2,618,334	4.61%	126,999	2,642,544	4.81%
19	71	天然珍珠或養珠、寶石或次寶石、貴金屬、被覆貴金屬之金屬及其製品；仿首飾；鑄幣	605,314	5,298,317	11.42%	100,178	3,932,375	2.55%	89,224	2,246,778	3.97%
20	95	玩具、遊戲品與運動用品；及其 件與附件	93,456	2,030,141	4.60%	90,148	2,167,975	4.16%	86,644	2,139,789	4.05%
	前20大出口貨品金額小計		13,072,357	277,420,761	4.71%	12,027,073	270,724,038	4.44%	12,494,333	275,558,501	4.53%
	所有產品		13,965,003	306,997,986	4.55%	12,922,878	300,621,666	4.30%	13,401,592	305,137,251	4.39%

說明：本表係依2013年臺灣出口貨品至MENASA地區之金額，由大至小排序。

資料來源：本研究整理自ITC Trade Map資料庫。

表6-10　2011-2013年臺灣自MENASA國家進口貨品概況（前20大商品）

單位：千美元；百分比

排名	HS二位碼	中文產品說明	2011年			2012年			2013年		
			臺灣自MENASA進口	臺灣自全球進口	比重	臺灣自MENASA進口	臺灣自全球進口	比重	臺灣自ENASA進口	臺灣自全球進口	比重
1	27	礦物燃料、礦油及其蒸餾產品；含瀝青物質；礦蠟	34,818,946	63,128,236	55.16%	41,579,022	70,041,310	59.36%	42,154,095	69,103,405	61.00%
2	29	有機化學產品	2,616,617	13,593,355	19.25%	2,639,204	11,744,050	22.47%	2,465,772	11,801,941	20.89%
3	76	鋁及其製品	754,330	2,525,003	29.87%	709,975	2,177,305	32.61%	680,188	2,197,647	30.95%
4	39	塑膠及其製品	382,396	8,231,655	4.65%	494,365	7,913,712	6.25%	484,996	7,476,335	6.49%
5	72	鋼鐵	319,387	12,794,380	2.50%	273,727	10,865,980	2.52%	342,513	9,915,466	3.45%
6	28	無機化學品；貴金屬、稀土金屬、放射性元素及其同位素之有機及無機化合物	189,145	3,721,518	5.08%	228,767	3,201,433	7.15%	247,310	3,200,781	7.73%
7	74	銅及其製品	202,897	6,492,498	3.13%	157,692	5,649,870	2.79%	163,580	5,402,965	3.03%
8	52	棉花	234,769	729,888	32.17%	139,824	549,596	25.44%	156,643	570,407	27.46%
9	25	鹽；硫磺；泥土及石料；石膏料；石灰及水	118,507	1,140,484	10.39%	136,124	1,147,285	11.86%	126,226	1,198,965	10.53%
10	10	穀類	45,879	2,111,097	2.17%	117,966	2,051,635	5.75%	119,774	1,819,256	6.58%
11	79	鋅及其製品	82,868	606,479	13.66%	68,575	477,686	14.36%	76,918	509,222	15.11%
12	84	核子反應器、鍋爐、機器及機械用具；及其零件	60,600	29,910,060	0.20%	60,401	26,640,923	0.23%	72,416	28,656,007	0.25%
13	23	食品工業產製過程之殘渣及廢品；調製動物飼料	66,253	612,759	10.81%	61,912	654,669	9.46%	68,974	635,223	10.86%
14	71	天然珍珠或養珠、寶石或次寶石、貴金屬、被覆貴金屬之金屬及其製品；仿首飾；鑄幣	60,205	6,138,311	0.98%	58,566	6,129,819	0.96%	64,625	4,635,697	1.39%

（接續前頁）

排名	HS二位碼	中文產品說明	2011年			2012年			2013年		
			臺灣自MENASA進口	臺灣自全球進口	比重	臺灣自MENASA進口	臺灣自全球進口	比重	臺灣自ENASA進口	臺灣自全球進口	比重
15	62	非針織及非鉤針織之衣著及服飾附屬品	40,011	745,256	5.37%	55,129	773,599	7.13%	64,322	777,689	8.27%
16	85	電機與設備及其零件；錄音機及聲音重放機；電視影像、聲音記錄機及重放機；以及上述各物之零件及附件	65,925	59,036,024	0.11%	65,870	54,804,539	0.12%	56,512	54,722,295	0.10%
17	3	魚類、甲殼類、軟體類及其他水產無脊椎動物	55,097	659,958	8.35%	61,313	686,434	8.93%	48,778	725,666	6.72%
18	32	鞣革或染色用萃取物；鞣酸及其衍生物；染料、顏料及其他著色料；漆類及凡立水；油灰及其他灰泥；墨	40,159	1,861,278	2.16%	37,025	1,659,448	2.23%	41,416	1,569,174	2.64%
19	61	針織或鉤針織之衣著及服飾附屬品	29,851	673,060	4.44%	33,435	750,913	4.45%	41,253	722,584	5.71%
20	38	雜項化學產品	36,803	7,848,980	0.47%	36,310	6,588,839	0.55%	36,573	7,034,382	0.52%
	前20大進口貨品金額小計		40,220,645	222,560,279	18.07%	47,015,202	214,509,045	21.92%	47,512,884	212,675,107	22.34%
	所有產品		40,662,195	281,315,583	14.45%	47,380,374	270,863,153	17.49%	47,913,038	270,688,956	17.70%

說明：本表係依2013年臺灣自MENASA地區進口貨品金額，由大至小排序。
資料來源：本研究整理自ITC Trade Map資料庫。

二、臺灣對MENASA國家之近三年投資概況分析

依據我國主管對外投資的「經濟部投資審議委員會」（簡稱投審會）於2014年5月發布統計月報之金額顯示（如表6-11所示），臺灣近三年核備對海外投資地區主要集中在亞洲、北美洲、中南美洲、大洋洲與歐洲等地區。就臺灣對海外投資大趨勢來觀察，臺灣對MENASA地區之投資情況並不熱絡，具體以相關數據來推估，臺灣在2013年核備對外投資MENASA國家或地區如其他亞洲地區、印度與非洲地區等投資金額分別為1億1,775.9萬美元、6,504.2萬美元與1,686.5萬美元，上述投資金額佔2013年臺灣對外投資總金額之比重依序為2.25％、1.24％與0.32％。由此顯示，MENASA地區目前並非臺灣對外投資之主要目標市場。

三、臺商在MENASA地區國家投資活動概況分析

本研究進一步彙整臺商企業在MENASA地區之具體投資活動相關資料顯示（如表6-12所示）：

表6-11　2011-2013年臺灣核備對外投資概況

單位：千美元

區域	2011年			2012年			2013年		
	件數	金額	比重	件數	金額	比重	件數	金額	比重
亞洲	140	1,723,918	46.63%	192	7,151,518	88.31%	176	2,894,581	55.32%
印度	2	67,051	1.81%	3	20,931	0.26%	7	65,042	1.24%
其他亞洲地區	6	3,647	0.10%	6	8,890	0.11%	19	117,759	2.25%
北美洲	46	732,150	19.80%	57	157,806	1.95%	67	416,610	7.96%
中南美洲	64	1,048,863	28.37%	31	310,895	3.84%	76	402,625	7.70%
歐洲	14	39,251	1.06%	26	71,488	0.88%	25	168,902	3.23%
大洋洲	32	122,072	3.30%	12	370,359	4.57%	24	1,332,683	25.47%
非洲	10	30,574	0.83%	3	36,576	0.45%	5	16,865	0.32%
全球	306	3,696,827	100.00%	321	8,098,641	100.00%	373	5,232,266	100.00%

說明：投審會僅對亞洲國家中的日本、韓國、香港、新加坡、印尼、馬來西亞、菲律賓、泰國、越南與印度發布國別統計資料，其餘未列國家則歸為其他亞洲地區。

資料來源：本研究整理自經濟部投資審議委員會，103年5月統計月報，http://www.moeaic.gov.tw/。

(一) 臺商企業對中東地區與土耳其之具體投資產業以工程業、電子電機與機械產業等為大宗

臺商企業在中東地區與土耳其主要產業投資活動包括：

1. 在沙地阿拉伯投資工程業、速食加工、水泥製品業、電力能源、機電業、在餐飲服務業，主要在當地經營臺商業者計有臺肥、中鼎工程及東元電機、寶利石材公司、微星、華碩電腦及大同公司。
2. 在科威特經營餐飲業；在阿曼主要從事電子、機械等進出口及漁業執照相關業務活動。
3. 在阿聯大公國之臺商主要經營電腦業、通訊業與運輸業爲主，其他尚有水產加工、家具和旅行用品銷售等產業。具體臺商包括華碩、鴻海、宏碁、宏達電、中鼎工程與遠雄公司等企業在阿聯大公國設有據點。
4. 在約旦的「合格工業區」中有多家臺商紡織工廠，如富綠、國華、菁華、振大，及山華等企業。
5. 在土耳其，臺商企業主要產業活動有貿易業、電腦、電子產品及光學製品製造業、汽車及其零件製造業、紡織業、金屬製品製造業，以及化學材料製造業等，其中較著名之臺商企業爲富士康與緯創兩家公司。

(二) 臺商企業對北非國家之投資對象國以埃及為主

臺商在北非地區國家的投資活動主要以埃及爲主，臺商在埃及經營產業包括省電燈泡工廠、成衣紡織廠、海運、電腦銷售等，其中較知名之臺商企業有陽明海運、長榮海運等海運業者，亦有諸如華碩、技嘉及微星等電腦相關公司在此設立據點。

(三) 臺商企業對南亞地區國家之投資產業範圍廣泛，其中以資通訊產業與輕型工業為主

1. 在印度，臺商企業主要投資產業以資通訊產業爲主，但仍有部分臺商投資機械、貿易、運輸、工程、金屬、製鞋、農漁，以及電機等產業，相關投資業者包括中橡公司、鴻海集團、大陸工程、美達工業、中鼎工程、中國鋼鐵、臺達電子、豐泰鞋業、萬邦鞋業與樂榮工業等公司。
2. 在孟加拉，臺商投資產業範圍相當廣泛，但主要投資產業爲紡織、製鞋相關產業爲主，著名臺商紡織與製鞋企業如寶成集團、歐帝瑪、永裕國際製鞋、欣錩鞋業、聯鬱鞋業、昊昱紡織、華韋紡織、榮鑫紡織等設有據點或工廠。此外，在孟加拉亦有臺商從事自行車生產業者如正敏自行車，以及光學相關設備製造商如揚明光學公司等。

表6-12　臺商企業在MENASA地區主要投資產業概況

國家	臺商主要產業活動	臺商企業
一、中東地區		
沙烏地阿拉伯	工程業、速食加工、水泥製品業、電力能源、機電業、餐飲服務業。	臺肥、中鼎工程及東元電機、寶利石材公司、微星、華碩電腦及大同公司。
科威特	餐飲服務業	華宮餐廳
阿曼	電子、機械等進出口及漁業執照業務等。	目前尚無我國業者在當地投資設廠。
阿聯大公國	電腦業、通訊業與運輸業為主，其他有水產加工、傢俱和旅行用品等。	華碩、鴻海、宏碁、宏達電、萬海、陽明、長榮、中鼎工程、遠雄公司等。
約旦	紡織業、餐飲服務業。	富綠、國華、菁華、振大，及山華等。
土耳其	貿易業、電腦、電子產品及光學製品製造業、汽車及其零件製造業、紡織業、金屬製品製造業及化學材料製造業等。	富士康、緯創
二、北非地區		
埃及	省電燈泡工廠、成衣紡織廠、海運、電腦銷售等。	陽明海運、長榮海運、華碩、技嘉及微星。
摩洛哥	餐飲業	目前尚無我國業者在當地投資設廠。
三、南亞地區		
印度	以資通訊產業為主，另有機械、貿易、運輸、工程、金屬、製鞋、農漁、電機等產業。	中橡公司、鴻海集團、大陸工程、美達工業、中鼎工程、中國鋼鐵、臺達電子、豐泰鞋業、萬邦鞋業、樂榮工業
孟加拉	成衣、皮革貿易、製鞋廠、汽電共生、帳篷及運動背包、針織布、紗紡織、紡織染整廠、建築用鍍鋅鋼板，磁磚、PVC門板天花板、拉鍊，金屬鈕釦及鋅合金製造廠、毛衣廠、自行車、傢俱、小型家電，塑膠射出玩具，保溫鍋、游泳衣、鞋材、鞋用斬刀、漁產貿易、廢料回收等。	寶成集團、正敏自行車、歐帝瑪、永裕國際製鞋、欣錩鞋業、聯鬱鞋業、昊昱紡織、華韋紡織、榮鑫紡織、Nasa臺北、正敏自行車與揚明光學。

資料來源：本研究整理自中華民國對外貿易發展協會，貿協全球資訊網，網址：www.taitraesource.com。

肆、臺灣加強與MENASA地區貿易及投資關係對臺灣經濟安全之可能影響

確保供給安全與市場進入安全係臺灣追求經濟發展，有效提升國家經濟安全所不可忽視的兩大重要元素，而加強與MENASA地區貿易及投資關係將有助於臺灣在這兩大經濟安全面向上的綜合能量。首先，由供給安全的角度觀之，如前言所述，臺灣係一海島型國家，主要能源供給近九成八仰賴進口，而在全球經貿價值鏈的分工合作體系中，臺灣則以進口原物料經加工製成零組件與半成品出口爲大宗。此時，若能與擁有龐大能礦資源供應能力的MENASA地區加強經貿與投資連結實有助於臺灣能礦資源供應的安全及穩定。尤其，由於近年來國際能礦價格因市場及地緣政治事件衝擊價格波動較大，而臺灣國內能礦資源相對缺乏，自主能源缺口相對較高。

統計臺灣初級能源（按其型態包括煤及煤產品、原油及石油產品、天然氣、生質能及廢棄物、慣常水力發電、核能發電、太陽光電及風力發電與太陽熱能等）進口值佔GDP的比重，已從2002年之3.88％提高至2012年之14.55％；平均每人負擔進口能源值則由2002年之新臺幣18,054元增加至2011年之新臺幣88,247元，10年來增加4.8倍以上，對臺灣產業國際競爭力及民眾經濟負擔帶來了顯著的負面影響[7]。爲此，臺灣除應從需求面，積極推動節能減碳相關政策及措施外，也必須由供給面出發，加大與諸如MENASA地區，特別是中東、北非及中亞之能礦資源豐沛國家的能礦貿易，甚至藉由強化投資及雙邊能源合作方式，取得當地能礦資產開採權利，以使臺灣在供給安全上能夠朝多元化、穩定化與永續化的方向發展。

其次，就確保市場進入安全的觀點來看，臺灣對外貿易依存度高，統計2004年至2014年期間，除2009年因遭逢國際金融危機衝擊，出口銳減而使臺灣當年對外貨品貿易總額佔GDP比重下降至96.4％，其餘各年度貿易依存度均高於100％，2011年對外貿易依存度甚至達121.4％的高峰[8]。惟由過去歷次國際經濟系統性風險衝擊期間，臺灣外貿受直接波及的經驗可知，由於臺灣貨品貿易出口市場結構係以亞洲（2014年佔臺灣貨品貿易出口總額70.9％）、北美洲（佔出口總額11.9％）與歐洲（佔出口總額9.2％）三大區域爲主要市場，其中佔比最高的亞洲出口市場又集中在中國大陸及香港（佔出口總額39.7％）、東協10國（佔出口總額19％）與日本（佔出口總額6.3％）等地區。

另外，在出口產品結構方面，臺灣對全球主要出口貨品類別係以電機與設備及其零件（HS 85）（2014年佔出口總額39.3％）、核子反應器、鍋爐、機器及機械用具；及

7 經濟部，**2014年能源產業技術白皮書**（臺北市：經濟部能源局，2014年），頁27-28。

8 經濟部國際貿易局，「加入TPP與RCEP我們做得到！」，**經濟部國際貿易局全球資訊網**，http://www.trade.gov.tw/Pages/Detail.aspx?nodeID=1383&pid=519419&dl_DateRange=all&txt_SD=&txt_ED=&txt_Keyword=&Pageid=0。

其零件（HS 84）（2014年佔出口總額10%）、塑膠及其製品（HS 39）（2014年佔出口總額6.8%）、光學、照相、電影、計量、檢查、精密、內科或外科儀器及器具，上述物品之零件及附件（HS 90）（2014年佔出口總額6.5%）等產品為大宗，其中僅HS 84與HS 85兩章稅則號列稅項產品幾佔臺灣對外貨品出口將近五成[9]。

在出口市場與出口產品類別結構均過度集中的情況下，使得臺灣對外貿易極易受到全球經貿系統性風險與國際主要貿易市場需求波動之影響，從而增加臺灣市場進入安全的脆弱性。此時，若能透過增強與傳統主要外貿市場外之地區的貿易及投資連結，特別是深具高成長潛力與多樣需求的MENASA市場，應有助於強化臺灣對外貿易的多元布局，並藉此提高臺灣對外出口，拓展其對外貿易之市場與產品類別，以有效降低因出口市場及出口產品類別過度集中對臺灣經濟安全可能帶來的潛在威脅。

惟按我國經濟部國際貿易局委託中華經濟研究院執行辦理之「影響我國之貿易障礙資訊資料庫」中的「2013年對臺貿易障礙年度彙編」資料顯示，我國過去在前進MENASA市場時常於下列議題領域面臨各項貿易障礙，包括：

關稅：如部分產品關稅稅率偏高，欠缺透明度；

非關稅：如進口手續繁複、文件認證不易等；

智慧財產權：如智財權保護不力、仿冒及盜版情行普遍等；

檢驗與檢疫：如指定樣品送驗地點距離遙遠、對於HS Code認定方式不同，造成貨品報關關稅成本差異甚大等；

一、服務業：如限制外籍人士不得管理所屬公司帳戶、針對外資設立公司與營運進行限制等；

二、投資：如強制規定外資公司必須聘雇一定比例之當地國籍員工、實施外籍員工工作證發放數額限制及其費用調漲和限制外資之公司所有權及購置土地等；

三、政府採購：如限制投標資格及有利本地公司之價格優先權、排除外資廠商參與敏感性政府標案、採購作業程序不透明等；

四、員移動：如女性入境簽證不便等；

五、競爭政策：如規定特定商品進口必須透過本地公司代理，阻礙公平競爭等；

六、關務程序：對部分產品要求許可證、海關核價制度不一，缺乏彈性及標準、通關手續繁複與通關時間過長等。

針對上述各類MENASA市場常見之貿易及投資障礙，我國未來在拓展和提升與當地市場的雙邊經貿及投資合作關係時，實有必要對此及早提出妥善因應與解決辦法，方能進一步加大我國業者未來於MENASA市場之經貿及投資布局的發展動能[10]。

9　經濟部國際貿易局，「2015年1月號國際貿易情勢分析」，經濟部國際貿易局全球資訊網，http://www.trade.gov.tw/App_Ashx/File.ashx?FilePath=../Files/PageFile/8b786fa1-cc78-4012-ae2f-56aa3da86ce6.doc。

10　詳細內容請參閱：經濟部國際貿易局委託中華經濟研究院執行辦理，「2013年最新各國對台貿易障礙彙編」，http://db.wtocenter.org.tw/barrier-trade.asp。

伍、結　語

自1990年代以降，經濟安全議題已成為非傳統安全研究的重要研析課題之一，基本上，本研究採用了美國學者Lord與英國學者Dent的說法，將經濟安全界定為特定「國家與其人民成功避免其所認知會對本身控制主權經濟事務造成威脅的一種能力」。一般而言，只有具備該種能力的國家，才能成功「捍衛本身結構的完整與創造榮景，並在身處國際體系中面臨各種外部風險與威脅時，追求政經實體的利益」。準此，按學者Dent的研究顯示，在研究特定國家對外經濟安全政策時，常有包括供給安全、市場進入安全、金融—信用安全、技術—工業能力安全、社會—經濟典範安全、跨越國界社群安全、系統性安全與結盟安全等八項安全利益可供觀察。其中，供給安全與市場進入安全兩大經濟安全面向係與本研究直接相關，且亦為本研究觀察臺灣與MENASA地區國家之貿易及投資關係時的主要切入方向。茲彙整本研究之主要研析結果如下：

首先，在彙整、歸納與分析MENASA地區國家之總體經濟發展趨勢、重點特色與潛力產業發展概況方面，綜觀MENASA地區總體經濟發展概況可知，該區域涵蓋幅員廣大且其中以南亞地區人口最多，其次依序為中東、北非與中亞地區。整體而言，MENASA地區的人口結構相對年輕，且以中東與中亞地區人口成長動能最高。另外，從經濟規模來看，中東地區因包含GCC產油國，區域經濟體規模最大，其次依序為南亞、北非與中亞地區。若進一步由MENASA各地區的經濟成長動能來看，2010-2014年期間以中亞地區的實質GDP年複合成長率最高，其次為南亞、北非與中東地區。展望未來2015-2018年，中亞地區的經濟成長動能仍相當可期，其次則為南亞、北非與中東地區。而由MENASA各地區人均GDP的發展水準評估，中東地區應係區域內經濟發展水平和綜合經濟實力最高的地區，其次依序為中亞、北非與南亞地區。

至於，在MENASA區域重要特色與潛力產業發展概況部分，該區域範圍遼闊，人口與天然資源豐沛，區域內重要特色與潛力產業發展各有殊異，其中**中東地區GCC**各國工業部門均以石油業與天然氣相關之能源與石化產業為大宗，其次包括煉鋁業、紡織業、食品加工等產業則係其特色之一；農業部門因當地氣候乾燥，耕地面積有限，使部分國家開始採取海外投資農業生產品回銷國內方式（例如沙烏地阿拉伯）亦或積極開發海水淡化技術，發展沙漠農業（例如卡達）來滿足其國內之農產品需求。在服務業發展方面，GCC各國各有差異，沙烏地阿拉伯有營建業、零售業、資訊業與電子商務產業之發展；阿拉伯聯合大公國則有房地產業、運輸業、觀光業；科威特的航運業及食品零售業係其發展重點；卡達除航運業外，其運動服務業也將因其將主辦2022世足賽而商機可期；阿曼則有海運業、觀光業的發展；巴林的金融業與運動服務業發展亦頗為興盛。

地中海東岸三國。地中海東岸三國因國內產業主要係以服務業為主，整體工業基礎相對薄弱，其中黎巴嫩以中小型企業爲主；約旦紡織業則因美國—約旦FTA生效而享有出口美國優惠關稅利益；另外，約旦亦有礦業發展，包括製藥業、食品加工業、鋼鐵業、家具業與石材業也可望成爲其國內未來具有發展潛力的產業之一；至於，敘利亞礦業主要集中在磷酸鹽、煉油、水泥與化學肥料等產品的發展上。此外，在服務業發展方面，服務業係地中海東岸三國產業重點項目，佔三國GDP比重均超過六成。

伊朗、伊拉克、葉門、土耳其等其他中東國家。在兩伊、葉門及土耳其之重要特色與潛力產業發展概況方面，由於工業與服務業佔兩伊、葉門及土耳其各國GDP總值超過八成以上，因此除土耳其之國內農業可自給自足無需仰賴進口，並有農產品可供外銷，包括伊朗與伊拉克的農業部門均只有漁業及養殖漁業較爲凸出。至於，在工業部門方面，伊朗、伊拉克與葉門均以石油、天然氣產業爲主。未來一旦國際逐步解除對伊朗的經濟制裁，則伊朗的工業與整體經濟表現應會得到更大的發展空間。至於，土耳其的鋼鐵及紡織業則係其產業發展重點。此外，土耳其亦是全球紡織成衣業的重鎮。

另外，就伊拉克目前的發展情況來看，由於目前伊斯蘭國的勢力不斷在敘、伊兩國境內壯大，並嚴重衝擊伊國國家安全與經濟發展，後續影響值得觀察。而葉門部分，自2015年3月爆發內戰，引發鄰國沙烏地阿拉伯組成多國聯軍空襲葉門叛軍陣地迄今，葉門多處地方政府已陷癱瘓，實際傷亡人數及經濟衝擊仍待觀察。

北非地區。北非六國農業均有其特色，阿爾及利亞主要農產品爲小麥、大麥及燕麥等，另亦有畜牧業之發展；利比亞農業生產則相對落後，因此境內農牧業相對重要；埃及係傳統農業國家，主要農作物有棉花、小麥、水稻等；摩洛哥的主要出口農業產品爲柑橘類、橄欖油、罐頭水果、蔬菜與魚產加工產品。另外，摩國亦爲非洲及阿拉伯世界最大的漁產國；突尼西亞的農業部門中，橄欖油生產與加工佔有重要地位。突尼西亞爲全球第二大橄欖油出口國；蘇丹的經濟以農牧爲基礎，亦爲全球棉花、花生、芝麻主要供應國。蘇丹的長絨棉產量爲全球第二；花生產量爲阿拉伯世界第一，爲全球第四；芝麻出口量爲阿拉伯國家中最高，幾乎佔全球市場一半。

就北非六國的工業部門發展來看，六國當中有不少係以能礦相關產業爲主，其中阿爾及利亞係全球第二大天然氣出口國；利比亞亦依賴石油工業；埃及則爲石油生產國之一，煉油能力居非洲首位。另外，埃及紡織業生產鏈相對完整，主要出口市場爲歐盟及美國；摩洛哥的紡織業與礦業係其發展重點，而礦業則以磷酸鹽等產品生產爲大宗；突尼西亞在工業發展上主要仰賴礦業及紡織業的發展，而紡織業中9成主要生產成衣與鞋類產品；蘇丹在工業部門發展上亦以能源礦產包括，石油、天然氣與金礦探勘及開採爲主。此外，農牧產品加工業及人民日用品工業等亦爲蘇丹工業部門發展重點。另在北非六國之服務業發展方面，觀光旅遊業係埃及、摩洛哥與突尼西亞的服務業重點項目，其中埃及服務業以觀光服務及蘇伊士運河的船運服務爲主；而對摩洛哥與突尼西亞來說，旅遊業均係其國家財政上之重要收入及外匯來源。

中亞地區。首先，在農業部門發展上，包括主要經濟作物種植及畜牧業係中亞5

國、阿富汗及亞塞拜然7國的農業發展重點。其次，在工業部門發展方面，除吉爾吉斯外，包括其他中亞4國、阿富汗及亞塞拜然等均以石油與天然氣為其重點產業項目。此外，在服務業部門發展方面，哈薩克主要重點項目為資通訊產業、阿富汗另有金融、通訊及物流業之發展；而亞塞拜然服務業的發展則以觀光服務業、營建業與銀行業為其特色與發展潛力重點項目。

南亞地區。首先，在農業部門發展上，南亞各國各有不同的重點產業項目，其中印度農業之主要糧食作物有小麥、稻米等，印度亦為世界第3大漁獲及第2大水產養殖國家，因此養殖漁業及飼料業亦其發展重點；另外，在畜牧業的發展上，印度是世界最大畜牧國家，世界第7大家禽飼養國及世界最大乳品生產與消費國；而巴基斯坦農業佔其GDP比重於南亞4國中相對較高，主要生產農作物為小麥、稻米、棉花；孟加拉的農業生產則有香料、紅茶、稻米、蔬果及黃麻，另外水產業包括冷凍水產食品（冷凍魚蝦）亦係其發展重點；斯里蘭卡的農業生產除茶業、橡膠與椰子外展、漁產品加工業等領域之發展。

其次，近年來斯國政府亦鼓勵優先投資農業／農產品加工、乳業發，在工業部門發展方面，印度的電子產業、通訊設備業、汽機車零組件、電機電氣、食品加工、基礎建設營造等產業均十分具發展潛力；巴基斯坦則以皮革業、水泥業、化學肥料業、紡織業與製糖業為其特色；另外，石油及天然氣、大理石、硫磺等能礦產業的發展亦頗具潛力；而孟加拉的工業發展特色則以紡織成衣業、皮革及皮革製品、輕工業、醫藥品、食品加工業、電力設備為主；斯里蘭卡部分，紡織服裝業，係其工業發展重點。

最後，在服務業發展方面，印度以零售業、生技醫療業與通訊服務業為其重點發展項目。巴基斯坦亦欲開發其金融業，而斯里蘭卡則以批發零售業、酒店、餐飲業、交通運輸、倉儲、資訊及通訊業、旅遊業、金融服務、房地產與商用服務業為主。

其次，**在臺灣與MENASA國家之雙邊貿易及投資關係方面**，就雙邊貿易來看，臺灣在2009年至2013年間與MENASA國家雙邊貿易總額出現逐年成長趨勢，由此顯示，MENASA市場在臺灣對外貿易上的重要性有日益提升的情況。其次，在貨品貿易出口與進口方面，臺灣近五年對MENASA國家之出口金額佔臺灣對全球出口金額的4.15%至4.55%之間。至於進口方面，臺灣近五年從MENASA國家進口金額佔其進口總額比重，已從2009年的14.16%上升到2013年的17.70%，相關發展趨勢值得深入探討。最後，從年複合成長率的統計數據來看，臺灣無論是對MENASA國家出口、進口與貿易總額等成長情況，皆高於同時期臺灣對全球之出、進口與貿易總額成長。由此可知，近五年間，臺灣與MENASA國家之雙邊貿易擴張的幅度已超越其對全球貿易的成長幅度。

而在臺灣對MENASA國家前20大貨品出進口稅項與金額概況方面，以2013年為例，臺灣對MENASA地區主要出口貨品以塑膠及其製品（HS 39）、核子反應器、鍋爐、機器及機械用具；及其零件（HS 84）和電機與設備及其零件產品（HS 85）為大宗，三類產品合計佔臺灣當年對MENASA地區出口金額的41.42%。至於，在進口部分，同樣以2013年爲例，臺灣從MENASA地區進口貨品主要以礦物燃料、礦油及其蒸餾產品（HS 27）、有機化學產品（HS 29）與鋁及其製品（HS 76）等三類產品爲大宗，三類貨品分別佔當年臺灣自MENASA進口總額佔比高達94.54%。其中，2013年MENASA地區供應臺灣的礦物燃料、礦油及其蒸餾產品（HS 27）有機化學產品（HS 29）與鋁及其製品（HS 76），分別佔臺灣自全球進口同稅項產品金額的61%、20.89%與30.95%（合計佔比約爲54.51%），顯示MENASA實爲臺灣重要能礦資源、有機化學產品與鋁及其製品之主要進口來源地區之一。

此外，就臺灣對MENASA國家之投資概況來看，臺灣近三年核備對海外投資地區主要集中在亞洲、北美洲、中南美洲、大洋洲與歐洲等地區。就臺灣對海外投資大趨勢來觀察，臺灣對MENASA地區之投資情況並不熱絡。由此顯示，MENASA地區目前並非我國核准對外投資之主要目標市場。

至於，在臺商於MENASA地區國家投資活動概況方面，臺商企業對中東地區與土耳其之具體投資產業係以工程業、電子電機與機械產業等爲大宗；對北非國家之投資對象國則以埃及爲主；對南亞地區國家之投資產業範圍廣泛，其中包括資通訊產業與輕型工業係其主要投資產業。

最後，**在臺灣加強與MENASA地區貿易及投資關係對臺灣經濟安全之可能影響方面**，若由供給安全的角度來看，臺灣係一海島型國家，主要能源供給近九成八仰賴進口，而在全球經貿價值鏈的分工合作體系中，臺灣則以進口原物料經加工製成零組件與半成品出口爲大宗。此時，倘能與擁有龐大能礦資源供應能力的MENASA地區加強經貿與投資連結實有助於臺灣能礦資源供應的安全及穩定。尤其，由於近年來國際能礦價格因市場及地緣政治事件衝擊價格波動較大，而臺灣國內能礦資源相對缺乏，自主能源缺口相對較高。準此，臺灣除應從需求面，積極推動節能減碳相關政策及措施外，亦必須由供給面出發，加大與MENASA地區之能礦資源豐沛國家的能礦貿易，甚至藉由強化投資及雙邊能源合作方式，取得當地能礦資產開採權利，以使臺灣在供給安全上能夠朝多元化、穩定化與永續化的方向發展。

此外，就確保市場進入安全的觀點來看，臺灣對外貿易依存度高，且由過去歷次國際經濟系統性風險衝擊期間，臺灣外貿受直接波及的經驗可知，由於臺灣貨品貿易出口市場結構係以亞洲、北美洲與歐洲三大區域爲主要市場，其中佔比最高的亞洲出口市場又集中在中國大陸及香港、東協10國與日本等地區。

另外，在出口產品結構方面，臺灣對全球主要出口貨品類別係以電機與設備及其零件（HS 85）、核子反應器、鍋爐、機器及機械用具（HS 84）、塑膠及其製品（HS 39）、光學、照相、電影、計量、檢查、精密、內科或外科儀器及器具，上述物品之零件及附件（HS 90）等產品爲大宗，其中僅HS 84與HS 85兩章稅則號列稅項產品幾佔臺灣對外貨品出口將近五成。而在出口市場與出口產品類別結構均過度集中的情況下，使得臺灣對外貿易極易受到全球經貿系統性風險與國際主要貿易市場需求波動之影響，從而增加臺灣市場進入安全的脆弱性。因此，未來臺灣若能透過增強與傳統主要外貿市場外之地區的貿易及投資連結，特別是深具高成長潛力與多樣需求的MENASA市場，應有助於強化臺灣對外貿易的多元布局，並藉此提高臺灣對外出口，拓展其對外貿易之市場與產品類別，以有效降低因出口市場及出口產品類別過度集中對臺灣經濟安全可能帶來的潛在威脅。

惟按本研究彙整資料顯示，我國過去在前進MENASA市場時常於下列議題領域面臨各項貿易障礙，包括關稅、非關稅、智慧財產權、檢驗與檢疫、服務業、投資、政府採購、人員移動、競爭政策、關務程序等，針對前述各類MENASA市場常見之貿易及投資障礙，我國未來在拓展和提升與當地市場的雙邊經貿及投資合作關係時，實有必要對此及早提出妥善因應與解決辦法，方能進一步加大我國業者未來於MENASA市場之經貿及投資布局的發展動能。

參考文獻

中文

2014年能源產業技術白皮書，**經濟部**，（臺北市：經濟部能源局，2014年）。

103年5月統計月報，**經濟部投資審議委員會**，http://www.moeaic.gov.tw/。

西文

Dent, Christopher M., *The Foreign Economic Policies of Singapore, South Korea and Taiwan* (Cheltenham, UK, 2002).

Dent, Christopher M., “Transnational Capital, the State and Foreign Economic Policy: Singapore, South Korea, and Taiwan,” *Review of International Political Economy*, Vol. 10, No. 2 (2003), pp. 246-277.

Lord, Kristin M., “The Meaning and Challenges of Economic Security,” In Jose V. Ciprut, ed., *Of Fears and Foes: Security and Insecurity in an Evolving Global Political Economy* (Greenwood Publishing Group, 2000), pp. 59-78.

相關資料網站

「伊朗核談判達成『歷史性』全面協議」，**BBC中文網**，2015年7月14日，http://www.bbc.com/zhongwen/trad/world/2015/07/150714_iran_nuclear_agreement。

「沙國宣布停止對葉門空襲」，**中時電子報**，2015年4月22日，http://www.chinatimes.com/realtimenews/20150422001140-260408。

「科教興市統計指標解讀：人均GDP」，**中國上海市政府網**，2014年，http://www.shanghai.gov.cn/shanghai/node2314/node28946/node29201/node29202/u30ai25066.html。

中華民國對外貿易發展協會，「海外貿易資訊」，**貿協全球資訊網**，http://www.taitraesource.com/default.asp。

中華民國對外貿易發展協會，**貿協全球資訊網**，網址：www.taitraesource.com。

經濟部國際貿易局，「2015年1月號國際貿易情勢分析」，**經濟部國際貿易局全球資訊網**，http://www.trade.gov.tw/App_Ashx/File.ashx?FilePath=../Files/PageFile/8b786fa1-cc78-4012-ae2f-56aa3da86ce6.doc。

經濟部國際貿易局，「加入TPP與RCEP我們做得到！」，**經濟部國際貿易局全球資訊網**，http://www.trade.gov.tw/Pages/Detail.aspx?nodeID=1383&pid=519419&dl_DateRange=all&txt_SD=&txt_ED=&txt_Keyword=&Pageid=0。

「2013年最新各國對臺貿易障礙彙編」，**經濟部國際貿易局委託中華經濟研究院執行辦理**，http://db.wtocenter.org.tw/barrier-trade.asp。

第7章 臺灣恐怖主義的三波浪潮？

林泰和

壹、前 言

一般臺灣民眾甚至學界，很少人會將恐怖主義與臺灣連結在一起。大多數人可能會將恐怖主義直接與「伊斯蘭」、「穆斯林」、中東或是「蓋達組織」（al-Qaeda）相連結。但事實上1949年以後，臺灣恐怖主義的發展，約略可分成三股浪潮。就行爲者而言，這三波浪潮分別是「國家恐怖主義」、「組織型恐怖主義」與「孤狼型恐怖主義」。前兩波浪潮主要發生於臺灣戒嚴時期，而第三波浪潮則是全球化與民主化後，少數個人對政府政策的極端式回應。本文以政治暴力的角度切入，強調國家暴力行爲，造成人民心理的恐懼，有別於傳統對「威權主義」的探討。這三波恐怖主義浪潮，在不同時期，席捲臺灣，有其各自不同的歷史條件與原因，對於臺灣政治與社會發展的影響，甚爲重大，值得以學術的方式以及恐怖主義研究的途徑，深入探索。

恐怖主義源於壓迫。以行爲者的角度，首波臺灣恐怖主義的浪潮是「白色恐怖」（the White Terror）時期，中國國民黨政權對臺灣社會所施加的「國家恐怖主義」，是以國家爲行爲主體的恐怖主義，利用轄下的軍隊、警察、特務、媒體等各種工具，以「恐怖統治」，遂行專制獨裁統治的目的。在首波浪潮之後，接下來是以「臺灣獨立建國聯盟」（World United Formosans for Independence, WUFI），以下簡稱「臺獨聯盟」成員爲主的反壓迫行動，運用恐怖主義的方式，企圖反抗或推翻中國國民黨政權，例如1970年黃文雄，鄭自才的紐約刺蔣案，同年10月王幸南的郵包炸彈案。在第二波浪潮中，以「臺獨聯盟」的組織型恐怖主義，成爲主流。1990年代後全球化與民主化後，第三波恐怖浪潮逐漸以「孤狼式恐怖主義」爲主題，例如2003年的楊儒門白米炸彈犯事件，2004年總統大選時期陳義雄的319槍擊事件，同年12月「反臺獨炸彈犯」高寶中爆炸事件以及2014年鄭捷的臺北捷運殺人事件。

本文計畫先從國家恐怖主義的基本概念、理論、形式與手段探討，然後以臺灣「白色恐怖」爲例，探討國家恐怖主義的實際情況，此爲第一波恐怖主義浪潮，以及臺獨聯盟對此的回應，可視爲恐怖浪潮的第二波。第三波浪潮則是全球化與民主化後，針對國內公共政策，統獨議題與個人心理問題而產生的孤狼型恐怖主義。

貳、國家恐怖主義——概念、理論、形式與手段

一、概　念

羅伯斯比1794年曾說：「如果一個承平時期受歡迎的政府，其基礎是美德；在革命時期，它的基礎就是恐怖。沒有美德，恐怖將是野蠻的；沒有恐怖，美德會是無效的。恐怖無異於迅速、嚴厲與剛直的正義[1]。」當代恐怖主義來自社會或國家的壓迫，因此基本是革命式的[2]。

「國家恐怖主義」概念的提出，對傳統恐怖主義構成雙重挑戰。首先，此一概念藉由導入額外的暴力型式，挑戰傳統學界對恐怖主義的理解，亦即以非國家行爲者作爲主要研究對象。第二，「國家恐怖主義」改變了學界對恐怖主義研究的方式，例如恐怖主義的範疇、原因與威脅[3]。早在1984年學者Stohl與Lopez就曾提醒，國家恐怖主義作爲一個研究問題，需要投入理論建構與分析，而並非單純的描述與譴責。這樣的說法，如今仍是恰當的，因爲比起其他型式的暴力，例如非國家行爲者的恐怖主義與國家之間的戰爭，國家恐怖主義的理論研究，仍嫌不足[4]。

Gibbs認爲，當政府公務員、代理人或雇員，依照上級指示或取得其同意，執行恐怖主義時，國家恐怖主義即成立，而這個上級不會公開承認此命令或同意[5]。國家恐怖主義份子可能自認爲是特別成立的「專業」小組成員，獲得國家授權，得以愛國之名，使用違法暴力[6]。但「國家恐怖主義」在學界仍有爭議，例如Wright認爲不須使用「國家恐怖主義」的概念，因爲學界對「恐怖主義」的定義莫衷一是，何況是「國家恐怖主義」。況且依照韋伯（Max Weber）的定義，國家本身即擁有合法的暴力[7]。但整體而言，將國家列爲恐怖主義行爲者，在研究上能夠拓展更廣的視野。在實務上，1993與1994年針對南斯拉夫與盧安達的戰爭犯罪，國際上成立了特設的國際刑事法庭。2002年「國際刑事法院」（International Criminal Court）正式生效。因此「國家恐怖主義」研

---

1 Michael Stohl and Colin Wight, “Can States be terrorists,” in Richard Jackson & Samuel Justin eds., *Contemporary Debates on Terrorism* (London: Routledge, 2012), p. 43.

2 Laqueur, Walter, *Soviet Realities: Culture and Politics from Stalin to Gorbachev* (New Brunswick & London: Transaction Publisher, 1990), p. 178.

3 Lee Jarvis & Michael Lister, “State Terrorism research and Critical Terrorism Studies: An Assessment,” *Critical Studies on Terrorism*, Vol. 7, No. 1 (2014), p. 43.

4 Lee Jarvis & Michael Lister, “State Terrorism research and Critical Terrorism Studies: An Assessment,” p. 44

5 Gibbs, Jack P., “Conceptualization of Terrorism,” in John Horgan & Kurt Braddock eds., *Terrorism Studies- A Reader* (London & New York: Routledge, 2012), p. 66.

6 Jonathan Barker著，張舜芬譯，誰是恐怖主義—當恐怖主義遇上反恐戰爭（臺北市：書林，2005年），頁146。

7 Michael Stohl and Colin Wight, “Can States be terrorists,” in Richard Jackson & Samuel Justin eds., *Contemporary Debates on Terrorism* (London: Routledge, 2012), p. 52, 54.

究在學術與實務上，皆有其必要性。

二、理　論

國家恐怖主義的古典理論是由致力於共產與極權體制研究的Dallin & Breslauer兩位學者開始發展。他們認爲，一個政權會應用制裁（sanction）爲工具，以確保人民對政府指令的服從。這些制裁的工具包含：第一，規範性制裁：政權取得合法性的壟斷以及要求人民對其忠誠的權力；第二，物質力量，其中包含正面誘因，例如進入公部門與私部門的管道，取得國家資源與公職；第三，脅迫權力，即負面與懲罰性制裁的各種手段[8]。

Gurr認爲國家恐怖主義容易發生在異質（heterogeneous）或高度階級化（highly stratified）的社會。而當少數政權要維持其特權地位時，它所犯下的恐怖暴行，會特別嚴重。而這種關係是社會距離的結果，阻礙了同理心並且更容易選擇應用恐怖暴力，對付異己[9]。關於國家暴力對人民造成傷害的方式，學者R. J. Rummel自創「政府屠殺」（democide）一詞，指涉政府謀殺、導致人民死亡或對人民生命蓄意漠視[10]。根據Rummel的研究，權力造成殺戮。蘇聯時期約有6191萬人遭謀殺；中國共產黨約謀殺3870.2萬人；納粹時期爲2200萬人；中國國民黨（the Chinese nationalists）約1021.4萬人[11]。而蔣介石統治中國時期則殺害約200萬人[12]。

Gurr列出十三項關於國家爲何使用恐怖主義的理論假設：（一）國家受到挑戰者強大政治威脅時；（二）對於以革命爲目的之挑戰者的潛在支持愈大時；（三）國家比較容易向政治邊緣團體下手，而不會對有政府內菁英支持的團體；（四）弱勢政權比強勢政權，更容易使用國家暴力；（五）以暴力手段保障或維護其地位的政權，較容易以暴力方式面對挑戰；（六）國家若能成功在緊急狀態使用國家暴力（situational use of state terror），則往後可能導致國家暴力制度化或先發制人的使用，以維持政治控制；（七）當被挑戰的菁英首次使用國家暴力時，這種模式會被其他政治菁英成功應用；（八）民主原則與制度在平時，可抑制政治菁英使用國家暴力，特別是恐怖暴力；（九）一個社會如果愈異質化與階層化，一個政權使用暴力當成社會控制手段的機會愈高；（十）少數菁英在高度階層化社會中，較容易常態性使用恐怖暴力，作爲統治的工具；（十一）當政權面對外部威脅時，較容易使用暴力，對付國內反對者；（十二）當政權被捲入大國代理衝突時，極有可能使用極端型式暴力，對付挑戰者，包含國家恐怖

8 Bradley McAllister& Alex P. Schmid, “Theories of Terrorism,” in: Alex P. Schmid ed., *The Routledge Handbook of Terrorism Research, Routledge* (London & New York: Routledge, 2011), p. 206.

9 Bradley McAllister& Alex P. Schmid, “Theories of Terrorism,” p. 205.

10 R. J. Rummel, *China's Bloody Century: Genocide and Mass Murder since 1900* (New Brunswick & London: Transaction Publishers, 1991), p. 314.

11 Rummel, *China's Bloody Century*, p. 22.

12 Rummel, p. 27, p. 31.

主義；（十三）在世界體系處於邊緣地位的政權，較容易平安無事的使用國家暴力。在上述十三項假設中，前三項屬於挑戰者特質，（四）至（七）項屬於政權本身或意識型態，（八）至（十）項屬於社會結構因素，（十一）至（十三）項可歸因爲國際體系[13]。

三、形　式

Gurr認爲國家恐怖主義有兩種主要型式。首先是狀況與特殊的（situation-specific），另外是制度性（institutional）的恐怖主義。前者是在一定時期對特殊威脅的反應；後者是一種暴力的系統性使用，藉以控制國家的機制。前者可以用戒嚴狀況作爲例子，後者則是透過國家機關的創建，以遂行其目的[14]。根據Stohl的研究，國家恐怖主義可分爲三類：第一爲公然進行脅迫外交（coercive diplomacy）；第二爲秘密參與暗殺、政變與炸彈攻擊等行動；第三則是以代理（surrogate）活動，提供次級國家（secondary state）或叛亂協助，以遂行恐怖主義[15]。

以上述分類爲基礎，1988年Stohl與Lopez將國家恐怖主義以外交政策戰略的型式，分成五類：脅迫恐怖外交（coercive terrorist diplomacy），秘密國家恐怖主義（clandestine state terrorism），國家資助恐怖主義（state-sponsored terrorism），代理恐怖主義（surrogate）以及國家默許恐怖主義（state acquiescence to terrorism）。除此之外，Conn將國家恐怖主義分爲國家恐怖、國家涉入恐怖主義以及國家資助恐怖主義。Blakeley則區分爲國家對恐怖主義的執行與資助以及「有限國家恐怖主義」（limited state terrorism）與「普遍國家恐怖主義」（general state terrorism）。前者針對特定人民，後者針對全部人口[16]。

恐怖主義的暴力行爲，象徵恐怖組織的力量與志業；而國家鎮壓則加強恐怖主義在戰略上與道德上的正當性，而在實務上有必要性的觀點[17]。當政府統治在人民眼中已失去正當性，恐怖主義行動手法，最有成功的希望。猶太恐怖主義以暗殺莫恩勛爵（Lord Moyne）、炸彈攻擊大衛王飯店（King David Hotel）以及對一些巴勒斯坦村莊，選擇性的謀殺，成功驅逐英國人，獨立建國成功。而二次大戰結束以來，恐怖主義已成功將殖民勢力逼上談判桌，例如大英帝國轄下的肯亞、賽普勒斯以及愛爾蘭。法國在越南與阿爾及利亞，也有同樣情況[18]。

---

13 Bradley McAllister& Alex P. Schmid, “Theories of Terrorism,” p. 207.

14 Bradley McAllister& Alex P. Schmid, “Theories of Terrorism,” p. 204.

15 Michael Stohl, “State, Terrorism and State Terrorism: The Role of Superpower,” in Robert O. Slater and Michael Stohl eds., *Current Perspectives on International Terrorism* (New York: St. Martin’s Press, 1988), pp. 168-197; Lee Jarvis & Michael Lister “State Terrorism research and Critical Terrorism Studies: An Assessment,” p. 45.

16 Lee Jarvis & Michael Lister “State Terrorism research and Critical Terrorism Studies: An Assessment,” p. 45.

17 張舜芬，前引書，頁142。

18 張舜芬，前引書，頁44，49。

四、手　段

國家恐怖主義主要有下列手段，由輕微到強烈：（一）無搜索狀進入家中盤查；（二）對媒體與出版品的壓迫；（三）對政黨的壓迫；（四）恣意逮捕與拘禁；（五）對政治反對人士家庭的威脅與報復；（六）強迫放逐或軟禁；（七）拷問與肢體毀傷；（八）暗殺小組（death squads）對政治反對人士的政治暗殺；（九）未經審判或經由假公審（fake show trial）處決犯人；（十）以「種族清洗」爲目的之群體恐懼（mass terror）[19]。

「恐怖」（terror）一詞進入西方的政治字彙源於法國大革命時期，革命黨人在1789-1794對付其國內敵人的行爲。在此一脈絡下，「恐怖」指涉政府的壓迫，尤其以處決爲型式。在此期間法國約有17,000人遭依法處決，而有23,000人遭非法處決[20]。「白色恐怖」一詞起源有兩說，或兩個時期。第一個時期是1794年7月28日羅伯斯比被送上斷頭臺後，對其黨羽與助手的報復與清算。第二時期是1815-1816年間法國國王路易十八（King Louis XVIII）在歐洲保皇派（royalist）勢力支持下，爲鞏固王權，天主教派（the Church）與保守團體大肆逮捕響應拿破崙者，後來擴大到迫害新教徒與自由人士，尤其以馬賽（Marseilles）與其他法國南部城市，最爲嚴重。因爲路易十八屬於波旁（Bourbon）王室，其代表旗幟爲白色，因此上述的暴力迫害事件被稱爲「白色恐怖」[21]。

國家暴力行爲的對象，若是國家行爲者，這種暴力稱爲戰爭；若針對內部的反對勢力，則稱爲國家恐怖主義，例如臺灣的白色恐怖時期。此外，國家亦有可能將暴力行爲加諸海外的個人，1984年發生在美國的江南案即是標準例子。

參、臺灣國家恐怖主義

馬基維利認爲，增進國家權力的目的，可讓國家對敵人與反對者施暴的手段成爲合理[22]。學者張炎憲認爲，白色恐怖政治案件是，中國國民黨政府流亡臺灣後，爲鞏固政權，不擇手段壓制異己，逮捕槍決的長時間、持續不斷的政治迫害[23]。爲國家恐怖

19 Bradley McAllister& Alex P. Schmid, “Theories of Terrorism,” pp. 205-206.

20 Charles Tilly, “Terror, Terrorism, Terrorist,” *Sociological Theory*, Vol. 22, No. 1 (March 2004), p. 9.

21 Albert Parry, *Terrorism: From Robespierre to the Weather Underground* (New York: Dover, 1976), pp. 62-66；陳佳宏，**臺灣獨立運動史**（臺北市：玉山社，2006年），頁119。

22 張舜芬，前引書，頁114。

23 張炎憲，「白色恐怖的口述訪談與歷史眞相」，向楊 主編，**白色年代的盜火者**，初版（新北市：國家人權博物館籌備處，2014年），頁70。

主義辯護的一個最常見理由是，在於保衛「國家」。納粹主張要保護亞利安國，免於種族與道德污染。史達林宣稱祖國俄羅斯的反對者與背叛者，皆須消滅。以色列以終結猶太人的脆弱，不再讓猶太人遭受大屠殺為理由，在巴勒斯坦從事恐怖暴力[24]。

1949年5月19日，臺灣省警備總司令部發布《戒嚴令》，同年6月21日由蔣介石總統公布施行《懲治叛亂條例》，次年6月13日蔣介石又公布實施《戡亂時期檢肅匪諜條例》，此外尚有「刑法內亂罪」。中國國民黨執政者利用這些惡法，縱容警備總部等情治系統，監控人民思想、言論與政治相關活動。有異議者，均被視為「匪諜」、「共匪」或「共匪同路人」，任意拘捕、嚴刑拷打、羅織罪名或不經審判或經由軍事法庭判決，處以死刑、無期徒刑或有期徒刑。人民基本權利受到政府嚴重侵犯，涉案者之家屬、親人的生命財產與心靈，遭受嚴重損害[25]。根據「白色恐怖基金會」的統計，政府自二二八大屠殺爆發的1947年至1989年間，共有8,296人因叛亂罪遭逮捕，其中1,061人遭槍決[26]。而1947年的二二八大屠殺，是二十世紀臺獨運動最重要的起源[27]。

侯坤宏認為，臺灣「白色恐怖」有狹義、廣義之分。就狹義而言，可分二個階段，第一階段是指1947年2月到1948年底。在此時期，國府軍隊針對臺灣內部動亂，強行武裝鎮壓，軍隊為主角，特務機關為配角。鎮壓對象是臺灣本土領導人或參與談判的菁英以及參與二二八起義的群眾。第二階段是從1949年底到1950年代末期，內戰失敗，中國國民黨退居臺灣，此一階段的執行要角是情報機關與特務人員，軍警武力則是配角，鎮壓對象是共黨潛伏份子與臺獨人士；廣義而言，「白色恐怖」年代，應從1949年「四六」學生事件開始，直到1987年解除戒嚴，甚至到1992年刑法100條修正為主[28]。本論文所指「白色恐怖」從廣義說。

光是1949年，據臺灣海外流亡人士估計，約有至少10,000人遭蔣經國總統的手下逮捕，並遭受到各種駭人聽聞的折磨[29]。前臺灣省政府主席吳國楨在1954年，甚至形容1950年代的臺灣是「警察國家」（Formosa has become virtually a police state），而且是由美國與臺灣的納稅人資助[30]。根據1964年估計，蔣經國手下的情報機構與警察部門約有五萬名特工人員，而雇用的密探（paid informants）更多，僅為了保護不到紐約州三分之一的臺灣島[31]。

24 張舜芬，前引書，頁102。

25 向楊，「在暗夜舉熾火，為百姓爭光明」，向楊 主編，**白色年代的盜火者**，初版（新北市：國家人權博物館籌備處，2014），頁8；蘇瑞鏘，「從雷震案看戒嚴時期政治案件的法律處置對人權的侵害」，**國史館學術集刊**，第15期（2008年3月），頁115-116。

26 涂鉅旻，「白色恐怖時期 逾千人遭槍決」，**自由時報**，2014年1月6日，A1版。

27 陳儀深，「臺獨主張的起源與流變」，**臺灣史研究**，第17卷第2期（2010年6月），頁131，160。

28 侯坤宏，「戰後臺灣白色恐怖論析」，**國史館學術集刊**，第12期（2007年6月），頁142。

29 David Kaplan, *Fires of the Dragon: Politics, Murder, and the Kuomintang* (New York: Atheneum, 1992), p. 57.

30 邵建，「『吳國楨事件』中的胡適與吳國楨」，蔡登山編，**吳國楨事件解密**（臺北市：獨立作家，2014年），頁104-105；Kaplan, p. 58, 67。

31 Kaplan, p. 84.

除此之外，白色恐怖的國際因素，亦十分重要。1950年6月25日韓戰爆發，美國宣布臺海中立化，第七艦隊協防臺灣，使中國國民黨政權轉趨鞏固。因此1950-1953年韓戰期間是中華民國政府逮捕異議份子的高峰期，1953年後逮捕行動逐漸減少，反應中國國民黨政權日益安定，共軍犯臺危險降低[32]。若從更廣泛的視角，冷戰初期美國基於戰略重要性，在東亞的南韓，臺灣與菲律賓，支持這些「流氓盟友」的獨裁者，以對抗蘇聯，但同時以軍事同盟關係，防止這些獨裁者軍事躁動，以免牽連美國。因此部分學者指出，西方對於民主人權有雙重標準，以及指控前殖民國家或美國是新帝國的擴張[33]。

白色恐怖案件中，1952年發生的「鹿窟事件」是牽連人數最多的事件，幾乎全村被抓走。當年12月29日中國國民黨政府派軍隊圍堵，逐家逐戶逮捕居民，抓到「鹿窟菜廟」（事件後改爲光明寺）。事件受害人數，刑期從無期徒刑到感化教育共150餘人，計871年，死刑槍殺者35人。諷刺的是，鹿窟村民對共產黨一無所知，但眞正的共產黨地下組織領導者如蔡孝乾、陳本江者，卻被中國國民黨政府，以自新自首無罪招撫，無罪開釋，甚至在獄中享受特別待遇，以便利用他們供出組織內部情況，以反制其他同志[34]。國家恐怖主義的工具，除了不當法律與其配合的立法機關外，在行政部門方面，有專肆逮捕人犯的保密局、調查局、警察局、警備總部與憲兵司令部等[35]。

魏廷朝分析，1950年代政治案以「紅帽子」共諜案爲主；1960年代則以「白帽子」臺獨案居多，1960年9月雷震案，可做爲分界。原因是1960年代，中國國民黨反攻大陸的神話破滅，臺獨自然成爲一種選項。但是這種選項會威脅國民黨壟斷政治的合法性與正當性，因此必須加以控制[36]。1962年5月28日，陳智雄因臺獨案被槍決，他是第一個遭受槍決的臺獨主張者[37]。至於「白色恐怖」時期，政府迫害人民的方式，在1980年代「國際特赦組織」的報告中，描述臺灣用以「取供」的手段，包含「單獨囚禁」（solitary confinement）、「晝夜審訊」（round-the clock interrogation）、「剝奪睡眠」（denial of sleep）、「剝指甲」（extraction of nails）、「電刑」（electric shocks）、「毒打」（severe beating）[38]。白色恐怖時期，中國國民黨政府慣用剝奪睡眠、刑求與電擊的手法，嚴刑逼供[39]。

---

32 張炎憲，前引文，頁75；蘇慶軒，「國民黨國家機器在臺灣的政治秩序起源」，政治科學論叢，第57期（2013年9月），頁122-123，132。

33 Bradley McAllister& Alex P. Schmid, "Theories of Terrorism," p. 203; Victor D. Cha: "Powerplay: Origins of the U.S. Alliance System in Asia," *International Security*, Vol. 34, No. 3(Winter 2009/10), pp. 158-159; Lee Jarvis & Michael Lister "State Terrorism research and Critical Terrorism Studies: An Assessment," p. 47.

34 張炎憲，前引文，頁61-62。

35 張炎憲，前引文，頁71。

36 陳儀深，「臺獨主張的起源與流變」，頁152；侯坤宏，「戰後臺灣白色恐怖論析」，頁152，160。

37 侯坤宏，「戰後臺灣白色恐怖論析」，頁158-159。

38 Kaplan, p. 302.

39 Julie Wu, "Remembering Taiwan's White Terror," *The Diplomat*, March 8, 2014, http://thediplomat.com/2014/03/

所以白色恐怖時期，政府透過情治單位、立法機構以及法律，作爲國家恐怖主義的執行工具。1949年中國國民黨內戰失利，大量軍人與其眷屬流亡臺灣這塊新的領土與社會。白色恐怖的發生，似乎印證上述學者Gurr的觀點，國家恐怖主義容易發生在異質或高度階級化的社會。而當少數政權要維持其特權地位時，它所犯下的恐怖暴行，會特別嚴重。而這種關係是社會距離的結果，阻礙同理心並且更容易選擇應用恐怖暴力，對付異己。

美國國務院出版的《2001年國家人權實務》報告中，將違反人權的政府等同於促進國際恐怖主義的政府[40]，道理很簡單，因爲迫害人權極容易導致恐怖暴力發生，作爲對國家暴力的激烈回應。白色恐怖時期，中國國民黨政府在戒嚴體制下，系統性迫害「匪諜」與「臺獨」。然而中國國民黨政府剿滅「叛亂犯」，造成惡性循環，受壓迫者紛紛成爲更堅定的反政府人士，中國國民黨政權樹立更多激進的敵人。海外臺獨人士不是因爲逃避國民黨，遠避海外，就是被剝奪返鄉的權力，最後走上與國民黨正面對抗的道路[41]。恐怖主義來自壓迫，國家恐怖主義在臺灣肆虐的結果，影響到以臺獨爲理念的團體，在海內外從事恐怖活動，希望能夠達成臺灣獨立建國的最終目的。

肆、組織型恐怖主義

恐怖組織的領袖，通常來自中產階級，一般成員許多則是較爲窮困艱苦出身。蓋達組織副手札瓦希里（Ayman al-Zawahiri）來自埃及醫生家庭，其領導的「伊斯蘭聖戰組織」（Islamic Jihad）成員皆是一流大學醫學或工程教職員。秘魯恐怖組織「光明之路」（Sendero Luminoso）的領導人古茲曼（Abimael Guzmán Reynoso）則是中產階級的大學哲學教師。1970年代歐洲與日本左派與無政府主義的恐怖組織，主要也是向中產階級吸收成員，如德國「赤軍團」（Red Army）[42]。Tilly指出，大部分恐怖行爲，發生在犯罪行爲者的故鄉，可稱爲「自發者」（autonomists）或是其海外流亡居住地，可稱爲「狂熱份子」（zealots）。這兩種型態的恐怖份子，都是非軍事與非犯罪專業人士，攻擊目標多爲政府機關，象徵性目標，或是敵對者[43]。

1948年以廖文毅爲領導人的香港「臺灣再解放聯盟」，以臺獨爲最主要宗旨，是

remembering-taiwans-white-terror/?allpages=yes (accessed: Jan. 18, 2015)

40 State Department 2002. Bureau of Democracy, Human Rights and Labor, "Country Reports on Human Rights Practices for 2001," http://www.state.gov/j/drl/rls/hrrpt/2001/8147.htm (accessed: Jan.18, 2015), pp. 17-18.

41 陳佳宏，前引書，頁193。

42 張舜芬，前引書，頁137-140；Sean K. Anderson & Stephen Sloan: *Historical Dictionary of Terrorism* (Lanham: Scarecrow Press, 2009), p. 622.

43 Tilly, "Terror, Terrorism, Terrorist," p. 11.

二次大戰後第一個海外臺獨團體[44]。1970年1月1日，海外臺獨團體整合成「臺獨聯盟」，總本部設在美國，並設臺灣、日本、美國、加拿大與歐洲五個本部[45]。「臺獨聯盟」除了總部主席、副主席與秘書外，尚有各地域本部負責人、聯盟總本部中央委員以及總本部執行委員，下轄島內工作、組織、外交、宣傳、財務與研究等部門[46]。海外臺獨人士認爲，恐怖行動在顛覆政府初期，具有顯著重要性，而且依正常形態發展，即由「恐怖行動」，而「游擊戰」，包含「都市游擊戰」與「鄉村游擊戰」，最後是「正規戰」。1972年臺獨聯盟「島內工作資料組」翻譯刊載古巴革命家馬利格拉（Carlos Marighella）的「都市游擊戰概論」（The Mini-Manual of Urban Guerilla Warfare），詳細介紹都市游擊戰的定義、目的與手段，包含搶劫、突擊、劫獄、街頭暴動、綁票、暗殺與爆破，充分顯示海外臺獨亟思效法其他地區革命成功的經驗[47]。1970年424「刺蔣案」與1976年王幸男郵包爆炸案是兩個經典的例子。

一、424刺蔣案

1970年4月24日行政院副院長蔣經國訪美，遭受臺獨聯盟盟員黃文雄在紐約「廣場飯店」開槍刺殺未遂，隨後黃文雄與鄭自才，當場遭受紐約警方逮捕。事件爆發後，立即引起全球對臺灣獨立運動的關注，同時也掀起海外臺灣獨立運動的高潮[48]。刺蔣所用槍枝，是由陳榮成以臺獨聯盟經費購買，並登記在其名下，後來提供給黃文雄。蔡同榮承認刺蔣事件經過臺獨聯盟內部商量，領導階層介入參與，並非臨時起意[49]。

刺蔣案後，臺獨聯盟經由陳隆志透過耶魯大學政治學教授羅斯威爾（Harold Lasswell）介紹，聘請芝加哥有名律師路易斯庫納（Louis Kutner）當聯盟的法律顧問。庫納律師是自由派，主張鄭自才與黃文雄所犯的是「政治事件」，要以政治方法解決，但檢察官反對，因此用「刑事法」審理，雖然鄭自才供稱他的犯行主要是政治性，並無獲利[50]。刺蔣前夕，同是臺獨聯盟成員的賴文雄向黃文雄表示，在美國謀殺蔣經國，會傷害臺獨聯盟在美國的形象，美國人是反對暴力的，若要推翻蔣氏政權，要在臺灣起義，從事武裝鬥爭，而非在美國。但黃文雄認爲，必須消滅蔣經國，因爲蔣是中國國民黨政府的象徵，秘密警察的眞實頭目，蔣若死，臺灣可能有所改變[51]。

在聯邦調查局壓力下，臺獨聯盟爲保護秘密盟員與組織，對外宣稱刺蔣案是聯盟個

44 陳佳宏，前引書，頁169-170；黃典發 譯，Claude Geoffroy著，**臺灣獨立運動─起源及1945年以後的發展**（臺北市：前衛，1997年），頁55。

45 臺灣獨立建國聯盟，**臺灣獨立建國聯盟的故事**（臺北：前衛，2000年），頁46-51。

46 臺灣獨立建國聯盟，前引書，頁52。

47 陳佳宏，前引書，頁198。

48 臺灣獨立建國聯盟，前引書，頁55。

49 陳榮成，**我所知道的四二四事件內情**（臺北市：前衛，2015年），頁125，132，159。

50 陳榮成，前引書，頁34，103。

51 陳榮成，前引書，頁108。

別成員的英勇行為，但鄭自才主張聯盟應承擔責任，引發臺獨聯盟內部之爭。最後導致黃文雄與鄭自才棄保潛逃，多位聯盟成員出走，讓臺獨運動遭受重大挫折[52]。即使如此，陳榮成認為，蔣經國是白色恐怖的劊子手，刺蔣事件兩年後，1972年蔣經國接任行政院長，推動「吹臺青」政策，重用臺籍菁英，被稱為臺灣「本土化」的開始，此為刺蔣案的意義[53]。

二、王幸男郵包爆炸案

1976年10月10日臺灣省主席謝東閔被郵包炸傷左手，根據在郵包採集到的指紋，清查全臺灣已服役男子資料，於同年12月初，查出該案為在美經商的臺獨聯盟秘密成員王幸男所為。此為繼424刺蔣案後，臺獨聯盟再次表達臺灣人對中國國民黨高壓統治的不滿[54]。但郵包炸彈案的發生，進一步坐實臺獨聯盟部分盟員，企圖以恐怖暴力攻擊，達成政治目的組織本質。王幸男採取革命手段，乃效法以色列復國運動中，比金（Menachem Begin）所主持的刺殺行動。案發後警備總部抓走其父親、弟弟與好友，所以決定回臺被捕，交換親友自由[55]。

王幸男在保安處偵訊時，因不願被屈辱，喝下熱開水試圖自殺，喉嚨嚴重灼傷，緊急在三總做氣管切開手術，手腳被綁在床上，開庭前一小時，方被架往法庭。當時臺獨聯盟發動海外臺灣同鄉，在《紐約時報》刊登巨幅廣告，並安排王幸男姊姊王玉安出席美國國會「臺灣人權聽證會」，為王幸男請命。因此1977年王幸男逃過死刑宣判，被依叛亂罪論處，判無期徒刑。1990年5月5日王幸男以綠島最後政治犯身分出獄，後來仍為臺獨聯盟遷臺盡心出力[56]。除了行刺與炸彈爆炸等暴力行為外，在白色恐怖的背景下，1960與1970年代臺獨聯盟同時從事救援政治受難者的運動[57]。

上述1970年代的424刺蔣事件與王幸男郵包爆炸事件，是臺獨運動中，採用暴力行為，達到政治目的代表行動。直到1982年，許信良系統的臺獨團體「美麗島週報社」，仍持續提倡與鼓吹暴力與恐怖行動。此一團體主張在臺灣引發革命必須依賴臺灣的工人，而戰場應是都市而非鄉村；此臺獨團體刊載〈都市游擊手冊〉與〈游擊戰一百五十問〉等專文，鼓吹革命路線。許信良甚至認為1977年的「中壢事件」正是都市游擊戰的實例，可成為日後臺獨革命的借鏡[58]。

2012年5月18日，臺灣政治大學舉辦第一屆「傑出校友獎」，時任「臺灣促進和平基金會」董事長黃文雄，獲頒傑出校友。黃文雄指出，「我只是想要重新打開政治的可

52 臺灣獨立建國聯盟，前引書，頁57。
53 陳榮成，前引書，頁5，161。
54 臺灣獨立建國聯盟，前引書，頁69。
55 臺灣獨立建國聯盟，前引書，頁69-70。
56 臺灣獨立建國聯盟，前引書，頁70。
57 臺灣獨立建國聯盟，前引書，頁26-27。
58 陳佳宏，前引書，頁198-199。

能性」，希望打亂當時蔣家接班計畫，重新挑起國民黨內權力鬥爭，藉此鬆動當時的高壓統治，為臺灣政治社會發展，打開讓人民喘息的空隙。黃文雄認為刺蔣案是「政治運動，我要針對的是制度而非個人」，換言之，黃文雄是對國民黨白色恐怖、獨裁專斷體制的不滿，這也是海內外臺獨組織的核心理念與目標[59]。

Wilkinson認為恐怖主義不是哲學亦非運動而是「方法」，而這種方法可以應用於幾乎無限種類的目標[60]。Wilkinson認為恐怖主義是系統性的脅迫的恐嚇，通常為了政治目標。1936年《社會科學百科全書》中，J.B.S. Hardman就將恐怖主義形容成是一種「戰鬥方法」（method of combat），而Waciorsky在1939年將恐怖主義描述為「行動方法」（method of action），概念更為寬廣[61]。「臺獨聯盟」領導階層，大都以知識份子與中產階級為主，特別是海外的學生、教授、醫師與實業家。這些成員基本上都是非軍事與非犯罪專業人士。他們結合的基礎，主要是「臺獨」理念，也就是以臺灣為範圍，建立一個主權獨立的國家。1971年黃文雄棄保逃亡，直到1996年才偷渡返臺。王幸男則是出獄後，投入政治活動，從1999到2012年間，當選共四屆民進黨籍立法委員。儘管黃文雄、鄭自才或王幸男，因為追求自由民主的政治訴求，可被稱為「自由鬥士」，但是其行動方法，畢竟是純粹的恐怖主義。

既然海內外臺獨組織與運動的目的，是對中國國民黨在臺灣戒嚴體制與國家恐怖主義的回應與反擊，1980年代末期，隨著民主進步黨的成立，戒嚴令解除，蔣經國逝世，首位臺籍總統李登輝繼位，臺獨組織恐怖暴力的合理性也慢慢降低，最後化於無形。

伍、孤狼本土型恐怖主義

1990年代隨著全球化速度加快，範圍擴大，臺灣同時開始大步邁向民主化之後，第三波恐怖浪潮逐漸以「孤狼式恐怖主義」（lone wolf terrorism）為主題。例如2003-2004年的白米炸彈犯事件，2004年3月總統大選時期的319槍擊事件，同年12月「反臺獨炸彈犯」高寶中爆炸事件以及2014年鄭捷的臺北捷運殺人事件。2015年美國國務院公布《2014反恐報告》再度指出，從孤狼恐怖份子在加拿大與澳洲的恐怖攻擊觀察，顯示中央領導型的恐怖組織已經式微，團體認同已經弱化[62]。根據學者Spaaij的定義，孤狼恐

59 林惟銓，「傑出校友表揚專刊」，政大校訊，http://info.nccu.edu.tw/epaper/enews_detail.php?AT_ID=201205140009。

60 Paul Wilkinson, *Terrorism versus democracy: the liberal state response* (New York: Routledge, 2011), p. 17, 195

61 Alex P. Schmid , Albert J. Jongman, *Political Terrorism* (New Brunswick & London: Transaction Publishers, 2008), p. 13; Martha Crenshaw, *Explaining Terrorism: Causes, Processes and Consequences* (London & New York: Routledge, 2011), p. 69.

62 US State Department, *County Reports on Terrorism 2014* (Washington: U.S. Department of State, 2015), p. 8, 57.

怖主義有三個特徵：1.單獨行動；2.不屬於任何組織型的恐怖團體與網絡；3.孤狼作案手法是由個人構思、指導，沒有其他外部的直接指揮與層級[63]。McCauley等學者也認為，孤狼恐怖份子的計畫與攻擊，沒有組織的支持與協助。歐巴馬總統以2011年發生的挪威布列維克（Anders Behring Breivik）恐怖攻擊為例，強調持單一武器的孤狼，難以追蹤，對國安構成嚴重威脅[64]。孤狼恐怖行動已脫離過去海外激進份子，發動大規模攻擊的模式，而朝向一種全新的攻擊型態：犯案者本土化，無特定目標，單獨行動，手法不算精良，並且往往未列入執法單位監控名單[65]。簡單來說，這種手法的特色是小規模、低科技的恐怖攻擊行動[66]。因為孤狼恐怖主義的特質，不僅對於治安問題，甚至對於國家安全都造成嚴重的威脅。

一、319槍擊案

2004年319槍擊案的兇手陳義雄先生之政治立場，屬於當時在野泛藍陣營，平日即對陳水扁前總統施政多所抱怨，常與政治立場偏綠之民眾多所爭執。陳義雄得知2004年3月19日，陳前總統將有行程，經過臺南市金華路掃街拜票，「基於殺害陳總統之犯意」，利用現場人聲鼎沸、萬頭攢動，鞭炮聲震耳欲聾掩護下，開槍企圖殺害陳前總統，使其無法連任[67]。此外，根據陳義雄遺書、記事桌曆與親朋好友言談中得知，陳義雄在政治色彩上偏向國民黨，而將國家整體與本身不好的經濟狀況，歸咎於陳前總統的執政，因此犯罪動機是出於政治性[68]。依照以上的描述，陳義雄是基於政治的目的，而試圖狙殺陳前總統，屬於個人策劃、執行，並沒有隸屬於任何犯罪或恐怖組織，因此屬於孤狼型恐怖攻擊的形態。

二、白米炸彈與反獨炸彈案件

「白米炸彈犯」楊儒門於2003至2004年，先後製造十四件內裝有白米的恐嚇物與三個有殺傷力的爆裂物，置於臺北的公廁、公共電話亭、公園與捷運站中，引起社會恐慌。而其動機為臺灣成為「世界貿易組織」會員後，因開放稻米進口，導致國內米價

63 Ramón Spaaij, *Understanding Lone Wolf Terrorism: Global Patterns, Motivations and Prevention* (Heidelberg: Springer, 2012), p. 16.

64 Clark McCauley, Sophia Moskalenko and Benjamin Van Son, "Characteristics of Lone –Wolf Violent Offenders: a Comparison of Assassins and School Attackers," *Perspectives on Terrorism*, Vol. 7, Issue 1 (February 2013), p. 6, 4.

65 張沛元，「新型態恐怖攻擊 本土化極端孤鳥」，**自由時報**，2013年5月24日，第A18版。

66 Hughes, Chris. 2013. "'Lone wolf' terror growing as extremists switch to smaller-scale plots, Government expert warns," July 17, Mirror, http://www.mirror.co.uk/news/uk-news/lone-wolf-terror-growing-extremists-2060700 (accessed: Nov. 10, 2013).

67 「台南地方法院檢察署檢察官不起訴處分書 94年度偵字第9448號 94年度偵字第9449號」，2005年12月19日，頁1-2，http://www.tnc.moj.gov.tw/public/Attachment/tnc/attach/0319書類定稿版pdf。

68 侯友宜，**0319總統、副總統槍擊案專案報告**（臺北市：內政部警政署刑事警察局，2005年），頁378-384。

下跌，影響農民生計[69]。臺灣高等法院審酌楊儒門的動機是關心農民與小孩，且在臺美稻米談判事務上有正面意義，2006年1月援引刑法情堪憫恕的「帝王條款」改判五年十月，併科罰金新臺幣十萬元[70]。陳前總統對於白米炸彈犯表示「手段可議，其情可憫」，並於2007年6月特赦楊儒門[71]。2015年4月，楊儒門被任命爲臺北農產運銷公司董事中的產業代表[72]。

2005年12月9日「反獨恐怖份子」高寶中在臺北車站停車場，以線香引爆瓦斯鋼瓶，造成連續爆炸，炸毀附近車輛，隨後並恐嚇要在101大廈與臺北車站進行炸彈攻擊。高寶中是模仿楊儒門，因爲「政治訴求」，以爆炸行爲，宣洩對政局不滿，製造爆裂物恐嚇群眾[73]。高寶中在第一與第二審，原本判無期徒刑，褫奪公權終身，併科新臺幣一百萬元罰金。2007年高院更一審，改判有期徒刑十五年，褫奪公權十年，但仍併科一百萬罰金[74]。

三、鄭捷捷運殺人案

Frederick J. Hacker在1976年即指出，依動機區分，恐怖份子可分成「犯罪者」（criminals）、「瘋狂者」（crazies）與「十字軍」（crusader）。犯罪者的動機是貪婪，瘋狂者的動機是心理不穩定，而十字軍的動機則是道德的義務（moral imperative）[75]。

2014年5月21日臺北捷運板南線，發生孤狼恐怖攻擊，兇手東海大學環工系二年級學生鄭捷造成4人死亡，22人受傷的犯行[76]。媒體將此事件與挪威2011年7月奪走70多條命的殺人者布列維克，以及2013年4月美國波士頓馬拉松爆炸案造成3死近200傷的查納耶夫兄弟（Dzhokhar A. Tsarnaev），相提並論。他們的共同點都是個人策劃犯案，選擇在公共場合向不特定對象下手，他們並不是個人在成長過程有過不幸遭遇，卻選擇隨機殺人[77]。臺灣政府官員在鄭捷殺人事件發生後第一時間，呼籲將捷運、臺鐵、高鐵等大眾運輸系統緊急應變演練，拉高層級，比照航空「反恐演練」，提升到「反恐層級」[78]。由以上的事件觀察，孤狼型恐怖活動在全球化與民主化下，是一種極端危險的趨勢，必須高度警戒。

---

69 王己由，「『白米炸彈案』」一審楊儒門判7年半 罰金10萬」，**中國時報**，2005年10月20日，第A3版。
70 蕭白雪，「白米炸彈客 楊儒門改判 5年10月」，**聯合報**，2006年1月6日，第A3版。
71 林淑玲、莊哲權，「扁：特赦楊 是做該做的事」，**中國時報**，2007年6月23日， 第A14版。
72 蕭婷方，「楊儒門 任台北農產公司董事」，**自由時報**，2015年4月2日，第A12版。
73 黃錦嵐，「反獨炸彈客 無期改判15年」，**中國時報**，2007年5月23日，第C4版。
74 黃錦嵐，前引文，第C4版。
75 Peter Grabosky & Michael Stohl, *Crime and Terrorism* (Los Angeles: SAGE, 2010), p. 73.
76 孟祥傑、陳宜加、陳俊雄，「驚悚列車4死22傷北捷殺人魔狂砍」，**中國時報**，2014年5月22日，第A1版。
77 社論，「危險心靈：從仇恨幻想到反社會暴行」，**聯合報**，2014年5月23日，第A2版。
78 陳珮琦，「侯友宜：應變演練應拉高至反恐層級」，**聯合晚報**，2014年5月23日，第A3版。

陸、結　語

本文重新找回「國家」在恐怖主義研究的角色，亦即「國家恐怖主義」的政治暴力形態，並且以中華民國政府在1949年在臺灣所執行的「白色恐怖」爲例，視爲臺灣第一波恐怖主義的浪潮。「白色恐怖」產生的原因，以恐怖主義研究的途徑，可歸於挑戰者的特質、政權的意識型態、臺灣社會結構與國際體系。特別是1947年二二八大屠殺以前，中國共產黨與臺籍菁英，對中國國民黨構成重大挑戰。而國民黨在中國時期，就習慣以暴力手段，作爲維護政權的工具，因此在臺灣建構「戒嚴體制」，將國家恐怖制度化，毫無意外。對中國國民黨來說，臺灣內部的異質化與階級化社會，加上韓戰後，獲得美國穩定的支持，加強「白色恐怖」執行的必要性，並獲得穩定的外部基礎。

「白色恐怖」下對於人權的嚴厲迫害，導致部分「臺獨聯盟」成員，希望以暴力方式，推翻中國國民黨政權，此爲臺灣第二波恐怖主義浪潮。這一股反對勢力，主要是以海外臺獨聯盟爲主的臺獨組織爲主。臺獨聯盟成員在1970年代分別在海外與國內的暴力攻擊行動，此爲臺灣第二波恐怖主義的最高峰。不管是黃文雄或是王幸男，他們攻擊的對象是當時統治階級，但是本質上，攻擊的對象是「國家恐怖主義」，也就是「白色恐怖」的制度。在此政治意義下，他們「自由鬥士」的成分可能高於「恐怖份子」，但就其行動方法，則爲純粹的恐怖主義。

1980年代蔣經國總統統治末期，解除戒嚴、黨禁與報禁，臺灣踏出民主化的第一步。1991年立法院廢止《懲治叛亂條例》，1992年修正《刑法》100條，長達數十年「白色恐怖」宣告結束[79]。1990年代冷戰結束，全球掀起第三波民主化的浪潮，內部與外部政經環境的改變，使得臺獨聯盟，以恐怖暴力作爲達到獨立建國目標的方式，逐漸失去正當性與合理性。第三波民主化同時，全球化的速度與範圍，不斷加速與擴大。在此背景下，以孤狼式攻擊的第三波恐怖主義浪潮，逐漸在臺灣興起。全球化浪潮下，國家競爭力與社會公平性，難以兼顧。楊儒門遂以激烈的暴力手段，爲稻農請命。相較於楊儒門關心公共議題，陳義雄與高寶中則是聚焦在高度政治議題，因不滿陳水扁前總統執政，鋌而走險，槍殺國家元首或引爆爆裂物，遭受司法制裁與社會譴責。最後2014年鄭捷捷運殺人事件，屬於心理不穩定的孤狼式犯罪。鄭捷在公共運輸系統，極短時間，造成重大傷亡，事件已從治安問題，升高到國安問題，此一形態的孤狼恐怖攻擊，極有可能在往後成爲模仿的對象。

從1949年迄今，臺灣所掀起的三波恐怖主義浪潮，幾乎涵蓋當今恐怖主義研究中，主要恐怖主義的類型，從國家而組織最後到個人。在不同的時空與歷史環境下，這三波恐怖主義的浪潮，深深的影響臺灣的政治改革、社會轉型與經濟發展。恐怖主義是一種

---

79 蘇瑞鏘，「從雷震案看戒嚴時期政治案件的法律處置對人權的侵害」，頁118。

理念的衝突，只要理念正當性持續存在，利益與價值無法調和，吾人必須學習與恐怖主義共存，並從當中記取教訓。

參考文獻

中文

王己由，「『白米炸彈案』」一審 楊儒門判7年半 罰金10萬」，**中國時報**，2005年10月20日，第A3版。

臺灣獨立建國聯盟，**臺灣獨立建國聯盟的故事**（臺北：前衛，2000年）。

向楊，「在暗夜舉熷火，爲百姓爭光明」，向楊主編，**白色年代的盜火者**，初版（新北市：國家人權博物館籌備處，2014年），頁8-21。

孟祥傑、陳宜加、陳俊雄，「驚悚列車 4死22傷 北捷殺人魔狂砍」，**中國時報**，2014年5月22日，第A1版。

林淑玲、莊哲權，「扁：特赦楊 是做該做的事」，**中國時報**，2007年6月23日，第A14版。

社論，「危險心靈：從仇恨幻想到反社會暴行」，**聯合報**，2014年5月23日，第A2版。

邵建，「『吳國楨事件』中的胡適與吳國楨」，蔡登山編，**吳國楨事件解密**（臺北市：獨立作家，2014年），頁89-119。

侯友宜，**0319總統、副總統槍擊案專案報告**（臺北市：內政部警政署刑事警察局，2005年）頁378-384。

侯坤宏，「戰後臺灣白色恐怖論析」，**國史館學術集刊**，第12期（2007年6月），頁139-203。

涂鉅旻，「白色恐怖時期 逾千人遭槍決」，**自由時報**，2014年1月6日，第A1版

張沛元，「新型態恐怖攻擊 本土化極端孤鳥」，**自由時報**，2013年5月24日，第A18版。

張炎憲，「白色恐怖的口述訪談與歷史眞相」，向楊主編，**白色年代的盜火者**，初版（新北市：國家人權博物館籌備處，2014年），頁52-81。

張舜芬 譯，Jonathan Barker著，**誰是恐怖主義——當恐怖主義遇上反恐戰爭**（臺北市：書林，2005）。

陳佳宏，**臺灣獨立運動史**（臺北市：玉山社，2006年）。

陳珮琦，「侯友宜：應變演練應拉高至反恐層級」，**聯合晚報**，2014年5月23日，第A3版。

陳榮成，**我所知道的四二四事件內情**（臺北市：前衛，2015）。

陳儀深，「臺獨主張的起源與流變」，**臺灣史研究**，第17卷第2期（2010年6月），頁131-169。

Claude Geoffroy著，黃典發 譯，**臺灣獨立運動——起源及1945年以後的發展**（臺北市：前衛，1997年）。

黃錦嵐，「反獨炸彈客 無期改判15年」，**中國時報**，2007年5月23日，第C4版。

蕭白雪，「白米炸彈客 楊儒門改判5年10月」，**聯合報**，2006年1月6日，第A3版。

蕭婷方，「楊儒門 任臺北農產公司董事」，**自由時報**，2015年4月2日，第A12版。

蘇瑞鏘，「從雷震案看戒嚴時期政治案件的法律處置對人權的侵害」，**國史館學術集刊**，第15期（2008年3月），頁113-158。

蘇慶軒，「國民黨國家機器在臺灣的政治秩序起源」，**政治科學論叢**，第57期（2013年9月），頁115-146。

西文

Anderson, Sean K. & Sloan, Stephen, *Historical Dictionary of Terrorism* (Lanham: Scarecrow Press, 2009).

Crenshaw, Martha, *Explaining Terrorism: Causes, Processes and Consequences* (London & New York: Routledge, 2011).

Grabosky, Peter & Stohl, Michael, Crime and Terrorism (Los Angeles: SAGE, 2010).

Kaplan, David, *Fires of the Dragon: Politics, Murder, and the Kuomintang* (New York: Atheneum, 1992).

Laqueur, Walter, *Soviet Realities: Culture and Politics from Stalin to Gorbachev* (New Brunswick & London: Transaction Publisher, 1990).

Parry, Albert, *Terrorism: From Robespierre to the Weather Underground* (New York: Dover, 1976).

Rummel, R. J. *China's Bloody Century: Genocide and Mass Murder since 1900* (New Brunswick & London: Transaction Publishers, 1991).

Schmid, Alex P. Jongman, Albert J. *Political Terrorism* (New Brunswick & London: Transaction Publishers, 2008).

Spaaij, Ramón, *Understanding Lone Wolf Terrorism: Global Patterns, Motivations and Prevention* (Heidelberg: Springer, 2012).

Wilkinson, Paul, *Terrorism versus democracy: the liberal state response* (New York: Routledge, 2011).

Cha, Victor D., "Powerplay: Origins of the U.S. Alliance System in Asia," *International Security*, Vol. 34, No. 3 (Winter 2009/10), pp. 158-196.

Jarvis, Lee & Lister, Michael, "State Terrorism research and Critical Terrorism Studies: An

Assessment," *Critical Studies on Terrorism*, Vol. 7, No. 1 (2014), pp. 43-61.

McCauley, Clark/Moskalenko, Sophia/Van Son. Benjamin, "Characteristics of Lone– Wolf Violent Offenders: a Comparison of Assassins and School Attackers," *Perspectives on Terrorism*, Vol. 7, Issue 1 (February 2013), pp. 4-24.

Tilly, Charles, "Terror, Terrorism, Terrorist," *Sociological Theory*, Vol. 22, No. 1 (March 2004), pp. 5-13.

Gibbs, Jack P., "Conceptualization of Terrorism," in: John Horgan & Kurt Braddock eds., *Terrorism Studies- A Reader* (London & New York: Routledge, 2012), pp. 63-75.

McAllister, Bradley & Schmid, Alex P., "Theories of Terrorism," in: Alex P. Schmid, ed.: *The Routledge Handbook of Terrorism, Research, Routledge* (London & New York: Routledge, 2011), pp. 201-271.

Stohl, Michael, "State, Terrorism and State Terrorism: The Role of Superpower," in Robert O. Slater and Michael Stohl eds., *Current Perspectives on International Terrorism* (New York: St. Martin's Press, 1988), pp. 155-205.

Stohl, Michael/Wight, Colin, "Can States be terrorists," in Richard Jackson & Samuel Justin eds., *Contemporary Debates on Terrorism* (London: Routledge, 2012), pp. 43-57.

US State Department, *County Reports on Terrorism 2014* (Washington: U.S. Department of State).

相關資料網站

「臺南地方法院檢察署檢察官不起訴處分書 94年度偵字第9448號 94年度偵字第9449號」，2005年12月19日，頁1-2，http://www.tnc.moj.gov.tw/public/Attachment/tnc/attach/0319書類定稿版.pdf。

林惟鈴，「傑出校友表揚專刊」，**政大校訊**，http://info.nccu.edu.tw/epaper/enews_detail.php?AT_ID=201205140009。

Wu, Julie (2014): "Remembering Taiwan's White Terror," The Diplomat, March 8, 2014, http://thediplomat.com/2014/03/remembering-taiwans-white-terror/?allpages=yes (accessed: Jan. 18, 2015).

State Department. 2002. "Country Reports on Human Rights Practices for 2001," Bureau of Democracy, Human Rights and Labor, http://www.state.gov/j/drl/rls/hrrpt/2001/8147.htm (accessed: Jan. 18, 2015).

Hughes, Chris. 2013. "'Lone wolf' terror growing as extremists switch to smaller-scale plots, Government expert warns," July 17, Mirror, http://www.mirror.co.uk/news/uk-news/lone-wolf-terror-growing-extremists-2060700 (accessed: Nov. 10, 2013).

第8章 臺北2017世界大學運動會防範恐怖攻擊之設計與作為

張福昌

壹、前　言

「臺北2017世界大學運動會」將是國內舉辦之最大型國際運動賽事，舉辦時間爲2017年8月19-30日，總共將有160個國家與12,000名運動員參與盛會；這場國際賽事將由臺北市主辦，其他5個北部縣市協辦，總共設有64個場館，主場館在臺北大巨蛋，其他場館則分佈在基隆市、臺北市、新北市、桃園市、新竹市與新竹縣；預計將投入15,000名志工與12,000名警力。基於賽事規模龐大與場館分散的理由，維安工作特別應當加強，以達到和平舉辦世大運的目標。悉知，國際恐怖主義是當今國際安全的最大威脅之一，而且隨著伊斯蘭國（Islamic State; IS）的壯大，許多參與伊斯蘭國的歐美青年，回到該國國內之後，慢慢成爲國內安全的威脅；除此之外，這些激進化的伊斯蘭國戰士已經準備要將威脅輸出到世界各地，讓各國政府感到無比壓力，國際社會也以最高警戒之心，面對恐怖份子的挑戰。而恐怖份子常常以車站、機場或超級市場爲恐怖攻擊的目標，但是，國際大型運動賽事（例如：奧運會、世足賽、板球賽、世大運等）也因爲具有多國參與、人員密集與媒體焦點等特性，因此也常常成爲國際恐怖攻擊的主要目標，是故，主辦國際賽事的國家皆將防範恐怖攻擊列爲最高的維安指導原則，而臺北市政府應該如何防範恐怖攻擊呢？本文將嘗試以1972年慕尼黑奧運會、1996年亞太蘭大奧運會、2009年巴基斯坦板球大賽、2010年南非國家盃足球賽、2010年南非世足賽與2013年波士頓馬拉松賽等遭到恐怖攻擊的國際賽事爲分析案例，試著整理出恐怖份子的犯案時機、手法與能量。至於國際上成功舉辦國際賽事的案例，例如：2006年德國世足賽與2014年索契冬奧會等，將是洞悉主辦國家反恐防範措施的參考例子。作者希望能夠從這些「成功案例」與「失敗案例」中，整理出國際大型運動賽事之「恐怖攻擊模式」與「反恐措施設計」，以做爲我國舉辦「臺北2017世界大學運動會」之參考。

貳、發生恐怖攻擊之國際運動賽事與攻擊

隨著冷戰（Cold War）的結束，傳統安全威脅（Traditional Security Threat）逐漸失去地位，起而代之的是具有跨國（Transnational）特性之非傳統安全威脅（Non-Traditional Security Threat），其中包括恐怖主義（Terrorism）威脅。然而，隨著時代與國際情勢的不同，恐怖主義的發展比以往更加複雜，國與國間對恐怖主義的定義也莫衷一是。簡單來說，恐怖份子通常不是國家行爲者（Non-state Actors），而是個人（Individuals），他們所採取之恐怖攻擊行動，往往嚴重威脅人類安全（Human Security）；而其攻擊範圍通常不限於某國境內或某個文化區域，相反地，卻大多是大規模、隨機（Indiscriminate）與一再發生（Recurring）的行爲。除此之外，恐怖份子可以在鬆散網絡（Diffuse Network）中行動，而未必需要形成一個上下階層嚴明的組織[1]。一般而言，民眾在冥冥之中，可以感受到恐怖主義的威脅，但卻無法明確辨別威脅的來源；而在國家體系中，政府是人民的褓母，因此常常被人民視之爲「第一線威脅回應者」，換句話說，當人民面對某個恐怖主義的威脅而心生恐懼時，常常會把這種恐懼心理投射給政府，而期待政府能夠做出回應，採取反恐措施，以保護人民的安全[2]。

然而，各國政府在舉辦國際運動賽事時，一直有安全上的擔憂，因此，爲了讓觀眾、旅客、媒體與參賽隊伍在賽事期間能夠在主辦國內和平觀賽與參賽，主辦國都相當重視反恐安全防範措施。然而，在高度警戒的情況下，有些大型國際賽事仍然不幸發生恐怖攻擊事件，於是我們要問的是，爲什麼會發生恐怖攻擊？在什麼時間或地點發生攻擊？使用的犯案工具爲何？攻擊能量有多大？攻擊型態爲何？這些都是研究運動賽事恐怖主義的焦點課題。本文將以1972年慕尼黑奧運會、1996年亞特蘭大奧運會、2009年巴基斯坦板球大賽、2010年非洲國家盃足球賽、2010年南非世足賽與2013年波士頓馬拉松賽等6個發生恐怖攻擊事件的國際運動賽事爲例，以分析國際運動賽事恐怖攻擊的模式。

一、1972年慕尼黑奧運會

第20屆奧林匹克運動會（Olympic Games）舉辦期間爲8月26日至9月11日，參與國家有121國、人數7,134人（1,059位女性與6,075爲男性）[3]，主場館爲慕尼黑奧林匹克體育場。在奧運會舉行期間，巴勒斯坦武裝組織「黑色九月」（Black September）於9

---

1 Tal Becker: *Terrorism and the State: Rethinking the Rules of State Responsibility* (Oxford: Hart Publishing, 2006), p. 1.

2 Ibid., p. 2.

3 Olympic Games: MUNICH 1972: About the Games, http://www.olympic.org/munich-1972-summer-olympics (accessed: Apr. 26, 2015).

月5日清晨4點左右，持步槍與手榴彈，闖入以色列選手下榻的選手村公寓，先行擄走6名以色列運動員與教練，接著再闖入第二棟公寓，挾持幾位舉重選手與摔角手。在挾持過程中，雙方相互搏鬥，恐怖份子便開槍擊斃了舉重選手羅曼諾（Yossef Romano）與教練溫伯格（Moshe Weinberg），其餘9人便成爲人質，作爲「黑色九月」要求以色列政府釋放234位巴勒斯坦囚犯之籌碼。爆發這樣的恐怖事件之後，奧運會被迫停賽。在雙方談判的過程中，「黑色九月」領導者艾薩（Issa）於傍晚時分要求德國提供一架飛機，準備挾持人質飛往中東地區，德國政府同意這項要求，並以直升機將其成員與人質載至位於慕尼黑郊區的菲爾斯滕費爾德布魯克（Fürstenfeldbruck）空軍基地，同時，德國政府也開始於機場秘密部屬營救部隊[4]。由於德國政府以往並無反恐經驗，因此相當欠缺與恐怖份子談判的能力，因此，當恐怖份子與人質抵達空軍基地時，德國部隊誤判情勢，5位德國狙擊手開始與8位武裝份子交火，營救任務便就此陷入僵局。在一小時相互零星的攻擊中，德國裝甲車緩慢駛進機場，此時，巴勒斯坦人誤擊同胞，卻讓其餘恐怖份子以爲遭受德國部隊開槍射擊，於是開槍射殺直升機內的4名人質，同時，另一名恐怖份子則在直升機內拔掉手榴彈插銷，將整架直升機炸成一團火球，另一名「黑色九月」成員也在第二架直升機中殺害所有人質，最後，「黑色九月」有5位成員遭到狙殺，以色列人質全數喪生，駁火過程中也犧牲一位西德警員[5]，爲此，德國痛定思痛，便於1973年設立德國特種部隊（Germany's Special Forces，原文爲Grenzschutzgruppe 9 der Bundespolizei，簡稱GSG 9），以便執行特殊行動或執行反恐任務[6]。

二、1996年亞特蘭大奧運會

亞特蘭大奧運會舉辦期間爲1996年7月14日至8月4日，共有197個國家、10,318位運動員（3,512位女性與6,806位男性）[7]參與，主場館設在亞特蘭大奧林匹克百周年體育館，同（1996）年殘障奧運會（Paralympic Games）之主場館亦設置於此。就在亞特蘭大奧運會期間，主辦單位於7月27日在主場館外之奧林匹克公園舉辦演唱會，上千名群眾聚集觀賞。激進份子魯道夫（Eric Rudolph），年僅30歲，將裝有40磅（約18.1公斤）炸彈的美軍軍用背包（All-purpose Lightweight Individual Carrying Equipment Bag; ALICE Bag）放置在奧林匹克公園內，之後便離開現場。凌晨1點20分左右，便有一位匿名者向警方報案，警告公園內有炸彈，且將在30分鐘內引爆；事後證實，這通報案電話是在

4　雖然，以色列政府曾經要求德國允許派遣一支反恐特種部隊到德國，但被德國拒絕，原因是德國憲法規定：不允許外國部隊進入德國；而「黑色九月」釋放政治犯的要求，也被以色列政府拒絕。

5　The Independent: World: Olympics Massacre: Munich - The real story, http://www.independent.co.uk/news/world/europe/olympics-massacre-munich--the-real-story-524011.html (accessed: Apr. 26, 2015).

6　Armed Forces History Museum: Germany's Special Forces – GSG 9, http://armedforcesmuseum.com/germanys-special-forces-gsg-9/ (accessed: Apr. 26, 2015).

7　Olympic Games: ATLANTA 1996: About the Games, http://www.olympic.org/atlanta-1996-summer-olympics (accessed: Apr. 26, 2015)

公園附近的付費電話亭發出，大約20分鐘後，眞的發生了恐怖的炸彈爆炸事件[8]。當時的公園警衛朱威爾（Richard Jewell）雖然在爆炸前發現爆炸裝置，並且疏散民眾，但是仍造成一位帶著女兒看演唱會的婦人死亡，超過100多位民眾受傷；此外，還有一位土耳其攝影師因驚嚇過度而心臟病發身亡[9]。幾天後，美國聯邦調查局（Federal Bureau of Investigation; FBI）認爲朱威爾涉有重嫌，因此將之起訴，直到同（1996）年10月26日才完全撤銷朱威爾的控訴，還他清白，而把調查的重心轉向魯道夫[10]。魯道夫因爲奧林匹克公園爆炸案，以及1997年的三起爆炸案，於2003年遭到逮捕，2005年被判4個無期徒刑，並不得假釋[11]。

三、2009年巴基斯坦國際板球大賽

板球在巴基斯坦是促進國家統合與促進和平的國民運動[12]，但卻被極端所反對，因爲，巴基斯坦以伊斯蘭教立國，在保守的穆斯林眼中，板球運動員的洋派作風與穿著與伊斯蘭精神格格不入。2004年巴基斯坦著名恐怖組織「虔誠軍」（Lashkar-e-Toiba; LeT）[13]發起聖戰運動，號召反對板球運動，並威脅襲擊板球運動員。最終爆發2009年3月3日攻擊斯里蘭卡國家板球隊的恐怖攻擊事件，成爲繼1972年巴勒斯坦恐怖組織「黑色九月」攻擊以色列運動員後，首樁大規模攻擊國家運動員的恐怖攻擊事件，受到各界關注[14]。事發當天上午8點40分，載著斯里蘭卡板球運動員的巴士在警察嚴密地保護下，緩緩駛向比賽地點「格達費體育館」（Gaddafi Stadium），不幸，在離場館約五百公尺處，遭到12名恐怖份子埋伏，他們使用自動步槍、火箭炮與手榴彈瘋狂攻擊車內運動員，火力相當龐大，足足與警察駁火約30分鐘，最後至少造成6名巴基斯坦警察與巴士司機死亡，7名斯里蘭卡板球選手與一名英籍教練受傷；而恐怖份子沒人傷亡，全身而退。旁遮普省（Punjab）省長泰錫爾（Salmaan Taseer）於事後發表聲明：「這起攻擊的特徵與孟買恐怖攻擊事件極爲相似，兩者有著相同攻擊模式，因此發動本次恐怖攻擊

---

8 "Olympic Park Bombing Fast Facts," *CNN*, http://edition.cnn.com/2013/09/18/us/olympic-park-bombing-fast-facts/ (accessed: Apr. 26, 2015).

9 History: This Day in History: 1996 Bombing at Centennial Olympic Park, http://www.history.com/this-day-in-history/bombing-at-centennial-olympic-park (accessed: Apr. 26, 2015).

10 "Olympic Park Bombing Fast Facts," *CNN*, http://edition.cnn.com/2013/09/18/us/olympic-park-bombing-fast-facts/ (accessed: Apr. 26, 2015).

11 "Olympic Park Bombing Fast Facts," CNN, http://edition.cnn.com/2013/09/18/us/olympic-park-bombing-fast-facts/ (accessed: Apr. 26, 2015).

12 2004年印度與巴基斯坦恢復中斷15年的板球隊互訪，成爲兩國關係正常化的里程碑；對此巴基斯坦前外長Shaharyan Khan出版「板球：和平的橋樑」一書，客觀描述了板球在巴國的社會功能。

13 「虔誠軍」（Lashkar-e-Toiba; LeT）於1986年成立，以顚覆巴基斯坦政權建立伊斯蘭國家爲目標，是南亞最活躍的恐怖組織，曾經於2008年11月26日發動震驚全球的孟買連環恐怖攻擊行動。

14 沈旭暉，南亞的「類申亞」：巴基斯坦板球世盃恐襲泡湯，**明報**，2010年12月13日，http://www.roundtable.hk/rdtbl/web/default.php?content=ecommentd&postId=177。最後瀏覽日：2015年5月5日。

的幕後黑手應該就是攻擊孟買的恐怖份子」[15]。

四、2010年非洲國家盃足球賽

非洲國家盃足球賽爲非洲地區最盛大的足球賽事，每兩年舉辦一次。第27屆非洲國家盃足球賽由安哥拉（Angola）主辦，比賽日期從2010年1月10日至1月31日，原本有16國參賽，但因開幕前兩天（即1月8日）發生恐怖攻擊事件，導致多哥（Togo）球員傷亡而宣佈退出比賽，最後只有15國參加。事發當天，多哥國家代表隊搭乘巴士，從位在剛果共和國（Republic of the Congo）的集訓中心前往安哥拉卡賓達省（Province of Cabinda），正當巴士越過剛果與安哥拉邊界進入安哥拉領土時，不幸遭到「卡賓達解放陣線」（Front for the Liberation of the Enclave of Cabinda; FLEC）的攻擊，這些恐怖份子以機關槍掃射巴西約半個小時之久，最後造成4死8傷的慘劇[16]。發生這起恐怖攻擊事件之後，多哥國家代表隊立刻宣布退出比賽，返抵國門；多哥教練腓魯德（Hubert Velud）則強烈主張取消所有比賽，但是主辦國安哥拉則提高安全防護等級，讓比賽照常舉行[17]。

五、2010年南非世足賽

2010年6月11日至7月11日南非盛大舉辦「第19屆世界盃足球賽」，成爲第一個主辦世界盃足球賽的非洲國家。總共有32支代表隊，64場比賽；主辦國總共設計了10個比賽場館，分布在9個城市中，因此防恐防範措施是一大挑戰[18]。在南非世足賽舉辦期間，南非境內倒是沒有發生恐怖攻擊事件，但卻在烏干達傳出重大的恐怖攻擊。2010年7月11日是第19屆世界盃足球賽的決賽日，世界各國的足球迷無不聚集觀賽。不料，在烏干達（Uganda）首都坎帕拉市（Kampala）的兩處觀賽地點，卻先後發生自殺炸彈攻擊，總共造成74人死亡、70人受傷。事發之後，索馬利亞（Somalia）青年黨（Al-Shabaab）公開宣布這兩起恐怖攻擊都是他們所爲。第一起爆炸案是發生在當地時間晚上10時55分，在一個叫做「伊索匹亞村落」（Ethiopian Village）的餐廳中有15位民眾當場死亡；第二起爆炸案於晚上11時20分發生，在「恰當多橄欖球俱樂部」（Kyadondo Rugby Club）擠滿觀看球賽的民眾，就在球賽進行到第90分鐘時，突然傳出一聲巨響，自殺炸彈當場炸死50多位民眾；根據統計，這起恐怖攻擊的罹難者大多數是烏干達人，其餘

---

15 Rediff India Abroad: Cricket, http://www.rediff.com/cricket/2009/mar/03gunmen-attack-sri-lanka-cricketers-in-lahore.htm（accessed: Apr. 28, 2015）

16 根據多哥門將阿家薩（Kossi Agassa）向法國資訊電台（France-Info Radio）的敘述，四名死者包括：多哥足球隊助理教練阿眛勒戴（Abalo Amélété）、新聞發布官歐克魯（Stan Ocloo）、巴士司機與候補門將歐拜雷爾（Kodjovi Obilale）。

17 The Guardian: Togo withdraw from Africa Cup of Nations after deadly gun attack, http://www.theguardian.com/football/2010/jan/09/togo-withdraw-africa-cup-of-nations-attack (accessed: Apr. 28, 2015)

18 2010 FIFA World Cup South Africa: Teams, Statistics, http://www.fifa.com/worldcup/archive/southafrica2010/statistics/index.html (accessed: Apr. 28, 2015).

則是厄利垂亞人（6人）、印度人（1人）、愛爾蘭人（1人）、肯亞人（1人）、美國人（1人）、衣索比亞人（1人）[19]。

六、2013年波士頓馬拉松賽

2013年4月15日爲第117屆波士頓馬拉松賽，是世上最古老的馬拉松比賽。而4月15號是波士頓的「愛國日」，美國麻州和緬因州，爲了紀念1775年4月19號的獨立戰爭，因此將每年4月的第3個禮拜一，訂爲愛國日，波士頓則用國際馬拉松賽，來慶祝這個節日。這次馬拉松比賽大約有23,000人參加，不幸在當天下午2點49分左右，在終點線附近卻先後發生兩起爆炸，兩處爆炸地點相隔不遠。嫌犯將許多鐵釘與金屬碎片放在壓力鍋內，引爆之後，碎片四射，造成3名觀眾死亡（兩位23、29歲女性與一位8歲男童），260多人受傷。案發之後，超過1,000多位聯邦、州與地方執法人員快速投入調查，不到兩天便有突破性進展，一位聯邦調查局分析師仔細調閱上千捲錄影帶後，鎖定兩位男性嫌犯，26歲的塔米爾南·沙尼耶夫（Tamerlan Tsarnaev）與19歲的喬卡·沙尼耶夫（Dzhokhar A. Tsarnaev）。同一天晚上，年約27歲的警察柯黎爾（Sean Collier）在麻省理工學院（Massachusetts Institute of Technology）被槍殺，陳屍於巡邏車上，有關當局判定這起殺警案與波士頓爆炸案都是上述兄弟黨所爲。殺警後，這對兄弟黨劫車逃亡，車上人質趁加油時報警，警察循著手機訊號掌握其行蹤。當天午夜，警方展開行動，於波士頓水城（Watertown）近郊與兩名嫌犯正面交鋒，一位警官不幸中彈受傷，而哥哥塔米爾南則身中數槍，送醫不治死亡；弟弟喬卡則被捕後，接受審判。至今此案尚未終結，喬卡仍然繼續爲自己辯護[20]。

---

19 "Africa: 'Somali link' as 74 World Cup fans die in Uganda blasts," *BBC NEWS*, http://www.bbc.com/news/10593771 (accessed: Apr. 28, 2015).

20 History: Boston Marathon Bombings, http://www.history.com/topics/boston-marathon-bombings (accessed: Apr. 26, 2015).

表8-1　發生恐怖攻擊之國際運動賽事與攻擊模式一覽表

賽事名稱	舉辦時間	舉辦地點	恐攻時間	恐攻地點	使用工具	攻擊能量	恐怖組織／份子	恐怖主義類型
1972慕尼黑奧運會	08.26-09.11	西德慕尼黑	09.05 04:00	選手村	步槍、手榴彈	17死	黑色九月	組織型恐怖主義
1996亞特蘭大奧運會	07.14-08.04	美國亞特蘭大奧林匹克體育館	07.27 01:20	公園音樂會場	土製炸彈	2死111傷	魯道夫	孤狼恐怖主義
2009巴基斯坦板球大賽	01.20-03.05	巴基斯坦格達費體育館	03.03 08:40	往場館路上	步槍、火箭炮、手榴彈	8死7傷	虔誠軍	組織型恐怖主義
2010非洲國家盃足球賽	01.10-01.31	安哥拉卡賓達省	01.08 上午	往場館路上	步槍、機關槍	4死9傷	卡賓達解放陣線	組織型恐怖主義
2010南非世足賽	06.11-07.11	南非	07.11 ca. 23:00	烏干達直播餐廳	炸彈	74死70傷	青年黨	組織型恐怖主義
2013波士頓馬拉松賽	04.15	美國波士頓	04.15 14:49	終點線附近	壓力鍋炸彈	3死260傷	沙尼耶夫兄弟	孤狼群恐怖主義

資料來源：作者自製。

根據上述6個發生恐怖攻擊之國際運動賽事，我們將這6起恐怖攻擊事件發生之時間、地點、使用工具、攻擊能量、參與之恐怖組織或恐怖份子，以及恐怖主義類型做成（表8-1），以此作爲解析國際運動賽事恐怖攻擊模式之參考。

首先，我們發現恐怖組織或恐怖份子在執行國際運動賽事恐怖攻擊行動時，在時間與地點的選擇上，並沒有一致的模式，例如：在攻擊的時間分布上，從凌晨（1996亞特蘭大奧運會）、清晨（1972慕尼黑奧運會）、上午（2009巴基斯坦國際板球大賽、2010非洲國家盃足球賽）、下午（2013波士頓馬拉松賽）與晚上（2010南非世足賽）都有；而在攻擊地點的選擇上，有的選在「選手村」（1972慕尼黑奧運會）下手，有的則在「慶祝音樂會上」（1996亞特蘭大奧運會）、「直播餐廳」（2010南非世足賽）或「終點線附近」（2013波士頓馬拉松賽）進行攻擊，但值得注意的是，「2009巴基斯坦國際板球大賽」與「2010非洲國家盃足球賽」的恐怖攻擊地點都是在運送選手前往比賽場地的路上，因此，「交通維安」特別值得重視。除此之外，這6個國際運動賽事的「主場館」都不曾淪爲恐怖攻擊的場所，倒是一大共同特色。

其次，恐怖組織或恐怖份子所使用的攻擊工具倒蠻有一致性，都是以步槍與（自製）炸彈爲主要武器，再佐以手榴彈（1972慕尼黑奧運會、2009巴基斯坦國際板球大賽）、火箭砲（2009巴基斯坦國際板球大賽）與機關槍（2010非洲國家盃足球賽）。然而，這6起恐怖攻擊的「攻擊能量」都非常地大，其所造成的傷害相當驚人，「2010南非世足賽」之恐怖攻擊事件造成74死70傷、「1972慕尼黑奧運會」造成17死、「2009巴基斯坦國際板球大賽」造成8死7傷、「2010非洲國家盃足球賽」造成4死9傷、「2013波士頓馬拉松賽」造成3死260傷、「1996亞特蘭大奧運會」造成2死111傷，這樣驚人的殺傷力，值得有關單位注意。

最後，就恐怖主義類型而言，很明顯地，可分爲兩類：第一，組織型恐怖主義（Organized Terrorism），亦即：「黑色九月」（1972慕尼黑奧運會）、虔誠軍（2009巴基斯坦國際板球大賽）、「卡賓達解放陣線」（2010非洲國家盃足球賽）與「青年黨」（2010南非世足賽）；第二，孤狼恐怖主義（Lone Wolf Terrorism），亦即「魯道夫」（1996亞特蘭大奧運會）與「沙尼耶夫兄弟」（2013波士頓馬拉松賽）。不過，特別值得一提的是，「黑色九月」與「青年黨」皆非主辦國國內的恐怖組織，而是外來的恐怖組織，他們爲了要報復某個參賽國家（例如：「黑色九月」要報復以色列、「青年黨」要報復烏干達）才執行這項恐怖攻擊。因此，如何避免「外來報復型恐怖組織」進入主辦國內部，伺機執行恐怖攻擊行動，是主辦國防範恐怖攻擊的重點之一。

參、和平舉辦國際運動賽事之反恐設計與作爲

國際上，和平落幕之國際運動賽事不勝枚舉，然因爲篇幅的限制而無法逐一列舉，本文將以2006年德國世足賽與2014年索契冬奧會等爲例，以探討其成功之反恐設計與作爲。

一、2006年德國世足賽反恐設計與作為

2006年世足賽於2006年6月9日至7月9日在德國12個城市舉行[21]。2000年7月7日德國

21 這些城市分別是柏林（Berlin）、漢堡（Hamburg）、漢諾威（Hannover）、蓋爾森基興（Gelsenkirchen）、多特蒙德（Dortmund）、科隆（Köln）、萊比錫（Leipzig）、法蘭克福（Frankfurt）、紐倫堡（Nürnberg）、凱薩斯勞藤（Kaiserslautern）、斯圖加特（Stuttgart）與慕尼黑（München）。2006年德國世足賽總共吸引了310萬觀眾，其中大約有100萬人是外國人。同時，約有

聯邦政府發表了2006年世足賽「政府保證計畫」（Regierungsgarantien），強調德國對於此次全球性的運動賽事之責任，其中一項保證就是強調反恐安全防範措施的重要性，茲將其重點敘述如下：

(一) 世足賽安全系統

德國足球協會接下2006年世足賽主辦權後，就立刻設立了一個籌備委員會（Organizing Committee; OC），由貝根鮑爾（Franz Beckenbauer）出任主席。德國總理委派聯邦內政部長負責監督聯邦政府推行世足賽的準備工作。2003年5月聯邦內政部設置了「2006年世足賽辦公室」（The 2006 World Cup Office），由2006年世足賽聯邦政府協調員（Federal Government Co-ordinator for the 2006 World Cup）羅曼（Jürgen Rollmann）負責指揮。「2006年世足賽辦公室」負責與相關政策領域之聯邦部長一起合作，以確實履行「政府保證計畫」。（請參見圖8-1）

除了要完成「政府保證計畫」的事項外，「2006年世足賽辦公室」還需設法展現德國的國力。在世足賽期間，對內對外都要體現世足賽標語「與世界作朋友」的精神。為此目的，「2006年世足賽辦公室」與所有的聯邦部長、聯邦政府新聞局、聯邦總理與其

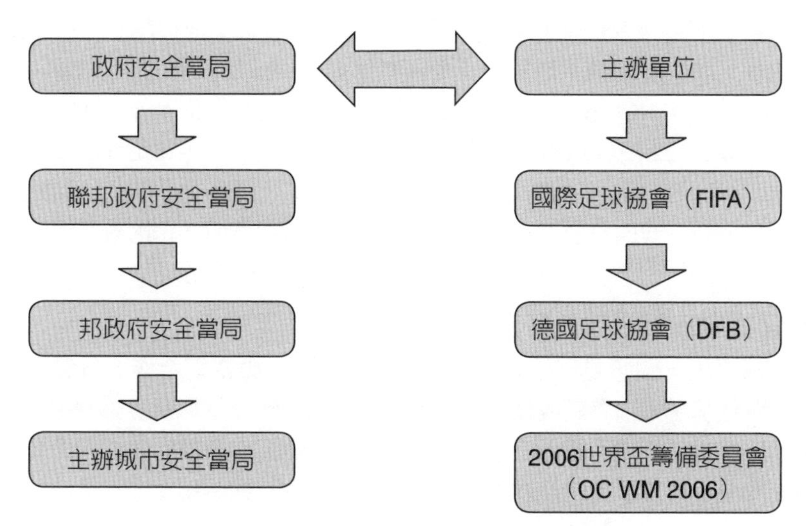

圖8-1　德國政府與主辦單位的安全系統

12,000～15,000位媒體代表進駐德國採訪與報導世足賽相關的新聞。根據德國經濟學家的估計，2006年世足賽期間（共一個月），約可為主辦國德國帶來200億美元的收入。而德國聯邦經濟部長預估2006年世足賽後3年的經濟成長將可望達到30億歐元，並創造5萬個新就業機會。除此之外，還將為德國創造大約6億歐元的額外稅賦收入。

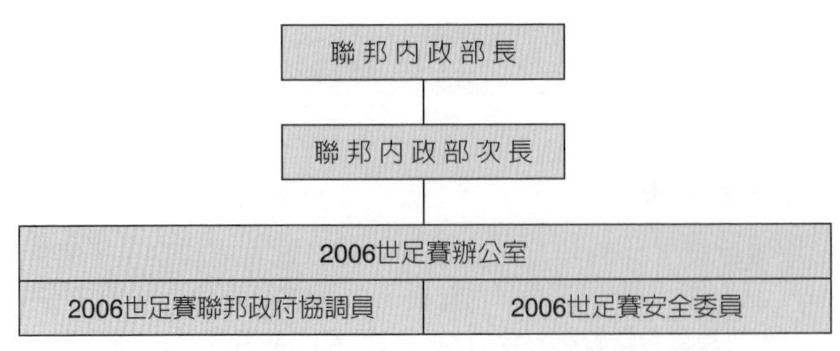

圖8-2 德國聯邦內政部2006年世足賽相關權責單位

他工作小組共同擬定一個「主辦策略」（Hosting Strategy）[22]。然而，爲了要監督安全策略的實行，2004年9月1日聯邦內政部長選任一名「2006年世足賽特別安全委員」（Special 2006 World Cup Security Commissioner），專門負責協助與監督「2006年世足賽辦公室」的安全執行措施。（請參見圖8-2）

(二) 世足賽國家安全策略

德國聯邦政府爲了2006年世足賽特別制定一份「國家安全策略」，以創造一個高安全標準的世足賽比賽環境。於是，「德國聯邦與邦內政部長會議」（The Conference of Interior Ministers; IMK）設立了「聯邦政府與邦委員會」（The Federal Government and State Committee），並由聯邦內政部長主持，負責起草「2006年世足賽國家安全策略」（National Security Strategy for the 2006 World Cup；以下簡稱「國家安全策略」）。[23]就「國家安全策略」的內容而言，可分爲三個層級：國際層級、德國聯邦層級與德國邦層級。

1. 國際層級安全策略（請參見表8-2）

在國際層級上，國際足球協會與世足賽籌備委員會應密切合作，負責世足賽體育館、參賽球隊住宿、入口管制與秩序維持等安全任務。國際足球協會與德國足球協會應採取措施以確保世足賽體育館的安全，特別是國際足球協會對體育館的安全規定，確保了賽事前、賽事中與賽事後的高度安全。這些安全規定包括兩項重點：第一，在每棟體

22 這項「主辦策略」是由許多活動與措施所組成，目的在使德國無論在國內或國外，都能表現出一個開放、包容、現代、創新與活力的國家。而這些活動與措施有四項重點：（1）由聯邦政府統籌規劃；（2）以行銷德國爲目標；（3）展現德國之藝術與文化特色；（4）積極推展迎賓活動。

23 「國家安全策略」於2005年5月25日由「德國聯邦與邦內政部長會議」通過後生效，是2006年世足賽安全措施的基礎。「國家安全策略」的主要任務在於統整世足賽準備階段與賽事期間所有國家與國際間的安全事件，並匯集所有相關的安全策略，以因應2006年世足賽安全情勢所帶來的挑戰。詳細內容請參見：Bundesministerium des Innern: Evaluation Report-The National Security Strategy for the 2006 FIFA World Cup, 2006, http://www.coe.int/t/dg4/sport/Source/T-RV/WC_2006_Evaluation_Report_Germany_EN.pdf. (accessed: May 8, 2015).

育館周圍：建立一個外部與內部的安全封鎖線；第二，在體育館內部，隔開對峙的球迷等。

在2006年世足賽期間，德國空軍應保持備戰狀態，監督與保障每架飛機按規定路線飛行。而北約亦提供「空中預警機」（Airborne Early Warning and Control Systems; AWACS）全天候監督德國領空，以確保德國領空的安全。北約「空中預警機」特別負責保護世足賽體育館的領空，以避免不明飛行物闖入體育館上空造成威脅。除此之外，歐洲層級的合作尚包括：連結歐洲各國管理足球流氓的資訊站，提供足球流氓的現況發展，以協助世足賽順利進行。此外，德國亦參考國際上防止大型運動賽事遭受恐怖攻擊的國際防制辦法與規章[24]，以完善反恐安全防範措施。

德國與2006年世足賽的參與國、鄰國與中轉國締結了安全事務國際合作雙邊協定。在此架構下，聯邦內政部與36個夥伴國家密切聯繫，透過這種安全合作網，德國可以有效掌握足球流氓與恐怖份子的動向，藉此可以事先擬定對應的防範措施，以確保2006年世足賽的安全。然而，與這些國家進行警察事務合作，其目的在於透過這些國家所提供之相關人士的旅遊動線，使德國事先能夠進行控制與預防。

在國際層面，2006年世足賽的國際合作重點在於諮詢與協調，合作的範疇如下：

(1) 情勢報告分享
(2) 跨國一般犯罪與組織犯罪的資訊分享
(3) 跨國足球流氓的資訊分享
(4) 有政治動機的犯罪資訊分享
(5) 其他相關資訊分享
(6) 加強中轉國的安全檢查
(7) 人力支援

表8-2　2006年世足賽國際層級國家安全策略

層級	權責單位	功能	目標
國際層級	國際足球協會與世足賽籌備委員會	非政府的安全機構，至少6000人	‧體育館與球隊住宿之安全 ‧入口管制與秩序維持
	北約空中預警機	保護世足賽體育館	‧監控德國領空
歐洲層級	各國足球資訊站（Nationale Fußballinformationspunkte; NFIP）	歐洲監控足球流氓之主管機關間的資訊平臺	‧取得足球流氓現況發展資訊

24 例如：「歐盟手冊」（EU-Handbook）與「運動賽事觀眾暴力歐洲公約」（European Convention on Spectator Violence at Sports Events）等。

「聯邦政府與邦委員會」所制定的2006年世足賽安全策略內容，不但包含了預防足球流氓的可能威脅，還包括了防範組織犯罪與恐怖主義攻擊的措施。特別是爲了完全防堵任何導致2006年世足賽無法繼續進行的干擾事件，安全策略中特別強調事先預防措施的重要性，包括安全當局事先與各國或國際足球迷代表進行密切對話。「國家安全策略」也包含了德國與其他國家或組織的國際合作，其目的在於透過安全當局間緊密且有效率的跨邊界合作，以確保2006年世足賽的安全。依照過去的經驗，世界各國警察的投入對大型運動賽事的安全維護具有重大貢獻，因此，德國便將國際警察的優點運用在2006年世足賽的安全防範上。在世足賽期間，國際警察與德國聯邦警察合作維護邊界安全，特別是車站、港口與機場等交通運輸要點。國際警察在執勤時，仍穿著其母國的警察制服，協助德國警察對可疑份子進行身分檢查、逐出體育館或予以逮捕。在世足賽開始前，國際警察會必須事先進行聯合訓練與講習，課程包括溝通與合作技巧等。

2006年6月6日聯邦內政部將超過300位來自歐盟12國與瑞士的警察佈署在德國。這些國際警察與德國聯邦警察一起維護德國邊境、鐵路與機場的安全。德國聯邦內政部長強調，國際警察身著各式各樣的制服會讓德國公民與外國旅客感覺安全，同時這也象徵著歐洲內的警察合作是具體、實際與有效率。除此之外，外國警力的協助以及與外國安全當局的資訊分享也非常重要，因此德國聯邦警察世足賽特別小組與夥伴國的安全機構有緊密的合作。另外，德國也與歐洲警政署（Europol）、歐洲司法合作署（Eurojust）與國際刑警組織（Interpol）進行密切地資訊交換。而且聯邦內政部自2002年起，爲籌備2006年世足賽曾經舉辦十場國際安全會議，以廣納建言。2006年3月30-31日，德國聯邦內政部邀請來自36國的300位安全專家於柏林召開一場國際安全會議，在最後的記者招待會上，來自英國、安哥拉、阿根廷與南韓的專家們都讚揚德國在國家與國際層面的安全準備有卓越表現。2006年初，德國「商品檢驗基金會」（Stiftung Warentest）提出了一份有關世足賽體育館的安全性報告，此基金會聲稱2006年德國世足賽中三個體育館的安全措施並不完善，在世足賽期間可能會發生倒塌事件。德國聯邦內政府乃規定，所有舉辦球賽的體育館在世足賽開幕前150天都應由一個委外的獨立機構來進行全面檢查[25]。

2. 德國聯邦層級安全策略（請參見表8-3）

「國家安全策略」分析的犯罪領域包括：足球流氓、政治意圖的犯罪、恐怖主義、一般犯罪與組織犯罪，此外尚包括公民保護、籌備委員會的安全措施與運輸設備的保護等。在聯邦層級，聯邦內政部長是2006年世足賽的負責人，聯邦內政部中設立一個「2006年世足賽辦公室」，由「2006年世足賽協調員」負責與其他相關的聯邦部長、聯邦總理府、聯邦新聞局與籌備委員會一起合作。另外，聯邦內政部專門爲世足賽設立一

25 經過檢討後，德國12個世足賽體育館都根據「最新建造標準」來建造或重新建造，這些「最新建造標準」都根據國際足球協會的標準與科學專家的建議所制定，沒有安全上的顧慮。

表8-3　2006年世足賽德國聯邦層級國家安全策略

層　級	權　責　單　位	功　能	目　標
聯邦層級	聯邦內政部長	負責監督世足賽安全措施的推行	‧與聯邦總理府、聯邦各部長、聯邦新聞局與籌備委員會保持緊密協調。
	2006年世足賽聯邦政府協調員	負責指揮聯邦政府世足賽辦公室	
	聯邦內政部2006年世足賽安全指揮部	世足賽專門的安全指揮部	‧貫徹與執行世足賽安全措施
	「國家資訊與合作中心」（Nationales Informations- und Kooperationszentrum）	為聯邦新聞局、憲法保護局與聯邦刑事局之「反恐專家特別單位」	‧所有措施的協調 ‧2006年5月初到7月中對2006年世足賽進行每日情勢資料的收集
聯邦與邦層級	聯邦警察與邦警察	機場、街道與公共區域的保安，比賽隊伍通車至比賽場地的護送。	‧保護比賽隊伍的安全

個「世足賽安全指揮部」，負責世足賽的安全事宜。

「國家安全策略」強調，聯邦政府必須設置一個資訊中心，以隨時發佈全國安全情勢。因此，聯邦內政部設立了「國家資訊與合作中心」（National Information and Cooperation Centre; NICC），此中心是聯邦內政部的通訊與資訊控制中心。2006年5月16日「國家資訊與合作中心」開始24小時全天候的服務，其任務在於「在聯邦政府負責的領域中，蒐集、評估與提供資訊」。其每日蒐集之「2006年世足賽國家情勢報告」（National Status Report on World Cup 2006），須每日更新7次，以掌握最新的安全情勢。

2006年世足賽的國內安全策略尚包括邊境管制措施，以防堵非法入境德國。在世足賽期間，德國宣布適當的邊境管制，並暫時停止適用申根協定（Schengen Agreement）邊境自由化的政策。然而，這種邊界管制並不是永久的，也不是對所有的邊界，而是根據賽事、球迷路線與其他相關資訊而彈性調整管制的時間與地點。此外，聯邦政府有義務支援邦政府於2006年世足賽期間維護各邦的安全，同時，當邦政府急需人力與兵力時，可以求助於德國的鄰國，甚至可以與鄰國簽訂雙邊安全合作協定。

而聯邦技術救援局（Federal Agency for Technical Relief; THW）的功能在於預防威脅，該局每日大約提供3萬人力，協助管理、照明、基礎設備、補給、嚮導與困難服務等。聯邦國防軍也根據法律規定，透過各種方法提供協助，以確保2006年世足賽成功舉行；因此，在聯邦政府與邦政府的要求下，約有2000名來自50個軍區的士兵佈署於重要管制點；此外，部分警察以及聯邦與邦之警察特遣部隊將受聯邦國防軍的命令與調遣。

而軍事警察、航空運輸、輔助醫事的輕工兵則隨時待命以協助處理大規模破壞事件。

「國家安全策略」對於交通管理與公共運輸安全十分重視，目的在於確保觀眾能安全進出體育館。適當的交通管理不但能使交通更方便，而且還能有效避免許多不必要的動亂。同時，「國家安全策略」也呼籲聯邦政府應重視緊急事件與意外災害的應變措施，因此，聯邦機構現存的緊急與災難應變計畫應再加強，而支援機構在2006年世足賽開幕之前也應參與訓練課程。而世足賽12個體育館在比賽期間爲禁航領域，「比賽前三小時」到「比賽結束後三小時」，各個體育館的上空半徑5.4公里內都禁止飛機飛入。在這個範圍內，只有警察、聯邦軍隊與救援服務的飛機才准許進入。在緊急或特殊安全情勢下，體育館上空的禁航範圍可擴大爲半徑54公里。

大型國際賽事會吸引大批的觀光客，也爲犯罪組織提供犯罪機會，人口走私與賣淫是最常見的犯罪行爲。「國家安全策略」中強調：聯邦刑事局、聯邦警察局、邦警察局與國際警察應密切合作，以預防此類犯罪的發生。爲此，德國聯邦警察局與邦警察局發展出一套「2006年世足賽打擊犯罪計畫」（Plan for Fighting Crime Related to the 2006 World Cup）來補充「國家安全策略」。此項計畫乃依地方與區域的特質來做安全防範責任的分工，例如：在人口走私與賣淫的案件中，邦警察局負責初步的刑事偵查，而聯邦刑事局則是打擊此類犯罪的主角。

3. 德國邦層級安全策略（請參見表8-4與表8-5）

在邦層級方面，各邦刑事局扮演著「運動中心資訊機構」的角色，主要目標在於防止足球流氓的暴力行動。邦警察局應與聯邦警察局緊密合作，負責在機場、街道與公共區域的維安，以及比賽隊伍通車至比賽場地的護送。特別在機場的安全維護上，設有一支2006年世足賽特遣部隊（Task Force WM 2006），負責維護世足賽的空中秩序，監控與管理包機與飛機的飛航安全，並控制德國領空內可使用的飛航空間與資源。

表8-4　2006年世足賽德國邦層級國家安全策略

層　級	權　責　單　位	功　能	目　標
邦層級	邦刑事局	提供運動場資訊	・防止足球流氓的暴力行動
機場	2006年世足賽特遣部隊	保護空中交通	・維護包機與飛機的飛航安全 ・控制境內可使用的飛航空間與資源

表8-5　巴伐利亞邦安全措施、特別單位與工作小組

權責單位	功　能	目　標
巴伐利亞邦警察局「內部安全學術工作小組」	偵查違法的伊斯蘭組織，並與其他機構密切合作。	‧偵查伊斯蘭組織 ‧防止危險發生 ‧犯罪起訴
巴伐利亞邦內政部「伊斯蘭恐怖主義與激進主義危險辨識工作小組」	加強對伊斯蘭恐怖主義與激進主義之認識，以減少這類危險的發生。	‧資訊收集 ‧將伊斯蘭主義的危害排除在巴伐利亞邦之外
巴伐利亞警察策略改革中心	學術、警察實務與伊斯蘭專家之知識聯盟。	‧與邦政府保持緊密聯繫

由於2006年世足賽於巴伐利亞邦慕尼黑舉行開幕式，這一天全世界都聚焦於慕尼黑這個城市，恐怖份子可能會利用這樣的機會，在慕尼黑進行恐怖攻擊。因此，巴伐利亞邦政府特別制定了邦安全措施，設立了特別單位與工作小組來協助維護安全。巴伐利亞邦警察局之「內部安全學術工作小組」，大約由240位不同科學領域的學者組成，包括：政治學、社會學、法學、歷史學與犯罪學等領域。這些學者都專精於內部安全與警察事務的研究，巴伐利亞邦警察局將這些專家組成研究小組，由他們從不同的角度提出專業的安全建議，供巴伐利亞邦政府參考。此外，巴伐利亞邦內政部中還設有一個「伊斯蘭恐怖主義與激進主義危險辨識工作小組」，其功能在於收集資訊，並利用法律途徑將伊斯蘭主義危險份子驅離巴伐利亞邦。「巴伐利亞警察策略改革中心」則是一個學術、警察實務與伊斯蘭主義專家的知識聯盟，與巴伐利亞邦政府互動頻繁，亦是2006年世足賽安全智庫之一。

4. 法律之暫時變動（請參見表8-5）

在2006年世足賽期間，德國的飛航安全法與基本法有暫時的變動。2005年1月15日新的飛航安全法生效，內容爲「當恐怖份子劫持飛機，而且試圖將此飛機當作一種武器攻擊人時，得將此飛機擊落」。再者，強調邊境交通自由化的申根協定，在世足賽期間暫停適用，並透過適當的邊境管制，防止非法之徒趁世足賽之便進入德國。最後，基本法第35條與第87a條亦暫時變動，允許聯邦國防軍在世足賽期間能夠執行內部安全的任務。然而，只有當發生非常嚴重的不幸事件時，邦政府才能夠要求其他邦給予警力、行政、邊境保護單位之人力與設備的支援。

表8-5 2006年世足賽期間法律之暫時變動

法 律	變 動	內 容
飛航安全法	2005年1月15日新的飛航安全法生效	當恐怖份子劫持飛機，而且試圖將此飛機當作一種武器攻擊人時，得將此飛機擊落。
申根協定	在世足賽期間暫時不適用申根協定	透過適當的邊境管制，防止非法之徒趁世足賽之便進入德國。
基本法	基本法第35條與第87a條暫時變動，允許聯邦國防軍在世足盃期間執行內部安全任務。	只有當發生非常嚴重的不幸事件時，邦政府才得以要求其他邦給予警力、行政、邊境保護單位之人力與設備的支援。

(三) 2014年索契冬奧會

索契冬奧會爲第22屆奧林匹克冬奧會，舉辦日期爲2014年2月7日至2月23日，共有88個國家[26]、2,800多位選手[27]參加。然而，車臣分離主義份子於2013年7月表示「要用盡各種辦法阻止冬奧會的舉行」，使得這場運動賽事染上濃濃政治色彩。不過，索契冬奧會卻和平落幕了，原因在於「恐怖份子在開幕之前的一連串攻擊讓莫斯科政府提高警覺，採取高規格反恐措施，使得索契冬奧會圓滿結束」。

首先，2013年10月21日，俄羅斯南部大城伏爾加格勒（Volgograd），舊稱史達林格勒（Stalingrad），在當地時間下午2點發生公車爆炸案，一位30歲的塔吉斯坦（Dagestan）自殺炸彈客阿細亞羅娃（Naida Asiyalova），在公車上引爆炸彈，造成7人死亡（包含阿細亞羅娃）、30多人受傷[28]，案發地點距離索契大約只有700公里。其次，2013年12月27日俄羅斯南部的皮亞季戈爾斯克市（Pyatigorsk）發生一起相當於50公斤黃色炸藥威力的汽車炸彈攻擊事件，造成3人死亡，爆炸地點就在當地警察局旁，挑釁意味濃厚[29]。再者，2013年12月29-30日伏爾加格勒市連續兩天發生兩起自殺炸彈攻擊，第一起爆炸案發生於當地時間12月29日下午12點45分，一位女性自殺炸彈客在伏爾加格勒市火車站金屬探測門旁引爆，造成17人死亡[30]。第二起爆炸案發生在當地時間12月30日早上8點30分左右，自殺炸彈客在無軌電車上犯案，造成16人死亡。

---

26 馬爾他（Malta）、巴拉圭（Paraguay）、東帝汶（Timor Leste）、多哥（Togo）、東加（Tonga）與辛巴威（Zimbabwe）等六個國家是第一次參與冬奧會。

27 其中女性選手超過四成。

28 Sputnik International: At Least 6 Killed in Attack by Female Suicide Bomber in Russia – Official, http://sputniknews.com/russia/20131021/184272242.html#ixzz3Yd2Ze4CDhttp://sputniknews.com/russia/20131021/184272242.html (accessed: Apr. 29, 2015).

29 RT: 3 dead as car explodes near police building in Russia's south, http://rt.com/news/car-blast-pyatigorsk-russia-879/ (accessed: Apr.29, 2015).

30 RT: Suicide bombing kills at least 17 in Russia's Volgograd (VIDEO), http://rt.com/news/volgograd-blast-victims-russia-937/ (accessed: Apr. 29, 2015).

根據俄羅斯緊急事故部（Emergencies Ministry）的統計，這兩起自殺炸彈攻擊總共造成33人死亡、104人受傷[31]。俄羅斯調查委員會表示：「這兩起自殺炸彈攻擊事件之炸彈製法與填充物相同，因此研判兩起事件有密切關聯」[32]，但攻擊事件發生後，仍然沒有任何組織承認犯案[33]。直到將近一個月後，案情才有重大進展，俄羅斯北高加索（North Caucasus）之伊斯蘭軍事組織在網路公布一段長達49分鐘的影片，鄭重警告普亭（Vladimir Putin）立刻停辦冬奧會；並承認2013年12月底「伏爾加格勒爆炸案」都是他們所爲，影片中也公布兩位自殺炸彈客爲蘇雷曼（Suleiman）與阿布都拉克曼（Abdurakhman）[34]。最後，2014年1月8日在距離索契大約300公里遠的斯塔夫羅波爾地區（Stavropol）再度出現恐怖攻擊事件，當地警方在廢棄的車子中，發現6具滿是彈孔的屍體與一個爆炸裝置，警方懷疑，這又是伊斯蘭恐怖份子所爲。

從上述五起恐怖攻擊事件之地理坐標來看，一個是距離索契700公里，一個則是距離300公里，因此，我們可以清楚看出，恐怖份子的攻擊半徑，已經逐漸逼近索契，這種發展趨勢，讓俄羅斯安全部隊上緊發條，進入戰備狀態。普亭總統因此下令啓動六項反恐作爲以保障冬奧會能夠和平進行：

1. 啓動衛星監測系統，並且加裝5,500個監視器，以充分監視與掌控狀況；
2. 加派四萬多名警力與安全部隊，以強化反恐能力；
3. 所有買票進場的觀眾都必須詳細填寫個人資料，這些資料允許維安人
4. 員用來執行反恐行動，以建立有效之監控通訊系統；
5. 採取嚴格交通管制，禁止外地汽車進入上述案發城市；而在對外交通上，所有飛機都必須從莫斯科轉機，才能到打索契；
6. 將莫斯科機場與選手村視爲第一線安全警戒區，所有旅客都嚴格禁止攜帶牙膏、液態容器、罐裝化妝品上飛機，因爲這些物品都有可能被用來藏匿或製造爆炸物；而選手村的設備相當完備，選手們不需交通工具就可以到達比賽場館，藉此提高安全維護；
7. 與美國安全單位合作，共同維護冬奧會安全。

---

[31] RT: Consecutive Volgograd suicide bombing kills at least 15 (PHOTOS, GRAPHIC VIDEO), http://rt.com/news/russia-volgograd-trolley-blast-957/ (accessed: Apr. 29, 2015).

[32] “CCTV footage of Volgograd train station suicide explosion,” *Euronews*, http://www.euronews.com/2013/12/30/cctv-footage-of-volgograd-train-station-suicide-explosion/ (accessed: Apr. 26, 2015).

[33] “Volgograd blasts: Second suicide bomb hits Russia city,” *BBC NEWS*, http://www.bbc.com/news/world-europe-25546477 (accessed: Apr. 29, 2015)

[34] The guardian: Islamic group claims Volgograd attacks and threatens Sochi visitors, http://www.theguardian.com/world/2014/jan/20/islamic-group-claims-volgograd-threatens-sochi (accessed: Apr. 29, 2015).

肆、結語：臺北2017世大運防範恐怖攻擊之設計與作為

從「國家責任」的觀點來看，國家必須設法防止人民遭受恐怖攻擊，即使不幸遭到恐怖攻擊時，國家亦應有充分的處理能力，以讓損失降到最低；因此，如何防範恐怖攻擊，就成爲各國政府舉辦大型國際運動賽事的核心目標。我們仔細比較分析文中所述之「六個發生恐怖攻擊之國際運動賽事」與「兩個和平舉辦國際運動賽事」後，建議臺北舉辦2017世大運應特別重視以下四點反恐設計與作爲：

第一，**建立「國家安全策略」，有效整合國際、中央與地方之安全機構與資源**：大型國際運動賽事的安全不但需要主辦國中央政府的全力支持，更需要國際安全機構的支援與合作，才能夠讓在第一線負責執行的地方政府或體育單位獲得充分的援助，以順利執行賽前、賽中與賽後之反恐措施。德國政府於主辦2006年世足賽期間所推出之「國家安全戰略」，鉅細靡遺地規劃「國際」、「國家」與「地方」之安全配套措施，是很好的參考範本。

第二，**重視運送選手之交通維安，以避免遭到恐怖攻擊**：本文所舉例之六個發生恐怖攻擊之國際運動賽事中，就有兩個運動賽事（亦即「2009巴基斯坦國際板球大賽」與「2010非洲國家盃足球賽」）之恐怖攻擊地點，發生在運送選手到比賽場館的路途中，比例之高値得我們重視。因此，運送選手之「交通維安」應該特別重視，以避免遭到特定恐怖組織或恐怖份子的埋伏攻擊。

第三，**採取「隔離措施」將選手與球迷區隔開來，避免發生衝突**：選手或球迷之間的對立，往往有跡可循，通常與國與國之間的歷史關係，或球隊與球隊之間的競爭關係有關聯，例如：英國與阿根廷之間因爲「福克蘭戰爭」而成爲球場上的死對頭，因此，英阿兩隊在同組競賽時，選手與球迷的情緒就特別高昂，維安就特別吃重。是故，除了賽程不能夠刻意安排之外，其他如交通運送上，就可以刻意採取「隔離運輸」的方式，將英國與阿根廷選手或球迷隔開，避免他們搭乘同一班車，以減少衝突事件的發生；同樣地，在住宿的安排上，亦應將英國與阿根廷的選手或球迷分開，避免他們住在同一寢室、同一層樓或同一區域，而發生不必要的衝突。

第四，**防範「外來報復型恐怖主義」的滲透，以避免爆發恐怖攻擊**：國際大型運動賽事之比賽選手皆是各國的代表，具有強烈的國家色彩，因此，很容易變成特定恐怖組織或恐怖份子的攻擊目標，例如：巴勒斯坦人所組成之「黑色九月」恐怖組織就特別以以色列運動員爲攻擊目標，因此爆發了「1972 慕尼黑奧運會恐怖攻擊事件」；而索馬利亞「青年黨」則非常不滿肯亞、烏干達等國家參與「非洲聯盟」圍剿「青年黨」，因此常以恐怖攻擊作爲報復。是故，這些恐怖組織常常在大型運動賽事中執行恐怖報復行動，例如：「1972 慕尼黑奧運會恐怖攻擊事件」就是典型的例子，對於這種特殊現象，主辦國不得不小心防範。

第五，**建立國內外情報網，以掌握恐怖組織或恐怖份子的動態**：反恐是跨國問題，單靠一己之力無法成功。因此，國際合作是反恐的基本原則，其中又以情報交流最爲重要。所以，如果要完善臺北2017世大運反恐防範措施，第一步就是要建立一個「情報導向」的反恐網絡，將國內與國際的情報資訊有系統地收集、分析與運用，這樣才能夠掌握「組織型恐怖組織」與「孤狼恐怖主義」的動態，防止遭到恐怖攻擊。

第六，**加強邊界、港口與機場的人員管制，以有效阻止恐怖份子進入國內執行恐怖攻擊**：德國爲了加強人員管制，毅然決然地宣布「在2006年世足賽期間，暫時停止適用申根協定有關人員自由流通的規定」，換句話說，德國在2006年世足賽期間啓動了邊境人員管制措施，以攔阻非法人員（包括恐怖份子）進入德國。這說明了，爲了防範恐怖份子在國際運動賽事中執行恐怖攻擊，特殊的邊境管制辦法實屬必要，值得我們參考。

第七，**加強國際反恐合作，以彌補國內反恐能力之不足**：執行反恐需要龐大的人力，除了靜態的情報分析人員之外，還需要大量的執法人員，目前國內之反恐能力雖然呈現增加的趨勢，但規模上仍然太小，因此與其他國家或國際組織的合作相當必要。而在實務經驗上，國際反恐合作實在是一種普遍存在的現象，例如：俄羅斯總統普亭爲了讓他精心打造之「世界最昂貴冬奧會」（耗資500億美元）和平落幕，因此在一波接一波的恐怖攻擊壓力下，他鄭重請求美國的安全單位，一起維護冬奧會的安全。

第八，**嚴密飛航管制，設置禁航空域**：航空技術日新月異，無人機的使用愈來愈頻繁，因爲無人機造價較低，可以低空、24小時飛行，亦可深入人員到達不了的地方，因此漸漸博得青睞。恐怖組織或恐怖份子亦有可能使用無人機或一般飛行器在國際運動賽事期間執行恐怖攻擊，是故，比賽場館上空的飛航管制非常重要。德國在「2006年世足賽期間」就頒布航空特別法令，將世足賽12個場館列爲禁航區域，「比賽前三小時」到「比賽結束後三小時」，各個場館上空半徑5.4公里內禁止飛行；而在緊急或特殊情況下，禁航範圍可以擴大10倍，達到半徑54公里，藉此以維護場館領空安全。

第九，**動用正規部隊，協助重要地點之維安**：國軍是用來保衛國家，對抗敵人，但是在一些重要的國際運動賽事中，許多國家就特別允許正規部隊加入反恐與維安的行列，例如：德國在「2006年世足賽期間」就調整了基本法中有關聯邦國防軍的執勤範圍，允許2000名聯邦國防軍在重要管制點協助安全維護，以確保世足賽能夠順利進行。

第十，**啓動監視系統，掌握人員流通**：反恐與人權保護，一直無法取得平衡點，到底可不可以利用監聽、監視的方式，來達到打擊恐怖主義的目的，在國際社會中，一直沒有一個定論。但是，爲了提高反恐效能，部分先進國家也通過法律，允許情治單位監聽民眾的通訊紀錄，例如：法國國會在2015年5月通過監聽法案，允許反恐單位不需事先申請而可以直接對可疑民眾進行監聽。而普亭爲了過濾恐怖份子，在「2014索契冬奧會期間」，除了特別加裝5500隻監視器之外，還要求所有觀眾在買票時，必須詳填個人資料，以讓反恐單位建立有效之監控系統，防止恐怖攻擊事件的發生。

參考文獻

西文

EJ DE Aréchaga: International Responsibility, in: M. Sorensen, ed.: *Manual of Public International Law* (New York: Saint Martin Press, 1968), p. 531

Emerich de Vattel, CG Fenwick (tr), 2The Law of Nations or, *the Principles of ational Law: Applied to the Conduct and to the Affairs of Nations and Sovereigns* (New York: Legal Classics Library, 1916).

Manuel Garcia-Mora: *International Responsibility for Hostile Acts of Private Persons against Foreign States* (The Hague: Nijhoff, 1962), p. 17.

Matthew Levitt, *Targeting Terror: U.S. Policy Toward Middle Eastern State Sponsors and Terrorist Organizations*, Post-September 11 (Washington DC: Washington Institute for Near East Policy, 2002), pp. 76-87.

Sompong Sucharitkul, "Terrorism as an International Crime: Questions of Responsibility and Complicity," in: Yoram Dinstein, Mala Tabory, eds., *Israel yearbook on human rights, 1989* (Boston: Martinus Nijhott Press, 1990), pp. 247-258.

Tal Becker, *Terrorism and the State: Rethinking the Rules of State Responsibility* (Oxford: Hart Publishing, 2006).

William Blackstone, *Commentaries on the Law of England (1765-69)* (London: Convendish, 2001).

相關資料網站

沈旭暉：南亞的「類申亞」：巴基斯坦板球世盃恐襲泡湯，**明報**，2010年12月13日，http://www.roundtable.hk/rdtbl/web/default.php?content=ecommentd&postId=177。最後瀏覽日：2015年5月5日。

2010 FIFA World Cup South Africa: Teams, Statistics, http://www.fifa.com/worldcup/archive/southafrica2010/statistics/index.html (accessed: Apr. 28, 2015).

Armed Forces History Museum: Germany's Special Forces – GSG 9, http://armedforcesmuseum.com/germanys-special-forces-gsg-9/(accessed: Apr. 26, 2015).

"Africa: 'Somali link' as 74 World Cup fans die in Uganda blasts," *BBC NEWS*, http://www.bbc.com/news/10593771 (accessed: Apr. 28, 2015).

"'Suicide bomber' hits Russia's Volgograd train station," *BBC NEWS*, http://www.bbc.com/news/world-europe-25541019 (accessed: Apr. 29, 2015).

"Volgograd blasts: Second suicide bomb hits Russia city," *BBC NEWS*, http://www.bbc.com/

news/world-europe-25546477 (accessed: Apr. 29, 2015).

Bundesministerium des Innern: Evaluation Report-The National Security Strategy for the 2006 FIFA World Cup, 2006, http://www.coc.int/t/dg4/sport/Source/T-RV/WC_2006_Evaluation_Report_Germany_EN.pdf. (accessed: May 8, 2015).

"Afghanistan suicide bombing kills 50 people at volleyball tournament," *CBC NEWS*, http://www.cbc.ca/news/world/afghanistan-suicide-bombing-kills-50-people-at-volleyball-tournament-1.2846227 (accessed: Apr. 29, 2015).

"Olympic Park Bombing Fast Facts," *CNN*, http://edition.cnn.com/2013/09/18/us/olympic-park-bombing-fast-facts/ (accessed: Apr. 26, 2015).

"CCTV footage of Volgograd train station suicide explosion," *Euronews*, http://www.euronews.com/2013/12/30/cctv-footage-of-volgograd-train-station-suicide-explosion/ (accessed: Apr. 26, 2015).

Global Policy zForum: War on Terrorism, https://www.globalpolicy.org/war-on-terrorism.html (accessed: Apr. 30, 2015).

History: Boston Marathon Bombings, http://www.history.com/topics/boston-marathon-bombings (accessed: Apr. 26, 2015).

History: This Day in History: 1996 Bombing at Centennial Olympic Park, http://www.history.com/this-day-in-history/bombing-at-centennial-olympic-park (accessed: Apr. 26, 2015).

KAVKAZCENTER: Police office destroyed by car bomb attack in Sochi region, killing at least 3 Russian invaders, http://www.kavkazcenter.com/eng/content/2013/12/27/18714.shtml (accessed: Apr. 29, 2015).

LiveLeak: Centennial Olympic Park bombing, http://www.liveleak.com/view?i=d0c_1308107528 (accessed: Apr. 25, 2015).

Olympic Games: ATLANTA 1996: About the Games, http://www.olympic.org/atlanta-1996-summer-olympics (accessed: Apr. 26, 2015).

Olympic Games: BEIJING 2008: More About, http://www.olympic.org/beijing-2008-summer-olympics (accessed: Apr. 26, 2015).

Olympic Games: MUNICH 1972: About the Games, http://www.olympic.org/munich-1972-summer-olympics (accessed: Apr. 26, 2015).

Rediff India Abroad: Cricket, http://www.rediff.com/cricket/2009/mar/03gunmen-attack-sri-lanka-cricketers-in-lahore.htm (accessed: Apr. 25, 2015).

Roberto Ago: Fourth report on State responsibility, by Mr. Roberto Ago, Special Rapporteur – The internationally wrongful act of the State, source of international responsibility, A/CN. 4/264 and Add. 1 Yearbook of the International Law Commission, 1972, p. 120, http://untreaty.un.org/ilc/documentation/english/a_cn4_264.pdf (accessed: Apr. 26, 2015).

RT: 3 dead as car explodes near police building in Russia's south, http://rt.com/news/car-blast-pyatigorsk-russia-879/ (accessed: Apr. 29, 2015).

RT: Consecutive Volgograd suicide bombing kills at least 15 (PHOTOS, GRAPHIC VIDEO), http://rt.com/news/russia-volgograd-trolley-blast-957/ (accessed: Apr. 29, 2015).

RT: Suicide bombing kills at least 17 in Russia's Volgograd (VIDEO), http://rt.com/news/volgograd-blast-victims-russia-937/ (accessed: Apr. 29, 2015).

Sputnik International: At Least 6 Killed in Attack by Female Suicide Bomber in Russia – Official, http://sputniknews.com/russia/20131021/184272242.html#ixzz3Yd2Ze4CDhttp://sputniknews.com/russia/20131021/184272242.html (accessed: Apr. 29, 2015).

The guardian: Islamic group claims Volgograd attacks and threatens Sochi visitors, http://www.theguardian.com/world/2014/jan/20/islamic-group-claims-volgograd-threatens-sochi (accessed: Apr. 29, 2015).

The Guardian: Togo withdraw from Africa Cup of Nations after deadly gun attack, http://www.theguardian.com/football/2010/jan/09/togo-withdraw-africa-cup-of-nations-attack (accessed: Apr. 28, 2015).

The Independent: World: Olympics Massacre: Munich - The real story, http://www.independent.co.uk/news/world/europe/olympics-massacre-munich--the-real-story-524011.html (accessed: Apr. 26, 2015).

第9章 巴黎恐怖攻擊事件的啓示與省思——一個論述分析的觀點

崔進揆

2015年1月7日法國巴黎發生了震驚國際社會的恐怖攻擊案，造成十二死和多人輕重傷的慘劇。事件發生之後，西方政治人物和主流媒體立即將該事件定義爲是恐怖份子和宗教狂熱者所爲的野蠻行徑，並譴責該一事件是對法國民主和新聞、言論自由的羞辱。透過「論述分析」（discourse analysis）的方式，本文檢視了《查理週刊》引發爭議的伊斯蘭教先知穆罕默德的圖像畫，以及包括法國總統歐蘭德在內等各國領袖對於槍擊事件重要評論的「文本」（texts），目的在於釐清衝突發生的原因和試圖還原事件的眞相。雖然《查理週刊》槍擊案是因伊斯蘭教先知默罕默德遭到週刊圖像化並被刊出而起，然而該一事件卻與法國深層的政治、社會和文化背景有關，亦與美伊戰爭、美軍虐囚事件和中東地區安全情勢的發展息息相關。此外，主流媒體和政治人物對於該一事件的發言和報導亦顯示西方世界長期以來慣以西方爲中心的世界觀來理解其他文明，並對恐怖主義等相關議題進行主觀的評論。類似巴黎恐怖攻擊案，將恐怖攻擊事件歸因於宗教和伊斯蘭激進主義的論述方式不僅主導了社會輿論和公共議題的發展，更將恐怖攻擊事件「去政治化」，使得社會大眾遺忘了「政治因素」才是恐怖主義和大部分恐怖攻擊事件發生的主因，而該一作法亦同時合理化當權者以反恐爲名所擬定、施行的各項政策作爲。本文認爲，雖然《查理週刊》槍擊案是發生於法國的單一事件，但卻道出了我們日常生活中對於恐怖主義亦或伊斯蘭教因缺乏了解和認識所產生的種種迷思，而這種迷思亦存在於臺灣社會中。鑒此，如何藉由該一事件對我們一向視爲理所當然的「眞理」重新進行省思，並學習尊重和包容不同的意見與文化是巴黎恐怖攻擊事件帶給我們的重要啓示。

壹、巴黎恐怖攻擊事件的論述分析：理論、圖像、文字和語言

一、論述分析的基本假定與主張

自1980年代開始，「論述分析」（discourse analysis）便受到國際關係研究者所

重視，並被視爲是對國際關係和國際政治等學科進行批判性研究的重要工具，「論述分析」亦因此常被社會建構主義者和後結構主義者應用於國際關係的研究中[1]。從事「論述分析」研究時，研究者主要探討文字（word）、語言（language）和論述（discourse）的功能，及其如何被用於政治的場域中以對特定的政策進行表述、倡導與推動。九一一恐怖攻擊事件後，關於語言、論述和美國政府力暢之「反恐戰爭」的討論眾多，學者如：Adam Hodge、Carol Winkler、Lee Jarvis、Richard Jackson、Stuart Croft、Sandra Silberstein等皆從事相關的研究[2]。值得注意的是，「論述」的理論化和概念化並非是在近代才出現，其在過去就曾被建構主義（constructivism）、後現代主義（post-modernism）、後結構主義（post-structuralism）、和女性主義（feminism）等不同的學派和典範（paradigms）討論過，且關於「論述」（discourse）一詞的定義和解釋也會因不同學派和學者而異[3]。

Jennifer Milliken認爲儘管論述分析的討論與流派眾多，但大部分的學者皆認同下列幾項基本主張：（一）「論述」是一個關於「認知意義的系統」（a system of signification），其不僅建構所謂的「社會現實」（social realities），亦賦予各種社會實踐（social practices）、事件和物體具體的意義；（二）在政治的場域中，「論述」定義了國安專家、國防專才和外交決策者等主體（subjects），並賦予其言說和行動的能力；（三）「論述」合理化不同形式的知識與政治實踐（political practices），以及存在於不同社會團體間或時代背景下的「共識」（common grids of intelligibilities）；（四）「論述」確立並維持了普遍存在於各個社會中的「霸權眞理」（regime of truth），並排除其他可能的建議和措施。亦即，「論述」具有排他性；（五）「論述」的內涵與詮釋會因不同歷史、文化和語言背景而異，因此「論述」本身可以接受不同的辯證與挑戰，並持續產生新的論述[4]。

除了前述關於「論述」的定義與解釋，大部分從事論述分析的研究者亦認爲：（一）一個具有批判精神的研究途徑是必須的。批判性的研究途徑鼓勵研究者對一向

---

1 Tom Lundborg and Nick Vaughan-Williams, "New Materialisms, Discourse Analysis, and International Relations: A Radical Intertextual Approach," *Review of International Studies*, Vol. 41, No. 1 (2015), p. 7.; Jennifer Milliken, "The Study of Discourse in International Relations: A Critique of Research and Methods," *European Journal of International Relations*, Vol. 5, No. 2 (1999), pp. 225-254.

2 Adam Hodges, The *"War on Terror" Narrative: Discourse and Intertextuality in the Construction and Contestation of Sociopolitical Reality* (Oxford, the United Kingdom: Oxford University Press, 2011); Carol Winkler, *In the Name of Terrorism: Presidents on Political Violence in the Post-World War II Era* (New York: State University of New York Press, 2006); Lee Jarvis, *Times of Terror: Discourse, Temporality and the War on Terror* (London, the United Kingdom: Palgrave Macmillan, 2009); Richard Jackson, *Writing the War on Terrorism: Language, Politics and Counter-terrorism* (Manchester, the United Kingdom: Manchester University Press, 2005); Stuart Croft, *Culture, Crisis and America's War on Terror* (Cambridge, the United Kingdom: Cambridge University Press, 2006); Sandra Silberstein, *War of Words: Language, Politics and 9/11* (Abingdon, the United Kingdom: Routledge, 2002).

3 Milliken, "The Study of Discourse in International Relation," p. 225.

4 *Ibid.*, pp. 227-231.

被視爲是「理所當然的知識」（taken-for-granted knowledge）提出質疑與反思，而這對於知識的增長和整體社會的進步具有積極正向的意義[5]。此外，在眞實的社會中並不存有「客觀的眞理」（objective truth），所謂的「事實」（reality / realities）實際上是透過一連串的分類與詮釋的過程所產生。由於文字、語言和論述並非純然中立，因此所謂的「絕對眞理」（absolute truth）或「客觀眞理」（objective truth）並不存在[6]。亦即，「眞理」（truth / truths）是可以被質疑和討論的；（二）人類是歷史的和文化的生命體，人們的世界觀和對世界的認知會受到不同的歷史觀和文化觀所影響，並同時反映不同時代和社會文化背景的特色。正因爲如此，人們的世界觀和身分認同（identity）會存有差異，兩者亦會隨著個人所身處的環境，以及人生經歷而改變[7]；（三）知識建構和社會進程（social processes）及社會行動（social action）間存有緊密的關係，故其不應被單獨討論，而需置於特定的社會脈絡（social context）下進行檢視才有意義[8]。對於社會建構主義者而言，「知識」是社會互動進程下的產物，而所謂的「共同眞理」（common truths）或「霸權眞理」（regime of truth）也是在社會互動的進程中被人們所界定和認知的[9]。

如前所述，由於論述分析的流派眾多，故在此必須特別說明本文所採用的研究法。本文採用「批判論述分析」（critical discourse analysis）作爲分析「文本」（texts）的主要研究法，且「論述」一詞在文中專指「一種特殊的言說和思考方式」[10]。批判論述分析研究者除了大致上認同前述關於「論述」的解釋和定義外，亦因其特別關注「論述」本身與各種政治現象和社會現象間的關係而著名[11]。此外，批判論述分析學者對下列主張具有高度的共識：（一）「論述」是一種社會實踐（social practice），其不僅「建構」（construct）也「構成」（constitute）我們所認知的世界；（二）「論述」不僅形塑各種社會結構，同時也被各種社會結構所形塑，亦即，兩者之間存在著一種複雜的辯證關係（dialectical relationship）；（三）論述的實踐（discursive practice）無法全然的客觀和中立，而社會團體間所存在的不對等權力關係也是論述實踐的結果；（四）對於「社會改變」（social change）抱持著積極、正向的態度，並藉由發掘社會中的不平等現象來尋求反思和改變的契機[12]。採用批判論述分析研究法，本文首先針對《查理週刊》槍擊事件相關的「文本」進行檢視與分析，內容包括週刊刊載的爭議性圖像和

5　Marine Jorgensen and Louise Phillips, *Discourse Analysis as Theory and Method* (London, the United Kingdom: Sage, 2010), pp. 5, 185-188.

6　Jorgensen and Phillips, *Discourse Analysis as Theory and Method*, pp. 5, 185-188.

7　*Ibid.*, p. 5

8　*Ibid.*, pp. 5-6.

9　*Ibid.*

10　*Ibid.*, p. 1.

11　Jackson, *Writing the War on Terrorism*, p. 24.

12　*Ibid.*, pp. 24-25.

槍擊事件發生後西方政治領袖對於該一事件所做的發言與評論，目的在於發掘這些「文本」背後所隱含的各種假設（assumptions）、信念（beliefs）和價值觀（values），以及「文本」本身所傳達的訊息、意識形態和其所引發的政治與社會效應。

二、先知穆罕默德的圖像分析：視覺意象與安全研究

巴黎恐怖攻擊事件是因《查理週刊》於2011年11月登載了先知穆罕默德的「圖像」而起，然而為何該一舉措最終會發展成攸關人命的槍擊案，是值得進一步去探究的問題。隨著資訊科技的日愈進步和普及化，關於「視覺意象」（visual images）的論述分析開始受到安全研究的學者們所重視，主因在於相較於單純的語言和文字，圖像對於意義的傳達和知識的傳播往往比文字更具「便利性」與「穿透性」。透過圖像的表達方式，作者（知識傳遞者）所欲表達的理念甚或意識型態更容易被讀者（知識接受者）所理解和接收，甚至可以突破語言的隔閡和文化的界線。事實上，自1990年代起，「視覺意象」的重要性便被政治菁英和研究者所重視，相關的討論亦出現在國際關係、政治學和大眾傳播的領域，例如：著名的CNN效應便說明了媒體和「視覺意象」在政治溝通與國家軍事、外交決策過程中所扮演的關鍵性角色[13]。

Michael Williams在其關於「安全化」（securitization）的研究中曾指出「視覺意象」在資訊快速發展的今日對於安全研究有其必要性[14]，而2001年世貿雙子星大樓遭恐怖攻擊而倒塌的畫面、美軍阿布格里布（Abu Ghraib）虐囚案和伊斯蘭教先知穆罕默德的漫畫事件皆顯示「視覺意象」對於國際關係和國際政治的發展具有一定程度的影響力，其不僅影響公共議題的設定，更可能影響國家政策的擬定與施行。Michael William同時強調圖（影）像本身具有「溝通行為」（communicative acts）的效能，亦即，特定的思想、概念如何透過圖（影）像或是圖（影）像與文字的組合方式而傳達給特定的觀眾，及其後續可能引發特定議題被「安全化」的政治效應[15]。David Campbell亦指出圖像本身往往並非單獨存在，而是與圍繞在周邊的文本（如：文字、標題和說明）所共同組成的集合體，故欲精確解讀圖（影）像所傳達的意義，必須同時考量圖（影）像所反映的特定歷史、政治和社會文化脈絡[16]。

---

13 Lene Hansen, "Theorizing the Image for Security Studies: Visual Securitization and the Muhammad Cartoon Crisis," *European Journal of International Relations*, Vol. 17, No. 1 (2011), pp. 62-63. 1993年美軍參與聯合國在索馬利亞的維和任務，但在行動中遭到索馬利亞叛軍伏擊，陣亡美軍的屍體被拖行遊街的畫面透過新聞媒體的轉播在美國國內引發強烈的政治效應，柯林頓政府的外交政策亦因此飽受抨擊，並決定自索馬利亞撤軍。

14 Michael Williams, "Words, Images, Enemies: Securitization and International Politics," *International Studies Quarterly*, Vol. 47, No. 4 (2003), pp. 511-531.

15 *Ibid*., p. 527.

16 David Campbell, "Horrific Blindness: Images of Death in Contemporary Media," *Journal for Cultural Research*, Vol. 8, No. 1 (2004), pp. 62-63.

(一) 圖像爭議

Michael Williams和David Campbell對於「視覺意象」的解析可用來進一步說明《查理週刊》事件背後所隱含的深層意涵。首先，就圖像本身而言，伊斯蘭教先知穆罕默德不僅被漫畫家刻意以「卡通化」的形象出現在週刊的封面，規範穆斯林日常生活作爲的《伊斯蘭律法》（Sharia）亦被週刊刻意以「Charia（Sharia）Hebdo」的諧音方式取代週刊的法文全名Charlie Hebdo，且該一畫作中更有曲解《伊斯蘭律法》任意對人們施以鞭刑的嘲諷文字[17]。在伊斯蘭信仰中偶像崇拜是被嚴格禁止的，而將眞主阿拉形象化對於虔敬的穆斯林而言更是不被允許的行爲。雖然對於是否可以具體描繪先知穆罕默德的形象在伊斯蘭世界中遜尼派和什葉派的解讀不同，但像《查理週刊》一般以嘲諷甚至戲謔的手法將先知穆罕默德具體形象化對於大多數的穆斯林而言則是絕對不敬的褻瀆行爲[18]。儘管《查理週刊》刊登先知穆罕默德圖像的做法在西方世界存有新聞和言論自由的爭議，但對於伊斯蘭世界而言，類似的作法確有宗教歧視和羞辱的濃厚意涵，而對於週刊圖像的不同解讀亦顯示東西方文明和價値觀的歧異，以及西方世界普遍對於伊斯蘭文化和宗教信仰缺乏更深入的認識與了解。教宗方濟各（Pope Francis）在出訪菲律賓時針對週刊所引發的爭議亦表示雖然新聞、言論自由是受保障的基本人權，但亦提醒世人在行使該一權利時必須尊重他人的宗教和信仰自由，並表示對於週刊「挑釁」行爲的不贊同[19]。

(二) 政治和社會因素

除了圖像本身的爭議，巴黎恐怖攻擊事件亦凸顯了法國社會甚或部分歐洲國家所共同面臨的「移民」和「認同」問題。法國是歐盟成員國中穆斯林人口最多的國家之一，根據皮耶研究中心（Pew Research Center）統計，法國在2010年共有約470萬的穆斯林，穆斯林佔該國總人口數的7.5%[20]。法國境內的穆斯林大多是來自北非國家阿爾及利亞、摩洛哥和突尼西亞移民的後裔，其社經地位在法國社會中是處於相對弱勢的族群，

---

17 Anne Penketh and Julian Borger, “Fight Intimidation with Controversy: Charlie Hebdo’s Response to Critics,” The Guardian, January 7th 2015, http://www.theguardian.com/world/2015/jan/07/charlie-hebdo-satire-intimidation-analysis

18 雖然《古蘭經》中並未明確禁止任何有關人像的描繪，但對於偶像崇拜（idolatry）和信仰異教（paganism）卻有專門的討論，並提醒信眾對於眞主阿拉的獨特性和神聖性應抱持敬畏之心。至於是否可以將先知穆罕默德形象化伊斯蘭遜尼派和什葉派的解讀不一，前者認爲絕對不可，後者則持較開放的態度，認爲若是抱持虔敬之心而爲之則應是可以允許的。“Why Islam Prohibits Images of Muhammad,” *The Economist*, January 19th 2015, http://www.economist.com/blogs/economist-explains/2015/01/economist-explains-12.

19 Lamiat Sabin, “Charlie Hebdo: Pope Francis Says If You Swear at My Mother – or Islam – ‘Expect a Punch,’” *The Independent*, January 15th 2015, http://www.independent.co.uk/news/world/europe/charlie-hebdo-pope-francis-says-those-who-ridicule-others-religions-should-expect-a-punch-9980192.html.

20 Conrad Hackett, “5 Facts about the Muslim Population in Europe,” Pew Research Center, January 15th 2015, http://www.pewresearch.org/fact-tank/2015/01/15/5-facts-about-the-muslim-population-in-europe/

且大多從事低技術性質的勞務工作和製造業，除了外籍移民身分在融入法國社會時所引發的適應性問題外，歧視、居住、職場意外、高失業率和犯罪問題亦是法國境內穆斯林所普遍面臨的生活困境與挑戰[21]。犯下槍擊案的主嫌Kouachi兩兄弟皆經歷了前述法國穆斯林所面臨的諸多社會問題，而嚴重的社會疏離感和文化適應問題亦使其成爲弱勢的社會邊緣人，並轉而向具有相同經歷的同儕尋求認同感與歸屬感[22]。這些被歸類爲社會邊緣人的法國年輕穆斯林或因宗教信仰的關係，或因成長背景的關係，成爲極易接觸激進伊斯蘭極端主義思想的族群，並可能在受到外部環境的刺激和影響下而投入所謂的聖戰。例如：槍擊案主嫌Sherif Kouachi曾受到美軍虐囚案的刺激而欲以聖戰士的身份投入美伊戰爭，並於2005年因試圖前往敘利亞和伊拉克而在法國境內被捕；Said Kouachi過去亦到訪葉門與當地蓋達組織建立密切的關係，並在2012年遭葉門政府遣送回法國。儘管兩人的特殊經歷和過去的犯罪紀錄在案發前就已被法國警方所掌控，其亦被英、美兩國列爲拒絕入境的黑名單，但相關單位仍無法及時阻止該一憾事的發生[23]。

(三) 國際因素

《查理週刊》槍擊事件在另一方面亦反映了國際情勢發展對於各國內政、安全的影響。Kouachi兩兄弟的成長經歷顯示除了法國本身的政治和社會問題外，美伊戰爭、美軍虐囚案和近期因伊斯蘭國（Islamic State, IS）崛起所衍生的外籍聖戰士（foreign fighters）問題皆促使兩人進而走向極端化，並終致犯下該一罪行。小布希政府在2003年強勢發動美伊戰爭，並推翻了伊拉克海珊政權，然而戰後的伊國並未如美國政府所言成爲中東世界民主的典範，該國立即陷入嚴重的內戰和重建治理問題。伊拉克內戰和什葉派新政府執政失敗的因素提供了伊斯蘭激進主義和伊斯蘭國（IS）在伊拉克快速發展的有利條件[24]。此外，美伊戰爭後，英美聯軍於巴格達近郊阿布格里布建立的軍事監獄亦在成立之後陸續爆發了管理者以非法的方式虐待囚犯的醜聞（包括：性侵、非法凌虐和同性性行爲等）[25]。各種虐囚的圖像透過電視和新聞媒體的報導不僅重創美國在伊斯蘭世界的形象，更在國際上引起人權團體和伊斯蘭國家的高度不滿，主因在於虐囚事件除了涉及對罪犯基本人權的侵害外，更涉及了對伊斯蘭宗教和律法的不敬與褻瀆[26]。

---

21 Jonathan Lourance and Justin Vaisse, *Integrating Islam: Political and Religious Challenges in Contemporary France* (Washington, D. C.: Brookings Institution Press, 2006), pp. 15, 31-41, 48.

22 Angelique Chrisafis, "Charlie Hedbo Attacks: Born, Raised and Radicalized in Paris," *The Guardian*, January 12th 2015, http://www.theguardian.com/world/2015/jan/12/-sp-charlie-hebdo-attackers-kids-france-radicalised-paris.

23 Chrisafis, "Charlie Hedbo Attacks."

24 Audrey Cronin, "ISIS Is Not a Terrorist Group," *Foreign Affairs*, vol. 94, no. 2 (2015), pp. 87-98.

25 Seymour M. Hersh, "Torture at Abu Ghraib," *The New Yorker*, May 10th 2004, http://www.newyorker.com/magazine/2004/05/10/torture-at-abu-ghraib.

26 Hersh, "Torture at Abu Ghraib." 在伊斯蘭信仰中同性性行爲是被禁止的，且在同性者的面前赤裸身軀被視阿布格里布事件經由媒體轉載和報導後激發了各地穆斯林對以美國爲首的西方世界產生不滿的情緒，亦同時加深了東西方文明間的誤會與衝突。在此一背景之下，不難理解伊斯蘭世界爲何在《查理週刊》刊出對先知穆罕默德的諷刺圖像後會引發強烈的不滿與抗議，而槍擊案的主嫌亦是在此一背景之下接觸激進極端主義思想，並計畫策動恐怖攻擊的行動[27]。再者，歐洲國家近期面臨的伊斯蘭激進極端主義威脅和外籍聖戰士問題亦與前述美伊戰爭，及歐洲許多國家內部穆斯林的移民與認同問題有關。根據美國智庫The Soufan Group所做的研究報告，自敘利內戰爆發以來，全球共有來自81個國家約一萬兩千名的聖戰士前往中東投入敘利亞內戰，其中有2,500人來自歐美等西方國家，並以法國居首（約700人）[28]。這些外籍聖戰士自中東返回其國籍國後，對於各國的內政和安全構成潛在的威脅，而槍擊事件主嫌的例子顯示除了社會問題以外，國際情勢的發展和變動確有促使極端份子發動恐怖攻擊行動的強烈動機和構想。

藉由對於《查理週刊》的圖像進行分析可以發現週刊封面的穆罕默德圖像所反映的不僅是單純存在於東西方之間文化和價值觀的差異，更與法國社會的穆斯林移民與認同問題有關。同時，國際環境和全球情勢發展亦是在探究槍擊事件原因時所不可忽略的關鍵因素。然而，除了圖像本身對於安全研究的重要性之外，西方政治菁英在事件發生後對於該一事件的發言和評論亦提供研究者解讀《查理週刊》槍擊案的另一途徑。誠如，文化學者和批判論述分析者所言，語言和文字的使用並非客觀中立的，其往往隱含主觀意識形態的表達和使用者對於特定事件的看法，更透露著言說者是以何種世界觀去理解我們所身處的世界和事物，並進而與其產生互動、建立關係[29]。鑒此，透過對於西方政治領袖相關發言的「閱讀」，本文將探討恐怖主義威脅論述背後所隱含的深層意涵，以及其對於後續政治和社會發展所產生的效應。

三、政治人物和媒體的論述分析：語言與文字

(一)「文明與野蠻」敘事體

針對《查理週刊》槍擊事件，法國總統歐蘭德（Francois Hollande）曾於事件發生後的數日內在不同場合對法國群眾和國際社會做出如下的表示[30]：

爲是對當事人極度羞辱的行爲。

27 Chrisafis, "Charlie Hedbo Attacks."

28 Richard Barrett, *Foreign Fighters in Syria* (New York: The Soufan Group, 2014), http://soufangroup.com/wp-content/uploads/2014/06/TSG-Foreign-Fighters-in-Syria.pdf

29 Jorgensen and Phillips, *Discourse Analysis as Theory and Method*; Teun A. van Dijk, *Discourse and Power* (London, the United Kingdom: Palgrave Macmillan, 2008).

30 由於中文和英文表達方式的差異，爲求保留和呈現英文的原意，在進行文本分析時筆者特別節錄重要的文句來進行檢視。

An act of **exceptional barbarism** has just been committed here in Paris against a newspaper – a newspaper, i.e. the expression of freedom – and against journalists[31]...

Those who committed these **terrorist acts, those terrorists**, those fanatics, have nothing to do with the Muslim religion[32].

Freedom will always be stronger than **barbarity**. France has always vanquished her enemies when she has stood united and remained true to her values[33].

This **cowardly attack** also killed two police officers ... I would like, on your behalf, to express our wholehearted gratitude ... to all those who were deeply hurt today by this **cowardly murder**[34].

若對歐蘭德總統的發言做進一步的分析，可以發現《查理週刊》槍擊案在第一時間便被法國政府明確定義爲是「恐怖份子」（**terrorists**）和「宗教狂熱者」（**fanatics**）所爲的「極端野蠻行徑」（an act of **exceptional barbarism**）。而與歐蘭德總統相似，德國總理梅克爾（Angela Merkel）、英國首相柯麥隆（David Cameron）和美國總統歐巴馬（Barack Obama）皆一致認爲該一事件是「恐怖份子」（**terrorists**）和「宗教狂熱者」（**fanatics**）「懦弱」（**cowardly**）的行爲[35]。此外，美國國務卿凱瑞（John Kerry）亦特別表示：

Today's murders are part of a larger confrontation, not between **civilizations** – no – but between **civilization** itself and those who are opposed to a **civilized world**[36].

國務卿凱瑞的發言將《查理週刊》槍擊案定義爲是攻擊案主嫌與「文明世界」

31 François Hollande, "Statement by François Hollande, President of the Republic in front of the offices of Charlie Hedbo," January 7th 2015, http://ambafrance-us.org/spip.php?article6408.

32 François Hollande, "Address by the President of the Republic, François Hollande," January 9th 2014, http://ambafrance-us.org/spip.php?article6408.

33 François Hollande, "Statement by Mr. François Hollande, President of the Republic, at the Elysée Palace," January 7th 2015, http://ambafrance-us.org/spip.php?article6408.

34 Ibid.

35 德國總理梅克爾以「野蠻的攻擊」（**barbarous attack**）來描述巴黎恐怖攻擊事件，並表示伊斯蘭恐怖主義（Islamic terrorism）和反閃主義（anti-Semitism）是當代兩大邪惡的勢力（two of the greatest evils of our time）。Angela Merkel "Democracy is Stronger than Terrorism," January 15th 2015, http://www.bundesregierung.de/Content/EN/Artikel/2015/01_en/2015-01-15-merkel-regierungserklaerung-terrorakte-paris_en.html; "Prime Minister and Chancellor Merkel Statement on Paris Terrorist Attack," January 7th 2015, https://www.gov.uk/government/news/prime-minister-and-chancellor-merkel-statement-on-paris-terrorist-attack。另，歐巴馬總統在對巴黎恐怖攻擊事件的公開演說中則以「懦弱和邪惡的攻擊」（**cowardly evil attacks**）來形容該起恐怖攻擊事件。Barack Obama, "Remark by the President on the Terrorist Attack in Paris," January 7th 2015 https://www.whitehouse.gov/the-press-office/2015/01/07/remarks-president-terrorist-attack-paris.

36 John Kerry, "Remarks on the Terrorist Attack in Paris," January 7th 2015, http://www.state.gov/secretary/remarks/2015/01/235651.htm.

（civilized world）的對抗，並排除各界可能將恐怖攻擊案進一步解讀爲是不同文明和宗教間的衝突。事實上，「文明與野蠻」（civilization and barbarism）的敘事體（narrative）在過去便常被西方政治人物用以建構各種關於恐怖主義的論述，目的在於凝聚社會共識和推動各項反恐作爲。美國總統小布希（George W. Bush）在其著名的反恐戰爭論述中便曾將美國所推動的反恐戰爭定義爲是一場「正與邪」（good and evil）和「文明與野蠻」的戰爭[37]。透過該一獨特的論述技巧，由國家所組成的國際社會被區分爲美國和西方各國所代表的「文明世界」和恐怖份子及恐怖組織所代表的「野蠻世界」。同時，在二分法的論述架構下，國際社會的成員被迫必須在「正與邪」和「文明與野蠻」之間做一清楚的抉擇。亦即，選擇支持以美國和西方國家爲首的文明世界，抑或者是恐怖份子所象徵的野蠻世界[38]。Richard Jackson在其研究中指出反恐戰爭的論述並不可視爲是單純描述「現實」（reality）的客觀用語，而是經過精心設計的政治語言，其中隱含了各種關於文字的組合、假設、隱喻、文法邏輯、迷思和各類的知識[39]。透過「文明與野蠻」的二分法語言技巧，由美國所籌組的「反恐聯盟」（counterterrorism alliance）也因各國對於自由、民主等普世價值的認同和全球反恐的共同理念而順利籌建。

類似的論述技巧亦出現在歐蘭德總統關於《查理週刊》槍擊案的公開演說中。歐蘭德數度在演說中強調巴黎攻擊案不僅是恐怖份子和宗教狂熱者野蠻、懦弱的行爲，更是對世界民主發源地的法國和新聞、言論自由等人類普世價値的侵犯。法國政府和西方政治領袖對於該一事件的詮釋經由媒體的轉載和報導後成功地主導了輿論的走向和大眾對於新聞和言論自由等公共議題的討論，並得到來自各界的聲援。法國各大報在事件發生後皆同聲譴責恐怖份子和極端主義者的野蠻行徑，例如：《巴黎人報》（Le Parisien）以「他們（恐怖份子）不應扼殺自由」（They should not kill freedom）作爲事發隔日的頭版標題；《世界報》（Le Monde）以「法國的九一一（The French 9/11）」在頭版形容巴黎槍擊案；《解放報》（Liberation）亦以「我們都是查理」（We are all Charlie）爲題表示捍衛言論自由的立場[40]。另，來自全球30多個國家的領袖和超過300萬人於1月11日參與或在各地響應巴黎舉行的團結遊行，並以行動表示對新聞、言論自由的支持。而在金球獎（Golden Globe Awards）的頒獎典禮上多位好萊塢電影巨星亦紛紛配掛印有「我是查理」（Je Suis Charlie）的標語。値得注意的是，就在全球同聲譴責極端主義的團結氛圍中，對於犯案者動機和目的的討論（如：法國穆斯林所面臨的社會問題、美伊

37 Richard Jackson, "Genealogy, Ideology, and Counter-terrorism: Writing Wars on Terrorism from Ronald Reagan to George W. Bush Jr.," *Language and Capitalism*, Vol. 1, No. 1 (2006), pp. 163-194.

38 Jackson, "Genealogy, Ideology, and Counter-terrorism."

39 Jackson, *Writing Wars on Terrorism*, p. 2.

40 Anne Penketh & Tania Branigan, "Media Condemn Charlie Hebdo Attack as Assault on Freedom of Expression," The Guardian, January 8th 2015, http://www.theguardian.com/world/2015/jan/08/media-charlie-hebdo-attack-freedom-of-expression.

戰爭和美軍虐囚案等因素），以及極端主義爲何會如此盛行的探討（如：阿拉伯之春的影響、伊斯蘭國的崛起、西方國家長期以來對中東地區進行軍事干涉等問題）皆被捍衛、支持新聞言論自由的主流論述所掩蓋，而對於新聞和言論自由是否可以合理化對他人宗教信仰不敬的作爲亦鮮少被主流媒體所討論。

由西方政治人物對於《查理週刊》攻擊案的發言可以看出西方世界長期以來慣以獨特的方式去看待非西方文明，而這種以西方爲中心的世界觀亦表現在人們所使用的語言、文字和論述中。John Collins和Ross Glover表示每個文字的背後都有其特殊的歷史。雖然文字本身並沒有意義，但文字卻會在特定的時空背景之下被使用者經由特殊的選擇方式用以指涉特別的對象和事物，並賦予事物特殊的意義[41]。在關於「文明與野蠻」的論述中，civilization和barbarism等詞彙皆有其特殊的歷史意義，亦展現一種以西方爲中心的世界觀。Robert Cox在其研究中指出，「文明」（civilization）一字的出現可以追溯自18世紀的法國和德國，並與18世紀在歐洲大陸興起的啓蒙運動有關，且法文civilite和德文kultur的出現與當時中產階級在歐洲國家崛起並成爲社會中堅力量的社會、文化背景有關[42]。然而隨著19世紀歐洲帝國主義的向外擴張，「文明化的進程」（the process of civilization）亦隨著殖民者的足跡由歐洲大陸傳至世界各地[43]。歐洲文明最終被人們接受和視爲是代表積極、進取的象徵，而非歐洲文明則被視爲是被動、落後和停滯不前的守舊勢力[44]。

與「文明」（civilization）概念相對的是所謂的「野蠻落後」（barbarism）。Tzvetan Todorov指出barbarian一詞可溯至古希臘時代，該詞彙在當時被用以區隔希臘人和所謂的「外來者」（the 'others'或foreigners）[45]。哲人亞里斯多德（Aristotle）指出身爲「野蠻人」（barbarians）或所謂的「自然奴」（slaves by nature），其在希臘社會中的許多權利是被剝奪的，亦無法像希臘人一般自由地參與政治及公共事務的討論[46]。然而隨著時代的變遷，barbarism一詞的意義也出現了轉變。文化學者Edward Said指出在現代社會中「野蠻人」通常被用以指涉那些缺乏教養、良好語言能力和道德有瑕疵者，且所謂的「野蠻人」往往被視爲是對「文明社群」的一種威脅[47]。Julia

---

41 John Collins & Ross Glover, *Collateral Language: A User's Guide to America's New War* (New York: New York University Press, 2002), pp. 9-10.

42 Robert Cox, "Thinking about Civilization," *Review of International Studies*, Vol. 26, No. 5 (2000), pp. 217-218.

43 Robert Cox, "Civilization and the Twenty-First Century: Some Theoretical Considerations," International Relations of the Asia-Pacific, Vol. 1, No.1 (2001), p. 107. Robert Cox指出，文明化的進程（the process of civilization）在傳統上被理解爲是隨著十八世紀歐洲啓蒙運動而起的一種普世化現象（a universal phenomenon），包括將理性思維和自然法則應用在物理學、經濟、法律和道德等領域的討論。

44 Cox, "Civilization and the Twenty-First Century," pp. 107-109.

45 Tzvetan Todorov, *The Fear of Barbarians* (Cambridge, the United Kingdom: Polity Press, 2010), p. 14.

46 Mark Salter, "Not Waiting for the Barbarians," in Martin Hall and Patrick Jackson eds., *Civilisational Identity: The Production and Reproduction of "Civilisations" in International Relations* (New York: Palgrave McMillian, 2007), p. 82.

47 Salter, "Not Waiting for the Barbarians," p. 82.

Kristeve亦指出「野蠻」一詞常被用於專指「邪惡」（evil）、「殘酷」（curelty）和「兇殘」（savageness）之人，而「野蠻人」也被定義爲是「民主的敵人」（the enemy of democracy）[48]。在恐怖主義論述中大量使用「文明與野蠻」的論述法，對於政治人物而言除了可以凝聚社會大眾的向心力共同對抗恐怖主義和恐怖份子外，在國際上更可取得國際社會的普遍認同，有利於國家順利推動反恐政策，並在國際上建立如「反恐聯盟」等特定政治性和軍事性的結盟組織。

(二)「懦夫與懦弱」敘事體

除了「文明與野蠻」的表述法，將恐怖攻擊行動形容爲是一種怯弱的「懦夫行爲」（a cowardly act）亦是主流論述在評論巴黎槍擊案時的另一特色。在現代英語中coward和cowardly常帶有性別歧視的寓意，且coward一詞常被用以嘲諷某人缺乏「男子氣概」（masculinity），無法勇敢地面對艱困與挑戰，並特別指涉在戰場中臨陣退縮，不敢正面迎敵者[49]。此外，「男子氣概」（masculinity）在日常用語中多半被用來形容一個人具備堅強、勇敢、有企圖心和理性的人格特質；而「女子氣質／女性化」（femininity）則被認爲是柔弱、膽怯、被動和不理性的性格特徵[50]。是故，使用*coward*和*cowardly*來描述恐怖份子和其所採取的行動可以被理解爲是一種帶有輕蔑、鄙視和極度不認同的特殊論述方式，因爲恐怖份子不敢像個「眞男人」般在戰場上和對手一決生死，而是選擇以藏匿的方式去顚覆社會秩序。然而，「懦夫與懦弱」的描述法實際上存在著許多爭議，且對於恐怖份子的作爲若透過不同的社會、文化脈絡去檢視也將出現全然不同的解讀。例如：恐怖份子常採取的自殺式炸彈攻擊可以被解讀爲是一種「懦弱」的行爲，因其選擇了逃避的方式，不願正向的面對人生的困境；然而，這種作法對某些人而言卻是「果敢」的表現，因其選擇犧牲自己寶貴的性命以成就所認同的國家或社群[51]。

法國社會學家Emile Durkheim將人類的自殺行爲分爲「利己的」（egoistic）、「失落的」（anomic）、「宿命論的」（fatalistic suicide）和「利他的」（altruistic）等四種不同的類別[52]。「利己的」自殺可能是出自社會的因素和問題而促使某人採取極端個人主義的作法，但自殺者並無和特定社群有所連結；「失落的」自殺導因於社會風俗和文化的快速變遷，而個人因無法適應這種快速的變遷及融入社會團體而選擇走上絕路；「宿命論的」自殺意指受壓迫者因對其所身處的環境感到極端地絕望和無力，故不得不採取自殺的作爲；「利他的」自殺則多發生於一個緊密團結的社會（tight-knit society），自殺者視其所屬團體和社群的重要性高於己身，因此願意採取極端的作法以

48 *Ibid.*

49 R. Danielle Egan, "Cowardice," in John Collins & Ross Glover, eds., *Collateral Language: A User's Guide to America's New War* (New York: New York University Press, 2002), p. 54.

50 Egan, "Cowardice," p. 54.

51 *Ibid.*, p. 60.

52 *Ibid.*, p. 61.

成就公益[53]。若依照Emile Durkheim的分類，則現今大多數的恐怖攻擊行動應可歸類爲「宿命論的」自殺和「利他的」自殺兩種類型，且這些被視爲是「懦弱」的行徑對於部分人士而言卻是犧牲自我、成就大愛的果敢表現。

在此必須特別強調，從事語言、論述分析的目的並非試圖去合理化或者認同恐怖份子所採取的作爲和暴力行徑，而是在於發掘語文和文字背後的各種假設、信念、迷思和價值觀，並提醒使用者更加謹慎的使用語言和文字，且同一事件若置於不同的社會、文化背景脈絡下去進行檢視亦可能會有截然不同的解讀。政治人物和主流媒體對於巴黎槍擊案的評論顯示以西方世界爲中心的世界觀和價值觀構成了現今關於恐怖主義的主流論述，並影響了大眾對於恐怖主義和恐怖份子等主體（subjects）的知識建構，但我們習以爲常，認爲是理所當然的「眞理」與「知識」卻可能存在著對於特定文化和價值觀的偏見與自我優越感，亦欠缺對於不同文化或文明的包容與尊重，而誤解與衝突多半就在此情況下逐漸產生。

肆、巴黎恐攻對臺灣的啓示與省思

《查理週刊》恐怖攻擊案的發生雖然與本文所述法國獨特的政治、社會和文化背景有關，卻也道出了存在於我們日常生活中許多關於恐怖主義和恐怖主義威脅的迷思，而這些迷思亦存在於臺灣社會中。首先，由西方政治人物和新聞媒體對於該一事件的發言和報導可以看出該一事件在第一時間便被定義和解讀爲是「恐怖份子」和「宗教狂熱者」所爲的極端行徑，且該一事件的後續報導亦多聚焦在新聞和言論自由的討論上，但卻缺乏對於該一事件本身做更深入的探討與反省。事實上，將特定恐怖攻擊事件定義爲是「宗教恐怖主義」或是將恐怖主義和特定宗教信仰（如：伊斯蘭教）做一因果關係的連結在關於恐怖主義的主流論述和學術研究中是相當普遍的現象，而宗教恐怖主義意謂著不同於一般世俗的恐怖主義，其本質更極端、激進，亦更具毀滅性，且恐怖份子因出於對宗教的狂熱將更不易妥協[54]。然而，學者們近期的研究成果已證實並無充分的證據顯示宗教是導致恐怖主義和恐怖攻擊事件發生的主因，且宗教信仰和恐怖主義兩者間並無絕對、必然的關係[55]。Robert Pape和James Feldman針對1980年代迄今約兩千多件自殺攻擊事件所做的研究顯示，大多數的自殺攻擊皆是出自恐怖份子對於「外國佔

53 *Ibid.*

54 Richard Jackson, Lee Jarvis, Jeroen Gunning, and Marie Breen Smyth, *Terrorism: A Critical Introduction* (London, the United Kingdom: Palgrave), p. 167.

55 Jeroen Gunning and Richard Jackson, "What's so 'Religious' about 'Religious Terrorism?'" *Critical Studies on Terrorism*, Vol. 4, No. 3 (2011), pp. 369-388.

領」（foreign occupation）等政治性議題的不滿，而非出於宗教因素[56]。美國獨立智庫CATO的研究報告也指出大部分的恐怖攻擊之所以特別針對美國其主要原因與美國行之多年的海外干涉主義有關，如：在中東地區的駐軍問題和親以色列的外交政策等[57]。即便是賓拉登本人在1998年接受美國有線電視ABC的專訪時也曾明確指出二戰之後美國的中東政策和在中東地區的駐軍問題是引發伊斯蘭世界和大多數穆斯林對於美國政府感到不滿的主因，而非出於宗教的因素或是不同文明間的衝突[58]。另外，恐怖主義的發展史也說明了恐怖主義的出現實際上與複雜難解的政治問題密切相關，而政治訴求長期遭到漠視和打壓也是驅使受壓迫者採取暴力、激進的方式來表達訴求的主因[59]。然而，將恐怖攻擊事件「去政治化」或是將恐怖主義歸諸於宗教狂熱亦或少數極端主義者心理變態行爲的作法不僅無助於眞相的發掘和了解恐怖主義的成因，更使得社會大眾失去學習和深切反省的機會，當權者亦得以合理化其對於異議人士或恐怖份子所採取的各種強制性措施，例如：以軍事手段打擊恐怖主義和對於可疑份子的非法取供與審問等。

將恐怖攻擊事件歸因於宗教恐怖主義的另一負面影響是使得社會大眾產生對於特定宗教信仰的誤解，並形成不同族裔之間緊張對峙的關係，亦因而衍生出許多社會問題。例如：九一一事件後，歐美許多國家皆出現了「伊斯蘭恐懼症」（Islamophobia）的現象，該一集體恐慌症的蔓延導致歐洲境內的穆斯林在社會上遭致排擠、孤立甚或粗暴不平等的對待。此外，清眞寺、伊斯蘭文化中心和穆斯林聚會所遭人惡意攻擊的事件亦屢見不鮮。「伊斯蘭恐懼症」意指因出於對穆斯林的仇視和敵意而對大部分甚至所有的穆斯林感到恐懼和反感[60]。實際上，「伊斯蘭恐懼症」不僅凸顯了一種獨特的社會現象，更顯示出現「伊斯蘭恐懼症」的國家和人民對於伊斯蘭教存有不正確的理解和偏見，而這些誤解和偏見亦與長期存在於西方世界的「東方主義」（orientalism）有關[61]。例如：認爲伊斯蘭教無法和其他宗教一般認同人類的共同價值；認爲伊斯蘭教低劣於西方一切的宗教信仰；認爲伊斯蘭教是崇尚無政府主義、野蠻和不理性的宗教；認爲伊斯蘭教是暴力和支持恐怖主義的宗教與政治意識型態等[62]。以法國爲例，法國境內的穆斯林其社經地位和生活條件本身就屬於社會上相對弱勢的族群，而九一一恐怖攻擊事件和近期伊斯蘭激進主義團體所策劃的恐怖攻擊行動皆促使「伊斯蘭恐懼症」的

---

56 Robert Pape and James Feldman, *Cutting the Fuse: The Explosion of Global Suicide Terrorism and How to Stop It*. (Chicago: University of Chicago Press, 2010).

57 Ivan Eland, "Does U.S. Intervention Overseas Breed Terrorism? The Historical Record," December 17th 1998, http://object.cato.org/sites/cato.org/files/pubs/pdf/fpb50.pdf.

58 Osama Bin Ladin, "May 1998, ABC News: 'Talking with Terror's Banker,'" September 18th 2001, http://www.freerepublic.com/focus/f-news/522460/posts.

59 Richard English, Terrorism: How to Respond (Oxford, the United Kingdom: Oxford University Press, 2009).

60 Erik Bleich, "What Is Islamophobia and How Much Is There? Theorizing and Measuring An Emerging Comparative Concept, " *American Behavioral Scientis*t, Vol. 55, No. 12 (2011), p. 1582.

61 Bleich, "What Is Islamophobia and How Much Is There?," p, 1582.

62 "Defining 'Islamophobia,'" Centre for Race and Gender, University of California, Berkeley, http://crg.berkeley.edu/content/islamophobia/defining-islamophobia.

現象在法國境內日趨明顯。2011年4月法國政府更以維護公共安全爲由強制執行在公開場所嚴禁穿戴面紗的法律。該一立法不僅引發人權團體和法國穆斯林社群的反彈，更激化了法國境內穆斯林與其他族裔的隔閡與對立，不利於族群的融合和社會的發展[63]。許多歐洲國家在巴黎槍擊案後皆相繼出現了反伊斯蘭的示威抗議活動，而這些反伊斯蘭運動顯示「伊斯蘭恐懼症」已是歐洲社會普遍面臨的社會問題，値得各國政府和相關單位做更深入的研究與防範。

巴黎恐怖攻擊事件在另一方面也顯示資訊科技的便利性和普及性已對當代恐怖主義的發展產生重大的影響，亦即，相較於過去，恐怖份子更善於操作和利用電子媒體以進行人員的招募和政治性的宣傳。誠如本文所提，CNN效應的出現不僅揭示媒體在政治溝通、外交、軍事決策過程中扮演著關鍵性的角色，其更在戰術和戰略層面影響了恐怖主義的發展。美國蘭德公司（RAND）的反恐專家Brain Jenkins曾指出「恐怖份子要的是更多人的關注，而非更多人的傷亡」[64]。Jenkins的發言意謂著「觀眾」和恐怖攻擊行動預期可能達到的「政治效益」是恐怖份子在策劃恐怖攻擊時所考量的要素。在資訊發達的時代，透過媒體的報導和社群網站（如：推特和臉書）的轉載，恐怖主義團體和激進組織將更容易受到世人的關注，且其所欲傳達的理念亦更容易爲社會大眾和支持者所接收。再者，輿論的走向和發展亦可能在媒體的推波助瀾下進而影響政府部門對於特定政策的擬定與施行。例如，近期伊斯蘭國（IS）將日本人質綁架、處決的事件在媒體的報導之後立即在日本國內引起輿論的高度關注，並對日本政府構成外交和內政上的壓力，除了是否該付贖金解救人質的討論外，更多關於日本是否應該加入國際反恐聯盟，以及自衛權修正與行使的檢討亦被提出。同樣的，《查理週刊》槍擊事件也成功地吸引了國際輿論的關注，週刊刊登先知穆罕默德圖像的作法不僅因槍擊事件再次受到的矚目，在該一事件中因伊斯蘭國（IS）崛起而遭到邊緣化的蓋達組織也成功地達到政治宣傳的效果。

伍、結　語

《查理週刊》槍擊案雖是因伊斯蘭教先知穆罕默德畫像而起的單一事件，但其背後卻與法國獨特的政治、社會和文化背景有關，亦與國際情勢如：美伊戰爭、美軍虐囚案和歐洲國家所面臨的「伊斯蘭恐懼症」高度相關。同時，由事件的背景和後續發展可以發現主流論述和媒體對於攻擊案本身乃至於恐怖主義相關議題的報導實際上並未中立、

63 "Burqa ban-FAQs," Embassy of France in London, http://www.ambafrance-uk.org/Burqa-ban-FAQs.

64 Brain Jenkins, "The Limits of Terror," *Harvard International Review*, Vol. 18, No. 3 (1995), p. 44.

客觀地反映「事實」，並將「眞相」完整地呈現給社會大眾，且政治人物和意見領袖對於該一事件的描述和用語亦充滿了強烈的主觀意識形態。法國歷史學家Michel Foucault曾指出每個社會中都存有一個「霸權眞理」（regime of truth），這個「霸權眞理」不僅影響了人們的價值觀和對於是非對錯的判斷，其本身也具有影響輿論的能力，並決定何者才是所謂的「眞理」[65]。在《查理週刊》槍擊事件中，法國政府、各國領袖、西方主流媒體和論述，乃至於好萊塢影星皆可以視爲是Foucault所言的「霸權眞理」，其不僅定義了該一事件的本質，更主導社會議題和輿論的走向，並影響一般大眾對於該一事件的認知與了解。然而，所謂的「霸權眞理」在該一事件中是否眞實地呈現了事情的原貌，又或者是基於某些特殊的原因而有所保留，是吾人在《查理週刊》事件中必須進一步思考和反省的議題。此外，建立對於恐怖主義和伊斯蘭教的正確認知，學習包容、尊重不同意見的表達，並鼓勵各界對於恐怖主義或是其他社會和公共議題進行理性的探討與辯論亦是巴黎恐怖攻擊案帶給臺灣社會的重要啓示。

參考文獻

Barrett, Richard, *Foreign Fighters in Syria* (New York: The Soufan Group, 2014), http://soufangroup.com/wp-content/uploads/2014/06/TSG-Foreign-Fighters-in-Syria.pdf.

Bleich, Erik, “What Is Islamophobia and How Much Is There? Theorizing and Measuring An Emerging Comparative Concept,” *American Behavioral Scientist*, Vol. 55, No. 12 (2011), pp. 1581-1600.

Campbell, David, “Horrific Blindness: Images of Death in Contemporary Media,” *Journal for Cultural Research*, Vol. 8, No. 1(2004), pp. 62-63.

Centre for Race and Gender, University of California, Berkeley, “Defining ‘Islamophobia,’” http://crg.berkeley.edu/content/islamophobia/defining-islamophobia

Chrisafis, Angelique, “Charlie Hebdo Attacks: Born, Raised and Radicalized in Paris,” The Guardian, January 12th 2015, http://www.theguardian.com/world/2015/jan/12/-sp-charlie-hebdo-attackers-kids-france-radicalised-paris

Collins, John, and Glover, Ross, *Collateral Language: A User's Guide to America's New War* (New York: New York University Press, 2002).

Cox, Robert, “Thinking about Civilizations,” *Review of International Studies*, Vol. 26, No. 5 (2000), pp. 217-234.

Cox, Robert, “Civilizations and the Twenty first Century: Come Theoretical Considerations,”

65 Michel Foucault, “Truth and Power,” trans. by Robert Hurely, in James Faubion ed., *Power: Essential Works of Foucault*, Volume 3 (London, the United Kingdom, Penguin, 2002), p. 131.

International Relations of the Asia-Pacific, Vol. 1, No. 1 (2001), pp. 105-130.

Croft, Stuart, *Culture, Crisis and America's War on Terror* (Cambridge, the United Kingdom: Cambridge University Press, 2006).

Cronin, Audrey, "ISIS in not a Terrorist Group," *Foreign Affairs*, Vol. 94, No. 2 (2015), pp. 87-98.

Egan, R. Danielle, "Cowardice," in John Collins and Ross Glover eds., *Collateral Language: A User's Guide to America's New War* (New York: New York University Press, 2002), pp. 53-64.

Eland, Ivan, "Does U.S. Intervention Overseas Breed Terrorism? The Historical Record," *Foreign Policy Briefing,* No. 50 (1998), http://object.cato.org/sites/cato.org/files/pubs/pdf/fpb50.pdf

Embassy of France in London, United Kingdom. "Burqa ban-FAQs." http://www.ambafrance-uk.org/Burqa-ban-FAQs

English, Richard, *Terrorism: How to Respond* (Oxford, the United Kingdom: Oxford University Press, 2010).

Foucault, Michel. "Truth and Power," trans. by Robert Hurely, in Jmaes Faubion ed., *Power: Essential Works of Foucault*, Volume 3 (Lodon, the United Kingdom: Penguin, 2002), pp. 111-133.

Gunning, Jeroen, and Jackson, Richard, "What's so 'Religious' about 'Religious Terrorism'?" *Critical Studies on Terrorism*, Vol. 4, No. 3 (2011), pp. 369-388.

Hackett, Conrad, "5 Facts about the Muslim Population in Europe," Pew Research Center, January 15th 2015, http://www.pewresearch.org/fact-tank/2015/01/15/5-facts-about-the-muslim-population-in-europe/

Hansen, Lene, "The Politics of Securitization and the Muhammad Cartoon Crisis: A Post-structuralist Perspective," *Security Dialogue*, Vol. 42, No. 4-5 (2011), pp. 357-369.

Hansen, Lene, "Theorizing the Image for Security Studies: Visual Securitization and the Muhammad Cartoon Crisis," *European Journal of International Relations*, Vol. 17, No. 1 (2011), pp. 51-74.

Hodges, Adam, *The "War on Terror" Narrative: Discourse and Intertextuality in the Construction and Contestation of Sociopolitical Reality* (Oxford, the United Kingdom: Oxford University Press, 2011).

Hollande, François. "Address by the President of the Republic, François Hollande," *Embassy of France in Washington, D. C.*, January 9th 2015, http://ambafrance-us.org/spip.php?article6408

Hollande, François, "Statement by François Hollande, President of the Republic in front of the offices of Charlie Hebdo," *Embassy of France in Washington, D. C.*, January 10th 2015, http://ambafrance-us.org/spip.php?article6408

Hollande, François, "Statement by Mr. François Hollande, President of the Republic, at the Elysée Palace," *Embassy of France in Washington, D. C.*, January 7th 2015, http://ambafrance-us.org/spip.php?article6408

Jackson, Richard, *Writing the War on Terrorism: Language, Politics and Counter-terrorism* (Manchester, the United Kingdom: Manchester University Press, 2005).

Jackson, Richard, "Genealogy, Ideology, and Counter-terrorism: Writing Wars on Terrorism from Ronald Reagan to George W. Bush Jr.," *Studies in Language and Capitalism*, Vol. 1, No. 1 (2006), pp. 163-194.

Jackson, Richard, Jarvis, Lee, Gunning, Jeroen, and Smyth, Marie Breen, *Terrorism: A Critical Introduction* (New York: Palgrave Macmillan, 2011).

Jarvis, Lee, *Times of Terror: Discourse, Temporality and the War on Terror* (London, the United Kingdom: Palgrave Macmillan, 2009).

Jenkins, Brian M., "The Limits of Terror," *Harvard International Review*, Vol. 17, No. 3 (1995), p. 44.

Jorgensen, Marianne, and Phillips, Louise, *Discourse Analysis as Theory and Method*. (London, the United Kingdom: Sage, 2002).

Kerry, John, "Remarks on the Terrorist Attack in Paris, *The U.S. Department of State*, January 7th 2015. Retrieved from http://www.state.gov/secretary/remarks/2015/01/235651.htm

Lourance, Jonathan, and Vaisse, Justin, *Integrating Islam: Political and Religious Challenges in Contemporary France* (Washington, D. C.: Brookings Institution Press, 2006).

Lundborg, Tom, and Vaughan-Williams, Nick, "New Materialisms, Discourse Analysis, and International Relations: A Radical Intertextual Approach," *Review of International Studies*, Vol. 41, No. 1 (2015), pp. 225-254.

Merkel, Angela, "Democracy is Stronger than Terrorism," *The Press and Information Office of the Federal Government Germany*, January 15th 2015, http://www.bundesregierung.de/Content/EN/Artikel/2015/01_en/2015-01-15-merkel-regierungserklaerung-terrorakte-paris_en.html

Milliken, Jennifer, "The Study of Discourse in International Relations: A Critique of Research and Methods," *European Journal of Internatioanl Relations*, Vol. 5, No. 2 (1999), pp. 225-254.

Obama, Barack. "Remark by the President on the Terrorist Attack in Paris," *The White House*, January 7th 2015, https://http://www.whitehouse.gov/the-press-office/2015/01/07/remarks-president-terrorist-attack-paris

Pape, Robert Anthony, and Feldman, James K., *Cutting the Fuse: The Explosion of Global Suicide Terrorism and How to Stop It* (Chicago: University of Chicago Press, 2010).

Penketh, Anne, and Borger, Julian, "Fight Intimidation with Controversy: Charlie Hebdo's Response to Critics," *The Guardian*, January 7th, 2015, http://www.theguardian.com/world/2015/jan/07/charlie-hebdo-satire-intimidation-analysis

Penketh, Anne, and Branigan, Tania, "Media Condemn Charlie Hebdo Attack as Assault on Freedom of Expression," *The Guardian*, January 8th 2015, http://www.theguardian.com/world/2015/jan/08/media-charlie-hebdo-attack-freedom-of-expression

Sabin, Lamiat, "Charlie Hebdo: Pope Francis Says If You Swear at My Mother – or Islam – 'Expect a Punch,'" *The Independent*, January 12th 2015, http://www.independent.co.uk/news/world/europe/charlie-hebdo-pope-francis-says-those-who-ridicule-others-religions-should-expect-a-punch-9980192.html

Salter, Michael, *Barbarians and Civilization in International Relations* (London, the United Kingdom: Pluto Press, 2002).

Silberstein, Sandra , *War of Words: Language, Politics and 9/11* (London, the United Kingdom: Routledge, 2002).

The Economist, "Why Islam Prohibits Images of Muhammad," January 19th 2015, http://www.economist.com/blogs/economist-explains/2015/01/economist-explains-12

Todorov, Tzvetan, *The Fear of Barbarians* (Cambridge, the United Kingdom: Polity Press, 2010).

Van Dijk, Teun A. *Discourse and Power* (London, the United Kingdom: Palgrave Macmillan, 2008).

Williams, Michael, "Words, Images, Enemies: Securitization and International Politics. *International Studies Quarterly*," Vol. 47, No. 4 (2003), pp. 511-531.

Winkler, Carol. *In the Name of Terrorism: Presidents on Political Violence in the Post-World War II Era* (New York: State University of New York Press, 2006).

Hersh, Seymour, "Torture at Abu Ghraib," *The New Yorker*, May 10th 2004, http://www.newyorker.com/magazine/2004/05/10/torture-at-abu-ghraib

Bin Ladin, Osama, "May 1998, ABC News: 'Talking with Terror's Banker,'" *ABC News*, September 18th 2001, http://www.freerepublic.com/focus/f-news/522460/posts

第10章 非傳統安全與傳統安全的連結——從網路安全到網路戰爭

孫國祥

壹、前　言：網路安全與網路戰爭的國際法問題

近年來，全球網路安全和治理問題日益受到各國政府重視。世界主要國家對網路空間戰略價值的認識不斷深化，將網路空間安全提升到國家安全戰略的層次，注重加強戰略籌畫與指導[1]。2012年7月在《華爾街日報》發表題爲〈認眞對待網路攻擊〉（Taking the Cyberattack Threat Seriously）乙文中，美國總統歐巴馬（Barack Obama）警告：「來自網路空間的威脅是美國面臨最嚴峻的經濟和國家安全挑戰之一」[2]目前美、英、法、

---

1 參見Kenneth Geers, "The Cyber Threat to National Critical Infrastructures: Beyond Theory," *Information Security Journal: A Global Perspective*, Vol.18, No.1 (2009), pp.1-7; Adrian V. Gheorghe, Marcelo Masera, Laurens de Vries and Margot Weijnen, Wolfgang Kröger, "Critical Infrastructures: the need for International Risk Governance," *International Journal of Critical Infrastructures*, Vol.3, No.1/2 (2007), pp.1-19; Austen D. Givens and Nathen E. Busch, "Realizing the Promise of Public-Private Partnerships in U.S. Critical Infrastructure Protection," *International Journal of Critical Infrastructure Protection*, Vol.6, No.1 (March 2013), pp.39-50; Government Accountability Office, *Cybercrime: Public and Private Entities Face Challenges in Addressing Cyber Threats*- GAO-07-705, June 2007, http://www.gao.gov/new.items/d07705.pdf; Andrew Graham, *Canada's Critical Infrastructure: When is Safe Enough Safe Enough*? National Security Strategy for Canada Series, The Macdonald-Laurier Institute, 2011, http://www.macdonaldlaurier.ca/files/pdf/Canadas-Critical-Infrastructure-When-is-safe-enough-safe-enough-December-2011.pdf; Brigid Grauman, *Cyber-security: The Vexed Question of Global Rules - An Independent Report on Cyber-preparedness Around the World*, Security & Defence Agenda, 2012; Robert W. Hahn, Anne Layne-Farrar, "The Law and Economics of Software Security," *Harvard Journal of Law and Public Policy*, Vol.30, No. 1 (2006), pp.283-353; Dara Hallinan, Michael Friedewald, Paul McCarthy, "Citizens' Perceptions of Data Protection and Privacy in Europe," *Computer Law and Security Review*, Vol. 28, No 3 (2012), pp.263-272; J.Todd Hamill, Richard F. Deckro, Jack M. Kloeber, "Evaluating Information Assurance Strategies," *Decision Support Systems*, Vol.39, No.3 (May 2005), pp.463-484; Oona A. Hathaway, Rebecca Crootof, Philip Levitz, Haley Nix, Aileen Nowlan, William Perdue, Julia Spiegel1, "The Law of Cyber-Attack," *California Law Review*, Vol.100, No.4 (August 2012), pp.817-886; Catherine A. Theohary and John W. Rollins, *Cyberwarfare and Cyberterrorism*, Congressional Research Service, March 27, 2015, http://www.fas.org/sgp/crs/natsec/R43955.pdf; Stephen Hinde, "Cyber Wars and other Threats," *Computers & Security*, Vol.17, No.2 (1998), pp.115-118; Stephen Hinde, "Cyber-terrorism in Context," *Computers & Security*, Vol,22, No.3 (April 2003), pp.188-192; Stephen Hinde, "Incalculable Potential for Damage by Cyber-terrorism," *Computers & Security*, Vol.20, No.7 (October 2001), pp.568-572; Todd C. Huntley, "Controlling the Use of Force in Cyberspace: The Application of the Law of Armed Conflict During a Time of Fundamental Change in the Nature of Warfare," *Naval Law Review*, Vol.60 (2010), pp.1-60.

2 Barack Obama, "Taking the Cyberattack Threat Seriously," *Wall Street Journal*, July 19, 2012. http://online.wsj.com/article/SB10000872396390444330904577535492693044650.html.

德、俄等主要國家都制定了網路空間安全戰略。澳、加、荷、捷等國家相繼跟進，旨在增強綜合國力，保障國家安全。

美國學者托弗勒（Alvin Toffler）曾預言：「誰掌握了資訊，控制了網路，誰就擁有整個世界[3]。」在網際網路時代，國際法已經從地域空間、外太空擴展到網路空間，國家主權也從領土、領空擴展到「資訊邊疆」（Information Frontier）。「網路戰爭」是網路安全和治理的嶄新問題，涉及戰爭法，無論是在學術界，還是各國政府和聯合國等國際組織的法律或政策文件中，尚未存在得到廣泛認同的界定[4]。另外，「網路戰爭」也時常以修辭性的使用，常常與網路犯罪、網路間諜和網路攻擊等網路行爲混淆[5]。本文所指的「網路戰爭」係指適用於《聯合國憲章》（Charter of the United Nations）、武裝衝突法等國際法管轄的網路攻擊行爲。

就網路空間的衝突案例中，廣泛認爲接近國際法意義上的「網路戰爭」的標誌事件是2007年愛沙尼亞、2008年喬治亞、2010年伊朗和2014年烏克蘭發生的網路攻擊。2007年，北約盟國愛沙尼亞遭到網路攻擊後，第二年北約在愛沙尼亞首都塔林設立「網路安全中心[6]」。該年，俄羅斯與喬治亞爆發衝突期間，網路攻擊伴隨著武裝衝突進行，導致喬治亞的政府和媒體網站無法登入，電話佔線等「網路隔絕」的狀況，從而論者以爲是第一場與傳統軍事行動同步的網路攻擊[7]。而2010年7月，伊朗布什爾（Bushehr）核電站遭受「震網」（Stuxnet）病毒攻擊被不少專家認爲是第一次眞正意義上的「網路戰爭」。布什爾核電站是伊朗首座核電站，「震網」病毒攻擊該核電站使用的德國西門子工業控制系統，至少有3萬臺電腦中毒，1/5的離心機癱瘓，致使伊朗核發展計畫被迫延宕2年。美國和以色列軍方機構是「震網」病毒的直接「開發商」[8]。2014年烏克蘭政治危機以來，烏克蘭數十個電腦網路近來遭一種攻擊性強的網路武器襲擊。全球第三大軍品公司英國BAE系統公司發布報告指出，名爲「蛇」（Snake）的新型網路病毒，近來襲擊烏克蘭的電腦網路[9]。

---

3 Alvin Toffler, *Future Shock the Third Wave* (New York: Bantam Books, 1981). http://www.crossroadscounsellinggroup.com/resources/ebook/Toffler-ThirdWave-complimentsofCRTI.pdf.

4 追溯和總結「網路戰爭」的學術和實踐討論的學理嘗試，參見Oona A. Hathaway, Rebecca Crootof, Philip Levitz, Haley Nix, Aileen Nowlan, William Perdue, Julia Spiegel1, "The Law of Cyber-Attack," *California Law Review*, Vol.100, No.4 (August 2012), p.823。

5 在某種程度上，許多文章係以部分的「網路戰爭」論述是在修辭意義上使用「網路戰爭」的概念。

6 愛沙尼亞首都塔林的國會以及一些言論社、銀行等在2007年時曾經連續數周遭到了嚴重的網絡攻擊。自從蘇聯軍的銅像被移出城內後開始的網路攻擊被指是俄羅斯在背後主導，但俄羅斯卻予以否認。Allison Kempf, "Considerations for NATO Strategy on Collective Cyber Defense," Center for Strategic and International Studies (CSIS), Mar 24, 2011. http://csis.org/blog/considerations-nato-strategy-collective-cyber-defense.

7 Paulo Shakarian, "The 2008 Russian Cyber Campaign against Georgia," *Military Review,* Vol.91, No.6 (November-December 2011), pp.63-69.

8 Jonathan Fildes, "Stuxnet worm 'targeted high-value Iranian assets'," *BBC News*, 23 September 2010. http://www.bbc.co.uk/news/technology-11388018.

9 BAE Systems Applied Intelligence, *Snake Campaign & Cyber Espionage Toolkit*, 2014. http://info.baesystemsdetica.com/rs/baesystems/images/snake_whitepaper.pdf.

該等網路攻擊事件是否符合國際法上相關的戰爭概念值得思考。當代國際法對戰爭的規制主要表現在兩方面，一是訴諸戰爭權（jus ad bellum）的問題[10]，二是戰爭行爲（jus in bello）的問題。兩方面深植於以《聯合國憲章》和《日內瓦四公約》體系爲核心的國際法規範體系當中，它們對「武力」、「使用武力」、「武器」、「自衛」「武裝攻擊」和「武裝力量」等戰爭相關術語的理解具有深刻的戰爭史的烙印。該等事件都未達到《憲章》第51條的「武力攻擊」（armed attack）的標準，因而不屬於國際法意義上的「網路戰爭」。使用武力（use of force）和武力攻擊是不同的法律概念，分別出現在《憲章》第2條第4款和第51條之中。《憲章》並未具體界定武力攻擊的概念，然而國際法學界通常認爲使用武力必須達到「相當嚴重性」方能構成武力攻擊，諸如造成人員傷亡或重大財產損失[11]。首先，就上述網路攻擊的程度而言，其損失並不明確，其嚴重性也並未達到國際法對武力使用的「擴大解釋」。其次，上述網路攻擊事件的攻擊方並不明確，儘管存在種種猜測，但是既沒有充足證據指向特定國家，也沒有任何國家承認自己是攻擊方。

另外，美國有關部門對日漸龐大的網路武器進行了秘密法律審查，審查結果顯示，歐巴馬在這一領域擁有廣泛權力，如果美國發現有可靠證據證明，該國即將遭到來自國外的重大網路襲擊，總統就可以下令先發制人。此乃2014年以來美國在網路戰爭做出的重要決策之一，美國政府將在未來採取行動，爭取使美國成爲第一個得到通過關於在遭遇重大網路攻擊時軍隊如何防衛或反擊的規定。新政策還將對情報部門搜索遠在他地的電腦系統，以尋找攻擊美國跡象的相關工作做出規定。而且如果得到總統批准，即便兩國尚未宣戰，情報部門也可以透過植入毀滅性代碼來攻擊敵人。

該等規定屬於最高機密，如同那些絕對不向外界透露的無人機襲擊規定一樣。歐巴馬的首席反恐顧問、中情局局長布倫南（John O. Brennan）在美國政府制定無人機和網路戰爭政策方面扮演了主要角色，而這兩者都是美國武器庫中最新而且最具政治敏感性的武器。目前，最新軍備競賽就發生在網路武器領域，而且這也可能是最複雜的軍備競賽。美國國防部晚近成立了網路戰司令部（Cyber Command），而網路戰也是軍費預算中少數預計將會出現增長的項目之一。經過十年發展的反恐政策對新的網路政策產生了指導功能，尤其是在界定軍方和情報機構在部署網路武器的權力方面。按照目前規定，在阿富汗等美國按照戰爭規則行事的國家，軍方可以公開執行反恐任務。但情報機構有權下令在巴基斯坦和葉門等尚未宣佈爲交戰地帶的地方進行秘密的無人機襲擊和突擊隊襲擊。相關結果已經引起了國際社會廣泛的關注與抗議。

據已知資訊顯示，歐巴馬曾經唯有一次批准使用網路武器，就是在他執政的初期，

---

10 Martin L. Cook, "Chapter 3. Ethical issues in War, An overview," in Joseph R. Cerami and James F. Holcomb, eds., *U.S. Army War College Guide to Strategy* (Strategic Studies Institute, 2001), pp.19–30.

11 Military and Paramilitary Activities in and against Nicaragua (Nicaragua v. United States of America), I.C.J Judgment of 27 June 1986, Paras.191,195,211.

他下令對伊朗的鈾濃縮設施發動一系列逐步升級的網路攻擊。此次行動的代號爲「奧運會行動」（Operation Olympic Games），它在布希總統（George W. Bush）任內由國防部開始實施，但很快就被美國最大的情報機構國家安全局（National Security Agency）接管，遵照總統命令執行秘密任務。美國官員們很快地決定，鑒於網路武器的巨大威力，發動網路攻擊的命令只應該由總司令直接發布，此與核打擊相似。

如果美國軍方進行針對性很強的戰術攻擊，諸如在對敵人發起常規打擊時關閉防空系統，規定可能允許出現例外情況。在網路戰中，總統以下層級人員做決定的情況非常非常少。此即意謂政府排除了「自動」進行報復的可能，即使發現美國的基礎設施遭受到了網路攻擊，即令電腦病毒正在網路上快速的傳播。

儘管該等規則已經醞釀了2年多，但它們的制定正値美國的企業和關鍵基礎設施受到網路攻擊的大幅增加之中。美國國土安全部（Homeland Security Department）之前宣佈，美國一處發電站因遭遇網路攻擊而癱瘓數周，但並未公布該發電站的名字。《紐約時報》遭到了源自中國的網路攻擊，時間長達4個多月[12]。《華爾街日報》和《華盛頓郵報》也報導說它們的系統遭到過類似的攻擊[13]。

在撰寫新規則時，相關參與者對在網路戰中先發制人可能引發的後果專門進行了詳細分析。其中，政府審查涉及的一個重要問題是，在制止網路攻擊或對其進行報復時，如何定義「合理、適當的武力」。伊朗多處設施曾遭到攻擊，但美國從未承認是自己所爲，在攻擊期間，歐巴馬堅稱網路武器要縮小針對範圍，以確保它們不會影響到醫院或電力供應。歐巴馬表示擔憂稱，美國對網路武器的使用可能會被其他國家當做攻擊美國的理由。當網路武器從遭遇攻擊的伊朗濃縮中心洩露出來時，美國的相關行動也就暴露了，此後，「震網」（Stuxnet）編碼在網上被海量複製[14]。

儘管美國國防部擁有的網路工具是最多的，但根據新的指導方針，在美國公司或個人遭遇普通網路攻擊時，國防部不會參與防衛。在美國國內，該責任由國土安全部承擔，而對網路攻擊或網路盜竊行爲的調查則由美國聯邦調查局（Federal Bureau of Investigation, FBI）進行。在美國國內，如果沒有總統的命令，軍方不得展開行動，但如

---

12 Nicole Perlroth, “Hackers in China Attacked The Times for Last 4 Months,” *New York Times*, January 31, 2013, http://www.nytimes.com/2013/01/31/technology/chinese-hackers-infiltrate-new-york-times-computers.html?pagewanted=all&_r=0.

13 David E. Sanger and Thom Shanker, “Broad Powers Seen for Obama in Cyberstrikes,” *New York Times*, February 3, 2013, http://www.nytimes.com/2013/02/04/us/broad-powers-seen-for-obama-in-cyberstrikes.html?pagewanted=all.

14 「Stuxnet電腦蠕蟲背後的想法其實很簡單，我們不希望伊朗造出原子彈，他們發展核武器的主要資產是納坦茲的濃縮鈾工廠，你們看到的灰色方塊是即時控制系統，現在，如果我們設法破壞控制速度和閥門的驅動系統，我們事實上可以使離心機產生很多問題。這些灰色方塊無法執行Windows軟體，兩者是完全不同的技術，但如果我們設法將一個有效的Windows病毒放進一台筆電裡，由一位機械工程師操作，設定這個灰色方塊，那麼我們就可以著手進行了，這就是Stuxnet大致背景。」參見Ralph Langner, Cracking Stuxnet, a 21st-century cyber weapon, Mar 2011, https://www.ted.com/talks/ralph_langner_cracking_stuxnet_a_21st_century_cyberweapon/transcript.

果美國國內遭到了大規模網路襲擊，軍方將會介入。

無論如何，儘管國際法意義上的網路戰爭尚未發生，然而網路戰爭的時代已經到來[15]。世界各國和相關國際組織也在積極探索網路戰爭的國際法規則。近年來，中俄與美國及其北約盟國在網路安全的國際行爲守則問題上爭執不斷。在國際社會難以達成共識確立網路戰爭的一般國際法規範的前提下，非國家組織制定和編纂網路戰爭的規則指南，成爲國際法學術和實踐領域的一個新動向。在此背景下，由「北約卓越合作網路防禦中心」（Cooperative Cyber Defense Centre of Excellence, NATO CCD COE）邀請國際專家小組（International Group of Experts）編纂，2013年3月由英國劍橋大學出版社出版，被稱爲「第一部網路戰爭規範法典」《塔林手冊》（Tallinn Manual）便成爲網路戰爭的國際法研究的新熱點[16]。本文即在探究該手冊的內容與國際法的融合。

貳、《塔林手冊》與網路戰爭的國際法規則

《塔林手冊》的全稱是《適用於網路戰爭的塔林國際法手冊》（Tallinn Manual on the International Law Applicable to Cyber Warfare），其國際專家小組和編寫成員由47位法律學者、法律實務專家和技術專家組成，分別來自美國、加拿大、德國、英國。其中，總編輯1人，編委會成員5人，法律小組主持專家2人，法律專家9人，技術專家2人，觀察員5人，同行評議專家13人，計畫協調1人，計畫經理1人，記事人員2人，法律研究人員6人[17]。總編輯施密特（Michael N. Schmitt）係美國海軍學院國際法系的斯托克頓（Charles H. Stockton）講座教授兼主席，英國埃克賽特（Exeter）大學國際公法教授，以及北約卓越合作網路防禦中心高級研究員。

施密特在《塔林手冊》的導言中強調，編纂手冊的國際專家小組是獨立的學術組織。然而，專家小組中諸如施密特具有學界和軍方的雙重背景的專家爲數不少，而且不少編委會、法律專家、同行評議專家以及全部的技術專家、記事人員和計畫協調、計畫經理都來自於北約或各國軍方。舉例而言，編委會成員前空軍准將布思比（William H. Boothby）曾任英國皇家空軍法律事務部副主任。此外，專家小組的5位觀察員分別來自

15 此方面的論述很多，例如兩位美國智庫學者用以色列對敘利亞（2007）、美國對伊拉克（2003）的實例，以及美國網路空間戰略司令部舉行美國與中國在南海軍演的網路戰爭演習（具體時間不詳），論證網路戰爭的眞實性，參見Richard A. Clarke and Robert K. Knake, Cyber *War: The Next Threat to National Security and What to Do About It* (New York: Harper Collins, 2010), pp.8-16; 163-169。本書作者之一Richard A. Clarke爲前美國國防部助理，服務過7屆美國總統，擔任過老布希、柯林頓兩位總統的網路安全特別顧問。

16 Michael N. Schmitt gen, ed., *Tallinn Manual on the International Law Applicable to Cyber Warfare* (Cambridge: Cambridge University Press, 2013).

17 *Tallinn Manual*, pp. 10-13.

美國網路指揮部、紅十字國際委員會和北約最高盟軍統帥部總部[18]。因此，從發起機構和國際專家小組的人員構成以及編纂過程可以推斷，《塔林手冊》兼有學術、政治和軍事的多重背景[19]。

在施密特撰寫的導言中，《塔林手冊》與關於海戰的《聖雷莫手冊》（San Remo Manual）[20]和《空戰和導彈戰手冊》（Air and Missile Warfare Manual）[21]等國際法手冊的目的類似，目的都是為了考察和檢驗現存國際法規則能否適用於「新」的戰爭形式。《塔林手冊》的基本立場是現有國際法規範完全可以適用於「網路戰爭」，國際社會無需創制新的國際法規範以管轄網路行為。由此，《塔林手冊》限定其討論網路（攻擊）行為的範圍。首先，在訴諸戰爭權層面，該手冊只討論達到「使用武力」程度的網路行為，而不討論主要由國內法管轄的一般網路犯罪。其次，在戰時法層面，該手冊只討論涉及「武裝衝突」（armed conflict）的網路行為，而通常不涉及諸如國際人權法或國際電信法的管轄領域。

就此意義而言，《塔林手冊》討論的是狹義的網路攻擊行為，諸如針對某國核設施的網路操作或者針對敵方指揮官或指揮系統的網路攻擊，而不包括已經納入傳統國際戰爭法討論的機動（kinetic）武器攻擊，諸如轟炸敵方網路指揮中心等，也不包括無線電干擾（jamming）等電子攻擊形式[22]。

在國際法適用問題上，《塔林手冊》的基本立場是現行法（lex lata）完全可以適用於網路戰爭，無需就此問題訴諸應然法（lex ferenda），或創造新的法律[23]。為了達到約束所有國家的法律目標，國際專家小組承諾《塔林手冊》的特定規則已經盡可能接近現行國際法的基本原則和規範，而非基於特定組織或國家的立場。國際專家小組宣稱《塔林手冊》的95條規則是專家小組從現行法出發並最終達成一致意見的國際法適用。為了達致現行國際法適用的基本目的，專家組宣稱《塔林手冊》詳盡地參照了現行國際條約、國際慣例、被文明國家公認的一般法律原則、司法判決和各國最優秀的國際公法學家的學說教義等廣義的國際法淵源[24]。

---

18 Ibid, p.13.

19 以施密特教授為代表的專家小組學術能力的一個考察，參見Oliver Kessler and Wouter Werner, "Expertise, Uncertainty and International Law: A Study of the Tallinn Manual on Cyber Warfare," *Leiden Journal of International Law*, Vol.26, No.4 (December 2013), pp.793-810.

20 Louise Doswald-Beck, *San Remo Manual on International Law Applicable to Armed Conflict at Sea*, (Cambridge: Cambridge University Press, 1994), http://assets.cambridge.org/97805215/58648/excerpt/9780521558648_excerpt.pdf.

21 Program on Humanitarian Policy and Conflict Research at Harvard University, ed., *HPCR Manual on International Law Applicable to Air and Missile Warfare* (Cambridge: Cambridge University Press, 2013).

22 *Tallinn Manual*, p.5.

23 可參見Lisa Tabassi, "The Nuclear Test Ban: Lex Lata or de Lege Ferenda?" *Journal of Conflict and Security Law*, Vol.14, No.2 (2009), pp.309-352.

24 國際司法判例和公法家學是輔助淵源，不具有普遍拘束力。國際法淵源權威來源參見Statute of the International Court of Justice, 26 June 1945, 59 Stat. 1055, Art 38 (1).

在法律結構上，《塔林手冊》分為《國際網路安全法》和《（網路）武裝衝突法》兩大部分，分9個章節，前一部分有2章，後一部分為7章，總共95條規則。在每個部分、章節和規則下，國際專家小組附加長短不一的評注（commentary）以闡釋相關概念和規則的法律依據以及專家組在闡釋問題上的分歧。

在對《國際網路安全法》的標題評注中，國際專家組強調，「國際網路安全法」並非一個獨立的國際法領域，而是現有「訴諸戰爭權」和「戰時法」的適用[25]。該部分諸如「主權」、「管轄權」和「國家責任」等核心概念完全基於現行國際法的基本原則和規範。因此，「國際網路安全法」不是一個規範性術語，而是一個描述性術語。

在此部分，第一章為「國家與網路空間」，主要內容是確定國家、網路基礎設施（cyber infrastructure）與網路行為之間的基本國際法關係。第一章第一節為「主權、管轄權和管制」，由5條規則構成。規則1是「國家主權」原則，規定「一國可對本國領土範圍內的網路基礎設施和網路活動施加管制。」在此基礎上；規則2規定一國對「其領土內參與網路活動的個人、位於其領土內的網路基礎設施以及國際法規定的治外法權地」享有「管轄權」；規則3是船旗國與登記國的管轄權；規則4規定主權豁免權；規則5規定國家對本國網路基礎設施的管理義務。第一章第二節為「國家責任」；規則6規定「一國對歸屬於其網路的行動負有國際法責任」；規則7規定了經由一國政府網路基礎設施發動的網路攻擊可以導致該國成為攻擊嫌疑國；而規則8則規定，經由一國網路設施路由發生的網路行為不足以確定行為的歸屬國；規則9認可受網路攻擊國對責任國採取適當比例的反措施（countermeasures）。

第二章是關於「使用武力」的規定。國際專家小組強調，本章對「禁止使用武力」和「自衛」的概念使用，完全來源於《聯合國憲章》第二條第四項的法律分析。第二章第一節關於「禁止使用武力」。規則10規定，「禁止威脅或使用武力」。專家小組指出，使用武力的具體主體可以情報機構甚至是私人承包商。規則11是關於「使用武力的定義」，規定「網路行動的規模和影響達到構成使用武力的非網路行動的程度，即構成使用武力」；規則11毫無疑問是《塔林手冊》最為關鍵的規則之一。從判斷使用武力的法律標準而言，這條規則的8個具體標準主要採納了「後果標準」，並反映在後文的具體規則上；規則12規定「武力威脅」的定義。

第二章第二節關於「自衛權」。規則13規定一國成為達到武力攻擊程度的網路行動的目標時可行使自衛權。對於網路攻擊造成何種程度的傷亡、破壞和毀滅才算「武力攻擊」，專家們存在爭議。他們普遍認為，2007年愛沙尼亞遭受的網路攻擊不構成「使用武力」，而有部分專家認為2010年伊朗遭受的網路攻擊已經構成「使用武力」。大多數專家認為，網路攻擊的意圖本身並不重要，而且國家有權對個人或組織發起網路攻擊（戰爭）進行自衛反擊。儘管在規則14和15中，手冊規定了自衛使用武力的「必要性

25　*Tallinn Manual*, p.13.

和比例性」，以及在遭遇武力攻擊的「迫近性和即時性」時的自衛權。規則16和17根據《聯合國憲章》規定了網路戰爭的「集體自衛權」和報告聯合國安理會的義務。第三節也是本章最後一節規定了「國際間政府組織行爲」，即規則18和19，規定了聯合國安理會以及根據安理會命令或授權的區域組織的使用武力的權力。

在《（網路）武裝衝突法》的部分中，首個章節也就是第三章是關於武裝衝突法的一般規定。規則20規定達到武裝衝突境地的網路行爲應當受到武裝衝突法的管轄。規則21關於網路戰爭的地理限制；規則22和23分別規定引發和不引發國際武裝衝突的網路行爲的法律特徵；規則24規定網路戰爭中的指揮官的戰爭犯罪責任。

第四章定義「敵對行爲」，這是本手冊最長也是最重要的一章。第一節定義何謂「參加武裝衝突」。規則25-29規定了不同類型和性質網路攻擊參與者的不同法律後果，包括軍人、全民動員（levée en masse）、雇傭兵和平民。第二節規定「一般的攻擊行爲」；規則30是一條重要規則，定義了網路攻擊是指「預期會造成人員傷亡或者物品損毀的網路行動（無論進攻或防禦）」；規則31則區分戰士與平民。從規則32到規則36是第三節，關涉「對人的攻擊」，包括「禁止攻擊平民」、「軍民雙重身分」、「合法攻擊對象」、「平民參與敵對行動」以及「禁止恐怖主義攻擊」等5條規則。

從規則37到規則40是第四節，關涉「對物的攻擊」，包括「禁止攻擊民事目標」，「民事與軍事目標的區分」、「同時具有民事和軍事目的的網路設備屬於軍事目標」以及「懷疑爲雙重目標」等4條規則。從規則41到規則48是第五節，關涉網路戰爭的「手段和方法」；規則41是「手段和方法」（means and methods）的基本定義；規則42規定禁止網路戰爭引發不必要的傷害和多餘的苦痛；規則43禁止不區分平民和軍人的無差別的網路戰爭；規則44禁止網路誘殺裝置（body trap）；規則44禁止餓死平民的網路戰爭行爲；規則44規制「交戰報復」行爲，禁止網路攻擊「囚犯、被關押平民、退出戰鬥的敵人（hors de combat）以及醫務方面的人員、設施、車輛和設備等」。而且，「交戰報復」和「交戰武器」必須受到《日內瓦四公約第一議定書》的規制（規則45和46）。

規則49-51是第六節，關涉網路「攻擊行爲」，包括「禁止無差別攻擊」、「區分主要用於民事目的的軍用目標」和「網路攻擊的比例性」等3條規則。規則52-59是第七節，關涉網路攻擊「預防」。在本節的標題評注中，專家小組強調預防的「可行性」（feasibility）而非「合理性」（reasonable），這是因爲網路攻擊在手段和技術上不同於海陸空攻擊的特殊性。進攻方負有「對民事目標的細緻區分」（規則52）、「核實目標」（規則53）、「精選手段和方法」（規則54）、「根據比例原則預防」（規則55）、「精選攻擊目標」（規則56）、「取消和懸置攻擊」（規則57）以及「攻擊警告」（規則58）等預防義務；受攻擊負有盡有最大限度的可行性保護平民或民事目標的義務（規則59）。

規則60-66是第八節，關涉「背信棄義、不當使用和間諜」。規則60規定交戰方在網路戰爭禁止背信棄義，這源於《日內瓦四公約第一議定書》第37條第1款的規定。規則61相當重要，該條承認網路戰爭策略（ruses）的合法性，列舉了8個可以允許的網路戰戰術；規則62禁止交戰方在網路戰爭行爲中使用諸如紅十字等武裝衝突法保護和認可的特別標誌。類似的；規則63禁止交戰方在網路戰爭行爲中使用聯合國徽章。規則64禁止交戰方在網路戰爭行爲中使用敵方標誌；規則65禁止交戰方在網路戰爭行爲中使用中立標誌；規則66規定戰時網路間諜行爲不受武裝衝突法管轄。規則67-69是第九節也是該章最後一節，關涉網路「封鎖和禁區」。專家小組首先區分網路封鎖與傳統的通訊干擾，進而認爲，爲了達成有效的網路封鎖，可以借助網路攻擊之外的其他攻擊手段。

第五章規定網路戰爭中的「特定人員、目標和行爲」的保護，此種保護義務來源於國際人道法[26]。規則70-73是第一節，涉及「義務和宗教人員，以及醫用設備、交通工具和材料」的保護。規則74是第二節，涉及「聯合國人員、設施、物資、設備和車輛」的保護。規則75-77是第三節，涉及「被拘留人員」的「不受網路行爲影響」（規則75）、「各類別一視同仁」（規則76）以及「不應被強迫反對祖國」（規則77）的權利。第四節即規則78是兒童保護條款，規定兒童不應被招募或允許參加網路戰爭。第五節即規則79是記者保護條款。第六節即規則80規定爲了保護平民，在攻擊水庫、堤壩和核電站等蘊含危險力量的工程和設施時，網路攻擊方必須格外小心[27]。第7節即規則81保護對「平民生存不可或缺的目標」，諸如與電力、灌溉、自來水和食物生產相關的網路基礎設施。第8節即規則82規定尊重和保護網路「文化財產」，並禁止數位文化財產用於軍事目的。第9節即規則83規定網路戰爭保護自然環境。第10節即規則84規定保護外交檔案和通訊。第11節即規則85禁止透過網路手段實行集體懲罰，規則86規定網路行爲不得過度妨礙人道主義援助。

第六章基於武裝衝突法中規制有關「佔領」的網路行爲，因此不涉及非武裝衝突法的佔領行爲。規則87規定尊重被佔領土的受保護人員；規則88規定佔領方應當盡一切努力重建和保證被佔領地區的公共秩序和安全，維持包括適用於網路行爲的法律秩序；規則89規定佔領方應該盡力維持自身的普遍安全，包括網路系統的完整和可靠；規則90規定徵收和徵用被佔領地區的網路基礎設施的合法性。

第七章也是《塔林手冊》最後一章，規定了基於武裝衝突法的網路戰爭中立法。規則91禁止交戰國針對中立國的網路設施的基於網路手段的交戰權利（belligerent right）實踐；規則92禁止針對中立領土的網路設施的基於網路手段的交戰權利實踐；規則93規定中立國不應故意讓交戰方使用位於其領土或實際控制下的網路基礎設施實踐其交戰權利；規則94規定，如果中立國未能阻止位於其領土的交戰行爲，那麼武裝衝突的受侵犯方可以採取包括網路行爲等必要措施進行反擊；規則95規定，一國不得依據中立法合理化而做出不符合《聯合國憲章》第七章規定經安理會決定的預防性或強制性措施的行動

26　保護戰時平民、戰鬥員及受害者的一系列國際法是國際人道法。國際人道法的主要文件是1949年的《日內瓦公約》和1977年的兩個《附加議定書》。國際司法判例認可重審「瑪律頓條款」。

27　此處所指格外小心，並非禁止。

（包括網路行動）。

參、徘徊於戰爭法的適用與創制之間

作爲由專家編纂的學術性網路戰爭國際習慣法規則的建議性指南，《塔林手冊》既不是北約官方文件或者法律政策，亦非具有法律效力的網路戰爭法典。然而，它在學術研究和法律實務都具有不可忽視且不斷增長的國際影響力。首先，《塔林手冊》是「北約卓越合作網路防禦中心」的11個成員國或宣布有興趣加入該組織北約國家的基本網路戰爭的法律諮詢手冊[28]。

其次，不少北約及其成員國之外的國際組織或國家也認同《塔林手冊》的法律地位。舉例而言，紅十字國際委員會的官方法律顧問在接受國際紅會官網的採訪時表示，基於《塔林手冊》，法律和軍事專家可以得出「戰爭法對網路攻擊同樣施加限制」的結論[29]。又如，以色列國防軍任命網路戰法律顧問並宣稱遵守《塔林手冊》[30]。

再次，北約也將《塔林手冊》作爲擴展北約與相關國家進行網路合作的法律諮詢依據。2013年4月在訪問韓國期間，北約秘書長拉斯穆森（Anders Fogh Rasmussen）與韓國官方討論網路安全合作問題時依據的法律淵源就是《塔林手冊》[31]。最後，北約卓越合作網路防禦中心準備在2014年開設以《塔林手冊》爲基本教材的「網路行爲的國際法」課程，並宣稱歡迎「軍隊的軍事和民事法律顧問、情報界律師、政府安全機構的其他民事律師、政策專家以及法律學者和研究生」等關心網路安全問題的人士參與培訓[32]。

儘管編纂《塔林手冊》的國際專家小組兼具學術、政治和軍事背景，然而毋庸置疑的是，《塔林手冊》的確是從現行國際法出發討論網路戰爭問題較全面的法律手冊。《塔林手冊》宣稱其目標不是就事論事地討論網路安全問題，而是從「國家主權」此一現代國際法的理論基點出發，全面闡述網路時代的國家主權與網路安全的關係。因此，《塔林手冊》提出適用現行國際法網路戰爭的「使用武力」、「自衛權」、「網路封鎖」的具體規則和標準。《塔林手冊》認爲，在目前的國際法律下，可以透過適用自衛

28 參見NATO CCD COE, History, https://www.ccdcoe.org/423.html.

29 紅十字國際委員會資源中心，「戰爭法對網路攻擊同樣施加限制」，紅十字國際委員會官網，http://www.icrc.org/chi/resources/documents/interview/2013/06-27-cyber-warfare-ihl.htm.

30 Gili Cohen, "IDF appoints legal adviser for cyber warfare," *HAARETZ*, June 17, 2013, http://www.haaretz.com/news/diplomacy-defense/.premium-1.530208.

31 "S. Korean FM, NATO chief discuss N. Korea, cyber security," *Yonhop News*, April 11, 2013, http://english.yonhapnews.co.kr/news/2013/04/11/39/0200000000AEN20130411010300315F.HTML.

32 NATO CCD COE, International Law of Cyber Operations (course), http://www.ccdcoe.org/docs/AgendaTallinnLawCourse.pdf.

規則，對網路作戰行動進行報復反擊，但僅在網路作戰行動的規模和影響將其提升到與「使用武力」的規模和影響相同程度時。當遭遇駭客行爲、網路間諜及網路犯罪時，一國可以採取預防措施，因爲相關網路攻擊導致身體傷害及物質損失時，該等行爲就達到了「使用武力」的法律界限。

需要釐清的是，就法律結構和具體規則而言，《塔林手冊》的基本原則和大部分規則都有明確的國際法淵源。然而，網路戰爭的國際法問題的複雜性在於，直接管轄特定的網路攻擊問題的通行國際法規則是缺失。而且，儘管國際專家小組一致同意網路空間可以適用於相關的國際法原則，然而，他們在具體範圍和適用程度等問題上存有不同立場，體現在每條規則的相應闡釋部分。更爲棘手的問題是，網路攻擊的主體、形式、後果都不同於通常的武力使用狀況，因此制定「網路戰爭規範」的嘗試不得不納入正式的國際法淵源之外的其他法律、政治或軍事等領域等理論和實踐資源，從而實際上創造了新的網路戰爭法規則。

就上述而言，《塔林手冊》的「規則創制」主要表現在以下三方面：首先，運用「使用武力」的「後果」標準替代現行國際法標準。早在1990年代，關於網路戰爭已有不少的學術討論和爭議。其中，施密特就是最有戰鬥力的論辯者之一。在出版於1999年的「國際法中的電腦網路攻擊和使用武力：一個規範性架構」（Computer Network Attack and the Use of Force in International Law: Thoughts on a Normative Framework）的論文中，施密特提出判斷一個網路攻擊是否違反「禁止使用武力」的6個學術標準[33]。該等標準都反映在《塔林手冊》的規則11之中。然而，批評者指出6個標準中的任何一個，都不是《聯合國憲章》的具體規定[34]。

回到《塔林手冊》，規則11認同《聯合國憲章》的禁止使用武力原則。就判斷達到「使用武力」的程度問題，根據網路攻擊的「規模」和「影響」的程度，專家小組提出嚴重性（severity）、即時性（immediacy）、直接性（directness）、侵入性（invasiveness）、效果可測量性（measurability）、軍事特徵（military character）、國家介入（state involvement）、假定合法性（presumptive legality）等8個具體標準[35]。由此可見，首先，《塔林手冊》堅持對「武力」的狹義解釋，即不考慮經濟和經濟的威脅和打擊手段。其次，「規模」和「影響」的具體標準是指網路攻擊的「後果」。換言之，《塔林手冊》在「使用武力」的判斷標準上主要並不考慮武力的「目的」和「手段」。就邏輯而言，網路攻擊的「後果主義」（consequentialism）標準意味使用網路進行經濟或政治的威脅或強迫，也有可能達到使用武力的「後果」。因此，《塔林手冊》

---

33 Michael N. Schmitt, *Computer Network Attack and the Use of Force in International Law: Thoughts on a Normative Framework*, Research Publication 1 Information Series, June 1999, pp.1-41.

34 Lianne J.M. Boer, "Restating the Law 'As It Is': On the Tallinn Manual and the Use of Force in Cyberspace," *Amsterdam Law Forum*, Vol.5, No.3 (2013), pp.4-18.

35 *Tallinn Manual*, pp.48-51.

關於「使用武力」的「後果主義」的標準可能會導致邏輯上自相矛盾。最後，此8個具體標準是否是得到公認的判斷使用武力的法律標準？規則11的評注10承認，相關標準只是影響一國使用武力的評估因素，而非法定標準[36]。實際上，除了軍事特徵和假定合法性兩個標準之外，其他6個標準都不是《聯合國憲章》的合法標準。就此意義而言，《塔林手冊》中「使用武力」的標準判定並非現行國際法的嚴格適用，而是以施密特提出的學術標準基礎上創制的網路戰爭新的國際法習慣法規則。

其次，擴大解釋一國遭受網路攻擊的自衛權，可能導致自衛權的濫用，如同前述歐巴馬的擔憂。就實踐而言，網路戰爭的「後果主義」標準的確避免了技術上非常困難的確定攻擊的艱巨任務，有助於相關國家更好的維護國家安全利益。然而，現行國際法通常認爲，只能對該等造成物理或人身傷害攻擊進行武力還擊，而網路攻擊造成的虛擬傷害則不在此列。僅僅是引起電腦故障或資料損失不能成爲發動武裝襲擊的充分理由。然而，《塔林手冊》「後果主義」標準認爲，如果網路攻擊造成一國的關鍵基礎網路設施的嚴重損害，受害國有權對攻擊方行使自衛權。規則13的評注13認爲，如果A國對B國的網路攻擊對C國造成嚴重損害，C國也有自衛權。規則13的評注16認爲，國家有權對來自於個人或組織的網路攻擊（戰爭）進行自衛反擊。針對網路攻擊的自衛權，無疑與美國的反恐戰爭實踐有所關聯。規則15規定一國對迫在眉睫的網路進攻可以預先反擊，當可以證明網路攻擊導致人員死亡或嚴重的財產損失時，採用常規武器對網路攻擊進行報復是可以接受的手段。同時，實施網路戰的駭客將成爲反擊的合法目標。

網路空間和網路戰爭的特殊性和複雜性在於網路技術的發展很大部分超越了既有法律架構。在判斷網路攻擊的發動方時，涉及複雜的技術追蹤和定位問題。該等問題如果在技術上不能很好地解決，會在網路戰爭的法律實踐模糊化，並製造不必要的外交爭端。舉例而言，規則22規定，國際性武裝衝突的特徵是：「兩國或多國間發生敵對行動（包括網路行動或僅限於網路行動），即存在國際性武裝衝突。」然而如此導致一種潛在的危險，即一旦某國的網路遭遇網路攻擊，由於技術的限制難以判斷網路攻擊來源於國家還是組織甚至個人，受攻擊國第一反應認爲網路攻擊就是國際衝突。

即使遭攻擊國鎖定了攻擊者，網路攻擊的責任分配問題仍然非常的複雜。因爲對網路攻擊負有責任的不僅僅是初始攻擊者，還包括網路基礎設施和不同的節點，以及後續故意和非自覺參與攻擊的個人和組織。總之，在網路攻擊的技術追蹤和認定問題上，各國一方面需要提高自身網路技術，另一方面國際社會和相關國際組織應當考慮各方意見，制定具有共識性和前瞻性的技術標準。就國際關係和國際法的戰略角度言之，《塔林手冊》實行的是一種「主動反擊」的戰略嚇阻策略。然而正如更爲現實主義的美國智庫蘭德公司（RAND Corporation）的網路戰爭報告的分析，這種「網路嚇阻」問題重重，並不可信。不同於核子戰爭，在網路空間中，最好的防禦未必是進攻，而通常是更

[36] *Tallinn Manual*, pp.51-52.

好的防禦。因此，在將嚇阻作為主要反映策略之前，經由外交、經濟和法律途徑解決網路爭端是一種更爲明智的選擇[37]。總之，《塔林手冊》在自衛權問題上訴諸的可能是特定國家的標準，而非訴諸國際社會或聯合國等國際組織的共識。因此，《塔林手冊》就遭受網路攻擊的自衛權做出了明顯的擴大解釋，可能會導致相關國家濫用自衛權。

其三，創制了現行國際法規定之外的網路戰爭策略和封鎖標準，主要展現在規則61規定的網路策略的合法性標準和規則67-69規定網路封鎖和網路禁區的標準等規則。

首先，規則61的評注規定了8種「允許執行作爲戰爭策略的網路行動」，分別是：一、製造電腦傀儡系統來虛擬子虛烏有的軍事力量；二、發送虛假資訊引起敵方錯誤地相信網路行爲的發生或進行；三、使用僞造的電腦標識碼、電腦網路（諸如「蜜罐」和「蜜網」技術）或電腦資料傳輸；四、在不違反規則36規定的製造恐慌條款前提下，發動網路佯攻；五、頒布以敵軍指揮官名義捏造的命令；六、網路心理戰；七、爲了截取和竊聽而傳輸虛假情報；八、使用敵方代碼、信號和密碼[38]。該等戰術直接來源於《美國陸軍部戰場手冊》、《美國陸戰法》和《美國指揮官手冊》、《英軍手冊》、《加拿大軍隊手冊》的相關規定[39]。如果國際戰爭法不加區分地將這些美軍以及盟軍佔有優勢的網路策略認定爲合法，而將未列入以上策略的其他網路戰術列爲非法，就會在實質上剝奪其他國家的網路策略創新的權利。

其次，在網路封鎖和網路的規則上，一國或特定國際組織的網路封鎖的實際能力與其網路資源有關。因此，《塔林手冊》賦予一國或組織較爲廣泛和網路封鎖的權力，無疑有助於美國和北約鞏固和利用其網路資源優勢地位。

肆、結語：從《塔林手冊》思考臺灣網路安全的戰爭法律對策

華盛頓智庫2049計畫研究所執行主任石明凱（Mark Stokes）表示，中國稱臺灣爲其核心利益，因爲臺灣議題涉及中國主權和領土完整。因此臺灣一直以來都是中國駭客攻擊的首要目標，不過中共領導層更擔心的，實際上是臺灣民主對中共政權造成的威脅。他表示，正因爲臺灣是最早受到來自中國駭客攻擊的對象，臺灣也因此累積了許多破解和防範中國網路攻擊的經驗和技術。雖然在取得先進的武器和軍備上臺灣必須仰賴美國，不過在網路安全的問題上，臺灣反而可以對美國提供協助。

37　參見Martin C. Libicki, *RAND Report: U.S. how to win cyberwar*, Oriental Press (August 1, 2013).

38　*Tallinn Manual*, p. 184.

39　Ibid, note 220.

面對來自包括中國大陸以及其他的網路威脅，《塔林手冊》的制定與公布，對我國的軍事法制有深刻的意義，我國必須思考網路戰可能引發的軍事行動。尤其是界定網路戰的敵對行爲所衍生的實體戰爭問題。因爲《塔林手冊》一方面爲實施網路戰爭尋求法理依據，另一方面也成爲網路戰遊戲規則的制定者。無論如何，《塔林手冊》對於網路戰爭國際法規範的學術努力，及其代表的美國和北約對於網路戰爭的國際法基本立場和規則値得我國網路安全和國際法領域的學習和反思以及適應。

《塔林手冊》的出版是在網路領域尋求網路安全的一次嘗試，就全球治理的角度値得肯定，應對其進行深入翻譯和研究，並在其基礎上進一步提出符合我國國家戰略利益的建議和意見。隨著網路的發展，網路犯罪和網路戰不斷升級，有必要制定相應的網路戰規則以區分網路犯罪與網路戰的關係並規範網路戰的戰場規則。雖然有種種不足，但《塔林手冊》的編纂是人類迄今爲止最系統地制訂網路戰規則的嘗試。充分研究《塔林手冊》可以迅速了解西方對於網路安全和網路戰的基本思路，提升我國網路規則和網路戰法則的制訂能力。

然而，手冊中的一些條款也體現了專家們的糾結。規則22這樣描述：「一場國際武裝衝突會在任何存在敵意的時候發生，或許包括或者被限制於兩個或者多個國家間的網路戰爭。」而在附加的注解中則稱：「至今，沒有國際間武裝衝突公開描述爲僅僅在網路空間發生。儘管如此，專家團全體一致認爲，單獨的網路戰仍可能具備導致成爲國際武裝衝突的潛力。」此外，手冊也承認，定位網路攻擊的源頭通常是非常的困難。規則7宣布，如果網路攻擊來自於一個政府網路，「並不能充分證明是那個政府所爲，但是可以成爲該國被討論與攻擊有關係的一種跡象。」

參考文獻

"S. Korean FM, NATO chief discuss N. Korea, cyber security," *Yonhop News*, April 11,2013, http://english.yonhapnews.co.kr/news/2013/04/11/39/0200000000AEN20130411010300315F.HTML.

BAE Systems Applied Intelligence, *Snake Campaign & Cyber Espionage Toolkit*, 2014, http://info.baesystemsdetica.com/rs/baesystems/images/snake_whitepaper.pdf.

Boer, Lianne J.M., "Restating the Law 'As It Is': On the Tallinn Manual and the Use of Force in Cyberspace," *Amsterdam Law Forum*, Vol.5, No.3 (2013), pp.4-18.

Clarke, Richard A., and Robert K. Knake, *Cyber War: The Next Threat to National Security and What to Do About It* (New York: Harper Collins, 2010), pp.8-16; 163-169.

Cohen, Gili, "IDF appoints legal adviser for cyber warfare," *HAARETZ*, June 17, 2013, http://www.haaretz.com/news/diplomacy-defense/.premium-1.530208.

Doswald-Beck Louise, *San Remo Manual on International Law Applicable to Armed Conflict at Sea* (Cambridge: Cambridge University Press, 1994), http://assets.cambridge.org/97805215/58648/excerpt/9780521558648_excerpt.pdf.

Fildes, Jonathan, "Stuxnet worm 'targeted high-value Iranian assets'," *BBC News*, 23 September 2010, http://www.bbc.co.uk/news/technology-11388018.

Geers, Kenneth, "The Cyber Threat to National Critical Infrastructures: Beyond Theory," *Information Security Journal: A Global Perspective*, Vol.18, No.1(2009), pp.1-7.

Gheorghe, Adrian V., Marcelo Masera, Laurens de Vries and Margot Weijnen, Wolfgang Kröger, "Critical Infrastructures: the need for International Risk Governance," *International Journal of Critical Infrastructures*, Vol.3, No.1/2 (2007), pp.1-19.

Givens, Austen D., and Nathen E. Busch, "Realizing the Promise of Public-Private Partnerships in U.S. Critical Infrastructure Protection," *International Journal of Critical Infrastructure Protection*, Vol.6, No.1 (March 2013), pp.39-50.

Government Accountability Office, *Cybercrime: Public and Private Entities Face Challenges in Addressing Cyber Threats*- GAO-07-705, June 2007, http://www.gao.gov/new.items/d07705.pdf.

Graham, Andrew, *Canada's Critical Infrastructure: When is Safe Enough Safe Enough*? National Security Strategy for Canada Series, The Macdonald-Laurier Institute, 2011, http://www.macdonaldlaurier.ca/files/pdf/Canadas-Critical-Infrastructure-When-is-safe-enough-safe-enough-December-2011.pdf.

Grauman, Brigid, *Cyber-security: The Vexed Question of Global Rules - An Independent Report on Cyber-preparedness Around the World*, Security & Defence Agenda, 2012.

Hahn, Robert W., Anne Layne-Farrar, "The Law and Economics of Software Security," *Harvard Journal of Law and Public Policy*, Vol.30, No. 1 (2006), pp.283-353.

Hallinan, Dara, Michael Friedewald, Paul McCarthy, "Citizens' Perceptions of Data Protection and Privacy in Europe," *Computer Law and Security Review*, Vol. 28, No 3 (2012), pp.263-272.

Hamill, J. Todd, Richard F. Deckro, Jack M. Kloeber, "Evaluating Information Assurance Strategies," *Decision Support Systems*, Vol.39, No.3 (May 2005), pp.463-484.

Hathaway, Oona A., Rebecca Crootof, Philip Levitz, Haley Nix, Aileen Nowlan, William Perdue, Julia Spiegel1, "The Law of Cyber-Attack," *California Law Review*, Vol.100, No.4 (August 2012), pp.817-886.

Hinde, Stephen, "Cyber Wars and other Threats," *Computers & Security*, Vol.17, No.2 (1998), pp.115-118.

Hinde, Stephen, "Cyber-terrorism in Context," *Computers & Security*, Vol,22, No.3 (April 2003), pp.188-192.

Hinde, Stephen, "Incalculable Potential for Damage by Cyber-terrorism," *Computers & Security*, Vol.20, No.7 (October 2001), pp.568-572.

Huntley, Todd C., "Controlling the Use of Force in Cyberspace: The Application of the Law of Armed Conflict During a Time of Fundamental Change in the Nature of Warfare," *Naval Law Review*, Vol.60 (2010), pp.1-60.

Kempf, Allison, "Considerations for NATO Strategy on Collective Cyber Defense," Center for Strategic and International Studies (CSIS), Mar 24, 2011, http://csis.org/blog/considerations-nato-strategy-collective-cyber-defense.

Kessler, Oliver, and Wouter Werner, "Expertise, Uncertainty and International Law: A Study of the Tallinn Manual on Cyber Warfare," *Leiden Journal of International Law*, Vol.26, No.4 (December 2013), pp.793-810.

Libicki, Martin C., *RAND Report: U.S. how to win cyberwar,* Oriental Press (August 1, 2013).

Military and Paramilitary Activities in and against Nicaragua (Nicaragua v. United States of America), I.C.J Judgment of 27 June 1986, Paras.191,195,211.

NATO CCD COE, History, https://www.ccdcoe.org/423.html.

NATO CCD COE, International Law of Cyber Operations (course), http://www.ccdcoe.org/docs/AgendaTallinnLawCourse.pdf.

Obama, Barack, "Taking the Cyberattack Threat Seriously," *Wall Street Journal*, July 19, 2012. http://online.wsj.com/article/SB10000872396390444330904577535492693044650.html.

Program on Humanitarian Policy and Conflict Research at Harvard University, ed., H*PCR Manual on International Law Applicable to Air and Missile Warfare* (Cambridge: Cambridge University Press, 2013).

Sanger, David E. and Thom Shanker, "Broad Powers Seen for Obama in Cyberstrikes," *New York Times*, February 3, 2013, http://www.nytimes.com/2013/02/04/us/broad-powers-seen-for-obama-in-cyberstrikes.html?pagewanted=all.

Schmitt, Michael N. (gen. ed.), *Tallinn Manual on the International Law Applicable to Cyber Warfare* (Cambridge: Cambridge University Press, 2013).

Schmitt, Michael N., *Computer Network Attack and the Use of Force in International Law: Thoughts on a Normative Framework,* Research Publication 1 Information Series, June 1999, pp.1-41.

Tabassi, Lisa, "The Nuclear Test Ban: Lex Lata or de Lege Ferenda?" *Journal of Conflict and Security Law*, Vol.14, No.2 (2009), pp.309-352.

Theohary, Catherine A., and John W. Rollins, *Cyberwarfare and Cyberterrorism*, Congressional Research Service, March 27, 2015, http://www.fas.org/sgp/crs/natsec/R43955.pdf.

Toffler, Alvin, *Future Shock the Third Wave* (New York: Bantam Books, 1981) http://www.crossroadscounsellinggroup.com/resources/ebook/Toffler-ThirdWave-complimentsofCRTI.pdf.

Cook, Martin L, "Chapter 3. Ethical issues in War, An overview," in Joseph R. Cerami and James F. Holcomb, eds., *U.S. Army War College Guide to Strategy* (Strategic Studies Institute, 2001), pp.19-30.

Perlroth, Nicole, "Hackers in China Attacked The Times for Last 4 Months," *New York Times*, January 31, 2013, http://www.nytimes.com/2013/01/31/technology/chinese-hackers-infiltrate-new-york-times-computers.html?pagewanted=all&_r=0.

Langner, Ralph, Cracking Stuxnet, a 21st-century cyber weapon, Mar 2011. https://www.ted.com/talks/ralph_langner_cracking_stuxnet_a_21st_century_cyberweapon/transcript.

Shakarian, Paulo, "The 2008 Russian Cyber Campaign against Georgia," Military Review, Vol.91, No.6 (November-December 2011), pp.63-69.

Statute of the International Court of Justice, 26 June 1945, 59 Stat. 1055, Art 38(1).

相關資料網站

紅十字國際委員會資源中心，「戰爭法對網路攻擊同樣施加限制」，**紅十字國際委員會官網**，http://www.icrc.org/chi/resources/documents/interview/2013/06-27-cyber-warfare-ihl.htm。

第11章　氣候變遷與城市角色的興起

盛盈仙

有別於傳統安全強調政治、軍事及外交等範疇，「非傳統安全」（Non-Traditional Security）乃更強調經濟、社會與文化面向的整體安全考量。全世界國家中不論發展程度爲何，均或多或少地深受其影響。「非傳統安全」議題已超越國界，成爲跨地域性的議題。而氣候變遷議題業已成爲現階段「非傳統安全」議題下重要且迫切的一環，隨著國際社會愈加關注「非傳統安全」的發展，氣候變遷議題亦成爲人類須共同研究與面對的挑戰。有別於過去強調以國家爲中心所發展的氣候變遷調適路徑，城市擁有較高的自主性與彈性使得城市角色的重要性逐漸升高。就世界趨勢而言，由世界各國超過一百多個城市所共同簽署的《城市環境協定》，即是一項以城市爲出發，自主要求城市碳排放減量的例證。2007年，臺灣三大城市（臺北市、臺中市與高雄市）亦與其他國際城市共同簽署《氣候保護協議》，在2050年之前達成六成的溫室氣體減量排放目標。時任倫敦副市長葛蘭（Nicky Gavron）曾表示：「若各國中央政府無法協商出解決方案，城市間就必須自主採取行動以避免災難的發生。」同樣的例子亦可見於紐約市長白思豪延續著前任市長彭博的政策，欲從建築物及地標的改造出發將紐約市打造成一個環保的韌性都市。這些都顯見以城市取代國家的概念已逐漸成爲氣候變遷議題的新興發展趨勢。

有關氣候變遷與城市角色興起的研究，本文在城市治理的國際趨勢中檢視了「地方政府永續發展理事會」、「世界城市暨地方政府聯盟」……等組織的發展；並援引倫敦推動永續發展策略的機制提供觀察實例。文末並以高雄市作爲主要研究對象，觀察其參與ICLEI的實際運作、取得溫室氣體查證及碳中和證書、訂定與施行《綠建築自治條例》以及與國際他地城市合作……等面向觀察。本文希冀能透過氣候變遷與城市治理發展路徑的背景脈絡，嘗試結合城市角色興起的國際趨勢，作爲檢視臺灣現階段的發展近況與展望未來的研究基礎。

壹、前　言

我曾經說過，當城市著手作一件事，私人企業就會跟進。有一大堆例證，城市裡頭有一大堆企業兩者攜手共進，絕對不僅止於氣候變遷，也在人類今後面臨的許多重要問題上[1]。

2014年接下聯合國氣候變遷特使的紐約前市長彭博，在12年紐約市長任內，倡導全國性的氣候變遷立法，同時推動地標建築的節能減碳改造。…

2007年他更具體提出PlaNYC，即紐約針對氣候變遷的長期方案，要紐約市在2030年至少削減30%的碳足跡[2]。

紐約前市長彭博（Michael Bloomberg）在2002至2013年共計12年的紐約市長任期內，積極倡議減少碳排放等與氣候變遷因應的相關方案，並推動地標建築的節能減碳改造計畫。在該紀錄片的相關系列報導中，特別援引自2013年重新完工的帝國大廈為例，過去鋼筋水泥和玻璃帷幕外露的設計導致大廈表面溫度超出室溫近10度左右，改造後的帝國大廈在能源消耗的總量上可望大幅減少38%，未來15年更有機會降低二氧化碳的排放量十萬五千噸，相當於一萬七千五百輛汽車一整年的二氧化碳排放水準。彭博所力促的建築減碳改造計畫，即主張以「城市」作為主要發展的起始點，爾後私人企業就會接著跟進。此亦具體實踐在紐約市的各項綠色建築與環保住宅大樓之中，包含位於曼哈頓首棟獲得美國綠色建築協會頒發「能源環保領導設計」（Leadership in Energy and Environment Design, LEED）認證金獎的索拉里大樓（Solarie Tower）[3]。

2007年於紐約所提出的具體行動計畫：「規劃紐約：更綠更偉大」（PlaNYC: A Greener, Greater New York），目標是使紐約在2030年前成為全美最綠的都市並實際減少30%的溫室氣體排放量[4]。這項計畫在彭博市長的大力支持下，結合地方政府與社區的夥伴關係合作模式，讓全市參與政策規劃過程[5]。為制定氣候變遷調適策略，該計畫涵蓋的具體面向包括：「土地」、「空氣」、「水」、「能源」及「交通運輸」等範疇，從地方出發打造更適於地方特性的因應策略。在最新2014年的PlaNYC進度報告中，提及因應氣候變遷已成功減少19%的溫室氣體排放，而目前則穩定朝向2017年前減量30%的目標發展[6]。此外，透過「紐約能源效率公司」（New York City Energy Efficiency Corporation, NYCEEC）的資助，已在節能和清潔能源的融資產品上部署5,000萬美元的資金並提出「加速更佳建築物的能源資料庫」（Better Buildings Energy Data

1 此為紐約前市長彭博的發言內容，轉引自中天新聞台，「文茜世界週報氣候變遷系列報導」，2014年10月11日，https://www.youtube.com/watch?v=BYSZ5TJdncU.

2 同註1。

3 該大樓為全美第一棟環保住宅大樓，以創新設計節水百分之五十以及夏季用電量減少百分之六十五的設計榮獲LEED獎項。此外，該大樓在屋頂種植能在冬季隔熱保暖及在夏季散熱的蠍子草，帶起曼哈頓逐漸風行的「綠屋頂」設計。

4 PlaNYC, 2015, “About PlaNYC”, http://www.nyc.gov/html/planyc/html/home/home.shtml.

5 「偉大城市的綠色願景 紐約PlaNYC的綠色大夢」，環境資訊中心（Taiwan Environmental Information Center），2007年，http://e-info.org.tw/node/21913。

6 “Progress Report 2014,” *PlaNYC*, 2014, http://www.nyc.gov/html/planyc2030/downloads/pdf/140422_PlaNYCP-Report_FINAL_Web.pdf, p. 29.

Accelerator）[7]。透過資金的挹注支持紐約市繼續朝向溫室氣體的穩定減排目標邁進，並希冀增加建築物能源運用的資訊管道與提供建商更多的技術性支援。

上述的紐約實例提供本文一項思考的方向，相較於傳統強調以國家爲中心所發展的氣候變遷調適路徑，城市擁有較高的自主性得以運籌帷幄而更提升了城市角色的重要性。隨著氣候變遷議題業已成爲現階段「非傳統安全」中相當重要的一環，建構起一套以城市爲主軸的氣候變遷安全網絡將能更有效率地加快危機因應的腳步。就此意義而言，氣候變遷與全球暖化的加劇不僅危及到城市的發展，更牽連至全人類所共同居住的環境與生存安全，值得我們重視並謹慎思考之。因此，本文欲以城市作爲對抗氣候變遷與全球暖化的主體，從「非傳統安全」與氣候變遷議題的連結開始，將「城市治理」（city governance）的國際趨勢與發展現況視爲研究背景，再進一步探討以城市取代國家以建構氣候變遷安全網絡的發展。文末，納入臺灣的發展近況以檢視現階段的城市治理路徑並展望未來。

貳、「非傳統安全」與氣候變遷

「非傳統安全」（Non-Traditional Security）不同於傳統安全強調政治、軍事及外交等意涵，其更強調經濟、社會與文化面向的整體安全考量。「非傳統安全」議題已成爲跨地域性的議題，而氣候變遷議題則是現階段「非傳統安全」議題中相當重視的一部分。2007年1月南洋理工大學（Nanyang Technological University）成立拉賈拉特南國際關係學院（S. Rajaratnam School of International Studies, 以下簡稱RSIS），以作爲引領亞太區策略與國際事務的重要研究及教學機構。其中，RSIS下設「非傳統安全研究中心」（Centre for Non-Traditional Security Studies, 以下簡稱NTS），而NTS又下設六大主要研究主軸，包括：「氣候變遷、回復及永續發展」（Climate Change, Resilience and Sustainable Development）、「能源安全」（Energy Security）、「糧食安全」（food Security）、「健康安全」（Health Security ）、「和平、人類安全及發展」（Peace, Human Security and Development）、「水源安全」（Water Security）等[8]。從上述的關注範疇可以觀察出，與環境及人類生存相關的各項安全皆爲「非傳統安全」領域所著重的研究核心。

NTS引述「政府間氣候變化專門委員會」（Intergovernmental Panel on Climate Change, 以下簡稱IPCC）於2014年所發佈最新第五次的評估報告內容，再次確認氣候變

7　「紐約能源效率公司」（NYCEEC）乃爲第一家公、私合作竭力發展能源效率及清潔能源的機構，主要功能乃在提供貸款資金挹注與加強信貸等以促進節能推廣與溫室氣體減量之發展。

8　RSIS, "Centre for Non-Traditional Security Studies," http://www.rsis.edu.sg/research/nts/.

遷的現象乃爲相當明確之事實；若延遲減緩溫室氣體的排放將會導致全球氣溫增溫攝氏二至四度。同時，氣候變遷亦會對未來全球永續發展目標（sustainable development goals, SDGs）形成嚴峻的挑戰。據此，不論從經濟、社會或制度層面皆是減少受到氣候變遷影響脆弱性的關鍵。而就NTS的「氣候變遷、回復及永續發展」部分，可觀察其主要的研究核心範疇包括：1.建立東南亞國協內城市因應氣候變遷的能力；2.管理氣候風險與天然災害。3.結合永續發展的目標與氣候變遷的調適[9]。從上述可看出強化因應氣候變遷的能力與結合永續發展及氣候變遷的調適業已成爲「非傳統安全」研究的重要核心之一。NTS以東南亞國協內的城市作爲觀察對象，在面對大型天然災害及可能遭受的氣候風險之際，研究國家如何有效建立制度性的回復機制以減少氣候變遷的脆弱性及天然災害所帶來的風險。

學者Divya Srikanth在回顧二十一世紀「非傳統安全」的威脅中曾提及，舉凡「跨國組織犯罪」、「恐怖主義與暴動」、「內戰與政權改變」、「環境損害的影響」……等均爲當代所關注的重要「非傳統安全」議題[10]。其中，「環境惡化的影響」部分特別論及氣候變遷所帶來的衝擊與影響；同時，氣候變遷也在近幾十年中對世界安全造成極大的影響性。其不僅因水平面的上升危及低窪地區居民的生存安全，極端氣候更會影響農業生產並威脅糧食安全；未來能源的安全更可能成爲影響國家間外交政策的重要因素。Divya Srikanth更直接提到「環境難民」（environmental refugee）的問題將隨著環境惡化及糧食與水資源的匱乏而日趨嚴重。此正如紀錄片《藍色星球上的難民》引述2003年聯合國的報告，提及環境難民的人數有史以來超越政治和戰爭的難民數……[11]。而這也構成了學者所謂「非傳統安全」之威脅，即氣候變遷將無可避免地嚴重影響人類永續生活的環境。

參、城市治理的國際趨勢

會議結論朝向會前提出的「首爾宣言」，各城市透過積極進步的目標、整合政策，

9 “Climate Change, Resilience and Sustainable Development,” *RSIS*, http://www.rsis.edu.sg/research/nts/research-programmes/climate-change-resilience-and-sustainable-development/#.VSrTStyUeSo.

10 Divya Srikanth, 2014, “Non-Traditional security threats in the 21st century: A review”, International Journal of Development and Conflict, No. 4, pp. 61- 65.

11 《藍色星球上的難民》（The Refugees of the Blue Planet）是由Choquette, Hélène 及 Duval, Jean-Philippe兩位導演所共同執導，於2006年由臺灣智慧藏學習科技公司所代理發行的生態環境記錄片。此片榮獲2006年葡萄牙里斯本國際環境影展「人道精神類青年獎」、2007年加拿大電影電視學院賞「最佳研究獎」、加拿大國際環境影展「最佳長片獎」……等多項殊榮。片中主要以馬爾地夫、巴西及加拿大等國作爲主要的紀錄對象，企圖喚醒世界居民對「環境難民」議題的重視。詳細內容亦可參閱：盛盈仙，**國際關係與環境政治**（臺北：秀威資訊，2013年），頁12-13。

並將公共財務導向長期永續的策略和計畫；此外，將加強各城市和各組織，甚至包含私部門和公民合作，為永續城市的未來建構全球在地行動[12]。

2015年4月於首爾召開的全球城市氣候環境大會，已可觀察出城市治理與永續發展的未來趨勢。有別於傳統強調以國家為中心所發展的氣候變遷調適路徑，本文嘗試從城市治理的角色出發。此部分將會從探討國家角色與地位的轉變開始，從而論述城市職能與地方應對全球氣候變遷角色的興起。

一、國家地位與角色的轉變

依據傳統現實主義的論點，民族國家乃是國際體系中最重要的成員[13]。然而伴隨著全球化發展所應運而生的問題，亦引發重新界定國家角色的爭論。舉例而言，國家職能角色是否滿足日益增加的人民需求？國家對經濟干預程度逐漸式微？國家提供安全的程度已然下降？……等皆使國家的功能遭致質疑[14]。其次，隨著全球化下跨國連結的網絡發展，輔以數量漸增的跨國企業及其他非政府組織，削弱並降低了民族國家的重要性及控制性。國內學者亦曾引用Jon Pierre與B. Guy Peters的論點進一步重新定位國家在全球治理過程中所扮演的角色。其分別從「上移」（moving up）、「下移」（moving down）及「外移」（moving out）等三種層次探討國家權力移轉的路徑[15]。學者依據Jon Pierre與B. Guy Peters所歸結的觀察，「上移」路徑乃是將國家主權與統治權向上分享至超國家的國際組織。受到國家經常活躍於區域或全球範疇、國際貿易的活絡化、全球金融市場的活絡化……等因素，促成此類全力向上移轉的治理模式；「下移」路徑則是典型將國家權力下放至地方政府、都市化地區及社區之中。此種類型的權力移轉促使地方政府在治理上扮演更為重要的角色，中央政府透過分權化提供地方政府的需求。本文所欲著重探討的城市治理較偏向此類路徑之發展。最後尚有論述權力向外移轉的「外移」路徑，亦即國家權力轉移至其他營利、非營利組織或透過公、私協力合作的方式執行任務[16]。

據此，國家角色隨著多元的超國家組織、非政府組織及地方政府的加入，是否全

12　此為「地方政府永續發展理事會」（ICLEI）於2015年4月於首爾召開全球城市氣候環境大會後的專題報導。首爾的「十一項承諾」激勵城市訂定永續策略，亦突顯了城市角色的重要性興起。詳細內容參閱「2015 ICLEI落幕 首爾11項承諾激勵城市訂永續策略」，**環境資訊中心**，2015年，http://e-info.org.tw/node/106609.

13　Joshua S. Goldstein, Jon C. Pevehouse, 2010, International Relations: 2010-2011 Update (ed. 9), N. Y: Longman, pp. 40-45.

14　在探討政治全球化下主權及國家角色時，筆者曾嘗試從伴隨著全球化而來的幾項國家危機面向加以論述「國家的危機與角色的改變」。詳細內容亦可參閱：盛盈仙，**人與社會的建構：全球化議題的十六堂課**（臺北：獨立作家，2014年），頁82-83。

15　劉坤億，「全球治理趨勢下的國家定位與城市發展：治理網絡的解構與重組」，2001年，頁11-13。http://web.ntpu.edu.tw/~kuniliu/paper/2002a.pdf.

16　同註14。

然代表國家角色及功能走向崩解？筆者認爲，民族國家仍舊是國際政治中的主要行爲者，也依舊是影響國際體系秩序的主體；國家雖不再具有唯一性的統治權威，但國家權力並非全然消失，僅是在某種程度上直接間接地讓渡了部分的權力[17]。亦即，國家的統治權威雖然趨於分散，但政府的角色職能卻未完全被取代[18]。以此結合上述國家權力的「下移」路徑，國家在維持其仍爲國際社會主要行爲者的角色下賦予地方更多彈性與自主發展空間；更重要地是，地方也能跳脫過去普遍被視爲次要邊陲角色的迷思，善用以地方作爲推動氣候變遷調適之主要行爲者的優勢，並強化地方扮演的特殊性職能與角色。尤有甚者，地方政府及城市可走在聯合國的前端，扮演更爲積極的角色。誠如2015年4月「地方政府永續發展理事會」（International Council for Local Environmental Initiatives，簡稱ICLEI）於首爾舉辦全球城市氣候環境大會後，長年關注臺灣永續城市發展的學者林子倫教授所言：「ICLEI在很多議題的倡議和方案都走在聯合國前面，過去聯合國會議的討論一直以國家層級爲主，城市方案都被忽略，隨著ICLEI愈來愈多城市的加入，對於永續城市的各種倡議，讓聯合國看到地方政府扮演的積極角色[19]。」以下，將從地方的角色出發從而探討城市治理的意義並回顧過去的相關發展。

二、城市治理的發展路徑

關於地方政府推動城市永續發展的緣起，可追溯至1990年成立的「地方政府永續發展理事會」（International Council for Local Environmental Initiatives，簡稱ICLEI）。總部設在德國波昂，其成員國乃以地方政府爲單位並以推動全球承諾永續發展網絡爲主要宗旨。截至2013年的統計數據，該會成員已遍及八十六個國家及超過一千多個地方政府參與[20]。ICLEI在提倡永續環境發展與推動城市間互動連結的努力上不遺餘力。1991年提出城市二氧化碳減量計畫、1992年倡議實踐《二十一世紀章程》中的任務、1993年提出城市氣候保護行動……等[21]。ICLEI所關心的相關議程包括：「可持續發展城市」（Sustainable City）、「韌性城市」（Resilient City）、「生物多樣城市」（Biodiverse City）、「低碳城市」（Low-carbon City）、「資源高效城市」（Resource-efficient City）、「智慧型城市基礎建設」（Smart Urban Economy）、「綠色城市經濟」（Green Urban Economy）、「健康快樂社區」（Healthy and Happy Community）等[22]。從上述面向可觀察到ICLEI致力於建立全面的綠色城市，欲加強城市因應氣候變遷的能力並促進城市之間的互動交流。

1992年所公布的《二十一世紀章程》（Agenda 21），則可作爲進一步關注環境議

---

17 同註13，頁83- 84。

18 同註14，頁13- 14。

19 同註12。

20 「認識ICLEI」，**ICLEI東亞地區高雄環境永續發展能力訓練中心**，http://kcc.iclei.org/tw/kcc.html。

21 「溫室效應」，永續發展教育網，http://www.csee.org.tw/efsd/web/e03_03.htm。

22 "Our agendas," *ICLEI*, http://www.iclei.org/our-activities/our-agendas.html.

題與城市扮演角色的主要對象。章程中第二十八章明確以「地方當局支持二十一世紀章程的舉措」（Local authorities' initiatives in support of Agenda 21）論述地方當局的行動、參與及合作的重要性。章程指出，由於地方掌握實際運作及維持經濟、社會及環境的基礎設施，並監督著計畫的過程與建立地方環境政策及規則，故地方的舉措將成爲最終能否達成目標的關鍵因素[23]。此外，由於地方治理的層級最接近一般人民，在提倡永續發展的部分提供了教育、動員及回應公眾的重要性功能。而在具體行動方面，章程提及幾大重要範疇包含：（一）爲使《二十一世紀章程》更充分地在地方展現，地方當局必須與人民、地方組織與私人企業對話：藉此達到更符合地方需求的行動計畫方案；（二）爲動員更多國際支持在地方當局的計畫，應加強與相關單位或組織聯繫：諸如「聯合國開發計畫署」（UNDP）、「聯合國人類住居規畫署」（Habitat）……等，以加強地方的能力建立與環境管理能力。也因此，ICLEI亦特別將實踐章程第二十八章中之內容視爲其重要的宗旨任務。

此外，其他相關以地方政府作爲主要角色的亦包含於2004年所成立的「世界城市暨地方政府聯盟」（United Cities and Local Governments，簡稱UCLG），該組織即爲另個從全球視野促進及代表地方政府利益的組織，總部設在西班牙巴塞隆納。聯盟的使命以提升全球地方政府的管理效能與推動成員間的合作並支持地方政府所推動的各項行動與方案；而目前正在關注的各項國際行動包括「氣候變遷」（Climate change）在內共計六大項目[24]。UCLG透過建立國際交流平臺來增強地方政府行動的能力，提升地方政府的國際社會地位。就「氣候變遷」的議題部分，2007年提出「地方政府氣候行動路線圖」（Local Government Climate Roadmap），建立地方與區域政府的倡議網絡[25]。藉此確保在後京都架構下能維持一個強而有力的全球氣候變遷建制之運作。其他尚包括：2009年爲了集結所有城市與區域組成「UCLG氣候協商團隊」（UCLG Climate Negotiation Group）而召開的世界委員會、2010年簽署《墨西哥城市協定》（The Mexico City Pact）及發起「碳城市氣候登錄平臺」（carbonn Cities Climate Registry, 簡稱cCCR）……等。

英國杜倫大學教授Harriet Bulkeley在研究永續城市及全球環境治理時，亦曾提出城市的行動將是「全球思考」（thinking globally）下的必然要素，特別是城市的角色在環境議題所能夠與應該扮演的角色[26]。其更以英國本身地方與氣候變遷策略的連結爲

23 " United Nations Conference on Environment & Development Rio de Janerio, Brazil, 3 to 14 June 1992 (Agenda 21)," *United Nations Sustainable Development*, 1992, https://sustainabledevelopment.un.org/content/doCuments/Agenda21.pdf.

24 六大國際議程包含：「援助成效」（Aid effectiveness）、「氣候變遷」（Climate change）、「聯合國住房和可持續城市發展大會（人居三）」（HABITAT III ）、「後二〇一五年發展議程」（Post-2015）、「聯合國倡議」（United Nations advocacy）、「城市永續發展議程」（Urban sustainablity agenda）詳細內容參閱："International Agenda," UCLG, http://www.uclg.org/en/action/international-agenda。

25 "who we are," *Local government climate roadmap*, http://www.iclei.org/climate-roadmap/about-us/who-we-are.htm

26 Harriet Bulkeley, "Where the global meets the local? Sustainable cities and global environment governance,"

例，論述城市在處理氣候變遷議題時的功能與地位，當中曾引述時爲「環境、交通與區域部」（DETR）而後已更名爲「交通、地方政府與區域部」（DTLR）的論述：

地方當局具有地方性且直接性民選機構的特殊地位，對於當地社群提供了獨特的視野與領導權，……它們能夠立即地就減排的需求採取行動、與地方社群協力合作，並能成爲對抗氣候變遷影響的核心角色[27]。

Harriet Bulkeley跳脫過去從全球的視野思考氣候變遷的議題，概念化地方回應全球氣候變遷議題的方式。強調地方所具有的特殊性地位與連結地方社群的獨特性角色，套用在因應氣候變遷的調適上便能透過與地方社群的通力合作來加深回應該議題的力度。無獨有偶地，臺灣學者亦曾就英國地方永續發展推動策略進行研究，探討以大倫敦地區的空間發展及永續都市爲目標所訂定的「倫敦計畫」爲主軸，向下延伸至「倫敦生活指標報告」、「永續發展架構」、「倫敦21永續網絡」、「計畫製作指南」及「永續發展委員會」等部分[28]。而共同的目標及願景則設定在永續發展的大方向上。綜上，倫敦經驗欲以建構網絡概念出發，嘗試從建立專責單位到推廣跨部門合作，實對於推動城市治理提供了相當好的範本。有關倫敦推動永續發展策略機制，可參照圖11-1所示。

除此之外，有關以城市爲主軸的相關環境協定，包含2004年舊金山公布的《舊金山氣候行動計畫》（Climate Action Plan for San Francisco）、再延伸至2005年通過的《舊金山城市環境協定》（Urban Environmental Accords，以下簡稱UEA）。UEA共包含七大主軸及其下的各三項行動計畫，共計二十一項計畫[29]。計畫內容分別從「能源」、「都市自然環境」……等七大面向訂定具體減排原則與限制，以推行溫室氣體管制及降低溫室氣體排放量作爲主要目標。2007年，更出現了由許多國際城市共同簽署的《氣候保護協議》（The Climate Protection Agreement），在2050年之前達成六成的溫室氣體減量排放目標。時任倫敦副市長葛蘭（Nicky Gavron）曾表示：

2003, http://sedac.ciesin.columbia.edu/openmtg/docs/Bulkeley.pdf.

27 Ibid.

28 彭光輝，「英國永續發展推動策略、機制與現況」，研考雙月刊，第29卷第5期（2005），頁63。http://archive.rdec.gov.tw/public/Attachment/88116545371.pdf.

29 七大主軸包括：「能源」、「回收」、「都市設計」、「都市自然環境」、「交通」、「環境健康」及「水」等。此爲聯合國環境規劃署於2005年6月5日（世界環境日）在美國舊金山簽署。詳情可參閱：Urban Environmental Accords, 2005, http://www.sfenvironment.org/sites/default/files/editor-uploads/initiatives/uea_Urban_Environmental_Accords.pdf。

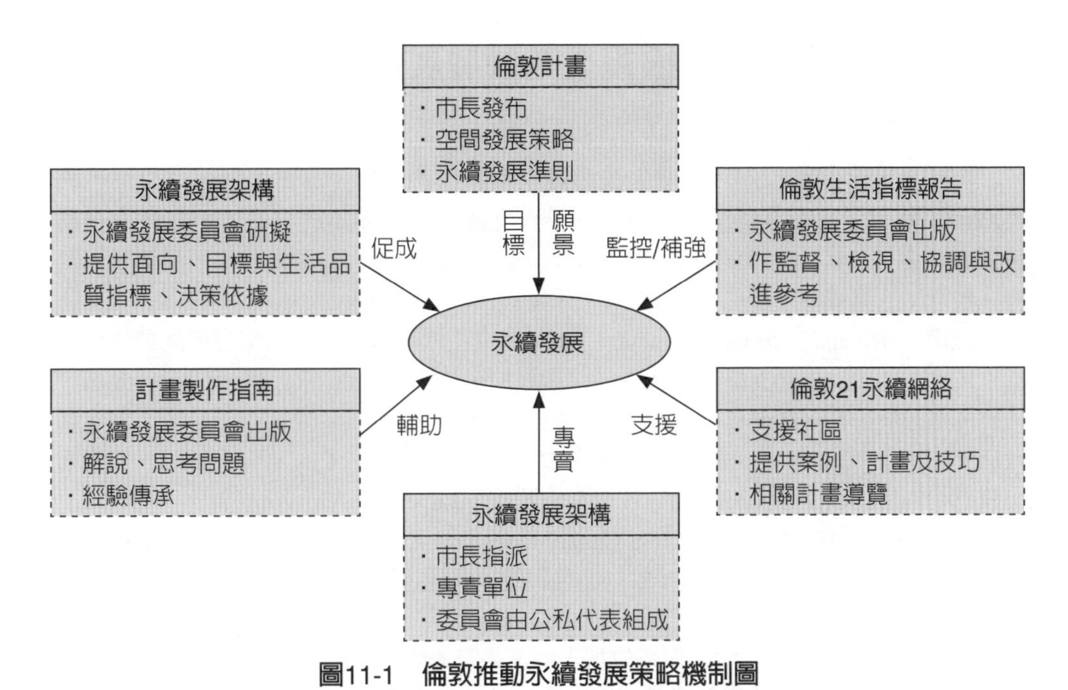

圖11-1　倫敦推動永續發展策略機制圖

資料來源：轉引自彭光輝，「英國永續發展推動策略、機制與現況」，研考雙月刊，第29卷第5期（2005），頁63。http://archive.rdec.gov.tw/public/Attachment/88116545371.pdf.

現在全球已有一半的人居住在城市裡，……所有城市都是面對氣候變遷的高危險群，如果各國中央政府沒有辦法協商出解決方案，城市間就必須自主採取行動，以避免災難的發生[30]。

同樣以城市作爲推動低碳環境合作的相關協定，包含2010年全球地方與區域領袖高峰會（World Summit of Local and Regional Leaders）及全球氣候變遷市長高峰會（World Mayors Summit on Climate）所簽署的《墨西哥城市協定》（The Mexico City Pact）[31]。該協定乃以城市運用策略性方式對抗全球暖化爲主軸，建立城市推動溫室氣體減排行動的自願性承諾。其主要涵蓋兩大部分，一是提供欲著手採取氣候變遷調適與緩解措施的城市，邁向規劃氣候行動方案及設定減排計畫的第一步；二是提供現階段已有行動方案的城市。據此，不論因應氣候變遷的發展程度爲何，這些簽署協定的城市必須均同意共同合作以獲得更多國際氣候基金的支持，並且以建立和同時兼具多邊、區域性及次區域組織的聯繫關係爲主要努力方向。

30　「台灣三大城簽下國際抗暖協議40年間減碳6成」，環境資訊中心，2007，http://e-info.org.tw/node/29037.

31　World Mayors Summit on Climate, 2010, " The Mexico City Pact," http://www.wmsc2010.org/the-mexico-city-pact/。

肆、檢視臺灣的發展近況

受到全世界以城市作爲因應氣候變遷主體的趨勢影響，臺灣各縣市亦以加入國際城市相關組織或簽訂協議之參與方式予以支持。以2005年成立的「地方政府永續發展理事會」（ICLEI）爲例，截至2015年最新的數據顯示，臺灣已有十四個縣市政府（包含：「嘉義縣」Chia-Yi County、「嘉義市政府」Chiayi City Government、「新竹市政府」Hsinchu City Government、「ICLEI東亞地區高雄環境永續發展能力訓練中心」ICLEI Kaohsiung Capacity Center、「高雄市政府」Kaohsiung City Government、「新北市政府」New Taipei City Government、「屏東縣」Ping Tung County、「屏東縣政府」Pingtung County Government、「臺中市政府」Taichung City Government、「臺南市政府」Tainan City Government、「臺北市政府」Taipei City Government、「桃園市」Taoyuan City、「宜蘭縣政府」Yilan County Government、「雲林縣政府」Yunlin County Government……等）陸續加入ICLEI以展現對抗氣候變遷的決心[32]。相較於其他國家的參與現況（如中國僅「瀋陽市」City of Shenyang加入；英國僅包含「亞伯丁市議會」Aberdeen City Council在內共六個單位加入），臺灣各地方單位加入ICLEI的密度算是相當高的。而其他縣市也透過簽署環境協定及宣言（如「臺南市」Tainan City及「臺北」Taipei簽署《舊金山城市環境協定》）或實際參與各大國際會議（如ICLEI年會）等形式來增加城市之間交流的機會。

2007年12月，臺灣共有三大城市（臺北市、臺中市及高雄市）與其他國際城市共同宣誓，在2050年前將溫室氣體排放量，減少1990年標準的六成。其所簽署的協議乃是由包含：「地方政府永續發展理事會」（ICLEI）、「世界城市暨地方政府聯盟」（UCLG）、「全球市長氣候變遷委員會」（WMCCC）及「全球四十大城市氣候領導團體」（C40）所共同支持的《氣候保護協議》[33]。本文試圖探討臺灣氣候變遷安全網絡建構之可能，欲以加入該協議臺灣三大城市之一的「高雄市」爲例，作爲建構網絡概念的核心起始點與現階段臺灣發展近況檢視的代表。以「高雄市」作爲探討實例的原因茲匯整如下：第一，高雄市乃爲臺灣同時加入ICLEI及簽署《氣候保護協議》的少數城市之一；第二，高雄市爲ICLEI在臺灣唯一設立的環境永續發展能力訓練中心；第三，高雄市環保局爲臺灣首個取得英國標準協會溫室氣體查證證書及碳中和證書的先例；第四，高雄市具有全臺首創的《綠建築自治條例》。基於上述緣由，以下將進一步檢視近年來高雄市推動低碳城市的行動與發展。

---

32 "Our members," *ICLEI*, http://www.iclei.org/iclei-members/iclei-members.html?memberlistABC=C

33 同註21。

表11-1　《數位時代》雜誌綠色城市評比：2010-2014

年份	屆數	綠色城市
2010	（第一屆）	高雄市（綠色城市獎）
2011	（第二屆）	新北市（首獎） 臺北市（第二名） 高雄市（第三名）
2012	（第三屆）	宜蘭縣（綠色觀光） 臺南市（綠色產業） 新北市（綠色生活）
2013	（第四屆）	新北市、宜蘭縣（綠色觀光） 屏東縣（綠色產業）
2014	（第五屆）	高雄市（首獎）

資料來源：筆者根據下述資料彙整而成：CSRone永續報告平臺，「綠色時代 綠色品牌」，http://www.csronereporting.com/award.php?award=10.以及今日新聞，2014.03.28，「2014綠色品牌選拔 高雄獲生活城市首獎」，http://www.nownews.com/n/2014/03/28/1169273.

高雄市於2007年與其他國際城市共同簽署《氣候保護協議》至今，在地方層級上作了諸多努力。長期關注於綠色議題的《數位時代》雜誌自2010年開始陸續舉辦全臺綠色品牌與城市的評比調查，涵蓋專家學者及民眾票選的意見。高雄市在五屆的綠色城市評比中就入榜了三次之多。歷屆綠色城市評比資料匯整如表11-1所示：

由此可觀察，高雄市在推動低碳與綠色城市的發展上已獲得某種程度的關注與肯定。以下將分別就其參與ICLEI（包含環境永續發展能力訓練中心）的實際運作、取得溫室氣體查證及碳中和證書、訂定與施行《綠建築自治條例》以及與國際他地城市合作的其他面向上分別論述如下。

一、ICLEI的實際運作參與

「地方政府永續發展理事會」（ICLEI）自1990年成立以來，會員數一直持續的成長。高雄市於2006年加入ICLEI，為臺灣第一個加入ICLEI的城市；並在ICLEI歐洲委員會的決議下於2012年9月開始運作「ICLEI高雄環境永續發展能力訓練中心」，此乃是ICLEI在德國波昂的總務外唯一的能力訓練中心[34]。高雄市議會於2012年12月舉辦「ICLEI與高雄市生態發展」公聽會，當中曾引述高雄市府致力於提倡環保與積極參與國際環保議題的方向；並希冀高雄市能成為東亞推動環保與國際城市交流的平臺[35]。

34　「認識ICLEI」，**ICLEI東亞地區高雄環境永續發展能力訓練中心**，http://kcc.iclei.org/tw/kcc/iclei-kcc.html

35　「ICLEI與高雄生態發展公聽會」，**高雄市議會**，2012.年12月6日，http://www.kcc.gov.tw/PDA/PublicHearing_Show.aspx?KeyID=186。

而「ICLEI高雄環境永續發展能力訓練中心」成立至今運作近三年以來，主要以「推動減碳」、「倡議環境政策」及「國際交流分享綠色經驗」等目標爲主；並以論壇或工作坊的形式舉辦多場相關活動，如「ICLEI臺灣會員城市工作坊訓練（2013）」、「永續採購工作坊（2013）」、「減災與調適研討會（2014）」……等。

二、溫室氣體查證及碳中和證書的取得

英國標準協會（British Standards Institution, 簡稱BSI）於2010年4月公告「PAS 2060－證明碳中和標準」，欲倡導透過減量措施來降低碳排放量。根據學者的分析，所謂的「碳中和」須透過「量化排放」、「進行減量」及「購買抵換」等三大步驟才算完全[36]。根據BSI的碳中和標準，其提出查驗過程中所包括的各項「碳中和範圍確認」、「碳達成宣告」、「碳減量可行性審查」及「碳抵銷的方式與資訊揭露」……等部分。通過查證不但可透過量化碳足跡而減少溫室氣體的排放，更可藉由識別出效率表現不佳的領域以降低能源消耗支出並節約成本[37]。而高雄市環保局於2012年2月，由英國標準協會完成高雄市環境保護局大樓及凹仔底公園的溫室氣體盤查與查證作業，正式取得了國際標準的查證聲明。而此舉成爲臺灣地方單位完成國際溫室氣體查證及達到碳中和認證的先例[38]。

三、《綠建築自治條例》的訂定與施行

高雄市於2012年6月制定並於2013年1月修正通過的《綠建築自治條例》共計32條。第一條即明文說明訂定宗旨：「爲推動生態城市，營造綠建築環境，創造健康生活品質，促進綠色經濟產業，並達到減碳減災目標以成爲環熱帶圈城市典範……[39]。」就此可觀察高雄市欲藉推動綠建築相關法規與遵循事項來促進高雄邁向綠色城市的發展。就自治條例之規定而言，舉凡「建築物屋頂綠化」、「設置垃圾處理及存放空間」、「採用省水便器」、「雨水回收再利用設計」、「設置自行車停車空間」……等均屬綠建築所推廣的範疇。據學者觀察，高雄市的《綠建築自治條例》可作爲臺灣推動屋頂綠化相關法令之先驅[40]。而據產業界的觀察，同樣將高雄自有的《綠建築自治條例》

---

36 根據學者對「碳中和」概念的定義，提出任何行爲不可能完全不排放溫室氣體，因此透過減量措施來降低碳排放，最終透過「碳抵換」（carbon offsets）的機制購買抵換無法減量的碳排放量，以達到溫室氣體的零排放量。詳細內容可參閱：顧洋，「國際碳中和推動現況與發展趨勢」，邁向碳中和國際論壇專題演講，2011年3月9日，http://co2neutral.epa.gov.tw/%5CContent%5Cuploads%5C01_%E9%A1%A7%E6%B4%8B_%E7%A2%B3%E4%B8%AD%E5%92%8C%E5%9C%8B%E9%9A%9B%E7%8F%BE%E6%B3%81%E8%88%87%E7%99%BC%E5%B1%95%E8%B6%A8%E5%8B%A2_%E4%B8%AD.pdf。

37 「PAS 2060碳中和」，*British Standards Institution*（*BSI*），http://www.bsigroup.com/zh-TW/PAS-2060-Carbon-Neutral/。

38 「碳中和認證 高市環保局搶頭香」，中央通訊社，2012年，http://www2.cna.com.tw/news/aloc/201202120106-1.aspx。

39 高雄市綠建築自治條例，http://build.kcg.gov.tw/upload/0301030016.pdf。

40 「都市中的綠洲—屋頂綠化」，環境資訊中心，2013年，http://e-info.org.tw/node/88780。

及相關補助辦法（如補助裝設太陽光電設施）之推動，視為其在未來能達到減碳目標（2020年較2005年減碳30%；2050年減碳80%）的重要推手[41]。

四、與他國單位的合作

高雄市為發展綠能環保及推廣綠色政策，市府甚至以積極發展與其他城市建立綠能或環保產業的長期合作關係作為招商投資的主軸[42]。同時也將「城市外交」設定為建立多元密切交流的管道[43]。回顧近年來市府為推動永續發展的城市交流，多次與他國單位進行相關合作的內容包括：2012年與國際永續建築環境促進會（iiSBE）簽署合作協議[44]；2013年曾在中日交流協會見證下與日本大阪府建築士事務所協會簽訂合作協議；2014年6月又與荷蘭SBS永續建築中心簽訂永續建築實踐合作備忘錄（MOU），目的是希冀透過合作備忘錄的簽訂加強太陽能光電與綠建築的技術交流，共同打造零碳建築的低耗能城市[45]。這些與其他地方單位的合作除了可以師法他國經驗外，也可加速以城市作為主導的地方層級合作發展；亦即，以共同促進永續綠色環境來推廣城市外交合作的交流機會。

伍、結　語

南亞曾就安全及氣候變遷的議題（South Asia Network for Security and Climate Change）建構一套跨區域的氣候安全網絡架構，該架構之概念包含孟加拉、印度、尼泊爾及巴基斯坦等國在內，從南亞各國的地方經驗出發，藉由提供跨越國界的相關實踐與資訊分享對話，提升國家政府理解與應對氣候變遷的能力。本文則嘗試從「城市」的角色出發，試圖建構一個以臺灣城市為中心點而向外連結發展的東亞城市氣候安全網絡。透過本文的檢視，高雄市在參與ICLEI的實際運作、取得溫室氣體查證及碳中和證書、訂定與施行《綠建築自治條例》以及與他處合作……等各面向的發展，皆能在以地方層

41 張楊乾（台達電子文教基金會副執行長），「台灣城市的綠色競爭力」，2014年，http://www.taiwanngo.tw/files/16-1000-24597.php?Lang=zh-tw。

42 「產業類別分析 綠能產業」，**高雄市招商網**，http://invest.kcg.gov.tw/tw/view-1058.html。

43 「高雄城市外交 世界近在咫尺」，**高雄市政府全球資訊網**，http://www.kcg.gov.tw/CP.aspx?n=A3A000A6E4649B7E&s=BE234218D3EA8BCC。

44 「參與國際永續建築會議 發表高雄厝光電建築成果—高雄厝設計辦法提升建築綠色基因」，**高雄市政府全球資訊網**，2014年12月6日，http://www.kcg.gov.tw/CityNews_Detail.aspx?n=F71DD73FAAE3BE82&ss=DD63FAC68E480D95913C515DA910DCAC2829651D5CEA915E66F67C9E703A6661464FEB7BC301A7FA。

45 「市府、荷蘭SBS簽合作備忘錄」，**聯合新聞網**，2014年6月19日，http://g.udn.com/NEWS/DOMESTIC/DOM6/8747395.shtml。

級爲單位的基礎上，建構東亞氣候變遷安全網絡的核心起始點。

以下，茲整理本文的重要論述與總結如下：

第一，環境議題與非傳統安全議題的密切連結：

從引領亞太區域最大並隸屬於RSIS下的「非傳統安全研究中心」將「氣候變遷、回復及永續發展」設定爲主要的研究主軸之一，即可觀察兩者間密切的連結關係。氣候變遷所帶來的衝擊與影響加速了「環境難民」議題的迫切性與威脅，其嚴重程度與對人類世界帶來的危機業已逐步超越傳統安全領域的範疇。

第二，城市的啓動會帶動私部門企業的跟進：

誠如近年來紐約倡議減少碳排放的發展實例，從推廣「綠色建築」到「規劃紐約」的具體行動計畫方案……皆已展現從城市出發將能更爲有效地因應氣候變遷的危機。紐約的經驗認同啓動城市將會連帶啓動私部門企業的跟進，有助於促成一個範圍更爲廣泛的公私合作夥伴關係。

第三，國家角色的改變與城市治理的發展：

國家角色的轉變實則源於國家權力的移轉，而將權力下放至地方政府、都市化地區及社區之中的「下移」類型則促使地方政府在治理上扮演更加關鍵的角色。倫敦的實例使我們觀察到地方當局所具有特殊的地方性與直接性特質，以城市爲主軸的相關環境組織與協定亦隨之蓬勃發展。由此可知，城市自主地採取行動以緩解中央政府未能做出明快決策的困境已成爲新興的發展趨勢。

第四，從臺灣城市的發展思考氣候變遷網絡的建構：

臺灣多個縣市以實際加入國際城市相關組織或簽訂協議之方式對其表達支持。基於高雄市同時爲加入ICLEI及簽署《氣候保護協議》的少數城市；且爲ICLEI在臺灣唯一設立的環境永續發展能力訓練中心；其更是臺灣首創《綠建築自治條例》與首個取得英國標準協會溫室氣體查證證書及碳中和證書的先例。因此本文欲以探究「高雄市」之實例以作爲思考氣候變遷網絡概念建構的核心。

目前，以臺灣城市作爲向外連結發展東亞城市氣候安全網絡的概念雖僅是初探性質，但欲建構一個以城市爲基礎、更加完整且往來互通更爲密切的東亞氣候變遷因應網絡並非空談。未來除了期許更多臺灣城市加入外，亦希冀現有參與城市能持續甚而更普遍地加深、加廣積極交流的程度。透過本文研究的觀察，國家所扮演的角色與重要性雖未消逝，但城市所肩負起的任務與使命卻更加刻不容緩。對抗氣候變遷的模式，已從過往「由上而下」的命令與施行模式轉變爲「由下而上」的共同推動，然而不變地是，欲有效解決氣候變遷議題仍有賴不同層級的行爲者共同協力完成。

參考文獻

中文

「PAS 2060碳中和」，*British Standards Institution*（*BSI*），http://www.bsigroup.com/zh-TW/PAS-2060-Carbon-Neutral/。

「認識ICLEI」，**ICLEI東亞地區高雄環境永續發展能力訓練中心**，http://kcc.iclei.org/tw/kcc.html。

「認識ICLEI」，**ICLEI東亞地區高雄環境永續發展能力訓練中心**，http://kcc.iclei.org/tw/kcc/iclei-kcc.html。

「文茜世界週報氣候變遷系列報導」，**中天新聞臺**，2014年10月11日，https://www.youtube.com/watch?v=BYSZ5TJdncU。

「碳中和認證 高市環保局搶頭香」，**中央通訊社**，2012年，http://www2.cna.com.tw/news/aloc/201202120106-1.aspx。

「溫室效應」，永續發展教育網，http://www.csee.org.tw/efsd/web/e03_03.htm。

「ICLEI與高雄生態發展公聽會」，**高雄市議會**，2012年12月6日，http://www.kcc.gov.tw/PDA/PublicHearing_Show.aspx?KeyID=186。

高雄市綠建築自治條例，http://build.kcg.gov.tw/upload/0301030016.pdf。

「產業類別分析 綠能產業」，**高雄市招商網**，http://invest.kcg.gov.tw/tw/view-1058.html。

「高雄城市外交 世界近在咫尺」，**高雄市政府全球資訊網**，http://www.kcg.gov.tw/CP.aspx?n=A3。

「參與國際永續建築會議 發表高雄厝光電建築成果——高雄厝設計辦法提升建築綠色基因」，**高雄市政府全球資訊網**，2014年12月6日，http://www.kcg.gov.tw/CityNews_Detail.aspx?n=F71DD73FAAE3BE82&ss=DD63FAC68E480D95913C515DA910DCAC2829651D5CEA915E66F67C9E703A6661464FEB7BC301A7FA。

盛盈仙，「全球氣候變遷議題與國際關係理論」，**全球政治評論**，第39期（2012年），頁163-186。

盛盈仙，**國際關係與環境政治**（臺北：秀威資訊，2013）。

盛盈仙，人**與社會的建構：全球化議題的十六堂課**（臺北：獨立作家，2014）。

彭光輝，「英國永續發展推動策略、機制與現況」，**研考雙**月刊，第29卷第5期（2005年），頁63。http://archive.rdec.gov.tw/public/Attachment/88116545371.pdf。

張楊乾（臺達電子文教基金會副執行長），「臺灣城市的綠色競爭力」，2014年，http://www.taiwanngo.tw/files/16-1000-24597.php?Lang=zh-tw。

劉坤億，「全球治理趨勢下的國家定位與城市發展：治理網絡的解構與重組」，2001

年，頁11- 13，http://web.ntpu.edu.tw/~kuniliu/paper/2002a.pdf。
「市府、荷蘭SBS簽合作備忘錄」，**聯合新聞網**，2014年6月19日，http://g.udn.com/NEWS/DOMESTIC/DOM6/8747395.shtml。
「偉大城市的綠色願景 紐約PlaNYC的綠色大夢」，**環境資訊中心（Taiwan Environmental Information Center）**，2007年， http://e-info.org.tw/node/21913。
「臺灣三大城簽下國際抗暖協議 0年間減碳6成」，**環境資訊中心**，2007年，http://e-info.org.tw/node/29037。
「都市中的綠洲—屋頂綠化」，**環境資訊中心**，2013年，http://e-info.org.tw/node/88780.A000A6E4649B7E&s=BE234218D3EA8BCC。
「2015 ICLEI落幕 首爾11項承諾激勵城市訂永續策略」，**環境資訊中心**，2015年，http://e-info.org.tw/node/106609。
顧洋，「國際碳中和推動現況與發展趨勢」，邁向碳中和國際論壇專題演講，2011年3月9日，http://co2neutral.epa.gov.tw/%5CContent%5Cuploads%5C01_%E9%A1%A7%E6%B4%8B_%E7%A2%B3%E4%B8%AD%E5%92%8C%E5%9C%8B%E9%9A%9B%E7%8F%BE%E6%B3%81%E8%88%87%E7%99%BC%E5%B1%95%E8%B6%A8%E5%8B%A2_%E4%B8%AD.pdf。

西文

Bulkeley Harriet, “Where the global meets the local? Sustainable cities and global environment governance,” 2003, http://sedac.ciesin.columbia.edu/openmtg/docs/Bulkeley.pdf.
Goldstein S. Joshua, Pevehouse C. Jon, International Relations: 2010-2011 Update (ed. 9), N. Y: Longman, 2010, pp. 40-45.
“Our agendas,” *ICLEI*, http://www.iclei.org/our-activities/our-agendas.html.
“Our members,” *ICLEI*, http://www.iclei.org/iclei-members/iclei-members.html?memberlistABC=C.
“About PlaNYC,” *PlaNYC*, 2015, http://www.nyc.gov/html/planyc/html/home/home.shtml.
“Progress Report 2014,” *PlaNYC*, 2014, http://www.nyc.gov/html/planyc2030/downloads/pdf/14042.2_PlaNYCP-Report
“United Nations Conference on Environment & Development Rio de Janerio, Brazil, 3 to 14 June 1992 (Agenda 21)”, FINAL_Web. pdf, p. 29. United Nations Sustainable Development, 1992, https://sustainabledevelopment.un.org/content/doCuments/Agenda21.pdf.
“International Agenda,” *UCLG*, http://www.uclg.org/en/action/international-agenda. “who we are,” *Local government climate roadmap*, http://www.iclei.org/climate-roadmap/about-us/who-we-are.html.
Urban Environmental Accords, 2005, http://www.sfenvironment.org/sites/default/files/editor-

uploads/initiatives/uea_Urban_Environmental_Accords.pdf.

"Centre for Non-Traditional Security Studies," *RSIS*, http://www.rsis.edu.sg/research/nts/.

"Climate Change, Resilience and Sustainable Development," *RSIS*, http://www.rsis.edu.sg/research/nts/research-programmes/climate-change-resilience-and-sustainable-development/#.VSrTStyUeSo.

Srikanth Divya, 2014, "Non-Traditional security threats in the 21st century: A review", International Journal of Development and Conflict, No. 4, pp. 61- 65.

"The Mexico City Pact," *World Mayors Summit on Climate*, 2010, http://www.wmsc2010.org/the-mexico-city-pact/.

第12章 反思臺灣食安問題暨其治理規範——非傳統安全的觀點

譚偉恩

壹、前　言

人類一切正常行爲的目標基本上都離不開安全利益之追求，舉凡個體自我的人身安全、財產安全，還有愈來愈被臺灣消費者重視的食品衛生安全（food sanitation and safety）均是如此。因此，任何一種新「安全需求」的形成，都是在反應既有安全治理的缺失或安全研究之不足。進一步說，非傳統安全（non-traditional security, NTS）所以浮現和漸漸受到矚目，是因爲與安全有關的新思維或新需求正在試圖對傳統安全（traditional security）的治理模式還有學理觀點進行修正[1]，幫助人類自己更有效、經濟而且衡平地得到所希望追求之安全利益。

不過，非傳統安全的研究尚未累積出足夠的學理共識，目前多數的研究成果比較集中在對傳統安全觀的批判[2]，或是針對「安全化」（securitization）的相關議題進行反思[3]，較少有借助經驗性的實證研究來檢視或剖析非傳統安全的論述是否較傳統安全的主張更具有減少風險或防範實害發生之功能[4]。鑒此，本文透過若干危害食品衛生安全之實際個案，分析臺灣現行「食安治理規範」所存在之弊病[5]，指出在傳統安全思維的限制下，憑藉法規嚴格化、處罰加重化和遵循國際標準，並無法杜絕食安醜聞，也不能嚇阻潛在的食安犯罪行爲人。易言之，目前的食安治理規範沒有宏觀地針對「食品供應體系」本身進行反省。此種弊病乃係受限於傳統安全的舊思維（以國家爲中心，以對抗爲手段），很難有效根治導致疫情感染、飲食失衡、或詐欺等食安問題的成因，充其量

1　不過，北美與歐洲的學術社群在修正程度上略有不同。相較於北美地區，歐洲的安全研究者在觀察途徑、研究方法、理論應用等面向，比較開放與批判。詳細說明可參考：B. Buzan, O. Waever, and J. de Wilde, Security: *A New Framework for Analysis* (London: Lynne Rienner, 1998): Introduction (pp. 2-4 in particular).

2　莫大華，**建構主義國際關係理論與安全研究**（臺北：時英出版社，2003年），第五章。

3　蔡育岱、譚偉恩，「敵人刑法與安全化理論：國際實踐和理論衝突」，**中正大學法學集刊**，第28卷（2010年1月），頁77-120。

4　Rita Floyd and Stuart Croft, "European Non-traditional Security Theory: from Theory to Practise," *Geopolitics, History, and International Relations*, Vol.3, No.2 (2011): 152-155.

5　本文以2014年2月5日—2015年2月4日這段期間立法院修正通過的《食品安全衛生管理法》爲主軸，進行食安治理規範的探討。

只是治標型的安全策略。

有別於傳統安全的思考，本文主張全球食品貿易自由化的擴散已經形塑出一個史無前例的高風險食品供應體系；在這個體系中，食品生產規模驚人、商品鏈錯綜複雜、產地到餐桌的距離橫跨洲際。類此現象並不利於食品衛生安全之維繫。本文因此建議一個治理食安問題的新途徑，這個途徑不再只是聚焦於微觀的「食品」衛生安全，還同時對不當或扭曲的食品供應體系進行反思和批判。藉由對臺灣的食安治理規範和實際個案進行分析，本文指出，目前臺灣食品安全無法得到有效治理的原因主要來自兩個結構性因素：1.食品供應體系本身較友善於商品的自由流通，而不是公衛法益之維護；2.食安犯罪（例如：食品仿造、成份摻假、標示不實等）不但難以被稽查，且帶來之經濟上利得遠大於損失。這兩個客觀存在的結構問題形塑了食安犯罪行爲人的主觀認知，也就是基於理性選擇（rational choice）的邏輯，違法的食品製造或是黑心的銷售行爲雖然具有遭逢處罰之風險，但仍然是一種可欲選項，而目前跨國食品貿易的普及和擴散又強化了食品供應端參與者的犯罪動機。勿寧，目前提供消費者飲食需求的食品體系本身就是一個製造不安全風險的來源；在這個體系下，絕多數依循傳統安全思考的食安規範頂多只能治標，而無法治本。除非吾人能夠先在觀念上進行調整，進而在生活實踐中做出改變，否則現行食品供應體系中「法益失衡」的現象不會消失，食品衛生安全之維護將是遙不可及的一種奢求。

除以上的前言說明外，本章撰寫結構如下：第貳部分先點出傳統安全觀在治理上的盲點，說明「安全化」背後的迷思。接著在第參部分扼要說明臺灣的食品供應體系特徵和現行的食安治理規範。第肆部分援引肥胖症、禽流感和黑心油等發生於本土的食安問題進行分析，指出傳統安全觀下的治理機制可能存在之疏漏爲何。文中同時提出若干批判性觀點，並倡議一種立基於非傳統安全思考的食品供應體系。結論建議，嚴法重罰無助於落實食品安全，而盲目追求國內食品安全標準的國際調和化，也同樣並非好的治理策略，甚至會招來適得其反的效果。

貳、安全化：傳統安全的治理盲點

如何有效分析與因應軍事議題以外的各種新興安全威脅（例如：全球暖化、MERS的擴散、摻假或仿冒的食品）是一個極度困難的工作，無論學術圈還是實務界均處於起步及摸索階段。因此，除了愈來愈多非軍事議題受到重視而被安全化（securitization）之外，有效治理非傳統安全的方法還付之闕如[6]。

6 以氣候變遷爲例，雖然相關的安全研究非常豐富，但至目前爲止似乎還沒有一個被國際社會共同接受且主權國家往往因爲掌握龐大的行政資源，故而很容易倡議、推廣、建構和說服人民接受某項議題値得被特殊處理。舉個例來說，在臺灣無論何黨執政，幾乎都傾向對來自中國的人、事、物進行一種特別處理，於是許多爲兩岸關係設立的法規、行政命令、政府或民間部門便在一種「保障臺灣國家安全」或「穩定臺海兩岸局勢」的氛圍下被創設，但這樣的安全化眞的有讓臺灣得到比較好的國家發展或是人民生活變得比較安全嗎？類似的情況在美國也存在，911事件後，恐怖主義的威脅性在美國官方大力宣傳與建構之下，不僅成爲全球的安全議題，更在其國內以設立國土安全部（The Department of Homeland Security, DHS）這樣的特別機關來作爲回應。然而，數十年下來，美國或全球就不再受到恐怖主義的危害了嗎，還是反而面對更爲棘手的恐怖組織或孤狼式（Lone-wolf type）恐怖攻擊？[7]

清楚可見，臺灣擔心中國，美國憂慮恐怖主義，兩者雖然對安全威脅源的側重不同，但均偏好透過一種貼標籤（labeling）的手法，將特定的客體判定爲是威脅自己安全的來源，可是並沒有眞正思考自己爲什麼無法獲得安全，也沒有檢視自己的因應措施是否眞的能有效提升或強化安全。毋寧，如同學者Leach指出的，安全化其實更多時候近似一種妖魔化（demonization），即將特定的行爲體（actor）或是行爲（behavior）描繪成不正當、不合法，或是指責它們應爲某種結果負起罪責[8]。然後透過安全化，掌握行政權力與資源的國家機器就可以很容易淡化自己應承擔的政治責任，將整體社會的焦點集中在對「妖魔」進行懲治或驅逐[9]。

以食品衛生安全爲例，此種非傳統安全議題的成因更多時候是屬於經濟制度、市場結構、消費文化、公共衛生、食品營養或是食品科學等領域的綜合交織，如果治理者僅僅從檢驗措施或是法律制度來著手，根本無法掌握問題的全貌[10]，當然也就不可能提出因應問題的有效措施，更遑論落實食品衛生安全。其次，食品衛生安全這樣的法益當然可能因人爲原由受到破壞，2008年中國的毒奶粉事件便是一例，惟純粹食源性（foodborne）的衛生風險也是一大主因，而此種無法直接歸因於人類的風險或實害，是傳統安全與非傳統安全最大的分野。正是因爲這樣的本質上區別，非傳統安全帶來的損害或衝擊也就與傳統軍事面向大相徑庭；沒有國家會因爲食品衛生出了問題而喪失一絲一毫的領土，也不會有任何政府因爲基因改造、狂牛症、瘦肉精、馬肉混充牛肉等食安

能有效治理全球暖化問題的方案。參考：Shirley V. Scott, "The Securitization of Climate Change in World Politics," *Review of European Community & International Environmental Law*, Vol. 21, No. 3 (Nov 2012), pp.220-230; David Victor, *Global Warming Gridlock* (Cambridge: Cambridge University Press, 2011), Ch. 1.

7 Naina Bajekal, "The Rise of the Lone Wolf Terrorist," *Time*, Oct. 23, 2014, http://time.com/3533581/canada-ottawa-shooting-lone-wolf-terrorism/ (accessed: Jun. 23, 2015).

8 Edmund Leach, *Custom, Law and Terrorist Violence* (Edinburgh: Edinburgh University Press, 1997), p. 36.

9 Thierry Balzacq, "The Three Faces of Securitization: Political Agency, Audience and Context," *European Journal of International Relations*, Vol. 11, No. 2 (June 2005), pp. 171-172.

10 譚偉恩、蔡育岱，「食品政治：『誰』左右了食品安全的標準？」，**政治科學論叢**，第42期（2009年12月），頁1-42。

風暴而丟掉政權[11]。然而，值得留心的是，非傳統安全雖然不會對國家或政府構成直接的挑戰，但卻對生活在國家領土上的平民百姓構成健康上的威脅或實害。頂新的黑心油並不會讓臺灣現行有效支配的領土減少半分，也沒有讓馬總統必須下臺，但的的確確影響了無數臺灣消費者的身體健康[12]。

正是因爲如此，非傳統安全的治理不能僅僅只是一種安全清單的增加（即將非軍事議題加以安全化），但對於治理者的角色和功能仍舊依循傳統安全的思考。詳言之，當代主權國家在「安全提供者」（the supplier of security）這項角色的認知上，應理解到自己必須比早期的主權國家承擔更多也更重的責任，並且接受「以人民爲主體」的安全思考，也就是明白只有當「每一個人民」的安全獲得重視與落實後，執政者的合法性或國家長遠發展的基礎才得以眞正確立[13]。傳統安全因爲將「國家」置於中心，故而貶抑了人的安全。在這樣的思考下，當威脅國家安全的原因來自境外時，人民必須去保護國家，甚至爲此目標犧牲自己。而當威脅國家安全的原因來自境內時，代表國家的政府會評估安全威脅對自己的衝擊有多大，再決定投入多少資源去因應。舉例來說，如果是內戰一類的威脅，政府幾乎會動員一切可用的資源去將叛亂者妖魔化，然後要求人民維護正統，剿滅逆賊（治本）。相較之下，倘若是黑心食品一類的威脅，政府幾乎都是採取修正法律或調整行政制度，營造出一種法規嚴格化的印象，進而懲罰具違規代表性的業者（治標），以平息民怨，而非釐清食品衛生安全何以無法被落實或接二連三發生食品衛生危機的原因。

簡言之，「安全化」並不是落實法益保護的有效方法；嚴法重罰自然也不會爲臺灣社會帶來更好的食安治理。傳統安全的思考（國家中心）在面臨非傳統安全的威脅（例如：食品詐欺）時，必須做出調整，將要維護的對象與保障的法益緊緊地與「個人」鑲嵌在一塊兒。因爲，主權國家可能會因爲能力大小或經濟好壞而存在政策之殊異或發展程度上的區別，但施政行爲的目標都離不開安全利益之確保與追求。無論傳統安全還是非傳統安全，或是國家與國際安全，唯一能緊緊串聯起所有安全議題的軸線，始終離不開人類自己對於安全的主觀渴望與客觀依賴。

---

11 但特定部門的官員下台是有可能的。參考：「餿油刮食安風暴，恐吹走邱文達官帽」，**蘋果日報**，2014年10月3日，http://www.appledaily.com.tw/realtimenews/article/new/20141003/480872/。2015/06/23。

12 李河清、譚偉恩，「衛生安全與國際食品貿易：以『人類安全』檢視世貿組織相關立法缺失」，**問題與研究**，第51卷1期（2012年3月），頁70-72。

13 蔡育岱、譚偉恩，「從『國家』到『個人』：人類安全概念之分析」，**問題與研究**，第47卷1期（2008年3月），頁178-180。

參、臺灣的食品供應體系特徵和現行的食安治理規範

一、食品供應體系的特徵

根據美國公共衛生學會（American Public Health Association, APHA）的資料，目前高度工業化的全球食品供應體系呈現一種易導致消費者罹患慢性病的特徵；這樣的體系具有相當程度之內部風險，即無法杜絕人爲或非人爲的污染，還容易誘發食源性疾病的產生[14]。此外，當代的食品供應體系容易出現價格波動，特別是與期貨交易或國際原油互動緊密的大宗商品（staple product）[15]。其次，當代的食品供應體系經常破壞或妨害地方性的糧食自主權（food sovereignty），並同時導致若干環境生態上的危機[16]。最後，工業化的食品供應體系擁有極高的碳足跡（carbon footprint），對於抑制全球暖化構成潛在挑戰（例如：農牧工業化產生的大量甲烷）[17]。

除上述特徵外，食品供應體系普遍存在的一個問題是：愈來愈多消費者在觀念上被建構出一項似是而非的認知，即糧食產量漸漸不足，所以我們要不斷增產，才能滿足地球上的人口成長率[18]。同時，因爲有食品不安全的風險，所以我們的食品供應體系要避免消費大眾吃到有礙衛生或不健康的食品。此一觀念導致各國食品供應體系往往出現一種內在矛盾的弔詭，即「增產主義」和「抑制主義」併存[19]。

增產主義下的治理政策鼓勵糧食生產轉向工業化，將規模經濟的思維融入糧食栽種的實踐。其立論點是降低業者成本，同時提供消費者較廉價之食品。但增產主義下的食品供應體系必然衍生出新的問題，例如：大量栽種特定品種的經濟作物，導致生物多樣性減少；大量使用農藥以降低人力成本並維持農作品質；密集化飼養牲畜導致抗生素的使用增加等等。而伴隨這些農牧工業化的經營方式而來的就是，環境品質的惡化、農藥殘留的問題、動物性用藥最大殘留安全容許量（Maximum Residue Limits, MRL）如何制訂的爭議等等。一言以蔽之，當代的食品供應體系在宣稱自己能提供更多與更便宜的糧食來源之餘，必須不斷設計各種檢測或安全標準，來防範訴諸規模經濟與工業化糧食生

---

14 “Toward a Healthy Sustainable Food System,” *APHA* (Nov. 6, 2007), https://www.apha.org/policies-and-advocacy/public-health-policy-statements/ (accessed: May 5, 2015).

15 Robert Paarlberg, *Food Politics: What Everyone Needs to Know* (Oxford: Oxford University Press, 2010), pp. 20-25.

16 Miguel Altieri, “Agroecology, Small Farms, and Food Sovereignty,” *Monthly Review*, Vol. 61, No. 3 (July/August 2009), pp. 102-113.

17 Natasha Gilbert, “One-Third of Our Greenhouse Gas Emissions Come from Agriculture,” *Nature* (October 31, 2012), http://www.nature.com/news/one-third-of-our-greenhouse-gas-emissions-come-from-agriculture-1.11708 (accessed: Jun. 23, 2015).

18 Paarlberg, *Food Politics*, op cit.: pp. 8-17.

19 Nick Evans, Carol Morris, and Michael Winter, “Conceptualizing Agriculture: A Critique of Post-productivism as the New Orthodoxy,” *Progress in Human Geography*, Vol. 26, No. 3 (2002), p. 313-332.

產後所帶來的公衛風險。

臺灣目前的食品供應體系是否也有著上述現象呢？答案是肯定的。雖然臺灣本身的糧食生產規模不大[20]，但透過融入全球食品貿易市場，我們的食品進口貿易量非常大[21]，而針對各式各樣的進口食品，政府有一套形式上（或理論上）能夠確保食品安全與動植物衛生的檢驗和檢疫機制。根據行政院農業委員會的統計，2014年美國是臺灣的第一大農產品進口國（其他依序是：巴西、日本、中國）[22]，我們從美國進口的糧食中有一半是小麥、玉米和其他穀物。這些進口的糧食（精確來說是食材）多半在臺灣經過加工手續後，轉換成附加價值較高的麵包、糕點或其他形式的終端食品，然後流入市場販售[23]。以歷年臺灣的食品進口貿易量觀之，儘管我國不具備自成一格的獨立食品供應體系，但同樣具有「增產主義」和「抑制主義」併存的現象。首先，糧食進口量愈來愈大，以小麥爲例，進口量是137.3萬公噸，幾乎與稻米不相上下。另外兩項非常大宗的進口品項是大豆（2012進口了234.8萬公噸）和玉米（2012年進口了439.1萬公噸）[24]。

顯而易見，臺灣的食品供應體系是以進口糧食的方式來踐行增產主義。至於抑制主義部分，邊境查驗機制扮演一定程度的重要性，是政府守護臺灣消費者食品衛生安全之關鍵環節，寬鬆或不全面的檢驗程序可能危害人民的生命和身體健康，但邊境查驗如果執法過嚴，便可能構成對貿易便捷化或是自由化的妨礙，對出口國及其產業（還有臺灣進口商）的經濟利益構成挑戰。顯然，高度仰賴食品進口的臺灣面臨一種進退維谷之困境，即貿易自由化與食品衛生安全兩種法益彼此間存在難以避免的衝突。這是臺灣（也是許多食品進口國）所共同具有的一個特徵[25]，更是導致國境內食品衛生安全一直無法落實之根源。

二、臺灣的食安治理規範

在上述的食品供應體系下，臺灣現行的食安治理規範是否爲一個能提供國人安全

20 「台灣糧食安全」，**國家地理頻道**（2014年5月，專題報題），http://www.ngtaiwan.com/4949。最後瀏覽日：2015年6月23日。

21 以稻米爲例，2002年我國加入世界貿易組織WTO後，每年平均自外國進口144,720公噸的稻米。參考：陳燕珩、蔣珮伊、蔣宜婷，「看不見的稻米：政策下的稻米窘境」，http://datajournalism.ntu.edu.tw/post/89537629193。最後瀏覽日：2015年6月23日。

22 隨著全球貿易自由化，我國進口之食品數量與金額逐年增加，顯示境外食源已逐漸在國人飲食消費中佔有相當比重。其中美國爲我國主要進口食品來源國，自該國進口食品之金額佔整體的1/4左右。詳見：http://agrstat.coa.gov.tw/sdweb/public/trade/tradereport.aspx，最後瀏覽日：2015年6月/23日。

23 本文對於「進口食品」的定義如下：境外輸入之能直接食用或經加工後能助益食品效用或本身爲主要成份之非純化學物質。這些境外食品在通過我國海關時，會由衛生福利部依據相關法律或行政命令委託特定檢驗機關進行查驗。詳見：http://focus.www.gov.tw/subject/class.php?content_id=74，最後瀏覽日：2015年5月5日。

24 「台灣的糧食自給率」，網址：http://www.kskk.org.tw/food/node/108#sthash.7s1jYRTK.dpuf，最後瀏覽日：2015年6月23日。

25 譚偉恩、蔡育岱，「食品政治」，前引註，頁8-9。

飲食的機制呢？如果不能，是哪些方面存有疏漏？為了釐清這兩個問題，本文將觀察的範圍限縮在2014年2月5日到2015年2月4日這段期間，由立法院數度修正和通過的《食品安全衛生管理法》[26]。原因在於，臺灣規範食品衛生安全事件的母法有相當長一段時間為《食品衛生管理法》（舊稱），除於2000年2月9日進行全文大幅修正，並於2002年至2012年歷經數次小幅修正外，相較於其他先進國家為應付日趨複雜的食品安全問題而密集修法，我國一直到2013年才因為接二連三的食安醜聞開始「正視」食安問題，並於2014年將此一重要的食安規範更名為《食品安全衛生管理法》。

現依上開限縮期間內的修正日期先後，逐一摘要各階段修法重點如下：

(一) 第一階段

2014年2月5日經總統公布修正和增訂，除特定條文外，其餘皆於2014年2月7日生效。本次修法側重：

1. 修正「食品添加物」之定義（新法第3條第3款），明確定義食品添加物包含「單方或複方物質」。此外，限定複方食品添加物使用之添加物，須是由中央主管機關准用之單方食品添加物所組成，且該單方食品添加物皆應有中央主管機關的准用許可字號。
2. 依新法第4條第1項及第3項，要求食品安全管理措施須以「風險評估」為基礎，同時須建立風險評估之諮議體系。
3. 依新法第7條第3項，食品業者須將其產品原材料、半成品或成品，自行或送交其他檢驗機構、法人或團體進行檢驗，以加強第一級之業者自主管理，及第二級之第三方驗證。
4. 「食品容器」或「外包裝標示」之修正，依新法第22條第1項第2款規定，若食品之內容物為二種以上混合物時，其標示應依其含量多寡由高至低分別標示，且內容物的主成分應標明在食品中所佔之百分比[27]。
5. 新法第24條第1項第4款規定，廠商資訊部分，改為可標示製造廠商「或」國內負責廠商之資訊。違反規定者，依新法第47條第1項第7款規定，將被處以新臺幣3萬元以上300萬元以下罰鍰；情節重大者，並得命其歇業、停業一定期間、廢止其公司、商業、工廠之全部或部分登記事項，或食品業者之登錄；經廢止登錄者，一年內不得再申請重新登錄。

---

26 主要參考：衛生福利部公布之「食品安全衛生管理法部分條文修正對照表」與「食品安全衛生管理法修法重點說明」。另參考：植根法律網（法規檢索/法規資訊），http://www.rootlaw.com.tw/LawContent.aspx?LawID=A040170050000100-1040204，最後瀏覽日：2015年6月23日。

27 此處有一點需要加以補充說明，在關於食品添加物中香料標示之問題上，衛生福利部早在2013年12月27日公告訂定《市售包裝食品中所含香料成分免一部標示規定》，據此行政命令，食品中含有的香料成分得以「香料」標示之，如該成分屬天然者，得以「天然香料」標示。這項行政命令在新法的規定下是否依然有效，即食品添加物中之香料成分可不可以無需標明添加物之名稱？

(二) 第二階段

2014年12月10日經總統公布修正和增訂，除特定條文外，均自公布日施行。本次修法側重：

1. 將對不良食品及食品添加物之違規罰鍰額度上限由5000萬元提高至2億元（第44條）。
2. 將因含有毒性或有害物質、攙僞或假冒、添加未經中央主管機關許可之添加物等行爲之刑度，由5年以下有期徒刑提高爲7年以下有期徒刑，得併科8000萬元以下罰金；致危害人體健康者，處1年以上、7年以下有期徒刑，得併科1億元以下罰金；致重傷者，增加爲併科1億5000萬元以下罰金；致人於死者，增加爲併科2億元以下罰金。以上修正之罰金額度都是原來罰金的10倍。此外，行爲人縱屬過失犯，刑度亦由1年以下有期徒刑提高爲2年以下（第49條）。
3. 引入危險犯概念，即各項違反本法之行爲若情節重大足以危害人體健康之虞時，可處7年以下有期徒刑，得併科8000萬元以下罰金。意謂著新法不再以有「實害」爲刑罰的前提要件（第49條）。
4. 在科處行政罰鍰外，另新增主管機關得沒入或追繳違法業者因犯罪行爲所得之不當利益，避免因「一罪不兩罰」原則而使違法業者逸脫高額罰鍰的制裁（第49條及第49-2條）。
5. 要求營運規模達到一定水準之食品業者應設置實驗室進行自主檢驗；食品業者在新法之下，須訂定食品安全監測計畫；建立追溯系統之食品業者應依主管機關要求，分階段使用電子發票，以確保食品資訊之準確性。違反上述規定而不改正者，處新臺幣3萬元以上300萬元以下罰鍰（第7條、第9條及第48條）。此外，若開立電子發票不實而影響追溯之查核，得處新臺幣3萬元以上300萬元以下罰鍰（第9條及第47條）。
6. 損害賠償責任之加重；食品業者除了因食品或食品添加物含有毒性或有害物質、攙僞或假冒、添加未經中央主管機關許可之添加物等行爲，致生損害於消費者時，應負賠償責任外，若未能舉證說明該損害非由其行爲所致、或對防止損害已盡相當注意義務時，亦應對消費者負賠償責任（第56條）。
7. 吹哨者之保護；除「吹哨者條款」外，新法確立若員工檢舉雇主之違法行爲而遭解雇、調職等不當處分時，員工進行訴訟之相關費用將由食安基金全數承擔（第56-1條）。

(三) 第三階段

2015年2月4日經總統公布修正第 8、25、48條，本次修法側重：

1. 修正第8條：爲加強對食品業者之管理，要求經中央主管機關公告類別及規模之食品業者，應就其衛生安全管理系統主動接受第三方驗證之外部查核監控。此外，於第6項規定，驗證應由中央主管機關認證之驗證機構辦理，有關申請、撤銷與廢止認證之條件或事由，執行驗證之收費、程序、方式及其他相關事項之管理辦法，由中央主管機關定之。

2. 修正第25條：針對直接供應食品之場所及散裝食品，增列「其他應標示事項」。此外，增列「國內通過農產品生產驗證者應標示可追溯之來源；有中央農業主管機關公告之生產系統者，應標示生產系統」。
3. 修正第48條：因應上述第8條之修正，爲提升第三方驗證制度之管理效能，增訂違反第8條第5項規定之罰則。如經主管機關限期改正，但屆期仍不改正者，處新臺幣3萬元以上300萬元以下罰鍰；情節重大者，得命其歇業或停業。

從上述三個階段的修法內容中，我們可以看到一些治理食安問題的政策缺失。首先歷次法律的修正和增訂重心都係以如何加重刑罰或提高罰金、罰鍰爲主，但沒有深刻反省不肖業者的犯罪動機究竟從何而來。其次，行政單位的行政規則不能與母法配合，導致如下一些漏洞：

1. 行政規則與母法不同調：以103年2月5日修正通過的《食品安全衛生管理法》爲例，肇因於毒澱粉事件[28]，政府爲了加強對複方食品添加物的管理，在新法第3條第1項第3款關於「食品添加物」的定義中要求，「准用之單方食品添加物皆應有中央主管機關之准用許可字號。」可是同年8月13日，衛生福利部公佈之《食品安全衛生管理法施行細則》第3條，卻不當將原本「准用許可字號」變成「所定之編號」。這使得原本規定單方食品添加物必須辦理查驗登記方可取得許可字號的規定形同具文。
2. 新法不如舊法嚴謹：原本舊法第22條規定食品外包裝必須明確標示製造廠商「與」國內負責廠商的名稱、電話及地址。但103年2月5日修正的新法第22條卻變成，製造廠商「或」國內負責廠商的名稱、電話及地址。沒有充分理由放寬食品業者或食品添加物業者的告知義務，使其不必在產品外包裝上同時註明製造廠商和負責廠商，導致稽查人員難以源頭管理，不利追查代工的製造廠商（例如：合將香豬油的情況），導致治理上出現「人頭廠商」的管理漏洞。
3. 自主登錄機制不周延：食品藥物管理署根據新法第8條第3項規定，營業規模達一定水準的食品業者「應向中央或直轄市、縣（市）主管機關申請登錄，始得營業」，隨後訂定《食品添加物業者應辦理登錄》之行政命令，但實踐上登錄卻是由業者自行上網塡寫食品添加物的資訊，資料的眞假不可得知，除非有關當局進一步查核資料之眞實性，但衛生單位根本沒有能力或時間追蹤登錄資料之眞

28 「毒澱粉事件滾雪球 ，台南查獲毒地瓜粉」，自由時報，2013年5月24日，http://news.ltn.com.tw/news/society/breakingnews/812727，最後瀏覽日：2015年6月25日。

僞[29]。

4. 難以執行的重罰條款：雖然修法的重點之一是大幅提高對不肖業者違法行爲的罰金或罰鍰，但食品詐欺一類的犯罪黑數比例過高，除非政府能提高實際發現業者違法之機率，否則重罰的嚇阻效果將大打折扣，並導致人民對政府公權力的信任流失。
5. 風險評估機制令人存疑：諮議委會的組成是否符合身分獨立、專業中立、程序透明無法從新法中得知。儘管《食品風險評估諮議會設置辦法》第7條定有迴避事項之規定，但沒有明文要求諮議委員是否應主動告知接受企業補助之事實，或是否在此種情況下應予主動申請迴避。
6. 風險溝通制度之欠缺：消費者是食安治理規範中最重要的利害關係人，她/他們的參與有助於釐清風險，補足執法機制的盲點和提升上述風險評估的合理性。然而因爲目前我國的食安治理還是以「國家中心」爲思考，沒有把消費者「個體的安全」融入到修法後的規範中。

肆、個案觀察與分析

肥胖症、禽流感、黑心油都是目前臺灣食品供應體系中仍然存在（或曾經發生）之重大食安問題，但三種事件導致不安全的本質略有不同。首先，肥胖症與飲食文化及消費習慣有關，但原則上業者提供的食品均符合法律規定且不存在違法行爲，而消費者在購買時也知道貨幣對價換來的商品屬於不健康的垃圾食物[30]。至於禽流感則是與飼養方式和業者心態有關，疫情的發生雖然不是業者（飼主）故意引起，但疫情的擴散往往可歸因於業者的積極隱匿或消極不通報。倘若國家的執法與防疫又出現漏洞，消費者就有可能吃到遭病菌感染的肉類。黑心油的個案則最爲特別，受此犯罪影響之被害人（或是潛在被害人）可以說遍及全臺，且犯罪行爲人侵害的法益同時涉及財產、健康、公安等多個面向[31]。此種食安問題的本質是故意的詐欺犯罪，而詐欺一詞在本文特指，「基於經濟利得之目的而刻意將不實在的食品行銷於市場」。

---

29 類似新法第8條（或第7條）的自主管理規範若要眞正發揮效用，需有若干條件同步配合。例如：健全的工會組織、業者的私益與社會公益有交集、同業具有相互監督之誘因等。參考：胡博硯、黃文政，「我國新修正食品衛生管理法之解析與反省：回應食安危機」，**台灣法學雜誌**，第 238 期（2013年12月），頁35。

30 Brent McFerran, et al., "I'll Have What She's Having: Effects of Social Influence and Body Type on the Food Choices of Others," *Journal of Consumer Research*, Vol. 36, No. 6 (April 2010), p. 915-929.

31 陳志龍，「食安問題不只是詐欺問題」，**蘋果日報**，2014年11月1日，http://www.appledaily.com.tw/realtimenews/article/new/20141101/498234/，最後瀏覽日：2015年6月25日。

三種本質不同的食安個案在現行我國食安治理規範中受到的制裁評價不同；肥胖症被視爲人體健康議題，代價由消費者自付或者由社會健保制度分擔。禽流感則定性爲公衛議題，代價由業者承擔主要的經濟損失，政府扛起防疫責任並依規定酌情補助禽類遭撲殺之業者，消費者則面臨一定程度的不安全肉品風險。最後，製造與販售黑心油被判定爲刑事上的詐欺罪，並同時併合故意之替換、添加、竄改、過量使用、不實陳述等違法行爲。不肖業者將承擔極重的自由刑與財產刑制裁，政府疲於奔命的全國搜查與檢驗，而消費者不是已受黑心食品的危害，就是每日惶惶不安面對有危害之虞的風險食品。惟無論何種類型的食品不安全，人民都是輸家和安全最易被侵害的受難者。

一、個案檢視

(一) 肥胖症

2014年臺灣在全球肥胖人口的國家排名中位居166。其中20歲以上的成年男性過重及肥胖的比率是33.8%，而女性則是30.9%[32]。根據Marie Ng等學者發表之研究報告來看，全球逾62%的過重人口集中在開發中國家（developing countries），主因是飲食過度和體能活動過少[33]。臺灣肥胖人口比例在近年有漸漸增加之趨勢，多數是介於40歲至60歲的男性。根據衛生署國民健康局的調查，臺灣男女肥胖盛行率居亞洲之冠，而男性問題較嚴重，平均每兩位男性中就有一人體重超標，而2014年平均每5個臺灣人中就有1人有肥胖問題[34]。

肥胖症在臺灣的嚴重化與飲食有密切關係，其中手搖杯文化的盛行就是禍首之一。臺灣肥胖醫學會認爲，由於飲料店的密集度與多樣化程度遠比國外來的高，加上多數店家偏好選用高果糖糖漿（high-fructose corn syrup），導致肥胖、心肌梗塞、糖尿病以及心血管等疾病的臺灣人口愈來愈多。世界衛生組織（WHO）早在1997年便將肥胖症（obesity）列入流行性疾病，臺灣由於飲食西化和手搖杯文化普及，肥胖人口已從20年前的12%提高到最近的47%，也就是說全國約有近半數的人口體重過重或瀕臨肥胖邊緣。此外，國內兒童肥胖化的幅度驚人，6至6歲半的男童之過重及肥胖率爲10%，女童則爲25%。另外，依行政院主計處的統計，1998年至2008年間，臺灣人在家用餐的經濟花費佔家庭消費支出的比例由18.1%（每年117,247元）下降至15.6%（每年109,903元），但外食的經濟花費比率卻由7.3%（每年47,442元）增加至8.7%（每年61,583

32　「好吃懶動，三成台人太胖」，蘋果日報，2014年5月30日，http://www.appledaily.com.tw/appledaily/article/headline/20140530/35861573/，最後瀏覽日：2015年6月25日。

33　Marie Ng, et al., "Global, Regional, and National Prevalence of Overweight and Obesity in Children and Adults during 1980–2013: A Systematic Analysis for the Global Burden of Disease Study 2013," Lancet, Vol. 384, No. 9945 (August 2014), p. 766-781.

34　詳見：http://health99.hpa.gov.tw/txt/PreciousLifeZone/print.aspx?TopIcNo=754&DS=1-life; http://www.uho.com.tw/hotnews.asp?aid=34965，最後瀏覽日：2015年6月25日。

元），顯示外食人口的增加與我國人口肥胖化之間有一定的關聯性[35]。

(二) 禽流感

2015年年初，繼屏東蛋雞畜牧場爆發H5N2疫情後，雲林、嘉義、和臺南等縣市地區諸多禽類養殖場（約270個）相繼出現鴨群、鵝群和雞群大量死亡的消息，經行政院農委會防檢局採樣檢驗後證實，臺灣出現新型H5N8禽流感。爲防疫情擴大，政府以撲殺作爲治理措施，總數約爲100萬隻上下[36]。

禽流感疫情的爆發與臺灣飼養禽類的密度過高有關。南部地區絕多數的牲畜養殖場都有牲口密度過高之現象，且業者慣於餵食抗生素和施打各類疫苗於牲畜體內，作爲避免感染疾病的措施。然而，過於擁擠、衛生品質不佳、日照不足和空氣不流通的養殖場易促使動物體內的病原體發生基因重組或突變[37]，施打抗生素或疫苗並不能抑制此種情況，反而是衍生出肉類中動物用藥殘留過高的風險。

簡易回顧一下歷年發生在臺灣的禽流感事件，2012年3月首度爆發高病原的禽流感，當時疫區在臺南和彰化一帶，政府撲殺約6萬隻家禽；2014年5月的禽流感病例在臺北市的家禽市場被發現，但病源係來自雲林縣的雞隻。此事情發生後不到1年，禽流感便在南臺灣近八個縣市大規模暴發，創下我國防疫史上最高撲殺總數之紀錄[38]。

從安全治理的角度觀之，禽流感的發生具區域性，惟各地疫情防治的經費隨地方政府的財源而異，具體執行措施也由各地方負責之首長指示，往往不見得能配合中央的防疫政策。舉例來說，當中央說要全面撲殺時，地方政府不一定會接受這個決策[39]；即使認同，也可能因經費不足，無法實際上補助業者的損失。其次，近年來臨近國家不時傳出禽流感疫情，卻不見臺灣主管機關嚴加防疫，或是加強向禽養殖業者宣導防範。主管機關缺乏執行魄力，加上業者習慣性隱匿疫情，導致疫情難以杜絕和接連不斷。從理性選擇的角度觀之，業者一定知曉重大傳染疾病得通報主管機關，但一通報往往就是牲口要被政府撲殺，但補償措施具不確定性，或者補償金額依現行規定頂多只能申請到六成，難以彌補業者付出的養殖成本（且撲殺後的三個月還必須暫停養殖）。在此種治理規範下，業者基於理性選擇，當然會偏向隱匿疫情[40]。

---

35 簡義紋等，「肥胖的環境與生活型態因素」，**台灣衛誌**，第32卷2期（2013年），頁101-115。

36 陳惟華，「禽流感啓示錄：人畜共通傳染病源自養殖場」，**ETtoday新聞雲**，2015年1月31日。網址：http://www.ettoday.net/news/20150131/460676.htm，最後瀏覽日：2015年6月25日。

37 公衛學者金傳春表示，施打疫苗容易讓病毒產生變異和本土化。詳見：http://news.pts.org.tw/detail.php?NEENO=288736，最後瀏覽日：2015年6月25日。

38 張育嘉，「從人類禽流感的疫情威脅談台灣的防疫政策」，**國政研究報告**，2006年2月9日，http://old.npf.org.tw/PUBLICATION/SS/095/SS-R-095-001.htm，最後瀏覽日：2015年6月25日。

39 例如本年（2015）嘉義爆發禽流感之後，便將食安問題與傳染病防疫，還有中央與地方政府治理不同調的問題凸顯出來。詳見：「陳保基悶補助問題，張花冠怒斥『保基不保鵝』」，**中國時報**，2015年1月16日，http://www.chinatimes.com/realtimenews/20150116004583-260407，最後瀏覽日：2015年6月25日。

40 「撲殺＝破產，補助少誰敢通報」，**中國時報**，2015年1月18日，：http://www.chinatimes.com/newspapers/20150118000293-260102，最後瀏覽日：2015年6月25日。

(三) 黑心油

這是近年來衝擊臺灣食安最大的醜聞。2013年10月，彰化檢方與縣衛生局查獲大統生產的花生油等8類油品是以低價棉籽油混充，然後摻入香精調味和有致癌風險的銅葉綠素調色。在一系列追查後，執法人員又發現，大統將含有銅葉綠素的油品賣給頂新集團、福懋油脂等製油大廠。消息一經公布，全臺許多食品業者相繼被捲入黑心油品風暴[41]。

大統販售的油品中逾9成是黑心油，根據衛生福利部食品藥物管理署統計，2012年臺灣進口棉籽油超過7600噸，其中大統就佔4成，另6成流向全國各地的食品公司和食品加工廠[42]。令人震驚的是，臺灣食品大廠味全公司（隸屬頂新集團）所生產之20多項調合油品中竟含有上述大統違法摻入銅葉綠素的黑心油。爲追查黑心油品的製造及供貨流程，政府檢調人員在2013年對味全公司的相關人員進行約談，其中味全企劃部長林雅娟接受調查時表示，「魏應充曾指示以成本爲優先考量」，油品的製造流程才會決定更改配方，採用低價油品當基底[43]。根據檢方隨後公布之資料，頂新負責人魏應充確實曾召集頂新製油的總經理和味全總經理等人，共同商討「九八專案」。此項專案的主要內容中便包括能將生產成本壓至最低的調和油配方計畫[44]。

黑心油風暴之始末遠較前面兩起個案複雜許多，但有一項事實非常值得吾人注意，那就是在醜聞被揭露之前，頂新和旗下關係企業長期從越南進口劣質的飼料油，但爲了要能以食用油名義順利入關臺灣，業者透過非法管道向越南公證單位取得「符合人體食用」之證明文件。另外，在油品順利入關後（臺灣有關當局在邊境查驗上可能有疏失），頂新再以脫臭的科技加工手續進行處理，然後將「精煉」後的劣質油銷售到市場上。

二、分　析

上述三起個案的共同性在於反應出食品供應體系本身所具有的不安全特徵（或滋生風險的本質）。此種體系帶來的挑戰是：當我們從體系中獲取所需食物的同時，罹患肥胖症、吃到病菌肉品或是受黑心油品危害的機率也相當高。食品供應體系的工業化將我們原本傳統、簡單和在地性的飲食文化暨習慣轉換爲供應鏈異常複雜和冗長的加工暨

41　「大統黑心油賣福懋、頂新」，**自由時報**，2013年11月3日，http://news.ltn.com.tw/news/focus/paper/727358，最後瀏覽日：2015年6月25日。

42　「毒棉籽油 6成竄食品廠」，**蘋果日報**，2013年10月21日， http://www.appledaily.com.tw/appledaily/article/headline/20131021/35378798/，最後瀏覽日：2015年6月25日。

43　「味全員工證詞戳破魏應充謊言」，**蘋果日報**，2013年11月13日，http://www.appledaily.com.tw/realtimenews/article/new/20131113/291523/，最後瀏覽日：2015年6月25日。

44　即以98%的低價棕櫚油，加上1%添加銅葉綠素的橄欖油或葡萄籽油，再混入1%的黃豆油，調和成高價的黑心油出售。參考：「味全混大統假油，起訴卷昨才送達台北地院」，**自由時報**，2014年11月1日，http://news.ltn.com.tw/news/focus/paper/826515/print，最後瀏覽日：2015年6月25日。

貿易體系。高糖、高鹽、多油、速食，以及各種人工添加劑被摻入到食物中，在提供外觀更美、保存更長、廉價購得之同時，也一步步侵蝕消費者的健康。根據Hawkes等學者的研究，食品不安全的主因來自諸多農產品被工業化生產，跨國食品企業的營運模式取代傳統在地小農的自給自足。愈來愈多國家本身的農產品在本國市場上反而不如進口農產品來得受歡迎，或是人民漸漸減少傳統主食的消費，轉以外國供應的糧食爲消費主體[45]。Nestle、Stuckler、Winson等人的研究更進一步指出，工業化的全球食品供應體系易導致消費者出現健康上的問題或是面臨較高的風險[46]。顯而易見，我們眞正面對的食品安全危機更多時候是來自於目前各國普遍接受的食品供應體系，而不是食物本身產生的衛生安全風險[47]。

目前（包括臺灣在內）多數國家採行的食安治理措施都有一個共通性，即將跨國食品貿易、農牧工業化、食品加工、超市銷售這樣的食品供應鏈視爲一種理所當然的狀態（the given status），治理食安問題的各種機制（無論官方或私人）幾乎都是在這個給定的前提下開展。然而，難倒沒有一個更好（或風險更低）的食品供應體系可以提供給銷費者進行選擇嗎？2013年糧農組織（Food and Agriculture Organization, FAO）在《糧食暨農業狀況》（*The State of Food and Agriculture*）報告中指出，有別於目前高度全球化的食品供應體系，發展一個較能迎合在地性的糧食體系有其必要[48]。聯合國負責糧食權的特別報告員（Special Rapporteur）Oliver de Schutter數次表示，國際間的食品供應體系無助於落實充足和健康的糧食權[49]。Leibler等人的研究則確切指出，工業化的食品供應體系（無論動物或植物）均會對生態體系構成大量的風險。同時，這些風險絕多數是人爲所致，特別是加速動物性傳染病的擴散與病毒變異。文中以肉品工業化爲例，分析集中宰殺、加工、長程運輸等階段的病菌感染可能性（人爲因素），和原本單純甲地的衛生風險如何因爲融入國際肉品供應鏈後被放大數倍，甚至成爲全球的公衛威脅[50]。

---

45 Corinna Hawkes, et al., "Linking Agricultural Policies with Obesity and Noncommunicable Diseases: A New Perspective for A Globalising World," *Food Policy*, Vol. 37, No. 3 (June 2012), p. 343-353；以台灣爲例，消費者食米量漸漸減少。參考：http://www.newsmarket.com.tw/blog/58229/，最後瀏覽日：2015年6月25日。

46 Marion Nestle, *Food Politics* (Berkeley: University of California Press, 2013); David Stuckler and Marion Nestle, "Big Food, Food Systems, and Global Health," *PLoS Medicine*, Vol. 9, No. 6 (2012): e1001242; Anthony Winson, *The Industrial Diet* (Vancouver: UBC Press, 2013).

47 以數量上來說，純粹的食源性疾病（foodborne diseases; 包括水質不潔導致的腹瀉），即去除外部導致之食品污染情況（人爲或非人爲），全球平均每年約有220萬受害人。但如果加上胖肥症與黑心食品，受害的消費者人數遠高於這個數字。可參考WHO的相關資料，例如：http://www.who.int/foodsafety/areas_work/foodborne-diseases/en/; http://www.who.int/mediacentre/factsheets/fs311/en/; http://foodfraud.msu.edu/wp-content/uploads/2014/01/CRS-Food-Fraud-and-EMA-2014-R43358.pdf（食品詐欺的受害人數在統計上較爲困難；因爲沒有全球性的負責機構和存在較大的犯罪黑數。美國是以被查獲的犯罪食品品項和金額進行統計，再推估可能的受害人數）。

48 FAO, *The State of Food and Agriculture: Food Systems for Better Nutrition* (Rome: UNFAO, 2013), pp. 6-7.

49 Olivier de Schutter, "Report Submitted by the Special Rapporteur on The Right to Food," *UN Report to Human Rights Council* (NY: United Nations Human Rights Commission, 2010), http://www2.ohchr.org/english/issues/food/docs/A-HRC-16-49.pdf (accessed: Jun. 25, 2015).

50 Jessica Leibler, et al., "Industrial Food Animal Production and Global Health Risks: Exploring the Ecosystems

上述國際組織的報告或是學者之研究刺激我們思考目前普世性的食品供應體系究竟是基於什麼目的，或是爲了維護何種利益而存在。在此本文把討論聚焦在「全球化的食品安全標準」，這是現在研究食品衛生安全必然會觸及的面向（施打荷爾蒙的牛肉、注射瘦肉精的豬肉、含有普芬尼的茶葉、標示不明的基改食品、摻雜銅葉綠素的食用油等重大食安醜聞無一不與「標準」有關）。爲什麼各國政府在進行食安治理時那麼看重「國際標準」呢？因爲這個標準對於WTO的會員國具有一種事實上（*de facto*）的限制作用，如果有會員國採取高於國際標準的食安治理規範時，它的貿易夥伴（特別是出口國）就可以對其安全政策提出質疑，甚至是透過WTO的爭端解決機制（Dispute Settlement Mechanism, DSM）控訴採取較國際標準更爲嚴苛安全標準的會員。

此種食安治理規範利弊參半；從經濟層面觀之，它可以確保國際間的食品貿易自由化（liberalization），使之不易受到隱匿性和非關稅貿易障礙的干擾，同時讓所有WTO會員國在食安治理規範上達到調和化（harmonization）。但從公衛的角度來看，這樣的國際制度也同時導致一些機會成品，而承擔這些成本的國家和其人民往往便是面對較高食安風險的被害者。勿寧，現行廣泛適用於全球的食品供應體系內涵上帶有一種「切割的安全思考」，就和傳統主權國家對軍事安全的思考一樣，即如果把對方削弱可以增加自己的安全時，任何行爲都是可欲的選項。兩者的差別僅在於，傳統的軍事安全用國界內外來區分威脅源，當國防力量不足防範和抵擋威脅入侵時，人民至少還看得見威脅（敵軍）在何處。而食品貿易自由化後，國界的地理上功能被削弱，境外食品大量流入本國市場，消費者往往沒有能力自行分辨出賣場上食物的品質安全與否。事實上，絕多數的消費者將自身的食品衛生法益委託給國家進行維護，更不會時時刻刻懷疑業者製造或販售食品之安全性，直到食安醜聞爆發，消費者才驚覺自己吃了許多具有風險性的食品。就此觀之，目前包括臺灣在內的許多國家均陷入（但又同時仰賴）一個本身就是會產生食安風險的食品供應。一言以蔽之，我們奢求在一個「不安全的食品供應體系」中去提供消費者安全與衛生的食物。這樣的奢求自然是欠缺邏輯與毫無實踐可能性的，無怪食品安全在貿易自由化的今天遙不可及[51]。

伍、結　語

本文從批判與反思的觀點來觀察臺灣目前的食品供應體系和食安治理規範，藉由肥胖症、禽流感、黑心油等嚴重衝擊我國食安的具體個案，證明現行治理機制並不利於消

---

and Economics of Avian Influenza," *EcoHealth*, Vol. 6, No. 1 (March 2009), pp. 58-70.

51 譚偉恩、蔡育岱，「食安問題只會愈來愈嚴重」，**蘋果日報**，2013年10月22日，http://www.appledaily.com.tw/appledaily/article/headline/20131022/35381374/，最後瀏覽日：2015年6月25日。

費者的健康法益和整體社會的公共衛生，充其量只是提供我們一個合乎法律（*de jure*）標準的食品，而不是眞正（*de facto*）能保障人民健康的制度。易言之，此種食安治理規範的內涵較有利於食品業者和市場交易，這也間接說明爲何臺灣食品市場上販售愈來愈多不利於消費者健康的垃圾飲食[52]。應予留心的是，一個工業化程度愈來愈深的食品供應體系其實會製造出不少隱而未顯的成本。如果我們稍加留心，便可發現工業化的農牧生產方式在提供消費者便利與廉價的食品之際，也同時製造了許多衝擊公衛、環境和基本人權的風險及實害，例如：罹患糖尿病一類慢性病的機率、重大疫情的爆發頻率和致死率、生物多樣性減少的速率、土壤酸化和水源污染的程度、小農（peasants）工作權和耕地的喪失等等[53]。

鑒此，食品安全的治理應該要對目前視爲理所當然的供應體系進行批判性的反思，尋求市場結構和制度設計轉換之可能，而不是盲目地從國家中心的角度去進行修法與加重罰責[54]。轉換現行充滿風險的食品供應體系需要先從觀念上做出調整[55]，然後批判性地去解構傳統安全觀之下對於人類安全的輕忽[56]。不過，從個體（消費者）vs.結構（食品供應體系）的角度來思考，全球貿易自由化下的市場結構顯然不是那麼容易可以去挑戰的，因爲這需要擁有執法和治理權威的政府一肩挑起來自本國貿易商、跨國企業、出口國政府所加諸之責難與壓力，同時還要冒著本國經濟表現衰退的風險[57]。換句話說，在食品安全這個議題場域（the issue area）裡，業者往往是比政府更有權力和實質影響力的行爲者，他們用不同的方式直接或間接形塑了當代的食品供應體系，接著動用手邊無形和有形的資源及管道去左右食安治理規範[58]。於是乎，跨國食品企業一方面控制了它的國籍本國，使母國政府爲其在國際場合上爭取最大的食品貿易自由化。另一方面，這些企業要不獨自，要不結合被投資國（host countries）的關係產業，對當地政府進行遊說或施壓，讓愈來愈多國家的食安治理規範朝向友善於市場交易或至少不牴觸國際貿易自由化的規範。

---

52 不妨假想一下，即便今天英國藍、五十嵐等手搖杯業者的茶葉沒有農藥超標的問題，這些飲料中所含有的糖份也都非常高，對於飲用者的健康絕對有害。詳見：「市售手搖杯調查，微糖飲料竟含10顆方糖」，**蘋果日報**，2011年7月2日，http://www.appledaily.com.tw/appledaily/article/headline/20110702/33499346/，最後瀏覽日：2015年6月25日。

53 William D. Schanbacher, *The Politics of Food: The Global Conflict between Food Security and Food Sovereignty* (California: Praeger, 2010), p. 34.

54 Kenneth Abbott and Duncan Snidal, "The Governance Triangle: Regulatory Standards Institutions in the Shadow of the State," in Walter Mattli and Ngaire Woods, eds., *The Politics of Global Regulation* (New Jersey: Princeton University Press, 2009), p. 10.

55 Diana Stuart, "Science, Standards and Power: New Food-Safety Governance in California," *Journal of Rural Social Sciences*, Vol. 25, No. 3 (2011), p. 112-114.

56 Ibid. and Michael Carolan, *The Sociology of Food and Agriculture* (NY: Routledge, 2012), p. 1-12.

57 Noreena Hertz, *The Silent Takeover: Global Capitalism and the Death of Democracy* (London: William Heinemann. 2001), Ch. 5 & 10.

58 譚偉恩、蔡育岱，「食品政治」，**前引註**，頁27-30。

事實上，摻假或詐欺一類的食安議題不是新問題，三、四百年前便已有之[59]，只是在貿易自由化和工業化的時代，它的發生頻率和影響消費者健康的嚴重程度愈來愈高，導致人類漸漸開始重視這項非傳統的安全威脅。然而，非傳統安全的問題並不適合用傳統安全的思考來進行治理，現行臺灣治理食安的規範正是犯了這個錯誤，沒有從消費者的立場來設計一個好的制度[60]，才會在短短幾年內不斷發生食安醜聞。除了有效治理策略的欠缺外，目前的食安治理規範對於造成損害結果的原因往往難以確認，複雜或混沌的因果關係造成客觀歸責上頻頻出現困難，而一旦具體事件涉及跨越國界的變數（variables），像是原料來自境外時，將導致食安問題變得更加棘手。

藉由對臺灣的食品供應體系和食安治理規範進行分析，另輔以三個本質有別的食安事件作爲個案，本文已證明目前食品供應體系的本身就是導致食品不安全的主因，理由在於此種食品供應體系過於友善於商品的自由流通，而不是公衛法益之維護；其次，食安犯罪在全球貿易自由化的市場結構中不但難以被稽查，且往往有利可圖。在此情況下，只是嚴法重罰，而無法提升稽查能力（例如：提高政府部門發現違法事件的能力），絕對不是好的治理。本文建議，我們應反思是否臺灣眞的需要一個高度融入全球經貿活動的食品供應體系，還有那麼重視貿易自由化。事實上，「安全標準」的調和化或國際化並非適用於所有的議題，在航空安全的領域這是可行與必要的，但在具有地域性或有必要慮及文化、宗教、環境等面向的食品安全就需要更縝密的思考。不分議題去追求所有治理規範的嚴格化或國際化，往往會適得其反，無助於非傳統安全的落實。

參考文獻

中文

Bee Wilson著，周繼嵐譯，**美味詐欺：黑心食品三百年**（*Swindled: The Dark History of Food Fraud*）（臺北：八旗文化，2012年）。

李河清、譚偉恩，「衛生安全與國際食品貿易：以『人類安全』檢視世貿組織相關立法缺失」，**問題與研究**，第51卷1期（2012 年 3月），頁70-72。

胡博硯、黃文政，「我國新修正食品衛生管理法之解析與反省：回應食安危機」，**台灣法學雜誌**，第238期（2013年12月），頁31-42。

莫大華，**建構主義國際關係理論與安全研究**（臺北：時英出版社，2003年）。

[59] 可參考：Bee Wilson著，周繼嵐譯，美味詐欺：黑心食品三百年（Swindled: The Dark History of Food Fraud）（臺北：八旗文化，2012年）。

[60] 食品安全有一些獨特的屬性值得留意，像是：(1)跨學科領域（interdisciplinary）；(2)肇事者可能不是人類（禽流感或食源性疾病的問題便是一例）；(3)極少減損國家的領土或是直接挑戰政權的合法性；(4)與人類安全（human security）密切相關。

蔡育岱、譚偉恩，「從『國家』到『個人』：人類安全概念之分析」，**問題與研究**，第47卷1期（2008年3月），頁178-180。

蔡育岱、譚偉恩，「敵人刑法與安全化理論：國際實踐和理論衝突」，**中正大學法學集刊**，第28卷（2010年1月），頁77-120。

蔡育岱、譚偉恩，「食品政治：『誰』左右了食品安全的標準？」，**政治科學論叢**，第42期（2009年12月），頁1-42。

簡義紋等，「肥胖的環境與生活型態因素」，**台灣衛誌**，第32卷2期（2013年），頁101-115。

西文

Abbott Kenneth and Snidal Duncan, "The Governance Triangle: Regulatory Standards Institutions in the Shadow of the State," in Walter Mattli and Ngaire Woods, eds., *The Politics of Global Regulation* (New Jersey: Princeton University Press, 2009).

Altieri Miguel, "Agroecology, Small Farms, and Food Sovereignty," *Monthly Review*, Vol. 61, No. 3 (July/August 2009).

B. Buzan, O. Waever, and J. de Wilde, *Security: A New Framework for Analysis* (London: Lynne Rienner, 1998).

Balzacq Thierry, "The Three Faces of Securitization: Political Agency, Audience and Context," *European Journal of International Relations*, Vol. 11, No. 2 (June 2005).

Carolan Michael, *The Sociology of Food and Agriculture* (NY: Routledge, 2012).

Evans Nick, Carol Morris, and Michael Winter, "Conceptualizing Agriculture: A Critique of Post-productivism as the New Orthodoxy," *Progress in Human Geography*, Vol. 26, No. 3 (2002).

FAO, *The State of Food and Agriculture: Food Systems for Better Nutrition* (Rome: UNFAO, 2013).

Floyd Rita and Croft Stuart, "European Non-traditional Security Theory: from Theory to Practise," *Geopolitics, History, and International Relations*, Vol.3, No.2 (2011).

Hawkes Corinna, et al., "Linking Agricultural Policies with Obesity and Noncommunicable Diseases: A New Perspective for A Globalising World," *Food Policy*, Vol. 37, No. 3 (June 2012).

Hertz Noreena, *The Silent Takeover: Global Capitalism and the Death of Democracy* (London: William Heinemann. 2001).

Leach Edmund, Custom, Law and Terrorist Violence (Edinburgh: Edinburgh University Press, 1997).

Leibler Jessica, et al., "Industrial Food Animal Production and Global Health Risks: Exploring the Ecosystems and Economics of Avian Influenza," *EcoHealth*, Vol. 6, No. 1 (March 2009).

Marie Ng, et al., "Global, Regional, and National Prevalence of Overweight and Obesity in Children and Adults during 1980-2013: A Systematic Analysis for the Global Burden of Disease Study 2013," *Lancet*, Vol. 384, No. 9945 (August 2014).

McFerran Brent, et al., "I'll Have What She's Having: Effects of Social Influence and Body Type on the Food Choices of Others," *Journal of Consumer Research*, Vol. 36, No. 6 (April, 2010).

Nestle Marion, *Food Politics* (Berkeley: University of California Press, 2013)

Paarlberg Robert, *Food Politics: What Everyone Needs to Know* (Oxford: Oxford University Press, 2010).

SchanbacheWilliam D. r, *The Politics of Food: The Global Conflict between Food Security and Food Sovereignty* (California: Praeger, 2010).

Scott Shirley V., "The Securitization of Climate Change in World Politics," *Review of European Community & International Environmental Law*, Vol. 21, No. 3 (Nov 2012).

Stuart Diana, "Science, Standards and Power: New Food-Safety Governance in California," *Journal of Rural Social Sciences*, Vol. 25, No. 3 (2011).

Stuckler David and Nestle Marion, "Big Food, Food Systems, and Global Health," *PLoS Medicine*, Vol. 9, No. 6 (2012).

Schutter Olivier de, "Report Submitted by the Special Rapporteur on The Right to Food," *UN Report to Human Rights Council* (NY: United Nations Human Rights Commission, 2010).

Victor David, *Global Warming Gridlock* (Cambridge: Cambridge University Press, 2011).

Winson Anthony, *The Industrial Diet* (Vancouver: UBC Press, 2013).

相關資料網站

Naina Bajekal, "The Rise of the Lone Wolf Terrorist," *Time*, Oct. 23, 2014, http://time.com/3533581/canada-ottawa-shooting-lone-wolf-terrorism/ (accessed: Jun. 23, 2015).

"Toward a Healthy Sustainable Food System," *APHA* (Nov. 6, 2007), https://www.apha.org/policies-and-advocacy/public-health-policy-statements/ (accessed: May 5, 2015).

Natasha Gilbert, "One-Third of Our Greenhouse Gas Emissions Come from Agriculture," *Nature* (Oct. 31, 2012), http://www.nature.com/news/one-third-of-our-greenhouse-gas-emissions-come-from-agriculture-1.11708 (accessed: Jun. 23, 2015).

「大統黑心油賣福懋、頂新」，**自由時報**，2013年11月3日http://news.ltn.com.tw/news/focus/paper/727358。最後瀏覽日期：2015年6月25日。

「台灣的糧食自給率」，http://www.kskk.org.tw/food/node/108#sthash.7s1jYRTK.dpuf。最

後瀏覽日：2015年6月23日。
「台灣糧食安全」，**國家地理頻道**，2014年5月，專題報題，http://www.ngtaiwan.com/4949。最後瀏覽日：2015年6月23日。
「市售手搖杯調查，微糖飲料竟含10顆方糖」，**蘋果日報**，2011年7月2日。http://www.appledaily.com.tw/appledaily/article/headline/20110702/33499346/。最後瀏覽日：2015年6月25日。
「好吃懶動，三成台人太胖」，**蘋果日報**，2014年5月30日。http://www.appledaily.com.tw/appledaily/article/headline/20140530/35861573/。最後瀏覽日：2015年6月25日。
「味全員工證詞戳破魏應充謊言」，**蘋果日報**，2013年11月13日。http://www.appledaily.com.tw/realtimenews/article/new/20131113/291523/。最後瀏覽日：2015年6月25日。
「味全混大統假油，起訴卷昨才送達台北地院」，**自由時報**，2014年11月1日。http://news.ltn.com.tw/news/focus/paper/826515/print。最後瀏覽日：2015年6月25日。
「毒棉籽油6成竄食品廠」，**蘋果日報**，2013年10月21日，http://www.appledaily.com.tw/appledaily/article/headline/20131021/35378798/最後瀏覽日：2015年6月25日。
「毒澱粉事件滾雪球 ，台南查獲毒地瓜粉」，**自由時報**，2013年5月24日，http://news.ltn.com.tw/news/society/breakingnews/812727。最後瀏覽日：2015年6月25日。
「陳保基閃補助問題，張花冠怒斥『保基不保鵝』」，**中國時報**，2015年1月16日。http://www.chinatimes.com/realtimenews/20150116004583-260407。最後瀏覽日：2015年6月25日。
「撲殺＝破產，補助少誰敢通報」，**中國時報**，2015年1月18日。http://www.chinatimes.com/newspapers/20150118000293-260102。最後瀏覽日：2015年6月25日。
「餿油刮食安風暴，恐吹走邱文達官帽」，**蘋果日報**，2014年10月3日，http://www.appledaily.com.tw/realtimenews/article/new/20141003/480872/。最後瀏覽日：2015年6月23日。
張育嘉，「從人類禽流感的疫情威脅談台灣的防疫政策」，**國政研究報告**，2006年2月9日。http://old.npf.org.tw/PUBLICATION/SS/095/SS-R-095-001.htm。最後瀏覽日：2015年6月25日。
陳志龍，「食安問題不只是詐欺問題」，**蘋果日報**，2014年11月1日。http://www.appledaily.com.tw/realtimenews/article/new/20141101/498234/。最後瀏覽日：2015年6月25日。
陳惟華，「禽流感啓示錄：人畜共通傳染病源自養殖場」，**ETtoday新聞雲**，2015年1月31日。http://www.ettoday.net/news/20150131/460676.htm。最後瀏覽日：2015年6月25日。
陳燕珩、蔣珮伊、蔣宜婷，「看不見的稻米：政策下的稻米窘境」，http://datajournalism.ntu.edu.tw/post/89537629193。最後瀏覽日：2015年6月23日。

植根法律網（法規檢索/法規資訊），http://www.rootlaw.com.tw/LawContent.aspx?LawID=A040170050000100-1040204。最後瀏覽日：2015年6月25日。
譚偉恩、蔡育岱，「食安問題只會愈來愈嚴重」，**蘋果日報**，2013年10月22日。http://www.appledaily.com.tw/appledaily/article/headline/20131022/35381374/最後瀏覽日：2015年6月25日。

第13章 失敗國家與非傳統安全——對臺灣國家安全之審視及衝擊

林佾靜

壹、前　言

「失敗國家」（failed state）[1]一詞出現於冷戰終結的90年代，波士尼亞內戰、盧安達種族屠殺等引起國際人道危機，呈現國際衝突型態的轉變，該時對失敗國家問題仍流於人道關懷層次；隨著2001年發生於美國本土的911恐怖攻擊事件，使得失敗國家議題進入國際安全層次，此係失敗國家與恐怖主義的關聯，而近年阿富汗、查德、蘇丹、葉門等地的國內武裝衝突衝擊區域安全；2011年3月敘利亞內戰爆發，助長激進組織「伊斯蘭國」勢力壯大，已佔據伊拉克、敘利亞多地，「伊斯蘭國」虐殺外國人質、戰俘及平民的兇殘行徑，震驚國際。美國總統歐巴要求國會授權動武對付「伊斯蘭國」，擬擴大軍事行動。失敗國家問題再度引起國際關切，其衍生的危機包含槍枝、毒品及人口販運、毀滅及生化武器擴散、疾病蔓延及國際恐怖主義等，已別於傳統軍事安全，說明影響一國國家安全的來源已非囿於他國的入侵，更多來於他國內部的混亂不安導致的外溢威脅。非傳統安全問題涵蓋經濟安全、金融安全、生態環境安全、資訊安全、資源安全、恐怖主義、武器擴散、疾病蔓延、跨國犯罪、走私販毒非法移民、海盜、洗錢等議題，好發於失敗國家之中。失敗國家的型態與現象提供一檢視非傳統安全類型及起源的分析主體，一國的安全及社會的不安情勢如何對周邊、區域及國際安全造成衝擊，從中加以審視對臺灣國家安全的影響，在全球化緊密相連的網絡下，了解到失敗國家不僅帶來人道危機，亦深刻影響他國安危。

---

1 「失敗國家」一詞出現於90年代學界，2001年發生於美國本土的911恐怖事件，失敗國家成爲政學各界廣泛討論；然該詞亦遭致多方批評，當事國事認爲該詞係西方國家對第三世界的偏見，而西方學界亦認爲失敗國家的定義有所爭議，呈現新自由主義的迷思。近年有關失敗國家的研究，爲避免「失敗」一詞所致的負面意涵，相關研究更爲強調「脆弱性」（fragility）的概念；美國和平基金會（Fund for Peace）與外交政策期刊（Foreign Policy）於2005年開始每年發表「失敗國家指數」（Failed States Index），2014年首度使用「脆弱國家指數」（Fragile States Index）係反應此一研究取向。關於國家脆弱性的概念可參照：林佾靜，「探索失敗國家問題研究分析架構：以奈及利亞爲例」，**全球政治評論**，第46期（2014），頁93-98。

貳、失敗國家的概念及意涵

90年代以降，非洲國家內部的種族族群殺戮，引起人道危機，也凸顯冷戰終結，國際安全不安的來源更多來自國內的武裝衝突與暴力迫害[2]。Gerald Helman 與 Steven Ratner著文《拯救失敗國家》（Saving Failed States）一文始用「失敗國家」一詞，指出失敗國家係爲「全然無法成爲國際社會的成員」（utterly incapable of sustaining itself as a member of the international community），探討索馬利亞、蘇丹、賴比瑞亞等國的內戰、政府垮臺及經濟貧困對國際社會造成的不安[3]，已隱含失敗國家與國際安全的關聯。失敗國家成爲國際安全議題，與2001年美國本土發生911恐怖攻擊事件息息相關，恐怖主義成爲美國首要安全威脅，阿富汗成爲危險國家，失敗國家遂成爲恐怖主義的相關詞。911事件使得失敗國家問題從人道議題擴大至國家及國際安全層次[4]。敘利亞內戰擴大，助長「伊斯蘭國」勢力蔓延，將恐怖主義帶到全球各地，亦是失敗國家問題的衍生[5]。

失敗國家亦與內戰國家、危機國家、貧窮國家等詞混用，內戰衝突及貧窮常爲一國失敗的根源或現象，危機國家指一國長期處於衝突緊張狀態[6]，失敗國家一詞則特指「主權國家的瓦解」（collapse of a sovereign state）之樣貌[7]，呈現於國家法治及社會秩序的瓦解，頻現武裝衝突、人權迫害、經濟貧困及社會分化等[8]，呈現無政府狀態（anarchic）[9]。在國家主體層次，涉及一國政府提供人民安全及福祉之意願及

---

2 林佾靜，「失敗國家與國家安全:衝擊與回應」，全球政治評論，第24期（2008），頁121-158。

3 Gerald B. Helman and Steven R. Ratner, "Saving Failed States," *Foreign Policy* , No. 89 (Winter 1992-1993), pp. 3-20.

4 Robert I. Rotberg, "Failed States in a World of Terror," *Foreign Affair* (July/August 2002), http://www.foreignaffairs.com/articles/58046/robert-i-rotberg/failed-states-in-a-world-of-terror; "International Security and 'Failed States': A Cause for Concern?" *Francesco Cecon*, http://www.e-ir.info/2014/07/25/international-security-and-failed-states-a-cause-for-concern/; Stewart Patrick, "Weak States and Global Threats: Fact or Fiction?" *The Washington Quarterly*, Vol.29, No.2 (2007), p. 27; Derick Brinkerhoff, "Rebuilding Governance in Failed States and Post-Conflict Societies: Core Concepts and Cross-Cutting Themes," *Public Administration and Development*, Vol.25 (2005), p. 3; 林佾靜，「失敗國家與國家安全：衝擊與回應」，頁121-158。

5 United States Department of State, *Country Reports on TerrorISm 2014* (Washington, D.C., : United States Department of State Publication, 2015), pp. 7-10.

6 Jonathan Di John, " ConceptualISing the Causes and Consequences of Failed States: A Critical Review of the Literature1," *CrISIS States Working Papers Series*, No.2 (2008), pp. 8-11.

7 Zaryab Iqbal and Harvey Starr, "Bad Neighbors: Failed States and Their Consequences," *Conflict Management and Peace Science*, Vol. 25, No. 4 (September 2008), pp. 315-331.

8 Neyire Akpinarli, *The Fragility of the 'Failed State' Paradigm* (Boston: Martinus Nijhoff, 2010).

9 Ken Menkhaus, "Governance without Government in Somalia: Spoilers, State Building, and the Politics of Coping," *International Security*, Vol. 31, No. 3 (Winter 2006/07), pp. 74-106; Robert Rotberg, "The New Nature of Nation-State Failure," *Washington Quarterly*, Vol. 25, Issue 3 (Summer 2002), pp. 85-96; Stewart Patrick, "Weak States and Global Threats: Fact or Fiction? " p. 29; Thomas Dempsey, "CounterterrorISm in African Failed States: Challenges and Potential Solutions," pp. 2-3.

能力的低落與缺乏[10]，要者，中央政府已無法完全壟斷領土之內合法暴力的使用，出現武力私有化（privatization）的情形，Robert Jackson稱此為「負面主權」（negative sovereignty），隱含對失敗國家實質主權的質疑，雖仍享有國際司法地位，惟對內已缺乏主權意涵[11]。失敗國家定義分歧，然整體而言係對照成功國家（successful state）的意涵而生，認為一國應將控管其領土及人口、執行外交關係、壟斷合法暴力及提供人民足夠的社會措施等，國家有責對內保障人民安危及發展，對外維持區域及國際安全[12]，整體而言，可言一國政治、經濟、安全及社會功能的喪失，參見表13-1。索馬利亞即為失敗國家的典型，有謂「索馬利亞型態」（Somalia-style），用以描述失敗國家基本樣貌，《經濟學人》（*The Economist*）稱索馬利亞為「最澈底的失敗國家」，指出1991年之後由軍閥Abdullahi Yusuf 所成立的過渡聯邦政府已全然無力遏阻沿岸海盜猖獗、國內聖戰組織及恐怖組織「蓋達」的滲透，其控制索國南方大多數區域；另一方面叛亂團體「青年軍」（Shabab）轉成恐怖組織等，呈現全國權力真空的無政府狀態[13]。敘利亞2011年爆發內戰致使國家分裂、戰火四起，造成數以百萬的難民潮湧向鄰國，調停的聯合國特使Lakhdar Brahimi指稱，敘利亞已成為索馬利亞型態的失敗國家[14]。

表13-1　失敗國家的政治、經濟、安全及社會意涵

面向	意涵
政治	缺乏有效治理的機關與制度，以實行有效治理、權力制衡、基本人權及自由、監督領導人的責信、司法無私及人民的政治參與
經濟	無法維持基本的總體經濟水平及財政政策，促進市場的開放、自由貿易及產業創新與成長
安全	難以維持武力的專用、無法有效控制邊境及領土安全、確保社會秩序及防止犯罪、衝突及暴力的發生
社會	無法提供人民基本的健康醫療、教育及其他社會服務措施

資料來源：作者整理，參考自：Stewart Patrick, “Weak States and Global Threats: Fact or Fiction?” p. 29.

10 Sarah Katherine Nea, “Piracy in Somalia: Targeting the Source,” *Global Security Studies*, Vol. 2, Issue 3 (Summer 2011), p. 23.

11 Robert H. Jackson, *Quasi-States: Sovereignty, International Relations and the Third World* (Cambridge: Cambridge University Press, 1990); Stewart Patrick, “Weak States and Global Threats: Fact or Fiction?” p. 29.

12 Rosa Ehrenreich Brooks, “Failed States, or the State as Failure?” *The University of ChicagoLaw Review*, Vol. 72, No.4 (2005), p. 1160.

13 “The World's most utterly Failed State,” *The Economist*, October 2, 2008, http://www.economISt.com/node/12342212.

14 Damien McElroy, “Syria IS a Somalia-Style Failed State that as blown up in the West's Face - Former UN Envoy, ” *The Telegraph*, June 8, 2014, http://www.telegraph.co.uk/news/worldnews/middleeast/syria/10884716/Syria-IS-a-Somalia-style-failed-state-that-has-blown-up-in-the-Wests-face-former-UN-envoy.html; 有關敘利亞內戰情勢分析及相關失敗國家的問題，參見：林佾靜，「敘利亞內戰問題之啓示：一個失敗國家的形成與外溢危機」，**長庚人文社會學報**，第7卷第2期（2014），頁359-418。

美國前務卿Condoleezza Rice稱失敗國家係無法執行「有責主權」（responsible sovereignty）的國家，並以恐怖主義、武器擴散等形式將國家危險外溢（spillover）[15]，亦呼應上揭Jackson所指「負面主權」的概念。國家基本原則包括領土完整、相互承認、獨立及權威的使用[16]，係根植於「西發利亞體系」（Westphalian system）的國家概念[17]，賦予國家治理、安全及發展的功能，因此用以衡量一國失敗的指標涵蓋公共治理、安全及發展等面向。國際間評量失敗國家的指標有「失敗國家指數」（The Failed States Index，2014年改稱「脆弱國家指數（Fragile States Index）」）[18]、「國家脆弱指數」（The State Fragility Index）[19]，另相關援引指標有「全球和平指數」（Global Peace Index）、「人類發展指數」（Human Development Index）[20]、「發展中國家脆弱指數」（Index of State Weakness in the Developing World）[21]等。聯合國於2005年成立「和平建立委員會」（Peacebuilding Commission）旨在關切失敗國家的衝突預防及杜絕，如中非共和國、獅子山、蒲隆地、獅子山等；「國際危機組織」（International Crisis Group）及「國際保護責任聯盟」（International Coalition for the Responsibility to Protect）、「人權瞭望組織」（Human Rights Watch）等國際非政府組織（INGOs）衝突好發的國家，如中非共和國、象牙海岸、蘇丹（達佛地區，Dafur）、南蘇丹、剛果民主共和國及葉門；上揭國家均屬高度失敗國家之列。

失敗國家不僅為一國內政危機，亦是國際安全的威脅，其因在於，國家政府仍為國際秩序的基石，國際安全繫於國家行為者防止國內混亂及邊境保防，並有效協調國內經濟、政治及社會團體，國家可正常運作與否，之於區域及國際安全至為關鍵[22]，對照成功國家可控管其領土及人口、執行外交關係、壟斷合法暴力及提供人民足夠的社會措施等[23]。失敗國家的危機則在於一國政府已無法杜絕或防止嚴重罪行的發生如種族屠殺、戰爭罪、族群淨洗等違反人道的暴力[24]。政治及犯罪暴力的強度並無法斷定一國失敗，而是長期所致的緊張關係，導致國家的失敗[25]。而外力干預（foreign

---

15 Stewart Patrick, "Weak States and Global Threats: Fact or Fiction?" p. 27.

16 Stephen Krasner, "CompromISing Westphalia, " *International Security*, Vol. 20, No. 3 (1996), pp. 115-151.

17 主張政治單位的主權、領土管轄及非干預典則。參見: Edward Newman, "Failed States and International Order: Constructing a Post-Westphalian World, "*Contemporary Security Policy*, Vol. 30, No.3 (December 2009), pp. 421-443

18 「失敗國家指數」為和平基金會所提出，旨在了解失敗國家的成因、特性及衝擊，評量指標有社會、經濟及政治面向。

19 由美國馬里蘭大學系統和平中心及全球政策中心所提出，研究國家超過162國。

20 由聯合國發展署提出，以茲評量國家能力及脆弱失敗的程度

21 美國布魯克林研究中心提出，評估141個發展中國家的經濟、政治、安全及福祉等四大政府職能表現。

22 Robert I. Rotberg, "Failed States in a World of Terror," *Foreign Affairs*, July/August 2002 Issue, http://www.foreignaffairs.com/articles/58046/robert-i-rotberg/failed-states-in-a-world-of-terror.

23 Rosa Ehrenreich Brooks, "Failed States, or the State as Failure?" p. 1160.

24 International Coalition for the Responsibility to Protect website, http://www.responsibilitytoprotect.org/index.php/crISes.

25 Jonathan Di John, "ConceptualISing the Causes and Consequences of Failed States: A Critical Review of the

intervention）常導致更嚴重的社會分化及武裝衝突，如外國政府、國際組織、國際恐怖組織等涉入其中，進而激化區域政治、宗教族群對立，伊拉克與敘利亞兩國混亂助長「伊斯蘭國」勢力擴展，從而使得兩國政治安全情勢更加惡劣，即爲例證[26]。上揭「失敗國家指數」評量政治指標之一即有「外來政治行爲者的干預」（Intervention of external political agents），外力干預高低也衝擊一國情勢的穩定與否。以當前葉門危機爲例，什葉派叛軍及盟友不斷逼進葉門總統哈迪（Abed Rabbo Mansour Hadi）在葉國南部的避難所，哈迪已由海路逃亡；另一方面中東地區聯軍則展開作戰以協助哈迪。葉門國內成爲遜尼派的沙烏地阿拉伯和什葉派的伊朗對立的前線，沙烏地阿拉伯於3月26日出動空軍，針對葉門什葉派叛軍「青年運動」，進行大規模空襲[27]；聯合國特使Jamal Benomar警告，葉門一連串事件正將國家推往「內戰邊緣」（brink of civil war），經濟也將崩潰[28]。

失敗國家徵兆顯現於政經情勢惡化，在經濟面向，一國領導階級將經濟資源集中於少數利益團體，導致人民生活水平急速惡化；外匯存底短缺導致食物與燃料的缺乏；公共措施短缺，醫療、教育及生活所需嚴重不足；政府貪污情形嚴重[29]。在政治面向，民主體制無存、立法、司法機關功能不彰、公民社會薄弱，某一特定族群獨佔國家資源，國內存在邊緣化或受到嚴重歧視的族群。政府已無法保障人民安危，公共機關貪污嚴重[30]。當政經結構同時崩壞的同時，國家即成失敗狀態，貪婪的領導人則常導致情態的惡化。失敗國家最後的階段即面臨國家正當性的瓦解，國內呈現無政府狀態，族群間仇恨對立，好發語言、宗教、種族派系間的暴力衝突，社會分裂加劇[31]。失敗國家常現衝突暴力，其因在於國家失敗過程常出現暴力的私有化，公私部門間出現多樣態、混合的戰鬥形式[32]。索馬利亞的「青年軍」、葉門的胡塞叛軍（Houthi）等武裝團體長期掌控國內部分區域[33]。以2014年至2015年爲期，失敗國家指數最高國家爲南蘇丹，其次爲索馬利亞（見表13-2）；而情勢最爲惡化的國家有中非共和國、敘利亞及利比

Literature," pp. 5-7.

26 Joost Hiltermann , "Clearing the Landmines from Iraqi KurdIStan's Future," *International CrISIS Group*, http://blog.crISISgroup.org/middle-east-north-africa/2015/03/24/clearing-the-landmines-from-iraqi-kurdIStans-future/.

27 Elias Groll, "New Documentary Goes Inside Yemen's Houthi Rebel Movement," *Foreign Policy*, April 7, 2015, http://foreignpolicy.com/2015/04/07/new_documentary_goes_inside_yemens_houthi_rebel_movement/.

28 "UN envoy: Yemen on Brink of Civil War," *Al Jazeera*, February 12, 2015, http://america.aljazeera.com/articles/2015/2/12/un-envoy-yemen-on-brink-of-civil-war.html.

29 Robert I. Rotberg, "Failed States in a World of Terror," http://www.foreignaffairs.com/articles/58046/robert-i-rotberg/failed-states-in-a-world-of-terror.

30 *Ibid.*

31 *Ibid.*

32 Herfried Munkler, *The New Wars* (Cambridge: Polity Press, 2004); Mary Kaldor, *New and Old Wars* (Cambridge: Polity Press, 2006).

33 兩者均爲國內叛亂團體，長期與政府對抗，爭取獨立建國的政治運動，近年與「蓋達」組織關係密切，逐漸發展爲恐怖組織的形式。參見："Who Are the HouthIS of Yemen?" *New York Times*, January 20, 2015,http://www.nytimes.com/2015/01/21/world/middleeast/who-are-the-houthIS-of-yemen.html?_r=0．

表13-2　2014-2015年失敗國家前十名

排名	2014年	2015年
1	南蘇丹	南蘇丹
2	索馬利亞	索馬利亞
3	中非共和國	中非共和國
4	剛果民主共和國	蘇丹
5	蘇丹	剛果民主共和國
6	查德	查德
7	阿富汗	葉門
8	葉門	阿富汗
9	海地	敘利亞
10	巴基斯坦	幾內亞

資料來源："The Failed States Index: Most Vulnerable Countries 2014," http://www.infoplease.com/world/statistics/failed-states-vulnerable-countries.html#ixzz3Ud026iQm; "Fragile States Index," *Foreign Policy Website*, https://foreignpolicy.com/2015/06/17/fragile-states-2015-islamic-state-ebola-ukraine-russia-ferguson/.

亞，都是內戰持續升高的國家，全國各地衝突暴力不斷[34]。近來，葉門、奈及利亞因遭國內激進團體恐攻，導致衝突情勢升高，「伊斯蘭國」從中激化恐怖主義的擴大[35]。而國內反抗運動、叛亂團體等易發展成本土性恐怖組織，跨境發動恐怖攻擊，如索馬利亞的「青年軍」原本在於反抗西方支持的政府及驅除聯合國維和部隊，為獲得技術及金援，遂尋求「蓋達」等國際恐怖組織的奧援，逐漸演變為恐怖組織[36]。總結而言，失敗國家的定義可歸納為被稱為「沒有政府的治理」[37]，而從中衍生出國家及外部安全的威脅。

失敗國家呈現傳統西發里亞體制的轉變，「主權國家」典則受到挑戰，國家無法有效管制領土安全，亦無法獨佔暴力的使用，國家權力的正當性受到質疑，不再是權威

---

34 J. J. Messner, "Failed States Index 2014: Somalia DISplaced as Most-Fragile State," *The Fund for Peace*, June 24, 2014, http://library.fundforpeace.org/fsi14-overview; "Fragile States Index," *Foreign Policy Website*, https://foreignpolicy.com/2015/06/17/fragile-states-2015-ISlamic-state-ebola-ukraine-russia-ferguson/.

35 J.M. Berger, "The Middle East's Franz Ferdinand Moment," *Foreign Policy*, April 8, 2015, http://foreignpolicy.com/2015/04/08/the-middle-easts-franz-ferdinand-moment-yemen-saudi-arabia-iran-ISIS/.

36 Bronwyn Bruton, "Al-Shabab Crosses the Rubicon," *Foreign Policy*, April 3, 2015 http://foreignpolicy.com/2015/04/03/al-shabab-crosses-the-rubicon-kenya/.

37 Ken Menkhaus, "Governance without Government in Somalia: Spoilers, State Building, and the Politics of Coping," *International Security*, Vol. 31, No. 3 (2006/07), pp. 74-106.

集中的自主行動[38]。失敗國家呈現「安全」與「發展」辯證的研究取向[39]，以此區別出與傳統安全的差異，一國政府治理的失敗亦成爲安全研究的範疇[40]。失敗國家成爲後冷戰國際安全的一環，凸顯出「非傳統安全」的內涵與形態，如失敗國家常淪爲恐怖主義的溫床，亦對鄰國造成可觀的經濟及安全負擔，如大量難民流動、非法物品交易、貿易機會的損失以及龐大的維和及人道援助的負擔[41]。失敗國家內部危機與衝突常具有外溢性（spill-over），擴散至周邊鄰國，如獅子山、剛果民主共和國及蘇丹的武裝衝突對鄰近國家影響甚鉅。這清楚勾勒出失敗國家對國際安全的危機感，美國前國務卿Condoleezza Rice指出失敗國家對美國造成無法比擬的危險，成爲疏通國際罪犯、恐怖主義以及危險武器的全球通道[42]。

參、失敗國家的非傳統安全面向

冷戰終結，國家安全出現「硬安全」（hard security）及「軟安全」（soft security）之分，前者爲傳統軍事安全，後者則涵蓋廣泛的非軍事的安全威脅，狹義而言即爲國防安全，非傳統安全逐漸成爲國家安全研究的範圍，獲得官學各界的重視，認爲危及國家安全者，已非囿於他國的武力侵略，更多來非國家行爲者的安全威脅，如恐怖組織、跨國犯罪組織、激進武裝份子、叛亂團體及掠奪國家資源的地方軍閥、海盜等等。非傳統安全常與非軍事安全、全球安全及人類安全等混用，整體而言，非傳統安全指涉新的安全威脅，是一種逐漸突出、發生在傳統戰場之外的安全威脅。全球化下的緊密連結，使得一國內政問題迅速對外擴散，成爲鄰國乃至國際安全議題[43]。全球化亦加速失敗國家對他國國家安全的影響程度。失敗國家與國際安全的關聯在此浮現，當前如何強化一

38　Edward Newman, "Failed States and International Order: Constructing a Post-Westphalian, World," http://www.contemporarysecuritypolicy.org/assets/CSP-30-3-Newman.pdf.

39　Edward Newman, "Failed States and International Order: Constructing a post-Westphalian World;" *Contemporary Security Policy*, Vol. 3, No. 3 (2009), pp. 421-443.

40　Stewart Patrick, "'Failed' States and Global Security: Empirical Questions and Policy Dilemmas," *International Studies Review*, Vol. 9, No. 4 (2007), pp. 644-662．

41　Susan Rice, "The New National Security Strategy: Focus on Failed States," *Brookings Policy Brief Series*, February 2003, http://www.brookings.edu/research/papers/2003/02/terrorISm-rice; Thomas Dempsey, "CounterterrorISm in African Failed States: Challenges and Potential Solutions," http://www.social-sciences-and-humanities.com/PDF/terrorISm_in_african_failed_states.pdf; Stewart Patrick, "Weak States and Global Threats: Fact or Fiction?" pp. 27.

42　Condoleezza Rice, "The PromISe of Democratic Peace: Why Promoting Freedom IS the Only RealIStic Path to Security," *Washington Post*, December 11, 2005.

43　王崑義，「非傳統安全與台灣軍事戰略的變革」，台灣國際研究季刊，第6卷第2期（2010年／夏季號），頁5-7。

國維繫領土及邊境安全的能力，成爲國際社會因應失敗國家的策略[44]。

失敗國家的問題研究對應「後西發里亞體系」（post-Westphalian system）思維，即對國家中心論的國際體系產生質疑，甚至持以否定態度，然本文仍以「國家安全」的命題，來審視失敗國家所呈現的非傳統安全威脅[45]。在此，國家安全的定義不變，即免除危及國家生存及社會發展的安全威脅；在非傳統安全的分析架構下，國家安全仍爲主體，惟與傳統安全不同者，在於「安全威脅」的來源及行爲者的多元性，衝突可能更多來自國家與非國家行爲者之間[46]。在非傳統安全的理念下，國家安全的內涵也趨於豐富，國家不僅維繫領土完整及政治獨立，亦須維護經濟獨立、文化認同及社會穩定[47]。非傳統安全特色有三，包含跨國性[48]、不確定性[49]及轉化性[50]等。失敗國家當中所發生的人道及自然災難、區域不穩、大規模人口流動、能源危機、全球傳染病擴散、國際犯罪、大規模毀滅武器擴散（weapons of mass destruction, WMDs）以及跨國恐怖主義等等[51]，都是非傳統安全的型態。失敗國家所致的貧窮、疾病及難民問題亦對鄰國政府造成沉重安全及財政的負擔， 影響一國的安定與和諧[52]。非傳統安全問題可分爲具有暴力性質與非暴力性質兩個方面。前者是指問題具有「非軍事性」的暴力活動特性，例如：恐怖主義、組織犯罪等；後者不具暴力性質，例如：環境污染、生態惡化、流行疾病等[53]。失敗國家與該等安全威脅的關聯分述如下：

一、與跨國犯罪的關聯

跨國犯罪兩大形式爲毒品販運及海盜掠奪。毒品販運爲國際犯罪組織資金的來源，生產、轉運及販售市場的相關國家形成緊密網絡，賺取暴利涉入暴力及政府貪汙[54]。

---

44 Stewart Patrick, "Weak States and Global Threats: Fact or Fiction?" pp. 27-28.

45 Zenonas Tziarras認爲「後西發里亞體系」並未意謂國家的消失，只能說「國家中心」（state-centric）的程度降低，國際體系仍係以國家中心爲主，惟非國家行爲者的角色更爲顯著，國際衝突更多來自國家間體系。Zenonas Tziarras, "Themes of Global Security: From the Traditional to the Contemporary Security Agenda" *The GW Post Research Paper, August* 2011, pp. 2-3, https://thegwpost.files.wordpress.com/2011/08/themes-of-global-security-zenonas-tziarras-20112.pdf.

46 *Ibid.*

47 Anna Kicinger, "International Migration as a Non-Traditional Security Threat and the EU Responses to thIS Phenomenon," Central European Forum for Migration Research, *CEFMR Working Paper*, February 2004, p. 1, http://www.cefmr.pan.pl/docs/cefmr_wp_2004-02.pdf.

48 非傳統安全問題從產生到解決都具有明顯的跨國性特徵，受到全球化與資訊化的影響，其只是對單一國家構成安全威脅。解決非傳統性安全問題，經常需要區域國家、全球組織的協調與合作，共同努力解決。

49 非傳統安全威脅不一定來自某個主權國家，往往由非國家行爲體如個人、組織或集團等所爲。

50 非傳統安全與傳統安全之間沒有絕對的界限，如果非傳統安全問題矛盾激化，有可能轉化爲依靠傳統安全的軍事手段來解決，甚至演化爲武裝衝突或局部戰爭。

51 Stewart Patrick, "Weak States and Global Threats: Fact or Fiction?" p.27.

52 Rosa Ehrenreich Brooks, "Failed States, or the State as Failure?" p. 1162.

53 王崑義，「非傳統安全與台灣軍事戰略的變革」，頁5-9。

54 Walter Kegö, "Internationally Organized Crime: The Escalation of Crime within the Global Economy," *Institute*

如拉丁美洲爲毒品生產地，西非爲販運地區，運往歐洲各地，形成最大規模的全球毒品市場。多數販運人口來自西非的失敗國家，因政府貪汙、港埠失防、安全機關廢弛，遂成爲有利運毒的據點，幾內亞、獅子山沿岸等地均爲此例，毒品在此處集散後分裝北送，嗣再利用鄰近國家如塞內加爾、迦納現代化的金融系統洗錢。同樣的運作也現於亞西地區的阿富汗及巴基斯坦之間，以鴉片毒品而言，全球每年超過9,000噸的產量，90%源自阿富汗。每年超過40億美元的獲利，其中有75%以上流入販毒組織及掌握通路的武裝團體之中[55]。恐怖組織與犯罪集團的結合使得情勢更爲嚴峻，阿富汗已成爲「蓋達組織」行動據點，而巴基斯坦則成爲聖戰組織的大本營[56]。

海盜最爲猖獗之處則位於索馬利亞及葉門海域，索馬利亞2,000公哩海岸線爲全球重要的海上貿易通路，卻爲海盜最活躍地區。由於索馬利亞長年內戰，與其地理位置優勢（亞丁灣位於連接歐亞蘇伊士運河航線的必經海域），助長海盜猖獗。2012年索國成爲最嚴重的失敗國家首位，和海盜問題的惡化有關[57]。由於索國國家制度崩潰，加上其他國籍非法越界捕撈的漁船經常進入該國領海，當地漁民、商人、叛軍透過海盜行爲獲取暴利。北約成員國及其他國家聯合派出海軍艦隻組成保安部隊，美國、加拿大、德國、英國、荷蘭、丹麥等國海軍前往索馬利亞海域執行護航及打擊海盜任務，但海盜並未因此而銷聲匿跡。2010年以來發生的海盜案例顯示，索馬利亞海盜已改作案策略和路線，已深入到更廣闊的海域，到達遠離國境海岸之外的南部海域，包括塞席爾群島、馬達加斯加附近印度洋海域，該處多國軍艦巡邏較少出現的地區[58]。近年已出現海盜及恐怖主義合流的現象，前者爲牟取經濟利益[59]，後者訴諸政治訴求，然均以暴力爲手段，兩者的結合使得海事安全問題更複雜而嚴峻。

二、與恐怖主義的關聯

失敗國家衍生的安全威脅，以恐怖主義最受關注。911事件後，恐怖攻擊成爲美國首要的國家安全威脅，「失敗國家」成爲美國外交政策的重點，美國視失敗國家的威脅甚於敵對國，強調恐怖主義的威脅[60]。美國前國防部長Robert Gates指出，下一個20年，美國最沉重的威脅將來自那些無法予以人民基本需求及期待的失敗國家。總統歐巴

for Security and Development Policy, Policy Paper (March 2009), p. 3.

55 *Ibid*., p. 5.

56 James TraubJames Traub, "Think Again: Failed States," *Foreign Policy*, June 20, 2011, http://foreignpolicy.com/2011/06/20/think-again-failed-states/.

57 J. J. Messner, "Failed States Index 2014: Somalia DISplaced as Most-Fragile State," *The Fund for Peace website*, June 24, 2014, http://library.fundforpeace.org/fsi14-overview.

58 林欽隆，「遠洋漁船海上危安事件救援對策探討」，第七屆「恐怖主義與國家安全」學術暨實務研討會，2011年，頁21，http://trc.cpu.edu.tw/ezfiles/93/1093/img/585/944425837.pdf.

59 海盜行爲意指在公海上的暴力或掠奪行爲。

60 Jonathan Di John, "ConceptualISing the Causes and Consequences of Failed States: A Critical Review of the Literature," CrISIS States Research Centre, LSE, *Working Paper*, No. 25 (2008), p.1.

馬亦重申此一論調並更強調因應失敗國家的預防措施[61]。學界也開始探索該類型國家的概念，指出恐怖活動的強度與一國治理的弱度高度相關[62]，即脆弱及失敗的政府易助長極端主義及暴力的孳生，失敗國家易形成國際恐怖主義集結、發動攻擊國內及外國團體的溫床，索馬利亞、巴基斯坦及阿富汗等即爲此例[63]。「蓋達」（Al Qaeda）、「哈瑪斯」（Hamas）、眞主黨（Hezbollah）、伊斯蘭聖戰組織（Islamic Jihad）及「穆罕默德之軍」（Jaish-I-Mohammed）等即以失敗國家爲據點。恐怖組織利用失敗國家無政府狀態從事非法經濟活動如毒品販運，並獲得武器設備，2001年之後的阿富汗爲一例。另「蓋達」在賴比瑞亞及獅子山涉入非法鑽產交易，結合犯罪組織進行洗錢及軍火交易。在索馬利亞，「蓋達」與另一本土恐怖組織「伊斯蘭聯盟」（Al-Ittihad al-Islami, AIAI）共同資助東非地區的恐怖活動[64]。近日索馬利亞叛亂組織「青年軍」對肯亞東北部的Garissa University College發動恐攻，傷亡人數百餘人，爲1998年美國駐肯亞大使館遭轟炸以來最嚴重的恐怖事件。該事件說明「青年軍」已從反抗運動變成全面的國際恐怖組織，跨境發動恐怖攻擊[65]。長期處於嚴重失敗的蘇丹，亦成爲「蓋達」組織發展國際恐怖組織的據點，激進伊斯蘭主義的政府成爲資助恐怖主義的國家；另一股國際恐怖主義的勢力來自中東地區的「伊斯蘭國」。奈及利亞國內恐怖組織「博科聖地」2015年3月公開表示效忠「伊斯蘭國」[66]，則說明源自伊拉克的恐怖主義已擴展至非洲地區[67]。

失敗國家與恐怖主義兩者究有無直接關聯，論調不一。國家失敗成因複雜，且各國有異，因此，倘申論所有失敗國家均爲恐怖主義國家，則過於粗淺，並非所有失敗國家都與恐怖主義相關[68]。人類發展指數最惡劣的國家，反而國際恐怖主義相對較少，而是政府貪污嚴重、政治不穩定的失敗國家，恐怖主義滲透的可能性大爲提高，其中，以政體瓦解的失敗國家最易助長國際恐怖主義的孳生及壯大[69]。索馬利亞及阿富汗都是

61 James TraubJames Traub, “Think Again: Failed States,” *Foreign Policy*, June 20, 2011, http://foreignpolicy.com/2011/06/20/think-again-failed-states/.

62 Jack Straw, *Reordering the World: The Long-Term Implications of September 11* (London: Foreign Policy Research Centre, 2002).

63 Edward Newman, “Failed States and International Order:Constructing a Post-Westphalian, World,” http://www.contemporarysecuritypolicy.org/assets/CSP-30-3-Newman.pdf.

64 Thomas Dempsey, “CounterterrorISm in African Failed States: Challenges and Potential Solutions, http://www.social-sciences-and-humanities.com/PDF/terrorISm_in_african_failed_states.pdf.

65 Bronwyn Bruton, “Al-Shabab Crosses the Rubicon,” *Foreign Policy*, April 3, 2015, http://foreignpolicy.com/2015/04/03/al-shabab-crosses-the-rubicon-kenya/.

66 「『博科聖地』宣佈效忠『伊斯蘭國』」，**BBC中文網**，2015年3月7日，http://www.bbc.co.uk/zhongwen/trad/world/2015/03/150307_boko_haram_allegiance_IS.

67 林佾靜，「探索失敗國家問題研究分析架構：以奈及利亞爲例」，頁81-114。

68 Stewart Patrick , “Failed" States and Global Security: Empirical Questions and Policy Dilemmas,” pp. 644-662

69 Bridget L. Coggins, “Do Failed States Produce More Terrorism?: Initial Evidence from the Non-Traditional Threat Data (1999-2008)”, Prepared for CIPSS Speaker Series on International Security and Economy McGill University, October 21, 2011, http://cepsi-cipss.ca/wp-content/uploads/2012/06/Working_Paper_

典型的失敗國家，然而阿富汗成為國際恐怖主義的溫床，索馬利亞則無，對國際恐怖組織而言，偏好劣治的失敗國家，勝於崩潰國家（collapsing state）或淪為部落統治的失敗國家[70]。這亦呼籲上文所提失敗國家並非同質，不同型態的失敗國家衍生的安全威脅不一，以恐怖主義而言，則與失敗國家安全機關及政治情勢的惡化最相關；國家失敗如何產生或擴大恐怖活動，亦與國家失敗典型有關[71]。

失敗國家之所以成為恐怖主義的溫床，可從兩個層面研析。首先，中央政府的權威瓦解，易引起國內團體派系權力競逐，從而訴諸恐怖活動，形成本土性的恐怖主義；而另一層面是失敗國家成為國際恐怖主義的據點，國內失序及混亂局面，易使外來恐怖組織以「未受治理地區」（ungoverned areas）為藏匿及擴展的據點[72]。外來的恐怖組織在當地召集青年兒童參與武裝活動，竊取當地國的生化武器及核武[73]。2011年爆發的敘利亞內戰，催化並擴大國際恐怖主義，2014年止，境外流入敘利亞境內的恐怖份子逾16,000，超過過去20年同時期流入阿富汗、巴基斯坦、伊拉克、葉門、索馬利亞等地的比例，其中多數加入「伊斯蘭國」[74]。「伊斯蘭國」於2014年起已將觸角伸入北非，並在突尼西亞鄰國利比亞成立分支，誓言從利比亞對歐洲發動攻擊[75]；恐怖主義與國際犯罪組織的連結亦為常例，如「蓋達」及「真主黨」都與犯罪組織往來密切，並涉入叛亂活動，涵蓋西非鑽石交易的網絡及南美阿根廷、巴西及巴拉圭三國地帶的犯罪活動[76]。恐怖主義的威脅已非囿於恐怖活動本身，而是與毒品、非法武器販運、大規模毀滅武器擴散及組織犯罪網絡緊密的連結帶來更大的危機[77]。

三、武器擴散

失敗國家的邊境易成為非法交易活動的進出管道，其中小型武器走私販運猖獗，嚴重影響區域安全。90年代巴爾幹、阿富汗、巴基斯坦及非洲等國為非法武器販運的熱

FailureTerrorISm.pdf.

70 Ken Menkhaus, *Somalia: State collapse and the Threat of TerrorISm* (Oxford: Oxford University Press, 2004).

71 Bridget L. Coggins "Do Failed States Produce More TerrorISm?: Initial Evidence from the Non-Traditional Threat Data (1999-2008)," http://cepsi-cipss.ca/wp-content/uploads/2012/06/Working_Paper_FailureTerrorISm.pdf.

72 Max Boot, "Pirates, TerrorISm and Failed States," *The Wall Street Journal*, December 8, 2008, http://www.wsj.com/articles/SB122869822798786931.

73 Steward Patrick, 2007, " 'Failed' States and Global Security: Empirical Questions and Policy Dilemmas," pp. 644-662.

74 United States Department of State, *Country Reports on TerrorISm 2014* (Washington, D.C., : United States Department of State Publication, 2015), p. 7.

75 「突尼西亞恐攻 IS：我們幹的」，自由電子報，2015年3月2，http://news.ltn.com.tw/news/world/paper/864405.

76 "Al Qaeda Cash Linked to Diamond Trade," *Washington Post*, November 2, 2001.

77 Glenn E. CurtIS and Tara Karacan, *The Nexus among TerrorISts, Narcotics, Traffickers, Weapons Proliferators, and Organized Crime Networks in West Europe* (Washington, D.C.: Library of Congress, Federal Research DivISion, 2002).

點，從而激化當地的叛亂、分離運動，加劇區域武裝衝突，如剛果民主共和國武器販運與非法盜賣鑽產團體相結合，激化國內及周邊武裝衝突。巴基斯坦的恐怖組織「塔利班」、「蓋達」及「正義之軍」（Lashkar-e-Taiba）等在國內建立了「國中之國」（a state within a state），控制國內部分區域，長期與中央政府抗衡[78]，生化武器在這些區域轉運[79]。西非地區爲武裝衝突嚴重的區域，衝突滲透與武器擴散有直接關聯，其中以小型及輕型武器爲大宗，用於國內武裝對抗。全球三分之一的小型武器透過非法管道販運，透過黑市、交戰、叛亂團體及犯罪組織等流通。來自馬利、南非、莫三比克、安哥拉等衝突地區的武器，流入獅子山，肯亞鬆弛的邊防成爲武器、炸彈等傳統武器流通的出入口；東非地區的衣索比亞與厄立特里亞、肯亞與烏干達爆發武裝衝突，這些區域旋成爲索馬利亞販運武器的新管道[80]。

四、大規模人流與區域安全

失敗國家因大規模的衝突暴力導致國內大規模人口的流離出走，帶來他國治安問題、疾病擴散、基礎建設的負擔與毀壞，及物價上漲等等，甚者導致區域安全情勢的升高[81]。以敘利亞爲例，2011年迄今已逾5年的內戰，導致近400萬的難民[82]，湧入鄰國土耳其、約旦及黎巴嫩等，造成收容政府與社會的沉重負擔[83]。敘國難民持續增加的同時，已收容約近本國人口四分之一難民的黎巴嫩政府，已宣布無法再收容更多的難民[84]。而漸次流入歐洲地區的難民，更恐有「伊斯蘭國」武裝份子混雜其中，倘入境邊防疏漏，將使歐洲遭受恐攻威脅[85]。

非洲多國動盪不安，難民大批湧入南歐，一艘載有逾700名非法移民的偷渡船，今（2015）年4月18日從利比亞啓程不久即翻覆，近700人溺斃，該起悲劇爲地中海數十年來最嚴重的移民船難，歐洲各國領袖呼籲歐盟儘快採取行動，避免移民溺斃事件再度上

78 Max Boot, "Pirates, TerrorISm and Failed States," *The Wall Street Journal*, December 8, 2008, http://www.wsj.com/articles/SB122869822798786931.

79 Edward Newman, "Failed States and International Order: Constructing a post-Westphalian World,"p. 429-430.

80 Rachel J. Stohl and Colonel Daniel Smith, "Small Arms in Failed States: A Deadly Combination," http://www.comm.ucsb.edu/faculty/mstohl/failed_states/1999/papers/Stohl-Smith.html

81 Nana Pokuand David T. Graham, *Redefining Security: Population Movements and National Security* (Connecticut: Praeger, 1998), p. 158.

82 "Syria Regional Refugee Response Inter-agency Information Sharing Portal," http://data.unhcr.org/syrianrefugees/regional.php.

83 其中土耳其收容約160萬餘人；黎巴嫩約110萬餘人；約旦約61餘萬人。參自：Amnesty International, "Facts & Figures: Syria refugee crISIS & international resettlement," December 5, 2014, https://www.amnesty.org/en/articles/news/2014/12/facts-figures-syria-refugee-crISIS-international-resettlement/。

84 Robin Wright, "Syria's Refugee CrISIS–in U.S. Numbers," *Wall Street Journal*, January 7, 2015, http://blogs.wsj.com/washwire/2015/01/07/syrias-refugee-crISIS-in-u-s-numbers/.

85 Harald Doornbos and Jenan Moussa Jenan, "Italy Opens the Door to DISaster," *Foreign Policy*, April 13, 2015, http://foreignpolicy.com/2015/04/13/italy-ISlamic-state-syria-refugees/.

演。今年已近1,500名難民溺海，爲去年同期的9倍[86]。義大利政府坦言已無力負荷難民救援。2014年有28萬非法移民進入歐盟，當中17萬是從北非搭船進入義大利，3000餘人死在途中，2015年第一季偷渡人數已經遠超過去年人數[87]。同在今年，5月間出現東南亞海上難民潮，多數係來自緬甸的少數民族、信奉伊斯蘭教的羅興亞人（Rohingya）。泰國及印尼政府已表示不將收容難民；馬來西亞政府則稱，已收容超過45,000的難民，無法負荷更多的難民入境。無國籍的難民亦將成爲人口販運集團的受害者，遭受暴力傷害。以羅興亞人爲例，人口販運集團將逃離的羅興亞人偷渡運送至泰國，再從馬來西亞登陸，常以之爲人質，脅迫在緬親友償付贖金[88]。目前仍有超過6,000名以上的難民困於安達曼海（Andaman Sea）等待國際救援[89]。孟加拉列入「失敗國家指數」中的警戒名單（Alert），嚴重程度爲29名[90]。2001年，爲逃避旱內戰，阿富汗出現了90年代以來最大的難民潮，上萬難民住在臨時搭建的難民營，生活環境惡劣，受到傳染病感染的風險非常高[91]。難民營本身就疾病擴散的地方，食物、用水及公衛安全堪慮，好發霍亂、瘧疾等，南蘇丹、獅仔山、賴比瑞亞、奈及利亞等境內的難民營均已出現多起霍亂病例[92]。

失敗國家所造成的難民問題，伴隨族群衝突及武裝暴力的發生，升高區域不安。非洲地區，1990年索馬利亞政府瓦解之後，大量索國人民流入鄰近的肯亞造成族群衝突。強迫性的移民激化危及區域穩定的叛亂活動。烏干達遭強迫驅離的盧安達人組成「盧安達愛國陣線」（Rwandan Patriotic Front）對抗烏國政府；1994年盧安達大屠殺使得剛果民主共和國（前薩伊）組成武裝團體，升高邊盧國邊境的武裝衝突，演變成盧國軍隊對剛果的軍事攻擊，使得鄰近區域受到波及[93]。剛果民主共和國長期爲嚴重的失敗國家，1994年的盧安達內戰危機爲要因[94]。

86 「地中海史上最慘重偷渡船難「難民墳場」再葬身700人」，**The News Lens**關鍵評論，http://www.thenewslens.com/post/153217/.

87 「地中海偷渡船難 逾4百人葬身海底」，公視新聞網，2015年4月16日，http://news.pts.org.tw/detail.php?NEENO=295044.

88 “Asia Boat Migrants: UNHCR Offers Malaysia help,” *BBC News*, May 19, 2014, http://www.bbc.com/news/world-asia-32790882.

89 “ How to Solve the Asian Migrant Boats CrISIS – Expert Views,” *The Guardian*, 15 May 2015, http://www.theguardian.com/world/2015/may/15/how-to-solve-asian-migrant-boats-crISIS-expert-views-rohingya.

90 The Fund for Peace , *Fragile States Index 2014* (Washington, D.C.: 2014), p .4

91 「阿富汗難民面臨傳染病威脅」，**BBC**中文網，2001年04月24日，http://news.bbc.co.uk/chinese/trad/hi/newsid_1290000/newsid_1293700/1293723.stm.

92 “Refugee Camps are a Breeding Ground for DISease,” *Voice of America*, May 20, 2015, http://learningenglISh.voanews.com/content/refugee-camps-are-a-breeding-ground-for-dISease/1514910.html.

93 Edward Newman, “Failed States and International Order: Constructing a Post-Westphalian World,” p. 429.

94 盧安達與烏干達於1996年入侵剛國，爆發第一次的剛果戰爭（First Congo War）。International Coalition for the Responsibility to Protect, “CrISIS in the Democratic Republic of Congo,” http://www.responsibilitytoprotect.org/index.php/crISes/crISIS-in-drc。

肆、對臺灣國家安全之審視及衝擊

檢視失敗國家名單，以2014年至2015年爲例，前20名的國家多位於非洲及亞西地區，前者如南蘇丹、索馬利亞、中非共和國等，後者如阿富汗、葉門、巴基斯坦等[95]，長期深受內戰、武裝衝突之苦，國內存在強度的社會緊張關係，已瀕臨無政府狀態，人民無法獲得基本生活保障。相較之下，臺灣所在的東亞地區，多在失敗國家警戒名單之外[96]，多數政府功能正常運作，政治經濟穩定發展，國內亦無失控的暴力情勢或嚴峻的人權迫害與出走的難民潮。然而，這並未意味臺灣就可遠離失敗國家的威脅之外。鄰近的東南亞，政治情勢多變，激進組織活躍，分離主義盛行，如菲律賓「阿布薩耶夫組織」（Abu Sayyaf Group, ASG）、泰國「帕特尼聯合解放組織」（Pattani United Liberation Organization, PULO）與「帕特尼聯合解放軍」（Pattani United Liberation Army）、馬來西亞「馬來西亞聖戰組織」（Kumpulan Mujahidin Malaysia, KMM）及印尼的「伊斯蘭祈禱團」（Jemaah Islamiah）等等[97]。東南亞的激進伊斯蘭教運動形成一種跨國網絡，散佈廣泛，更有本土的恐怖組織或激進伊斯蘭教團體與國際恐怖組織的合流，如與「蓋達」建立起綿密的合作關係，對亞太安全造成嚴重衝擊[98]。馬來西亞亦被認爲恐怖份子的轉運站，「伊斯蘭國」勢力已滲透國內[99]。當前的恐怖主義隨著科技通訊的發達，影響層及無遠弗屆，涉及更多洗錢、軍火走私販賣、販毒、海盜洗劫等國際犯罪活動，對區域及海事安全都造成威脅。在全球下，國際社會處於複雜相互依賴（complex interdependence），疾病傳播、環境汙染、國際犯罪、恐怖主義等等均易於從一國擴散至周邊，乃至世界各地。特別臺灣四面環海，外貿爲國家經濟命脈，高度仰賴能源進口，海運及漁業是我國重要生存及經濟發展議題，因此海事安全、能源安全等深具國家安全利益。海事安全涵蓋船舶安全（shipping safety）、航行安全（navigation safety）、離岸安全（offshore safety）、港口安全（port safety）及海洋工程安全（ocean engineering safety）等，臺灣爲國際航線密集匯聚之處，海事安全影響邊境及國內安全甚鉅。透過全球緊密的交通運輸、電信科技、網際網路及貿易人流移動，

95 前二十名依次爲南蘇丹、索馬利亞、中非共和國、剛果民主共和國、蘇丹、查德、阿富汗、葉門、海地、巴基斯坦、辛巴威、幾內亞、伊拉克、象牙海岸、敘利亞、幾內亞比索、奈及利亞、肯亞、尼日及衣索比亞。

96 "The Fragile States Index in 2014," *The Fund for Peace*, http://library.fundforpeace.org/library/cfsir1423-fragilestatesindex2014-06d.pdf.

97 蔡明彥，「近期亞洲地區恐怖主義活動及對區域情勢影響之探討」，2005年5月19日，http://www.solomonchen.name/download/7ms/0519_2.pdf.

98 劉復國，「東南亞恐怖主義對亞太區域安全影響之研究」，問題與研究，第45卷第6期（2006年11、12月），頁79-106。

99 馬來西亞2014年已逮捕逾百名與IS關聯的嫌犯。Jason Ng, "Malaysian Police Arrest 12 Suspects in Alleged Islamic State Plot," *Wall Street Journal*, April 26, 2015, http://www.wsj.com/articles/malaysian-police-arrest-12-suspects-in-alleged-ISlamic-state-plot-1430051500。

使得高度開放的臺灣亦受海盜襲擊、組織犯罪、恐怖主義、傳染病等的滲透，衝擊政府的治理能力、人民安危及社會穩定。失敗國家對臺灣安全的衝擊，主要來自海盜、海上恐怖主義、國際犯罪以及傳染病的威脅。

一、海盜襲擊

全球有五大海盜橫行區域，包括索馬利亞半島附近水域、西非海岸、孟加拉灣、紅海和亞丁灣一帶、東南亞的麻六甲海峽。其中以索馬利亞海盜最爲猖獗。佔全球海盜活動的一半以上[100]。海盜使用高科技電子產品，如手機與衛星定位系統，搭配手榴彈與AK47步槍，橫行在非洲東岸的阿丹灣。海盜乘著高速快艇搶劫，鎖定目標船隻後，拋上鐵勾與環索攀爬上船，有時也會對船隻開火，然後將船挾持開往沿岸小村落，再將船上的人員扣押，之後要求贖金。雖有北約成員國組成保安部隊及其他國家如印度、日本等派遣軍艦進行海域巡邏，但仍無法加以遏止。臺籍船舶遭海盜攻擊或挾持，2005年之前偶有發生，發生海域以南中國海麻六甲海峽海域爲主。（參見表13-3）2006年以後則連續發生多起在東非印度洋海域，遭索馬利亞海盜挾持。目前約有300多艘延繩釣漁船長年在印度洋作業，由於印度洋是索國海盜勢力範圍，遇劫的機會相對比其他海域作業船隻高。（參見表13-3）海盜攻擊的手法，已從過去傳統手法「搶帶跑」（hit and run）的特色，轉爲組織化、計畫性作爲[101]。2008年以來索馬利亞海盜動則挾持數萬噸級以上油輪及商船，透過談判取得巨額贖金，壯大海盜組織。亦有海盜挾持的船舶人質長期扣押看管，部分扣押中的船舶還當作海盜攻擊其他船舶的母船。臺灣漁船「日春財68號」於2010年3月底遭索馬利亞海盜劫持後，被海盜當成攻擊母船，與執行反海盜任務的美國軍艦交火，船長吳來于以海盜挾持之被害人身分遭擊斃身亡，震撼國際[102]。

---

100 ICC Commercial Crime Services, *Live Piracy & Armed Robbery Report 2015*, https://icc-ccs.org/piracy-reporting-centre/live-piracy-report.

101 林欽隆，「遠洋漁船海上危安事件救援對策探討」，第七屆「恐怖主義與國家安全」學術暨實務研討會，2011年，頁12-25，http://trc.cpu.edu.tw/ezfiles/93/1093/img/585/944425837.pdf。

102 同前註，頁16。

表13-3　臺灣遠洋船舶遭國際海盜攻擊挾持發生案件

時間	地點	事件
2000年8月	新加坡東北海域220海浬處	臺籍漁船「船昇滿12號」，被穿著印尼海軍制服駕駛一艘軍船的海盜攔截。
2003年8月	麻六甲海峽往新加坡途中	高雄籍「東億輪」，往印度洋載運1200多公噸魚貨，遭兩艘海盜船追逐及槍擊。
2005年8月	亞丁灣或索馬利亞海外海	分屬高雄、琉球籍的臺灣漁船「中義218號」、「新連發36號」和「承慶豐號」被劫。
2007年5月	索馬利亞首都摩加迪沙東北220海浬外海	高雄籍漁船「慶豐華168號」，被劫歷經5個月。
2009年4月	東非塞席爾群島海域	高雄籍漁船「穩發161號」被劫。
2010年3月	東非索馬利亞附近海域	臺籍「日春財68號」漁船在印度洋遭索馬利亞海盜劫持
2010年5月	東非塞席爾群島東北方1300公里	高雄籍延繩釣漁船「泰源227號」在馬爾地夫西方附近海域失聯，後證實遭索國海盜挾持。
2010年12月	印度洋西南海域	臺籍漁船「旭富一號」遭索國海盜劫持。
2011年11月	印度洋塞席爾經濟海域	高雄籍延繩釣漁船「金億穩號」印度洋塞席爾經濟海域作業時，遭索馬利亞海盜劫持。

資料來源：林欽隆，「遠洋漁船海上危安事件救援對策探討」，頁12-15。

二、海上恐怖主義

「亞太安全合作理事會」（Council for Security Cooperation in the Asia Pacific, CSCAP）將「海上恐怖主義」定義爲恐怖份子以海洋環境爲特徵的行爲與行動，攻擊在海上或港口的船泊或固定平臺，或者上面所搭載的乘客或船員，襲擊海岸的設備或建築物，其中也包含旅遊景點、港口或港口城市等[103]。恐怖主義訴諸暴力行動，而主要目的在於對一國安全與穩定造成衝擊，恐怖份子發動海上攻擊，目的在於製造經濟混亂，「蓋達」即爲一例。2002年10月6日，法國油輪「林堡號」（MV Limburg）在葉門遭「蓋達」恐怖攻擊，造成大量原油洩漏，導致鄰近海域受到嚴重污染；另雖然傷亡不大，但卻使得油價每桶上揚0.48美元，增加的保險費減少每月高達3,801萬美元的港務收入[104]。911事件後，海上恐怖主義引起各方關切，「蓋達」試圖利用商船隻攻擊

103 "Defining Maritime TerrorISm," http://www.maritimeterrorISm.com/definitions/.

104 Philip Guy, "Maritime TerrorISm," *Occasional Paper 2*, Centre for Security Studies, http://www2.hull.ac.uk/fass/pdf/Ocassional%20Paper%202.pdf.

美國。為防範海上恐怖主義的發生，美國遂訂定「貨櫃安全倡議」（Container Security Initiative, CSI）與「防擴散安全倡議」（PSI）等措施，其中貨櫃安全倡議要求出口國的海關須在貨櫃運往美國之前，對於高風險貨櫃進行查驗，以防止恐怖份子利用貨櫃運載大規模毀滅性武器（WMD, weapons of mass destruction）進入美國本土[105]。

一場海上恐怖攻擊行動可能讓政府關閉港口或封鎖海上運輸線（sea line of communication, SLOC），來影響全球的海洋貿易秩序。佔海運最大部分的則是供應亞太地區經濟發展的石油，東亞、東南亞、東北亞所消耗的原油幾乎完全仰賴進口。這些海路從南向西經過東南亞與印度洋，再到中東與歐洲。在進入印度洋之前，則要通過南海，以及由印尼、新加坡、馬來西亞與菲律賓所控制的海峽，在這條路線上存在多個擁有海上攻擊能力的恐怖組織。臺灣進口能源佔總能源供進口比例達99%以上，從1969年起超過自產能源，能源進口量逐年遞增，海上運輸安全至為關鍵。另我地處東北亞到東南亞的海上交通樞紐，恐怖份子可能劫持、攻擊油輪或載運危險物資的船舶、破壞港口或岸邊重要政經措施，除民眾的生命財產與國家形象受影響外，對於東亞經貿秩序將會造成衝擊；若不以臺灣為目標，恐怖份子亦可能經過我國水域前往他國遂行目的。以我國的第一大港高雄港而言，高雄港為世界第8大貨櫃港，本身有51%為轉口櫃[106]，臺灣港口及貨櫃安全與全球貿易及運輸安全息息相關，2005年，高雄港成為美國「貨櫃安全倡議」第38個運作港口，負責以X光篩選及預檢運往美國的海運貨櫃，偵察、斷絕恐怖份子利用海運貨櫃進行恐怖行動，顯示臺灣在全球貨運安全扮演的重要角色[107]。

三、國際犯罪：毒品及跨國詐騙

全球毒品交易氾濫，多以失敗國家為運產地區，並透過金融體制從事洗錢、資助武裝團體與恐怖主義，毒品對一國人民及國家安全傷害甚鉅，亦對區域及國際安全造成威脅。東南亞的「金三角」（Golden Triangle）、西南亞的「金新月」（Golden Crescent）、南美洲的「銀新月」和黎巴嫩的貝卡山谷（Beqaa Valley）成為世界主要毒品產地。在國際販毒集團的控制與操縱下，成百上千噸的各類毒品源源不斷地流向世界各地[108]。

另奈及利亞式詐騙案，係屬跨國網路詐騙案件，已發生多起臺灣國人受騙案件。奈及利亞式詐騙案源自奈及利亞[109]，現已四處擴散，遍及世界各國，奈及利亞、獅子山

105 蔡裕明，「海上恐怖主義與台灣海上安全」，第四屆「恐怖主義與國家安全」學術研討會，2008年，頁174。

106 同前註，頁 173-188。

107 「貨櫃安全計畫—高雄港」，**美國在台協會網站**，http://kaohsiung-ch.ait.org.tw/csi.html。

108 孫國祥，「非傳統安全視角的毒品問題與實證毒品政策之探討」，2010年非傳統安全——反洗錢、不正常人口移動、毒品、擴散學術研討會，2010年，頁2。

109 奈及利亞人於1980年創「預付款詐騙」手法後行騙全球，惡名昭彰；此種詐騙行為觸犯奈國刑法419條，故國際上又稱「419詐騙」或「奈及利亞詐騙」。

共和國、迦納等西非國家人士，詐騙形式多樣， 包括：愛情詐騙、投資詐騙、富孀遺產贈與詐騙、瀕死富商贈與詐騙、黑紙漂白變美鈔詐騙、虛構彩券中獎詐騙等等。詐騙集團以傳眞、電子郵件等方式，對不特定人寄發詐騙信函，信函內容利用各種名目，以急需第三人協助，並使用僞造之法院公證文件、律師信函、護照資料等各類資料，取信被詐騙人，要求被詐騙人分次小額匯款至國外銀行帳戶之詐騙手法。另以臺灣共犯集團大筆投資購買奈國石油，將造成該國幣値大漲爲由，大量鼓吹國內中小企業投資，供其兌換該國幣以賺取匯差暴利[110]。

四、傳染病擴散

2014年在幾內亞、獅子山及賴比瑞亞爆發的伊波拉疫情，係自1976年在中非首次確診以來最嚴重的一次。伊波拉疫症致死率高達50%至90%，尙無疫苗，也無藥物可以治療。疫情自西非擴散到美國與西班牙，造成全球恐慌。疫情自2013年12月爆發以來，9個國家超過2萬人感染，其中逾萬人不治；死亡病例集中在賴比瑞亞和鄰國獅子山、幾內亞等[111]。傳染病的防治與一國的公衛防護系統及醫療水準息息相關，也與一國承受人口壓力有關，疫情失控的情況同時也將加劇經濟惡化。隨著伊波拉疫情的惡化，該三國國家的失敗指數也在2014年至2015年隨之提高[112]。伊波拉病毒的危害等級被定爲第四級，是對人及動物危害最高的病毒之一。世界衛生組織（WHO）秘書長陳馮富珍曾於2014年10月間警告，伊波拉是近代「最嚴重和緊急的公共衛生事務」，呼籲東亞及太平洋國家勿輕忽，應加強防疫措施，以防全球淪陷[113]。伊亦指出，疫情危及國際社會的生存，並可能導致其他國家的失敗，衝擊國際和平及穩定[114]。2014年10月16日，一名奈及利亞男子從臺灣轉機至中國浙江省寧波入境，疑似有輕微發燒症狀，該名男子住院隔離觀察後，發燒症狀趨緩[115]。後經確認爲陰性[116]，虛驚一場，然而也凸顯當一國

110 詐騙集團手法高明，先在國外金融大樓租用小型辦公室，再派出手下代表到臺灣，向中小企業主進行遊說，表示可以取得奈及利亞石油在臺灣的代理權。經中小企業主向銀行抵押借錢投資，沒想到最後卻發現竟是一場世紀大騙局。「宣導奈及利亞式詐騙手法及因應方式」，**165全民防騙超連結**，http://165.gov.tw/fraud.aspx?id=123。

111 「賴比瑞亞破功……新增伊波拉病例」，**聯合新聞網**，2015年3月21日，http://udn.com/news/story/6809/779962-%E8%B3%B4%E6%AF%94%E7%91%9E%E4%BA%9E%E7%A0%B4%E5%8A%9F%E2%80%A6%E6%96%B0%E5%A2%9E%E4%BC%8A%E6%B3%A2%E6%8B%89%E7%97%85%E4%BE%8B。

112 "The Fragile States Index in 2014," *The Fund for Peace Website*, http://library.fundforpeace.org/library/cfsir1423-fragilestatesindex2014-06d.pdf.

113 「WHO：伊波拉若襲擊亞18億人口將是浩劫」，**The News Lens關鍵評論**，2014年10月14日，http://www.thenewslens.com/post/82663/。

114 "Ebola epidemic 'could lead to failed states', warns WHO," *BBC News*, 13 October, 2014, http://www.bbc.com/news/world-africa-29603818.

115 「西非男子過境台灣飛寧波疑染伊波拉病毒」，**自由時報電子報**，2014年10月17日，http://news.ltn.com.tw/news/world/breakingnews/1133757。

116 「本國籍男性伊波拉病毒檢驗爲陰性」，**衛福部疾管署官方網站**，2014年12月6日，http://www.cdc.gov.tw/professional/info.aspx?treeid=beac9c103df952c4&nowtreeid=d1df8300adedc8d7&tid=F80C32962

公衛系統不彰，疫病防衛能力不足，疫情對外擴散，對他國人民健康所造成的威脅；臺灣為國際、區域航線繁忙轉運站，疾病的傳播無孔不入，源自失敗國家抗疫的失敗，將帶給政府防疫的嚴峻考驗。

伍、結　語

後冷戰以降，非傳統安全受到國際關注，整體而言，涵蓋廣泛的非軍事的安全，經濟、能源、資訊、恐怖主義、毒品與人口販運、疾病、難民、生態惡化、海上交通等等都可能成為國家安全課題，甚者衝擊區域及國際安全與穩定。該等安全威脅亦生自失敗國家之中。古云「危邦不入，亂邦不居」，深具意涵，動亂的國家出入均不安，亦對應失敗國家所具之危險、混亂的特性。當前恐怖組織「伊斯蘭國」迅速掌控伊拉克、敘利亞多地，兇殘行徑，不僅使得當地人民飽受生命財產威脅，顛沛流離，亦將恐怖主義擴散至各地；索馬利亞海盜猖獗，各國仍無力制止；而毒品走私、人口販運亦多在危邦。失敗國提供一個檢視非傳統安全內涵及起源的分析架構，探討其衍生的外部危機。臺灣為一強健、穩定的國家社會，然高度依賴外貿及能源進口，另地處亞太重要位置，在全球下緊密的連結，恐怖主義、國際犯罪、傳染病等即能透過貨物、人流、海陸運輸、金融機構等進入本土，或成為暴力犯罪的據點。檢視失敗國家名單，臺灣所在亞太地區，周邊國家多穩定、永續國家，然而遠在非洲的索馬利亞海盜卻嚴重威脅我遠洋漁船的海上人身安全及關係臺灣貿易命脈的海上運輸便利與安全；亞西地區的恐怖主義已滲透至南亞、東南亞地區，深刻影響亞太安全，助長毒品、武器及犯罪組織的掛鉤與擴張。「伊斯蘭國」已滲透到東南亞，新加坡一19歲青年擬加入「伊斯蘭國」，曾策劃在國內發動襲擊，甚至刺殺總理李顯龍和總統陳慶炎。新加坡證實東南亞已成「伊斯蘭國」重要召募成員地區，決定派兵支持以美國為首的打擊行動，協助對抗該恐怖組織[117]。馬來西亞亦遭「伊斯蘭國」威脅，成為恐怖份子的轉運站。奈及利亞的電信詐遍及團深入臺灣社會，頻傳國人受騙事件。而臺灣高度仰賴出口貿易及進口能源的經濟體，海上安全至為關鍵，高度影響國家生存與發展。這在在說明，國際社會存在複雜互賴的關係，他國政治、安全與經濟制度的崩潰、社會動盪不僅是嚴峻的內部問題，亦將直接或間接地影響區域及國際安全，對處於亞太戰略海域的臺灣而言，透過全球化下資訊、運輸、貨品及人流的傳輸，將帶來不可輕忽的安全威脅。

7C89833。

117 「IS滲透東南亞 謀刺李顯龍被捕」，中時電子報，2015年6月1日，https://tw.news.yahoo.com/IS滲透東南亞—謀刺李顯龍被捕-223617812--finance.html。

參考文獻

中文

王崑義，「非傳統安全與臺灣軍事戰略的變革」，**臺灣國際研究季刊**，第6卷第2安全——反洗錢、不正常人口移動、毒品、擴散學術研討會，2010年，頁2。

林佾靜，「失敗國家與國家安全:衝擊與回應」，全球政治評論，第24期（2008年），頁81-114。

林佾靜，「探索失敗國家問題研究分析架構：以奈及利亞爲例」，**全球政治評論**，第46期（2014年），頁93-98。

林佾靜，「敘利亞內戰問題之啓示：一個失敗國家的形成與外溢危機」，**長庚人文社會學報**，第7卷第2期（2014年），頁359-418。

孫國祥，「非傳統安全視角的毒品問題與實證毒品政策之探討」，2010年非傳統安全——反洗錢、不正常人口移動、毒品、擴散學術研討會，（2010年／夏季號），頁5-7。

劉復國，「東南亞恐怖主義對亞太區域安全影響之研究」，**問題與研究**，第45卷第6期（2006年11、12月），頁79-106。

蔡裕明，「海上恐怖主義與臺灣海上安全」，第四屆「恐怖主義與國家安全」學術研討會，2008年，頁174。

西文

Akpinarli, Neyire, *The Fragility of the 'Failed State' Paradigm* (Boston : Martinus Nijhoff, 2010).

Brinkerhoff, Derick, "Rebuilding Governance in Failed States and Post-Conflict Societies: Core Concepts and Cross-Cutting Themes," *Public Administration and Development*, Vol. 25 (2005), pp. 3-14.

Brooks, Rosa Ehrenreich, "Failed States, or the State as Failure?" *The University of Chicago Law Review*, Vol. 72, No.4 (2005), pp. 1159-1196.

Curtis, Glenn E. and Tara Karacan, *The Nexus among Terrorists, Narcotics, Traffickers, Weapons Proliferators, and Organized Crime Networks in West Europe* (Washington, D.C.: Library of Congress , Federal Research Division, 2002).

Helman, Gerald B. and Steven R. Ratner, "Saving Failed States," *Foreign Policy,* No. 89 (Winter 1992-1993), pp. 3-20.

Iqbal, Zaryab and Harvey Starr, "Bad Neighbors: Failed States and Their Consequences," *Conflict Management and Peace Science*, Vol. 25, No. 4 (September 2008), pp. 315-331.

Jackson, Robert H., *Quasi-States: Sovereignty, International Relations and the Third World* (Cambridge: Cambridge University Press, 1990).

James, Busumtwi-Sam, "Development and Human Security: Whose Security and from what?" *International Journal*, Vol. 57, No. 1 (2002), pp. 253-272.

John, Jonathan Di, "Conceptualising the Causes and Consequences of Failed States: A Critical Review of the Literature," Crisis States Research Centre, LSE, Working Paper No. 25 (2008), pp. 1-52.

Kaldor, Mary, *New and Old Wars* (Cambridge: Polity Press, 2006).

Ken, Menkhaus, "Governance without Government in Somalia: Spoilers, State Building, and the Politics of Coping," *International Security*, Vol. 31, No. 3 (Winter 2006/07), pp. 74-106.

Krasner, Stephen, "Compromising Westphalia," *International Security*, Vol. 20, No. 3 (1996), pp.115-151.

Menkhaus, Ken, *Somalia: State Collapse and the Threat of Terrorism* (Oxford: Oxford University Press, 2004).

Menkhaus, Ken, "Governance without Government in Somalia: Spoilers, State Building, and the Politics of Coping," *International Security*, Vol. 31, No. 3 (2006/07), pp. 74-106.

Munkler, Herfried, *The New Wars* (Cambridge: Polity Press, 2004).

Patrick, Stewart, "Weak States and Global Threats: Fact or Fiction?" *The Washington Quarterly*, Vol. 29, No. 2 (2006), pp. 27-53.

Patrick, Stewart, " 'Failed' States and Global Security: Empirical Questions and Policy Dilemmas," *International Studies Review*, Vol. 9, No. 4 (2007), pp. 644-662.

Pinar Bilgin, Adam David Morton, "Historicising Representations of 'failed states': Beyond the Cold-War Annexation of the Social Sciences?" *Third World Quarterly*, Vol. 23, No. 1 (2002), pp. 55-80.

Pokuand, Nana and David T. Graham, eds., *Redefining Security: Population Movements and National Security* (Connecticut: Praeger, 1998).

Rice, Condoleezza, "The Promise of Democratic Peace: Why Promoting Freedom is the Only Realistic Path to Security," *Washington Post*, December 11, 2005.

Rotberg, Robert, "The New Nature of Nation-State Failure," *Washington Quarterly*, Vol. 25, Issue 3 (Summer 2002), pp. 85-96.

Rotberg, Robert, *State Failure and State Weakness in a Time of Terror* (Washington, D.C.: Brookings Institute Press, 2003).

Straw, Jack, *Reordering the World: The Long-Term Implications of September 11* (London: Foreign Policy Research Centre, 2002).

The Fund for Peace, *Fragile States Index 2014* (Washington, D.C.: 2014).

United States Department of State, *Country Reports on Terrorism 2014* (Washington, D.C., : United States Department of State Publication, 2015).

Wyler, Liana Sun, "Weak and Failing States: Evolving Security Threats and U.S. Policy", *CRS Report for* Congress, August 28, 2008.

相關資料網站

中文

「WHO：伊波拉若襲擊亞18億人口將是浩劫」，**The News Lens關鍵評論**，2014年10月14日， http://www.thenewslens.com/post/82663/。

「阿富汗難民面臨傳染病威脅」，**BBC中文網**，2001年04月24日，http://news.bbc.co.uk/chinese/trad/hi/newsid_1290000/newsid_1293700/1293723.stm。

「地中海史上最慘重偷渡船難 『難民墳場』再葬身700人」，**The News Lens 關鍵評論**，2015年3月20日，http://www.thenewslens.com/post/153217/。

「突尼西亞恐攻IS：我們幹的」，**自由電子報**，2015年3月2日，http://news.ltn.com.tw/news/world/paper/864405。

「宣導奈及利亞式詐騙手法及因應方式」，**165全民防騙超連結**，http://165.gov.tw/fraud.aspx?id=123。

「貨櫃安全計畫—高雄港」，**美國在臺協會網站**，http://kaohsiung-ch.ait.org.tw/csi.html。

「賴比瑞亞破功……新增伊波拉病例」，**聯合新聞網**，2015年3月21日，http://udn.com/news/story/6809/779962-%E8%B3%B4%E6%AF%94%E7%91%9E%E4%BA%9E%E7%A0%B4%E5%8A%9F%E2%80%A6%E6%96%B0%E5%A2%9E%E4%BC%8A%E6%B3%A2%E6%8B%89%E7%97%85%E4%BE%8B。

「『博科聖地』宣佈效忠『伊斯蘭國』」，**BBC中文網**，2015年3月7日，http://www.bbc.co.uk/zhongwen/trad/world/2015/03/150307_boko_haram_allegiance_is。

林欽隆，「遠洋漁船海上危安事件救援對策探討」，第七屆「恐怖主義與國家安全」學術暨實務研討會，2011年，頁12-25。http://trc.cpu.edu.tw/ezfiles/93/1093/img/585/944425837.pdf。

蔡明彥，「近期亞洲地區恐怖主義活動及對區域情勢影響之探討」，2005年5月19日，http://www.solomonchen.name/download/7ms/0519_2.pdf。

西文

"Asia Boat Migrants: UNHCR Offers Malaysia help," *BBC News*, May 19, 2014, http://www.bbc.com/news/world-asia-32790882.

"Defining Maritime Terrorism," http://www.maritimeterrorism.com/definitions/.

"Ebola epidemic 'could lead to failed states', warns WHO," *BBC News*, 13 October, 2014, http://www.bbc.com/news/world-africa-29603818.

"Facts & Figures: Syria Refugee Crisis & International Resettlement," *Amnesty International Website*, December 5, 2014, https://www.amnesty.org/en/articles/news/2014/12/facts-figures-syria-refugee-crisis-international-resettlement/.

"How to Solve the Asian Migrant Boats Crisis-Expert Views," *The Guardian*, 15 May 2015, http://www.theguardian.com/world/2015/may/15/how-to-solve-asian-migrant-boats-crisis-expert-views-rohingya.

"How to solve the Asian migrant boats crisis-expert views," *The Guardian*, 15 May, 2015, http://www.theguardian.com/world/2015/may/15/how-to-solve-asian-migrant-boats-crisis-expert-views-rohingya.

"Refugee Camps are a Breeding Ground for Disease," *Voice of America*, May 20, 2015, http://learningenglish.voanews.com/content/refugee-camps-are-a-breeding-ground-for-disease/1514910.html.

"Syria Regional Refugee Response Inter-agency Information Sharing Portal," *Syria Regional Refugee Response Website* (UNHCR), http://data.unhcr.org/syrianrefugees/regional.php.

"The Fragile States Index in 2014," *The Fund for Peace Website*, http://library.fundforpeace.org/library/cfsir1423-fragilestatesindex2014-06d.pdf.

"Fragile States Index," *Foreign Policy Website*, https://foreignpolicy.com/2015/06/17/fragile-states-2015-islamic-state-ebola-ukraine-russia-ferguson/.

"The World's most utterly Failed State," *The Economist*, October 2, 2008, http://www.economist.com/node/12342212.

"West's Face - Former UN envoy," *The Telegraph*, June 8, 2014, http://www.telegraph.co.uk/news/worldnews/middleeast/syria/10884716/Syria-is-a-Somalia-style-failed-state-that-has-blown-up-in-the-Wests-face-former-UN-envoy.html.

"Who Are the Houthis of Yemen?" *New York Times*, January 20, 2015,http://www.nytimes.com/2015/01/21/world/middleeast/who-are-the-houthis-of-yemen.html?_r=0.

"UN envoy: Yemen on Brink of Civil War," *Al Jazeera*, February 12, 2015, http://america.aljazeera.com/articles/2015/2/12/un-envoy-yemen-on-brink-of-civil-war.html.

Berger, J.M., "The Middle East's Franz Ferdinand Moment," *Foreign Policy*, April 8, 2015, http://foreignpolicy.com/2015/04/08/the-middle-easts-franz-ferdinand-moment-yemen-saudi-arabia-iran-isis/.

Boot, Max, "Pirates, Terrorism and Failed States," *Wall Street Journal*, December 8, 2008, http://www.wsj.com/articles/SB122869822798786931.

Bruton, Bronwyn, "Al-Shabab Crosses the Rubicon," *Foreign Policy*, April 3, 2015 http://

foreignpolicy.com/2015/04/03/al-shabab-crosses-the-rubicon-kenya/.

Cecon, Francesco, "International Security and 'Failed States': A Cause for Concern?" http://www.e-ir.info/2014/07/25/international-security-and-failed-states-a-cause-for-concern/.

Coggins, Bridget L., "Do Failed States Produce More Terrorism?: Initial Evidence from the Non-Traditional Threat Data (1999-2008)," Prepared for CIPSS Speaker Series on International Security and Economy McGill University, October 21, 2011, http://cepsi-cipss.ca/wp-content/uploads/2012/06/Working_Paper_FailureTerrorism.pdf.

Dempsey, Thomas, "Counterterrorism in African Failed States: Challenges and Potential Solutions," http://www.social-sciences-and-humanities.com/PDF/terrorism_in_african_failed_states.pdf.

Doornbos, Harald and Jenan Moussa Jenan, "Italy Opens the Door to Disaster," *Foreign Policy*, April 13, 2015, http://foreignpolicy.com/2015/04/13/italy-islamic-state-syria-refugees/.

Farah, Douglas, "Al Qaeda Cash Linked to Diamond Trade," Washington Post, November 2, 2001, accessed from *Global Policy Forum website*, https://www.globalpolicy.org/component/content/article/182/33794.html.

Groll, Elias, "New Documentary Goes Inside Yemen's Houthi Rebel Movement, *Foreign Policy*, April 7, 2015, http://foreignpolicy.com/2015/04/07/new_documentary_goes_inside_yemens_houthi_rebel_movement/.

Guy Philip, "Maritime Terrorism," *Occasional Paper 2*, Centre for Security Studies, http://www2.hull.ac.uk/fass/pdf/Ocassional%20Paper%202.pdf.

Hiltermann, Joost, "Clearing the Landmines from Iraqi Kurdistan's Future," *International Crisis Group Website,* http://blog.crisisgroup.org/middle-east-north-africa/2015/03/24/clearing-the-landmines-from-iraqi-kurdistans-future/.

International Coalition for the Responsibility to Protect website, http://www.responsibilitytoprotect.org/index.php/crises.

ICC Commercial Crime Services, Live Piracy & Armed Robbery Report 2015, https://icc-ccs.org/piracy-reporting-centre/live-piracy-report.

Kegö, Walter, "Internationally Organized Crime: The Escalation of Crime within the Global Economy," Institute for Security and Development Policy, *Policy Paper* (March 2009), pp. 1-17, http://www.isdp.eu/images/stories/isdp-main-pdf/2009_kego_internationally-organized-crime.pdf.

Kicinger, Anna, "International Migration as a Non-Traditional Security Threat and the EU Responses to this Phenomenon," Central European Forum for Migration Research, *CEFMR Working Paper*, February 2004, p. 1. http://www.cefmr.pan.pl/docs/cefmr_wp_2004-02.pdf.

McElroy, Damien, "Syria is a Somalia-style Failed State that has blown up in the West's face

-former UN envoy," *The Telegraph*, June 8, 2014, http://www.telegraph.co.uk/news/worldnews/middleeast/syria/10884716/Syria-is-a-Somalia-style-failed-state-that-has-blown-up-in-the-Wests-face-former-UN-envoy.html.

Messner, J. J., "Failed States Index 2014: Somalia Displaced as Most-Fragile State," *The Fund for Peace website*, June 24, 2014, http://library.fundforpeace.org/fsi14-overview

Nea, Sarah Katherine, "Piracy in Somalia: Targeting the Source," *Global Security Studies*, Vol. 2, Issue 3 (Summer 2011), http://globalsecuritystudies.com/Neal%20Piracy%20Final.pdf.

Newman, Edward," Failed States and International Order: Constructing a Post-Westphalian World," http://www.contemporarysecuritypolicy.org/assets/CSP-30-3-Newman.pdf.

Ng, Jason, "Malaysian Police Arrest 12 Suspects in Alleged Islamic State Plot," *WallStreet Journal*, April 26, 2015, http://www.wsj.com/articles/malaysian-police-arrest-12-suspects-in-alleged-islamic-state-plot-1430051500.

Rice, Susan, "The New National Security Strategy: Focus on Failed States," http://www.brookings.edu/research/papers/2003/02/terrorism-rice.

Rotberg, Robert I. "Failed States in a World of Terror," *Foreign Affairs* (July/August 2002 Issue), http://www.foreignaffairs.com/articles/58046/robert-i-rotberg/failed-states-in-a-world-of-terror.

Stohl, Rachel J. and Colonel Daniel Smith, "Small Arms in Failed States: A Deadly Combination," http://www.comm.ucsb.edu/faculty/mstohl/failed_states/1999/papers/Stohl-Smith.html.

Tziarras, Zenonas, "Themes of Global Security: From the Traditional to the Contemporary Security Agenda," *The GW Post Research Paper*, August 2011, pp. 1-8, https://thegwpost.files.wordpress.com/2011/08/themes-of-global-security-zenonas-tziarras-20112.pdf.

Traub, James, "Think Again: Failed States," *Foreign Policy*, June 20, 2011, http://foreignpolicy.com/2011/06/20/think-again-failed-states/.

Wright, Robin "Syria's Refugee Crisis-in U.S. Numbers," *Wall Street Journal*, January 7, 2015,http://blogs.wsj.com/washwire/2015/01/07/syrias-refugee-crisis-in-u-s-numbers/.

第14章 聯合國安理會與人類安全——兼論對臺灣之意涵與啓示

盧業中

壹、前　言

聯合國自1945年成立以來，對於安全議題之關注，可分爲幾個主要階段。首先，聯合國《憲章》第七章規定了對於和平之威脅、和平之破壞及侵略行爲之應付辦法，其所稱之「國際和平與安全」，係以國家爲主體，以主權及國家安全爲討論對象，是屬於國家中心論的安全觀。

由於此一背景與規範，加上聯合國之會員必須以國家身分前提，致使聯合國之安全觀著重於上述之傳統安全。然而，隨著發展中國家的加入，聯合國自1960年代起，開始關注諸如糧食、人口、資源等議題，而1970年代亦加入了相互依賴的看法。

這樣的發展，至1980年代，隨著美、蘇之間冷戰再興，使聯合國先前對於環境、發展、糧食、資源等議題的關注又相對地受到限制。1980年代後期至冷戰結束，使得傳統的國家中心論安全觀受到挑戰，聯合國的安全觀納入了可持續發展等概念，其後逐步轉變，正式納入非傳統安全（Non-traditional Security）議題。聯合國開發計畫署於1994年發布之人類發展報告，明確指出「七大類人類安全威脅」：經濟安全、糧食安全、衛生安全、環境安全、人身安全、共同體安全、政治安全。

當前聯合國之決策重心在安全理事會，故本研究以安理會對於人類安全議題之討論爲著眼，試圖回應如下之研究問題：聯合國對於人類安全概念的傳遞，扮演何種角色？人類安全作爲一種概念，其在聯合國安理會架構下的遞嬗與轉變之機制爲何？是否仍是以大國的意志爲依歸？這樣的演變，對於正在尋求有意義參與聯合國的我國，又有何種意涵呢？

本文之研究途徑，將採取以國際關係理論之建構主義（constructivism）爲主。以建構主義研究國際組織之學者（如Martha Finnemore、Thomas Weiss）等認爲，國際組織之設立，其主要目的之一，即是提供國家行爲的合法性。本文將據此檢視聯合國與非傳統安全之間的連繫關係：相關國家作爲規範倡議者（norm entrepreneurs），在當時以國家中心論爲主軸之聯合國架構下提出人類安全議題，於安理會的討論，即屬於規範爭辯（norm cascading）的過程。在此過程中，大國在安理會中扮演了一定的角色，但也必須做出某些妥協，接受發展中國家的看法。其後，聯合國也成為非傳統議題的倡議者，有規範擴散的效應（norm diffusion），同時象徵其安全觀所涵蓋之領域，已經由傳統安全觀，擴及非傳統安全。此一過程基本符合Finnemore等人之假設。本研究將以聯合國安理會之討論為主，以過程追循（process-tracing）作為研究方法來進行探討。

我國近年來對於國際組織之參與，係以有意義的參與作為政策推動途徑，同時強調我國作為人道援助提供者的角色。若我國確實可以在國際社會中建立這樣的角色形象，將可有助增加我國之國際能見度並強化我國之主權地位。經由對於聯合國安理會對於安全觀之討論，尤其是其中機轉的觀察，將可有助於我國未來擬定有意義參與聯合國專門機構之策略。

貳、人類安全：加拿大在安理會的倡議

聯合國與人類安全概念的發展，可以聯合國開發計畫署於1994年發布之《人類發展報告》作為觀察重點。該報告明確指出「七大類人類安全威脅」：經濟安全、糧食安全、衛生安全、環境安全、人身安全、共同體安全、政治安全。然而，在面對盧安達議題等國際事件時，聯合國安理會原先卻採取較為冷淡的態度，正如1997年5月間，安理會輪值主席、來自韓國的朴銖吉（Park Soo-jil）大使所言，「對安理會而言，人類安全是一個新的概念」[1]。

在國際關係之相關主流理論中，建構主義學派的觀點正適合用以解釋人類安全如何成為國際社會接受的規範。Martha Finnemore 與 Kathryn Sikkink 指出，國際間的規範與理念，常常先出現在某特定國家，由該國國內某位規範倡議者提出後，經國內辯論並成為普遍接受的想法後，之後再成為國際接受的理念與規範[2]。本文即以此一觀點來解釋加拿大推動人類安全成為聯合國安理會接受之規範的個案。有感於1997年聯合國對於盧安達危機的冷淡態度，加拿大在1999年與2000年擔任聯合國安理會非常任理事國，對於人類安全之提倡積極扮演重要角色，而其倡議最主要係關於人身安全議題。事實上，在1996年，加拿大內部即透過辯論，將人類安全定位為該國外交政策之核心[3]。這樣的定位，也使得加拿大政府可以告訴其民眾，他們所追尋的自由主義，並非只是為了讓大家更富有而已，還要積極貢獻國際社會[4]。

1 Barbara Crossette, "Agencies Say U.N. Ignored Pleas on Hutu," *The New York Times*, May 28, 1997, p. A3.
2 Martha Finnemore and Kathryn Sikkink, "International Norm Dynamics and International Change," *International Organization*, Vol. 52, No. 4 (1998), p. 893.
3 蔡育岱，人類安全與國際關係：概念、主題與實踐（臺北：五南圖書，2014年），頁29。
4 Desmond Morton, "Staking out the 'Human Security' Turf," *The Gazette*, July 10, 2000, p. B3.

一、人類安全的定義

聯合國《人類發展報告》認爲人類安全與人類發展是兩條主軸，而加拿大所強調的重心，包括其外交與國際貿易部之討論即認爲，人類發展與人類安全兩者之間存在互補關係，惟重心仍在人類安全的概念上[5]。

1997年，當時加拿大的外長艾斯威西（Lloyd Axworthy）即曾指出，在冷戰結束後，國際安全之重心已經不是過去的核子武器威脅，而是人類安全議題。艾斯威西指出，當前新的安全威脅不斷出現，正是使得冷戰雖然結束，但世界並未穩定的主要因素；從人類安全的角度而言，軍事威脅不復存在僅是眾多目標之一，其他尚應包括經濟不虞匱乏、生活品質、及基本人權保障等。這些目標不僅反映出人類生存環境的複雜性，且彼此之間是相互影響的。簡言之，人類安全除了滿足人類生活的基本需求外，要納入經濟可持續成長、人權與基本自由、法治、良善治理、及社會公平等，這些因素對全球和平而言，與裁軍及軍備管制同樣重要。惟有當人類安全得到保障，國際社會才會有持久的穩定。就此而言，加拿大已經準備好扮演積極的角色，貢獻於國際社會[6]。

依據Bosold與Bredow之研究，艾斯威西有關人類安全原先將重點放在發展議題上，所以重視人類永續安全（sustainable human security）；之後則是將重點放在防制地雷及國際刑事法院（International Criminal Court）法制化等議題上[7]。其後，加拿大官方文件將人類安全定義爲：

> 基本上，是一種推動建構一個全球社會的努力。在此全球社會中，個人安全是國際議題的重心、也是國際採取行動的重要驅動力；〔在此全球社會中，〕國際人道標準與法治得到提升並融入一個以保護個人爲主的整體網絡之中；〔在此全球社會中，〕誰違犯了前述的標準就須負起全責；〔在此全球社會中，〕現有及未來在全球層級、區域層級、以及雙邊的制度都應強化並執行這些〔以個人安全爲主之〕標準[8]。

換言之，加拿大官方對於人類安全之定義，若與聯合國開發計畫署發布之《人類發展報告》相較，則較爲偏重人身安全與人權議題，對於發展與經濟議題的著墨較少。

---

5 David Bosold and Wilfried von Bredow, "Human Security: A Radical or Rhetorical Shift in Canada's Foreign Policy?," *International Journal*, Vol. 61, No. 4 (Autumn 2006), p. 832.

6 Lloyd Axworthy, "Canada and Human Security: The Need for Leadership," *International Journal*, Vol. 52, No. 2 (Spring 1997), p. 183.

7 David Bosold and Wilfried von Bredow, "Human Security: A Radical or Rhetorical Shift in Canada's Foreign Policy?," *International Journal*, Vol. 61, No. 4 (Autumn 2006), p. 833.

8 引自 Paul Battersby and Joseph Siracusa, Globalization and Human Security (Lanham, MD: Rowman & Littlefield, 2009), p. 30，引號內文字爲本文作者所加。

二、多邊主義作為推動方式

1998年9月聯合國大會期間，艾斯威西表示，鑒於加拿大在各主要國際組織中的活躍角色「加拿大的聲音將可以強化聯合國處理愈來愈多的全球性安全議題」[9]。艾斯威西認爲，加拿大作爲一個中等強權（middle power），多邊主義是加拿大推動外交政策的重要方式，也是加拿大軟實力（soft power）的重要部分；在推動加拿大外交政策時，艾斯威西也強調非政府組織在其中所扮演之角色[10]。由於認知到冷戰結束後國際情勢的複雜與多變，加拿大的外交決策重心，也由過去外交與國際貿易部主導的情況，轉變爲與更多政府部門合作，其中包括樞密院（Privy Council Office, PCO）、總理辦公室（the Prime Minister's Office, PMO）、國防部及情報部門等，也包括非政府組織等公民社會的參與[11]。加拿大總理克瑞提昂（Jean Chretien）原先僅對於拓展對外貿易、尤其是與第三世界國家關係的政策議程，也逐漸發生變化[12]。

除了加拿大內部政府組織機構的調適之外，加拿大與美國之間關係的變化，則是加拿大積極以人類安全與多邊外交作爲外交政策訴求重點的另一項誘因。1999年，總理克瑞提昂表示，美國處理國際事務的方式不恰當，而當時美國總統柯林頓（Bill Clinton）正陷入緋聞案而面臨彈劾，再加上即將來臨的選舉，恐怕無暇顧及扮演國際領導角色。然而，加拿大的發言，對當時身陷緋聞風暴的柯林頓而言自然不是滋味。

美、加之間還有另一項議題也衝擊了彼此關係。1990年代中期開始，柯林頓政府有意在北美地區部署飛彈防禦系統，這樣的呼聲一方面來自於美國本身國防戰略之規劃，包括對於雷根政府時期星戰計畫的再省思，另方面北韓的核武危機也讓美國民眾重新思考冷戰後發生核戰的可能性。加拿大若是同意參與，美國可以更爲有效地攔截來自敵人的飛彈，而雙方合作的北美防空司令部（North American Aerospace Defense Command, NORAD）也是很好的協作平臺。同時，這樣的系統更可以爲居住於美、加邊境200公里內的多數加拿大民眾提供保護。然而，作爲1972年反彈道飛彈條約的重要支持者，加拿大政府若是支持美國的反彈道飛彈防禦系統的部署，將有損其國際信譽[13]。加拿大對於美國的飛彈防禦系統有所疑懼，而美國由於邊界糾紛，擔心加拿大成爲非法移民或恐怖份子的溫床，當時的美、加關係並非一帆風順。

---

9 Gordon Barthos, "Canada's Timely Bid for a U.N. Security Council Seat," *The Toronto Star*, September 25, 1998, p. A23.

10 Fen Hampson and Dean Oliver, "Pulpit Diplomacy: A Critical Assessment of the Axworthy Doctrine," *International Journal*, Vol. 53, No. 3 (1998), pp. 379-406.

11 David Bosold and Wilfried von Bredow, "Human Security: A Radical or Rhetorical Shift in Canada's Foreign Policy?," *International Journal*, Vol. 61, No. 4 (Autumn 2006), p. 834.

12 Steven Pearlstein, "Canada's New Age of Diplomacy: Foreign Minister Unafraid to Give Americans Occasional Poke in the Eye," *The Washington Post*, February 20, 1999, p. A13.

13 Alex Macleod, Stephane Roussel and Andri van Mens, "Uneasy Partnership: There are Flashpoints ahead in the U.S.-Canada Defense Relationship," *The Gazette*, October 21, 1999, p. B3.

三、在安理會之具體倡議

自1999年2月起，加拿大作爲聯合國安理會主席國，試圖在安理會先前多集中討論對衝突進行人道干預的情況下，能加強保護武裝衝突中的平民，並據此提出多項倡議。換言之，保護平民即是當時加拿大在安理會架構下推動的外交政策重點，也是它對於人類安全的理解重點。當年2月12日，艾斯威西在主持安理會第3977次會議時指出，當前國際安全的重點議題，應該是要進一步探討如何在武裝衝突之中保護平民，而其發言也得到包括國際紅十字會等非政府組織的支持與肯定[14]。爲了了解聯合國對於武裝衝突保護平民的實際執行狀況，艾斯威西也特別要求聯合國秘書長提出正式報告供安理會研議討論；此一要求也被納入2月12日下午所獲致的主席聲明中。該主席聲明指出：

安全理事會對於武裝衝突造成的平民傷亡日增表示嚴重關切，並憂慮地注意到，如今武裝衝突中絕大多數的傷亡者爲平民，戰鬥人員和武裝份子日益將平民作爲直接目標。安理會譴責武裝衝突情況下違反國際法包括國際人道主義和人權法的有關規則，針對平民、特別是婦女和兒童及其他易受傷害的群體，也包括難民和國內流離失所者的攻擊或暴力行爲[15]。

除了非政府組織的支持外，許多國家也在安理會發言支持加拿大的主張。艾斯威西邀請並籌組了人道八國集團（Humanitarian Eight, H-8），來推銷以人類安全爲主的外交政策，並在國際社會所熟知的七大國集團（Group of Seven, G-7）積極推廣人類安全。在地理位置均衡的考量下，這八個國家包括奧地利、愛爾蘭、荷蘭、瑞士、斯洛維尼亞、泰國、約旦、智利等，加上南非以觀察員身分參加會議，連同發起的加拿大與挪威等共11個國家於1999年5月，組成人類安全網絡（Human Security Network）[16]。由於加拿大考量的重心聚焦於建構相關的國際立法以保護武裝衝突中的平民，可以說是關注面向相對較窄，而其他國家的發言，有的如斯洛維尼亞則主張聯合國要對平民進行具體的保護，或如日本將之擴大至包括人身安全、日常生活及人的尊嚴等，是對於人類安全進行較爲廣義之定義者[17]。日本可以說是亞洲國家中對於提出有關人類安全倡議最爲積極的國家，在艾斯威西2月間於聯合國正式提出倡議後，日本即於5月間積極與美國商討

14 The 3977th Meeting of United Nations Security Council, S/PV.3977, February 12, 1999, pp. 2-4.

15 “President Statement,” United Nations Security Council, S/PRST/1999/6, February 12, 1999.

16 Les Whittington, “PM to Push Human Security at G-8,” *The Toronto Star*, July 18, 2000; Desmond Morton, “Staking out the ‘Human Security’ Turf,” *The Gazette*, July 10, 2000, p. B3; Rob McRae and Don Hubert, *Human Security and the New Diplomacy: Protecting People, Promoting Peace* (Quebec: McGill-Queen’s University Press, 2001), p. 219.

17 David Bosold and Sascha Werthes, “Human Security in Practice: Canadian and Japanese Experiences,” *International Politics and Society*, No. 1 (2005), pp. 84-101.

就人類安全如健康、人口發展、甚至打擊恐怖主義等共18個議題領域進行合作[18]。惟可以看出，這些觀點與加拿大的論點互有重疊，也是彼此形塑的。

1999年9月8日，聯合國秘書長提交「關於武裝衝突中保護平民的報告」[19]。該報告指出，聯合國對於武裝衝突中平民的保護，已經努力了50年，而聯合國會員國均已經批准1949年《日內瓦公約》，亦批准或簽署了1977年的附加議定書；然而，由發生在盧安達、獅子山共和國、及巴爾幹半島等地的事例可以看出，戰鬥人員拒絕接受這些法規，使得平民在武裝衝突中遭到有系統地針對與傷害。聯合國秘書長並呼籲，此項報告之提出，希望安理會可以討論如何提倡各國在武裝衝突中「遵守（相關國際公約之）氛圍」（a climate of compliance），同時認爲安理會的決定將至關重要。如Jurgen Dedring所言，此項報告之重心，就是反映出國際社會對於個人人權與安全保障之法律規範已然存在，但各方交戰時卻欠缺遵守的意願，另也需要強化對於因戰亂而流離失所的民眾與孩童的法律保障[20]。該項聯合國秘書長的報告同時做出建議，希望可以強化衝突預防機制，並針對國內流離失所、戰鬥人員最低徵募年齡、及對聯合國維和部隊與人道主義者的侵害等，採取應對措施。

在聯合國秘書長提交「關於武裝衝突中保護平民的報告」後，1999年9月16及17日聯合國安理會詳細討論了此份報告。與此同時，加拿大也起草了相關決議草案，並在9月17日獲得通過成爲安理會第1265（1999）號決議案。該決議案除要求各國遵守並通過相關國際規約之外，特別要針對婦女及兒童提供保護，同時希望國際社會針對地雷等殺傷性武器加強管制[21]。其後，加拿大也提出在聯合國架構下，對人類安全議題進一步審視的要求，並支持成立非正式工作小組以進行相關工作。

2000年4月19日，在艾斯威西擔任主席之際，聯合國安理會通過第1296（2000）決議案，除重申第1265（1999）號決議案外，安理會並表示願意考慮在平民受到種族滅絕、危害人類罪和戰爭罪威脅的情況下，建立臨時區與安全走廊來保護平民並提供援助之可能性；譴責武裝衝突中煽動平民的行爲；同時，在保護平民的過程中，也要加入大眾媒體的角色，利用其宣達保護人權之概念，並避免其成爲侵害平民的工具[22]。

上述有關加拿大推動人類安全議題之作法，符合Finnemore與Sikkink所言，是規範的雙層賽局之概念：加拿大政府內部由外交部門作爲規範倡議者，先由發展議題切入，整合內部政府各部門的立場，後隨著擔任安理會非常任理事國之機會，外長艾斯威西將

---

18 Hisane Masaki, "Japan, U.S. to Discuss Six Projects to Rebuild Asian 'Human Security'," *The Japan Times*, April 8, 1999.

19 "Report of the Secretary-General to the Security Council on the Protection of Civilians in Armed Conflict," United Nations Security Council, S/1999/957, September 8, 1999.

20 Jurgen Dedring, "Human Security and the UN Security Council," in Hans Günter Brauch, Úrsula Oswald Spring, Czeslaw Mesjasz, et al. eds., *Globalization and Environmental Challenges: Reconceptualizing Security in the 21st Century* (Verlag: Springer, 2008), p. 609.

21 United Nations Security Council, S/RES/1265 (1999), September 17, 1999.

22 United Nations Security Council, S/RES/1296 (2000), April 19, 2000.

推動之重心放在對於武裝衝突中平民的保護，其後並衍生強調防制地雷及國際刑事法院法制化等議題。

參、安理會主要大國之回應

由當前國際社會對於人類安全作爲規範的普遍接受程度看來，加拿大於1999至2000年運用擔任聯合國安理會非常任理事國成員之身分，推動有關人類安全之倡議，確實扮演了規範倡導者的角色。然而，當年加拿大推動倡議，也並非立即獲得安理會多數國家之支持。權力政治（power politics）一直是聯合國安理會運作的特徵，在此一案例中也不例外，如當時幾個主要國家對加拿大的提案均有所保留，而將發言重心放在核子武器等傳統關切之上，這符合新現實主義的看法。誠如學者華茲（Kenneth Waltz）所言，冷戰結束後，即便全球化一詞對多數人而言已經琅琅上口，但美國的領導人仍然將世界看成東、西方兩個陣營；而核子武器的作用仍然持續被重視[23]。

1999年2月12日，在加拿大擔任聯合國安理會主席國之際，安理會第3978次會議達成主席聲明（S/PRST/1999/6），強調聯合國成員須加強保護武裝衝突中的平民，並提出多項包括人道干預在內的具體措施。這項主席聲明得到了多數聯合國大會成員國的重視，其中數個國家並要求參與在同年2月22日召開之安理會第3980次會議以發表意見，而加拿大即以主席國身分，取得安理會15國成員同意後，讓包括澳洲、日本、韓國、及印度等另外23個國家的代表與會表示意見。如Jurgen Dedring的研究所指出，挪威、日本、韓國、多明尼加及亞塞拜然等國家代表，明確指出他們支持加拿大所提之倡議與保護平民等概念[24]。然而，在安理會第3980次會議中，有關核子武器、人道干涉合法性、及設立國際刑事法院等議題，是大國之間利益分歧之處。

1998年印度和巴基斯坦相繼進行核子試爆，使得兩國再次陷入緊張狀態。巴基斯坦參與此次會議之代表先表示對加拿大之各項倡議支持之意，尤其是對於平民的保護非常重要，之後話鋒一轉，開始抨擊印度對於喀什米爾地區的佔領嚴重侵害當地平民之安全，並呼籲國際社會「不可以、也絕不能對這種長期局勢繼續無動於衷」，而應透過人道干涉等方式採取積極步驟[25]。

---

23 Kenneth Waltz, "Structural Realism after the Cold War," *International Security*, Vol. 25, No. 1 (2000), p. 37; Kenneth Waltz and James Fearon, "A Conversation with Kenneth Waltz," *Annual Review of Political Science*, Vol. 15 (June 2012), pp. 1-12.

24 Jurgen Dedring, "Human Security and the UN Security Council," in Hans Günter Brauch, Úrsula Oswald Spring, Czeslaw Mesjasz, et al. eds., *Globalization and Environmental Challenges: Reconceptualizing Security in the 21st Century* (Verlag: Springer, 2008), p. 609.

25 The 3980th Meeting of United Nations Security Council, S/PV.3980, February 22, 1999, pp. 8-9.

印度則藉此機會對於巴基斯坦進行核試、及人道干預等提出不同看法。當時印度駐聯合國常任代表 Kamalesh Sharma表示：

在武裝衝突中攻擊平民並不是1990年代的創新，其發生頻率也沒有增加。在我們[印度]整個殖民戰爭期間，殖民國家軍隊的主要受害者就是平民。此外，以首先使用核武器爲基礎的軍事理論將造成大規模平民死傷，因此，如果秘書長的報告禁止或控制造成平民傷亡的武器，例如地雷或輕型武器，那麼也必須採取步驟，禁止使用核武器。然而，我們都知道，〔秘書長〕報告不能指出此一事實，因爲此一〔擁有核武〕議題，已經深刻地政治化了。……另外，實際上，只有在其國境以內以及在國際上受到尊重和可以實施法治的強大國家才有能力保障其公民的人權。透過主張人道干預、削弱國家權威、特別是削弱受到國內暴力困擾的政府之權威，這不僅違反國際法，而且不符合儘量保護受威脅平民的目標[26]。

印度對於人道干預的立場，與當時多數發言國家都不同，主要與喀什米爾問題有關，而其對於核子武器的關切，也正反映出當時印度與巴基斯坦之間核武競賽的激烈。

在2月22日安理會第3980次會議之討論中，另外一個重點是有關國際刑事法院之上。在加拿大先前的提議下，包括日本、韓國、紐西蘭、巴基斯坦、烏克蘭、瑞士、埃及、及多哥等國家均發言支持設立國際刑事法院，伊拉克提到支持透過制度來保障平民安全等；美國、英國等未明確表態；而僅有印度明確表示反對此一制度。

安理會第3980次會議持續至當日下午繼續召開，而下午議程重點，則是伊拉克與美國及英國之間，借用了各方對於保護平民的觀點，就安理會制裁伊拉克的各項決議進行爭辯。伊拉克代表Saeed Hasan發言表示，就保障平民安全而言，聯合國安理會在1990年8月對於伊拉克進行的制裁和次年的對伊拉克戰爭，總共奪走150萬伊拉克平民的生命，摧毀了伊拉克社會經濟基礎，聯合國應立即停止這種制裁。另外，美國與英國當前對伊拉克實施禁航區政策是非法的，違反聯合國有關尊重伊拉克領土主權完整的各項權利，應當受到安理會的譴責[27]。

美國駐聯合國常任副代表Peter Burleigh在會議上回應指出：

伊拉克領導階層應該爲伊拉克近年來歷經的困難承擔全部責任。伊拉克不僅不是受到其他國家侵略的受害者，而是對幾乎所有鄰國進行暴力威脅，包括土耳其、沙烏地阿拉伯及科威特等都受到伊拉克的武力威脅。伊拉克對於鄰國公開的侵略意圖，以及伊拉克拒不執行本安理會各項強制性決議，這就是中東地區不穩定的因素。……簡言之，伊

26 The 3980th Meeting of United Nations Security Council, S/PV.3980, February 22, 1999, pp. 16-19.

27 The 3980th Meeting of United Nations Security Council, S/PV.3980 (Resumption 1), February 22, 1999, pp. 14-17.

拉克拒絕放棄大規模毀滅性武器，而聯軍在有限地使用武力時，盡可能採取預防措施以保護平民，……建立禁飛區就是爲了保護平民。伊拉克政權暴力的受害者，包括伊拉克南部的什葉派與北部的庫德族人，禁飛區也可以爲伊拉克鄰國提供預警作用。……伊拉克政權本身就是對伊拉克人民不斷進行暴力行爲的罪魁禍首[28]。

美國代表的發言得到英國的支持，而俄羅斯代表則強調所謂禁飛區與聯合國安理會的歷次決議沒有共通之處，同時表示俄羅斯對於英、美等國在禁飛區的轟炸以及外國入侵伊拉克北部感到憂慮。

在加拿大的努力之下，各國事先已達成主席聲明要加強對於武裝衝突中平民的保護，其後安理會也通過第1265（1999）號決議案針對婦女及兒童提供保護，同時希望國際社會針對地雷等殺傷性武器加強管制，及第1296（2000）決議案，考慮在平民受到種族滅絕、危害人類罪和戰爭罪威脅的情況下，建立臨時區與安全走廊來保護平民並提供援助之可能性並譴責武裝衝突中煽動平民的行爲，這可算是一項成就。若以前述的建構主義理論觀之，加拿大作爲一個規範倡議者，利用聯合國安理會做爲發聲的機制，讓人類安全的概念（尤其是保護平民）進入規範爭辯的過程以被看見、被討論，最後成爲多個決議案。正如紅十字會國際委員會主席Jakob Kellenberger在2000年4月19日聯合國安理會第4130次會議上發言指出，艾斯威西部長「對於人類安全這一理念，是一位令人信服的捍衛者（a convincing promoter）。」[29]然而，由前述安理會第3980次會議之討論可以看出，在規範爭辯的過程中，當涉及各國本身利益時，這樣的討論就聚焦在主權是否受到人道干涉與國際制度的侵犯、傳統及核子武器是否被禁制、及制裁是否合理等傳統性的議題上。

相較於其他有關人類安全之議題而言，對武裝衝突中的平民提供保護，或許可說是較容易達成共識者，也就是較容易爲其他國家所接受、較爲容易擴散的規範。舉例而言，美國對於許多國家在討論中所提到的國際刑事法院以及防制地雷等議題，即採取相當保守之態度。1997年，加拿大在國際間推動禁止殺傷人員地雷運動的渥太華進程（the Ottawa Process）已有所成效，並被視爲艾斯威西推動人類安全的一項重要途徑，但美國方面一直抱持疑懼而不願加入。到了2000年左右，已有約130個國家加入此一公約，以維護平民之人身安全，但美國以仍需要此種地雷來遏阻北韓對駐南韓美軍的進犯，仍不願意加入；其他未參加此公約者包括中國、俄羅斯與伊拉克等[30]。至於國際刑事法院的部分，加拿大內部原先也有所顧忌，後來經過內部辯論後，艾希威西表示將以公眾外交的方式來推動，包括委請國會議員向國際宣傳加拿大支持之立場、同時健全

28 The 3980th Meeting of United Nations Security Council, S/PV.3980 (Resumption 1), February 22, 1999, pp. 26-27.

29 The 4130th Meeting of United Nations Security Council, S/PV.4130, April 19, 2000, p.4.

30 David Pugliese, “How U.S. Bungled Landmine Talks: Canadian Report Says Americans Froze Themselves out,” *The Ottawa Citizen*, December 1, 2000, p. A1.

國內法治以說服內部有疑慮者等。美國方面對於國際刑事法院乙案，則有多重考量，一方面是當時國會由共和黨主宰，柯林頓政府很難獲得國會支持，另方面則是不能讓美國人在美國以外的法院受審的想法普遍充斥於美國社會，使得美國對於加入支持國際刑事法院的設立頗爲猶豫[31]。

肆、艾斯威西主義的再檢視

加拿大藉由聯合國安理會以推動人類安全的相關規範，包括保護武裝衝突中的平民以及禁止使用殺傷人員地雷等，可以說有相當的成效。若以規範倡議者的角色而言，加拿大可說成功地將國內的討論與關切帶至國際場域上，並讓國際社會接受其觀點。此外，由上述例證可以看出，即便此一議題可以由國際關係理論下的建構主義進行分析，但大國政治與此亦密不可分，因此，此節將集中討論權力政治之影響。事實上，艾斯威西本人也多次在演講中提及軟實力（soft power）的概念[32]。

艾斯威西於1996年1月至2000年10月擔任加拿大外長期間，在政府內部的討論與國際場域之演講均多次提到軟實力可以作爲加拿大外交政策的基石，而人類安全作爲一項規範、多邊主義作爲推動方式，正是加拿大的軟實力資源。有媒體以艾斯威西主義（the Axworthy Doctrine）來形容當時加拿大外交政策，是將軟實力的概念與人類安全相結合，並以禁止殺傷人員地雷、保護兒童、推動國際刑事法院等議題作爲標誌[33]。Prosper Bernard 則將艾斯威西主義與中等強權外交政策進行比較，認爲艾西威西主義之特點包括：一、弱小國家與非國家行爲者或全球公民社會可以推動自己的議程，甚至可以不需要強權國家的合作；二、認爲國際體系已經有所轉變，由原先的以國家爲中心轉而變爲以規範爲中心，也就是國際行爲者的行爲將會以是否符合國際規範爲主要考量；三、認爲加拿大可以透過軟實力來達成其國家目標，而非必須要倚靠硬實力。相較之下，中等強權外交政策則仍然重視傳統之國家及其權力[34]。

艾斯威西在外交政策上重視軟實力而較少提及硬實力要素，確實成爲各方質疑的重點。Fen Hampson與 Dean Oliver 稱艾斯威西的外交政策是講壇外交（pulpit diplomacy），過於重視言詞而難有具體行動[35]；Brooke Smith-Windsor則認爲加拿大自

---

31 Barbara Crossette, "U.S. Resists War-Crimes Court as Canada Conforms," *The New York Times*, July 22, 2000, p. A4.

32 Lloyd Axworthy, "Why 'Soft Power' is the Right Policy for Canada," *The Ottawa Citizen*, April 25, 1998, p. B6.

33 Mike Trickey, "The Axworthy Doctrine," *The Ottawa Citizen*, January 5, 2000, p. A6.

34 Prosper Bernard, "Canada and Human Security: From the Axworthy Doctrine to Middle Power Internationalism," *The American Review of Canadian Studies*, Vol. 36, No. 2 (2006), p. 234.

35 Fen Hampson and Dean Oliver, "Pulpit Diplomacy: A Critical Assessment of the Axworthy Doctrine,"

1990年代開始，多次參與聯合國維持和平之各項行動，奠立了加拿大特殊的國際地位與國家認同，而這是硬實力與軟實力的結合[36]。Joseph Nye 亦曾表示加拿大在推動人類安全乙事上，似乎是作出了高於本身實力的承諾[37]。換言之，艾斯威西主義被認爲是言過於實、不強調國家硬實力的論述。

針對此等批評與質疑，艾斯威西本人多次表示其並沒有忽視以軍事力量爲主要構成要素的硬實力，不認爲推動人類安全議題在加拿大政府內部資源分配上造成國防部門的困擾。更重要的是，艾斯威西認爲主權不能無限上綱地成爲國家排斥人道干涉的盾牌。爲了保障人類安全，結合志同道合的朋友與國家，正是加拿大的強項，且可以讓有限的國家資源作有效的配置[38]。若證諸其後之發展，艾斯威西的論點確實讓強權國家對於人類安全更願意重視。如美國柯林頓總統於2000年9月在聯合國的談話，提到一國內部的宗教與族群戰爭對國際社會構成重大挑戰，「我們必須尊重一國的主權與領土完整，但我們也必須尋求外交、制裁或集體軍事行動來保護平民，正如我們保護各國的疆界一般。」[39]

誠如艾斯威西先前指出，在冷戰結束後，國際安全之重心已經不是過去的核子武器威脅，而是人類安全議題。惟有當人類安全得到保障，國際社會才會有持久的穩定。由此觀之，艾斯威西主義作爲當時加拿大外交政策之特色，有助於國際社會將關切之重心由傳統安全轉移到人類安全上，有其貢獻。惟必須指出的是，同一時期之其他國家如日本等國，對於人類安全亦提出本身之看法與關切，且著重之目標也較加拿大於1999至2000年在聯合國安理會中以平民之人身安全爲主的考量更爲廣泛，而這樣的規範又是如何遞嬗的，值得後續研究者進一步探討。

伍、結語：加拿大推動人類安全對臺灣之參考

自1990年代中期開始，加拿大作爲中等強權，對於冷戰結束後的國際環境有了不同於以往以權力平衡、核武對峙爲主的思考方向，在當時的外交部長艾斯威西推動下，政府部門之間對此經由辯論而產生推動人類安全議題之共識，其後並藉由擔任聯合國安理

International Journal, Vol. 53, No. 3 (1998), pp. 379-406.

36 Brooke A. Smith-Windsor, “Hard Power, Soft Power Reconsidered,” *Canadian Military Journal*, Vol. 1, No. 3 (2000), pp. 51-56.

37 Steven Pearlstein, “Canada’s New Age of Diplomacy: Foreign Minister Unafraid to Give Americans Occasional Poke in the Eye,” *The Washington Post*, February 20, 1999, p. A13.

38 Stephen Handelman, “Sovereignty Must Not Be A Shield: Axworthy,” *The Toronto Star*, September 24, 1999; Mike Trickey, “The Axworthy Doctrine,” *The Ottawa Citizen*, January 5, 2000, p. A6.

39 “Axworthy’s Triumph of Diplomacy,” *The Toronto Star*, September 17, 2000.

會非常任理事國之機會，將相關概念透過規範爭辯的過程，最終爲多數國家所接受，成功地達成規範擴散。

對臺灣而言，我國在分類上不屬於具有硬實力可以透過片面手段貫徹其意志之強權國家，故加拿大在國內及國際之雙層賽局間成功推廣人類安全概念的經驗值得我們思考。首先，我國理當先行思考何種規範應該被推廣。以目前我國強調的人道援助而言，我們可能需要更清楚界定其內涵與優先順序，例如災害救助或難民問題等，均屬於人道援助的一部分，但若能夠先著重其一，並列出可行之政策工具，或許更容易在政府部門之間推動。換言之，加拿大初始以相對狹窄的方式來定義人類安全，較爲容易在政府部門之間進行協調，也容易在國際社會之間推動成爲焦點。

其次，若能有一特定機構或具有特色之個人可以推廣相關概念與規範，也就是規範倡議者的角色，也將有助於臺灣持續且一致性地在國際場合推動特定的概念。我國外交部門有相當多具有經驗的外交人員，可以說是臺灣的品牌，應當突顯渠等在國內及國際之間於規範爭辯中之角色。

最後，加拿大透過結盟來獲致成果的經驗，值得處境特殊的我國學習。其中，如同加拿大一樣，我國要與想法接近的國家合作；另外，我國也必須重視推動的相關規範是否符合國際社會主要國家、尤其是強權國家如美國之立場，將可讓規範的推動更爲有效。換言之，軟實力與硬實力對我國而言都相當重要。

參考文獻

中文

蔡育岱，**人類安全與國際關係：概念、主題與實踐**（臺北：五南圖書，2014年）。

西文

"Axworthy's Triumph of Diplomacy," *The Toronto Star*, September 17, 2000.

Axworthy, Lloyd, "Canada and Human Security: The Need for Leadership," *International Journal*, Vol. 52, No. 2 (Spring 1997), p. 183.

Axworthy, Lloyd, "Why 'Soft Power' is the Right Policy for Canada," *The Ottawa Citizen*, April 25, 1998, p. B6.

Barthos, Gordon, "Canada's Timely Bid for a U.N. Security Council Seat," *The Toronto Star*, September 25, 1998, p. A23.

Battersby, Paul, and Joseph Siracusa, Globalization and Human Security (Lanham, MD: Rowman & Littlefield, 2009).

Bernard, Prosper, "Canada and Human Security: From the Axworthy Doctrine to Middle Power

Internationalism," The American Review of Canadian Studies, Vol. 36, No. 2 (2006), pp. 233-261.

Bosold, David, and Sascha Werthes, "Human Security in Practice: Canadian and Japanese Experiences," *International Politics and Society*, No. 1 (2005), pp. 84-101.

Bosold, David, and Wilfried von Bredow, "Human Security: A Radical or Rhetorical Shift in Canada's Foreign Policy?" *International Journal*, Vol. 61, No. 4 (2006), pp. 829-844.

Crossette, Barbara, "Agencies Say U.N. Ignored Pleas on Hutu," *The New York Times*, May 28, 1997, p. A3.

Crossette, Barbara, "U.S. Resists War-Crimes Court as Canada Conforms," *The New York Times*, July 22, 2000, p. A4.

Dedring, Jurgen, "Human Security and the UN Security Council," in Hans Günter Brauch, Úrsula Oswald Spring, Czeslaw Mesjasz, et al. eds., *Globalization and Environmental Challenges: Reconceptualizing Security in the 21st Century* (Verlag: Springer, 2008), pp. 605-619.

Finnemore, Martha, and Kathryn Sikkink, "International Norm Dynamics and International Change," *International Organization*, Vol. 52, No. 4 (1998), pp. 887-917.

Hampson, Fen, and Dean Oliver, "Pulpit Diplomacy: A Critical Assessment of the Axworthy Doctrine," *International Journal*, Vol. 53, No. 3 (1998), pp. 379-406.

Handelman, Stephen, "Sovereignty Must Not Be A Shield: Axworthy," *The Toronto Star*, September 24, 1999.

Macleod, Alex, Stephane Roussel and Andri van Mens, "Uneasy Partnership: There are Flashpoints ahead in the U.S.-Canada Defense Relationship," *The Gazette*, October 21, 1999, p. B3.

Masaki, Hisane, "Japan, U.S. to Discuss Six Projects to Rebuild Asian 'Human Security'," *The Japan Times*, April 8, 1999.

McRae, Rob, and Don Hubert," Human Security and the New Diplomacy: Protecting People," *Promoting Peace* (Quebec: McGill-Queen's University Press, 2001).

Morton, Desmond, "Staking out the 'Human Security' Turf," *The Gazette*, July 10, 2000, p. B3.

Pearlstein, Steven, "Canada's New Age of Diplomacy: Foreign Minister Unafraid to Give Americans Occasional Poke in the Eye," *The Washington Post*, February 20, 1999, p. A13.

Pugliese, David, "How U.S. Bungled Landmine Talks: Canadian Report Says Americans Froze Themselves out," *The Ottawa Citizen*, December 1, 2000, p. A1.

Smith-Windsor, Brooke A., "Hard Power, Soft Power Reconsidered," *Canadian Military Journal*, Vol. 1, No. 3 (2000), pp. 51-56.

The 3977th Meeting of United Nations Security Council, S/PV.3977, February 12, 1999.

The 3980th Meeting of United Nations Security Council, S/PV.3980, February 22, 1999.
The 4130th Meeting of United Nations Security Council, S/PV.4130, April 19, 2000.
Trickey, Mike, "The Axworthy Doctrine," *The Ottawa Citizen*, January 5, 2000, p. A6.
"President Statement," United Nations Security Council, S/PRST/1999/6, February 12, 1999.
"Report of the Secretary-General to the Security Council on the Protection of Civilians in Armed Conflict," United Nations Security Council, S/1999/957, September 8, 1999.
United Nations Security Council, S/RES/1265 (1999), September 17, 1999.
United Nations Security Council, S/RES/1296 (2000), April 19, 2000.
Waltz, Kenneth, "Structural Realism after the Cold War," *International Security*, Vol. 25, No. 1 (2000), pp. 5-41.
Waltz, Kenneth, and James Fearon, "A Conversation with Kenneth Waltz," *Annual Review of Political Science*, Vol. 15 (June 2012), pp. 1-12.
Whittington, Les, "PM to Push Human Security at G-8," *The Toronto Star*, July 18, 2000.

第15章 臺灣海外華語教學的安全化——以臺灣書院與臺灣教育中心的發展為例

方天賜

壹、前　言

奈伊（Joseph Nye）在1990年提出軟權力（soft power，或譯軟實力）的概念之後，國家權力中的文化及價值因素受到較多的關注[1]。文化既然是軟權力的主要組成，也就是是國家權力的一環。中共國家主席習近平主持國家安全委員會第一次會議時，便將文化安全列爲中國國家安全體系的一環[2]。文化資產（包括有形及無形）若受到威脅，自然也影響到國家整體安全。故「文化安全」是指管理對於文化資產的威脅，包括保持文化傳統及文化的代表事物，及促使文化整合以促進國家間的合作等[3]。

就臺灣而言，向來以「中華文化」 的保存者自居，並將正（繁）體字視爲臺灣的重要文化資產。正如龔鵬程指出：全球漢語教學市場，原本是由臺灣所主導。臺灣對於中國文化的解釋權，以及臺灣對中華文化的保存與發揚之地位及貢獻，受到大家所公認[4]。臺灣政府也體認到海外的華語教學視爲重要的外交工具。在總統府官網的首頁圖示中，便將「輸出華語文化影響力」列爲臺灣的軟實力輸出要項[5]。

但臺灣的海外華語教學受到中國大陸推廣簡體字的強力挑戰。中國大陸積極經營及擴展海外華語教學市場，臺灣則是「日就萎縮，市場盡失。」[6]其中主要的衝擊爲中國大陸自2004年開始向海外設置「孔子學院」（Confucius Institute），以其爲平臺，在海外拓展中文教學。換言之，臺灣的海外華語教學這項文化安全受到嚴重的侵蝕。

1 Joseph S. Nye, "Soft Power," *Foreign Policy*, No. 80, (Autumn 1990), pp. 153-171.

2 習近平提出，中國大陸的國家安全包括政治安全、國土安全、軍事安全、經濟安全、文化安全、社會安全、科技安全、資訊安全、生態安全、資源安全、核安全等。見「習近平：堅持總體國家安全觀走中國特色國家安全道路」，新華社，2014年4月15日，http://news.xinhuanet.com/politics/2014-04/15/c_1110253910.htm。最後瀏覽日：2015年8月30日。

3 Erik Nemeth, "Cultural Security: Potential Value of Artworks and Monuments to Foreign Policy," *Los Angeles World Affairs Council*, Luncheon Talk, February 2012, Santa Monica, California, http://culturalsecurity.net/cs/pdfculturalsecuritylawac2012.htm (accessed: Oct. 30, 2015).

4 龔鵬程，「華語教學之淪陷」，鵬程隨筆（網站），2004年11月23日，http://www.fgu.edu.tw/~kung/post/post27.htm。最後瀏覽日：2015年8月30日。

5 參閱中華民國總統府網站，http://www.president.gov.tw/。最後瀏覽日：2014年6月30日。

6 龔鵬程，「華語教學之淪陷」，http://www.fgu.edu.tw/~kung/post/post27.htm。最後瀏覽日：2015年8月30日。

面對中國大陸孔子學院的運作，臺灣也採取一些措施應對，包括在政府推動的「黃金十年，國家願景」施政計畫中，明文列出「邁向華語文產業輸出大國」的目標。2013年開始由教育部推動「邁向華語文教育產業輸出大國八年計畫」等[7]。但若就設置海外機構而言，則以2006年開始推動設置的「臺灣教育中心」（Taiwan Education Center）及2010年開始成立的「臺灣書院」（Taiwan Academy）爲主。

但相對於孔子學院的討論，臺灣海外華語教學機構的研究仍相當匱乏。探討臺灣如何應對此項文化安全威脅的議題也未受到重視。爲了彌補此項落差，本文擬本文將利用「安全化」（securitization）的概念來探討臺灣的海外華語教學作爲，特別著重於臺灣教育中心及臺灣書院的設置及發展。本文將從以臺灣書院及臺灣教育中心的設置及運作作爲案例，討論臺灣面對海外華語教學受到威脅時，如何將此議題進行「安全化」；並進而討論其實踐的成效。希望從中探索臺灣建構對外文化安全戰略及面臨的挑戰。

貳、對外華語教學的「安全化」

根據布贊（Barry Buzan）等人的看法，成功的「安全化」應包含三項步驟。首先是要界定存在性的威脅（existential threats）；其次，採取緊急行動；第三，透過破壞或擺脫自由規則 影響單元間的關係[8]。當一項議題得到安全化之後，就成爲緊急或特別事件，得以獲取更多的資源及不受正常程序的制約。

而安全化往往包含著四類行爲體：第一爲倡議者，即實施及推動安全化的行爲體，倡議者在判定威脅時，必須要有邏輯上的一致性，能夠解釋誰是威脅（who）、威脅是何物（what）、威脅的來源與原因（cause and result）等[9]。第二爲指涉客體（reference object）：即安全受到損害或威脅，而需要給予保護的對象；第三是威脅源（threat agent）：指製造威脅的來源；第四是聽眾，他們決定安全化的行爲是否應被接受[10]。

若借用上述的安全化相關概念來檢視臺灣海外華語教學的「安全化」過程，則可以推演出下列幾個基本要點。首先，要先定義臺灣海外華語教學所面臨的威脅。從臺灣的角度來看，華語文是臺灣文化之「根基與寶藏」。但中國大陸藉由設立孔子學院等方

7 「邁向華語文教育產業輸出大國八年計畫（102 109）」，教育部，2014年5月26日，http://www.edu.tw/userfiles/url/20140529105812/（第3版）邁向華語文產業輸出大國八年計畫1030526-依國發會意見修.pdf。最後瀏覽日：2015年8月30日。

8 Barry Buzan, Ole Waever & Jaap de Wilde, *Security: A New Framework of Analysis* (Boulder, Colo.: Lynne Rienner, 1998), p. 6.

9 蔡育岱、譚偉恩，「敵人刑法與安全化理論：國際實踐和理論衝突」，**中正大學法學集刊**，28期（2010年1月），頁94。

10 潘亞玲，「安全化 國際合作與國際規範的動態發展」，**外交評論**，總第103期（2008年6月），頁51-59。

式，在國際社會取得華語教學的主導權及發言權。這些發展，對臺灣的華語文輸出產生排斥性效果，嚴重戕害臺灣文化的國際影響力。換言之，這些發展便對臺灣文化安全產生「存在性的威脅」。

換言之，臺灣政府成爲安全化的啓動者，其認知到海外的正體字教學受到中國大陸孔子學院威脅，需要予以保護。故海外的正體字教學爲安全化過程的指涉客體，孔子學院爲此項議題的威脅源。而針對安全化而採取的特定行動中，包括設置臺灣教育中心及臺灣書院兩類海外機構。因爲孔子學院、臺灣教育中心及臺灣書院都是設置於海外的機構，故兩岸之外的第三國都是廣義的「聽眾」。

在上述的安全化過程中，本文主要討論的有關臺灣教育中心及臺灣書院（Ta的建置及發展。從目前的發展來看，本文認爲，臺灣政府雖嘗試啓動「海外華語教學」的安全化，但結果並不算成功，處於「不完全的安全化」狀態。下文將進一步回顧臺灣教育中心及臺灣書院的設立及發展，及其未能完全安全化的因素。

參、臺灣教育中心的設置及發展

臺灣教育部於2006年首次補助臺灣大學在海外設立臺灣教育中心；隔年（2007年）2月，教育部正式發布「教育部補助國內大學境外設立臺灣教育中心要點」，說明規劃由國內大學赴海外重點國家設立臺灣教育中心的目標及期待。該辦法指出，臺灣教育中心除了提供外籍生到臺就學的相關資訊外，並配合國家對外華語教學政策，就地開辦華語文課程、舉辦華語文能力測驗、華語教學能力認證考試等[11]。教育部並委託「財團法人高等教育國際合作基金會」（Foundation for International Cooperation in Higher Education of Taiwan, FICHET）作爲臺灣教育中心計畫的推動辦公室。

簡言之，臺灣教育中心有兩大目的：擴大延攬外籍生來臺就學及推動國家對外華語教學政策。臺灣政府沒有公開將臺灣教育中心與孔子學院相提並論，對外說法是學習英國教育中心、加拿大教育中心的模式。但由於臺灣教育中心的成立與孔子學院都以推動華語教學爲宗旨的境外機構，性質上相似。孔子學院是從2004年正式推動，臺灣教育中心則是於2006開始設立，設立的時間也相距不遠。在運作型式方面，臺灣教育中心也是採取孔子學院的作法，以補助本國大學跟外國大學進行合作的模式進行。故臺灣教育中心也常被視爲臺灣版的「孔子學院」。如前所述，若將孔子學院視爲臺灣海外華語教學的威脅緣，推動設置臺灣教育中心可以視爲臺灣政府面對這項文化威脅所採取的「安全

11　「教育部補助國內大學境外設立臺灣教育中心要點」，教育部網站，2013年5月 29日修正，http://edu.law.moe.gov.tw/LawContentDetails.aspx?id=FL042302&KeyWordHL=&StyleType=1。最後瀏覽日：2015年6月30日。

化」行動。

臺灣自2006年補助大學校院於海外設置臺灣教育中心，迄今已於泰國、越南、馬來西亞、韓國、蒙古、印尼、日本、美國及印度等9國設立14個臺灣教育中心。其中，印度的中心雖然成立較晚，但發展數量最多，已在五個印度大學內設置據點。越南則有胡志明與河內兩個據點。泰國的中心設於曼谷，但於清邁另設分部等。其於國家則各有一個據點。（參閱表15-1）

表15-1　臺灣教育中心設置資訊

中心名稱	設立地點	目前的承辦大學	華語文相關工作目標	備註
泰國臺灣教育中心	泰國曼谷	國立屏東科技大學（2013年2月迄今）	舉辦華語文能力測驗（TOCFL）	原由國立臺灣師範大學經營（2006-2013）；另國立中興大學於2007年在清邁設立臺灣教育中心,但於2013年退出，目前由屏科大接辦，改為分區辦公室
蒙古臺灣教育中心	蒙古烏蘭巴托	銘傳大學（2007年9月迄今）	在蒙古國内推廣正體字華語…在中國的強大外交壓力之下，在有限的資源與時間内有效的推展正體字華語推廣工作，暨鼓勵優秀蒙古學生選擇臺灣作為留學的首要選項	
韓國臺灣教育中心	韓國首爾	銘傳大學（2014年度起）	在韓國國内推廣正體字華語…在中國的強大外交壓力之下，在有限的資源與時間内有效的推展正體字華語推廣工作，暨鼓勵優秀韓國學生選擇臺灣作為留學的首要選項	成立於2007年，由銘傳大學經營至2013年退出，銘傳大學於2014年繼續辦理。

（接續前頁）

中心名稱	設立地點	目前的承辦大學	華語文相關工作目標	備註
越南臺灣教育中心（胡志明市）	越南胡志明市	國立暨南國際大學（2014年4月起）	推廣華語文教育及辦理遊學臺灣語言文化研習團。協助推廣華語教學與華語測驗。	2007年由國立暨南國際大學設立，2013年退出經營，2014年繼續辦理；另2011年龍華科技大學亦在越南峴港設立臺教中心，但於2013年退出經營。
馬來西亞臺灣教育中心	馬來西亞吉隆坡	逢甲大學（2013年1月）	推廣華語文教育學習 推動零距離教學與學習服務……推廣並舉辦華語文能力測驗	由國立彰化師範大學於2007年設立，但彰師大於2013年退出，改由逢甲大學接辦。
越南臺灣教育中心（河內）	越南河內	文藻外語大學（2014年8月起）	開設華語文培訓班，包括：初、中和高級華語班、實用華語班、專業華語班、語文教師培訓班等……舉辦華語文能力測驗和臺越語言與文化的各種活動及研討會，	2007年由文藻外語學院設立，但於2013年退出，2014年再重新經營。
印度臺灣華語教育中心-JGU	印度Sonipa（O P Jindal Global University）	國立清華大學（2011年迄今）	開設境外專班、拓展華語文教育及擴大招收印度學生來臺就學；推動正體華語教學；推廣華語文教育及協辦華語文能力測驗。	2013年更名為臺灣華語教育中心
印度臺灣華語教育中心-Amity	印度Noida（Amity University）	國立清華大學（2011年迄今）	設境外專班、拓展華語文教育及擴大招收印度學生來臺就學；推動正體華語教學；推廣華語文教育及協辦華語文能力測驗。	2013年更名為臺灣華語教育中心
印尼臺灣教育中心	印尼泗水	國立臺灣科技大學（2011年2月）	推廣並開辦華語教學、開設華語班、提供華語課程諮詢、提供當地學校申請華語師資之諮詢服務……	

（接續前頁）

中心名稱	設立地點	目前的承辦大學	華語文相關工作目標	備註
美國臺灣教育中心	美國密西根	銘傳大學（2012年8月）	在美國國內推廣正體字華語……在中國的強大外交壓力之下，在有限的資源與時間內，有效的推展正體字華語推廣工作，並鼓勵優秀美國學生，選擇臺灣作為留學的首要選項。積極輸出我國優良華語師資至美國，藉由臺灣教育中心長期建立之關係網絡，讓更多美國各級學校能與臺灣各大學院校，共享優良華語師資（Teaching Chinese as a Second Language）。	
日本臺灣教育中心	日本東京	淡江大學（2012年2月）	協助推廣華語教學與華語測驗（TOCFL）	
印度臺灣華語教育中心-JMI	印度新德里（Jamia Milla Islamia University）	國立清華大學（2013年）	設境外專班、拓展華語文教育及擴大招收印度學生來臺就學；推動正體華語教學；推廣華語文教育及協辦華語文能力測驗。	以Taiwan Education Program名義與印方學校合作
印度臺灣華語教育中心-IIM	印度清奈（Indian Institute of Technology Madaras）	國立清華大學（2013年迄今）	設境外專班、拓展華語文教育及擴大招收印度學生來臺就學；推動正體華語教學；推廣華語文教育及協辦華語文能力測驗。	以Taiwan Education Program名義與印方學校合作
印度臺灣華語教育中心-JNU	印度新德里（Jawaharlal Nehru University）	國立清華大學（2015迄今）	設境外專班、拓展華語文教育及擴大招收印度學生來臺就學；推動正體華語教學；推廣華語文教育及協辦華語文能力測驗。	派遣一位老師，未正式成立中心

資料來源：作者整理自「臺灣教育中心資訊平臺」，**財團法人高等教育國際合作基金會**，http://www.fichet.org.tw/tec/#>，最後瀏覽日：2015年6月30日；「成立宗旨」，**蒙古臺灣教育中心**， http://www.tecm.org.tw/tw/mission.html ，最後瀏覽日：2015年6月30日；「中心簡介」，**日本臺灣教育中心**，http://tecj.tku.edu.tw/?page=intro&lang=zh，最後瀏覽日：2015年6月30日；「中心簡介」，**泰國臺灣教育中心**，http://www.tec.mju.ac.th/jp/about-us.html，最後瀏覽日：2015年6月30日；「教育中心簡介」，**馬來西亞臺灣教育中心**，http://www.mtec.fcu.edu.tw/intro/super_pages.php?ID=intro1，最後瀏覽日：2015年6月30日；「成立宗旨」，**印度臺灣華語教育中心**，http://tecindia.proj.nthu.edu.tw/index.php?lang=zh-TW&active=AboutUs&item=1，最後瀏覽日：2015年6月30日；「邁向華語文教育產業輸出大國八 計畫（102-109）」，**教育部**，2014年5月26日，http://www.edu.tw/userfiles/url/20140529105812/（第3版）邁向華語文產業輸出大國八年計畫1030526-依國發會意見修.pdf，頁13。

若進一步回顧臺灣教育中心的發展過程，2006年於泰國曼谷設立第一所臺灣教育中心。2007年則大舉成立六所（蒙古烏蘭巴托、韓國首爾、越南胡志明市、泰國清邁、馬來西亞吉隆坡、越南河內）。但接下來的三年內，發展即陷入停滯。2011-2012年是臺灣教育中心發展的另一個高峰期，再度成立新的據點，先後在印度、印尼、越南、美國、日本等五國成立六個新中心。但到了2013年之後，由於教育部改變補助方式及對象，要求在海外承辦臺教中心的大專院校須自付50%經費，不少學校因此退出參與臺灣教育中心的運作。

這個補助方式有明顯不合理之處。教育部原來是希望藉助大專院校之力，藉各校的海外聯繫來推動設立海外臺灣教育中心。但承辦的大專院校卻被要求自籌一半的經費。換言之，大專院校協助政府推動案子，不但沒有得到實質的獎勵，反而要幫政府負擔一半經費。對絕大部分的大專院校而言，除非他們把臺灣教育中心實質上變成自己的海外據點，或者把自己原來的海外據點轉型成臺灣教育中心（可以得到50%經費補助），否則這樣的付出並不合理。但這樣並不符合臺灣教育中心應該爲所有大專院校服務的原則。

由於這項政策改變，導致許多設立多年的臺灣教育中心在該年爲之中斷，或換手經營。包括泰國曼谷、韓國首爾、越南胡志明、泰國清邁、馬來西亞吉隆坡、越南河內、越南峴港等中心。其中，以越南的臺灣教育中心受影響最爲嚴重。原本在越南設立有三所臺教中心，全部在2013年初停止運作。據媒體報導，越方因此批評臺灣「缺乏道義[12]」。2014年，越南的臺灣教育中心才又重新設立。事實上，越南境內原本也無孔子學院，是臺灣的絕佳機會。但不知是否受臺灣教育中心撤點的影響，越南也在2014年開始引進孔子學院。

另一方面，設於印度的臺灣教育中心雖然成效不錯，也因爲教育部改變補助法源，將據點的名稱自我限縮，由「臺灣教育中心」改爲較狹隘的「臺灣華語教育中心」。自2013年之後，臺灣教育中心的發展再度陷入停滯，除了在印度增設一個據點之外，並無新的發展。

歷經十年的發展，臺灣教育中心的數量仍舊相當有限。就分布地區而言，臺灣教育中心的主要據點在亞洲地區，包括東亞及南亞等。亞洲之外，則只有美國密西根一個據點，就地理位置而言，並不具代表性。整體而言，難以形成規模效應。相較之下，孔子學院近年來雖然也引起很多爭議，但截至2014年12月，已在120國設立475所孔子學院[13]。故臺灣教育部的官方資料中也坦承，臺灣目前的華語文教育市場落點相當侷限，臺灣教育中心仍以招收亞洲區域的學位生爲主，華語文招生方面的成效並不顯

12　「教部砍補助，海外臺教中心紛熄燈」，自由時報，2013年4月28日http://news.ltn.com.tw/news/focus/paper/674480。最後瀏覽日：2015年6月30日。

13　此外，中國大陸也在65國設立851個孔子學堂。

著[14]。

另外，如前所述，臺灣教育中心並非以華語教學爲單一宗旨。雖然臺灣教育中心都將推動華語教學列爲工作目標，卻非每個中心都有落實。以臺灣教育中心2015年1-5月的公開報告來看，只有印度、印尼、日本、泰國、越南等中心有提到開設華語教學課程（包括短期班）[15]。故在教育部的眼中，臺灣教育中心經營成效不彰[16]。

面對孔子學院的龐大資源及中國國力的支持，臺灣若不投入相當的資源，確實很難在短期內翻轉整個局面。但有趣的是，在印度等國家中，臺灣教育中心的表現並非如教育部所指的「成效不彰」，反而是推動臺灣海外華語教學的有效機制及有效的外交輔助工具。印度社會因爲跟中國大陸經貿往來的需求，對於中文人才的需求增加。最明顯的例子是，印度政府從2011年開始將華語列爲中學的選修語言課程[17]。但印度本身的華語師資有限，且集中於少數的大學中，加上印度華僑人數極少，印度高等學府內，鮮少有以華語爲母語的教師。所以從華語教師的供給面來看，印度面臨嚴重不足的問題。前述將華語列爲中學選修課程的計畫，便因爲缺乏相關師資無法全面落實。此外，印度與中國大陸關係不睦，政府基於國安考量也需要華語人才，以便能夠更確實掌握中國大陸的相關資訊。但由於印度對於中國大陸維持警戒的心態，所以印度政府對引進中國大陸籍教師的態度相當保守及謹慎，並擔心這些老師可能成爲滲透印度的間諜[18]。在這種特殊背景下，豐沛的臺灣華語教師成爲印度可能的選擇。前教育部長吳清基於2011年5月訪印時，印度人力資源發展部（Ministry of Human Resource Development，等同於教育部）部長席保（Kapil Sibal）便曾表明，希望臺灣能夠提供一萬名華語教師到印度協助教授華語[19]。

除了社會上的需求之外，印度軍方因爲中印關係不睦，加上邊界衝突未解決等緣故，更加強調學習華語文的重要性。印度軍方也將中文定位爲特種部隊需要精熟的「戰略語言」（strategic language）[20]。負責駐守中印邊界的印藏邊界警察部隊（Indo-Tibetan Border Police）也認爲需要強化學習華語。事實上，印藏邊界警察部隊人員原先已開始選修短期華語課程。但爲了強化溝通能力，在2014年底特別選派12位軍官前往印

---

14 「邁向華語文教育產業輸出大國八年計畫（102-109）」，教育部，頁11。

15 有關臺灣教育中心的報告，參閱「基金會活動」，財團法人高等教育國際合作基金會，http://www.fichet.org.tw/?event_cat=event-1。最後瀏覽日：2015年7月20日。

16 「邁向華語文教育產業輸出大國八年計畫（102-109）」，教育部，頁14。

17 "CBSE to introduce Mandarin in schools from 2011-12 session," *The Economic Times*, December 5, 2010 (accessed: Jun. 30, 2015).

18 陳牧民，「語文教育外交也休兵」，自由時報，2013年5月2日，http://talk.ltn.com.tw/article/paper/675627。最後瀏覽日：2015年6月30日。

19 「印度盼我提供萬名華語教師」，中時電子報，2011年5月10日，https://tw.news.yahoo.com/印度盼我提供萬名華語教師-184817688.html。最後瀏覽日：2015年6月30日。

20 "Army's special forces to hone linguistic skills to give greater punch to clandestine warfare," *The Times of India*, July 12, 2013, http://timesofindia.indiatimes.com/india/Armys-special-forces-to-hone-linguistic-skills-to-give-greater-punch-to-clandestine-warfare/articleshow/21012227.cms (accessed: Jun. 30, 2015).

度尼赫魯大學（Jawaharlal Nehru University）進修兩年期的華語課程[21]。

由於印度軍方不可能找中國大陸協助這類的課程，臺灣的華語老師及課程成爲印度軍方的可行選項。印度臺灣教育中心便曾應印度軍方要求，在2013年8-9月間開設印度軍官專班，共有18位印度軍官被選派參加此課程[22]。印度軍方也曾一度請臺灣選派華語老師到印度情報學校任教[23]。在臺印軍事交流仍有限的情況下，這其實是臺灣與印度軍方強化互動及擴大交流管道的絕佳機會。臺灣選定在印度大學設立臺灣教育中心的模式，也受到印度的歡迎。若用安全化的概念來看，顯示印度這位「聽眾」認同臺灣教育中心模式。

許多學者都提出印度的重要性。陳牧民便認爲，臺灣在國際上面臨北京的打壓，要與其他國家正常交往並不容易，而臺灣教育中心是一個具有戰略觀和前瞻性的構想，在印度設立臺灣教育中心是難得的外交成就[24]。印度媒體也稱許臺灣協助填補印度華語教學的缺口[25]。

即便如此，設置於印度的臺灣教育中心並未獲得臺灣主管單位重視，未將此案件視爲「孔子學院」型式的戰略性計畫，反而把它列爲一般性質的計畫案。每一年度都要重新申請及審核的型式進行，導致每一年度的計畫案審查通過後，常常都已經過了一季以上。2013年便傳出，派遣印度的華語老師薪資延遲未發。根據立法委員的說法，臺灣教育中心該年的經費遭到刪減，並要求不再增設據點[26]。如前所述，議題一旦成功安全化之後，可以獲得額外的資源及避免受到一般性的行政流程制約。由此來檢視，臺灣教育中心的發展並未達到此程度。

這樣的發展令人匪夷所思。中國大陸漢辦主任許琳曾提及，中國大陸也許需要花上20年的時間推動在印度的漢語教育，但是中方會保持耐心、信心和毅力[27]。換言之，中國大陸認知到進入印度華語市場的困難度。相對地，臺灣教育中心已經在印度打下不錯的基礎，在外交機會有限的情況下，臺灣應該更務實保握可能的機會，順勢發展。學者蕭新煌便評論，印度是少數對中國存有戒心、不歡迎孔子學院進駐的國家之一，但臺

---

21 "ITBP jawans learn Chinese to avoid confusion with PLA," *The Times of India*, November 1, 2014, http://timesofindia.indiatimes.com/india/ITBP-jawans-learn-Chinese-to-avoid-confusion-with-PLA/articleshow/45001193.cms, (accessed: Jun. 30, 2015).

22 「國立清華大學承辦印度臺灣華語教育中心102年成果報告」，國立清華大學，2014年1月，http://tecindia.proj.nthu.edu.tw/102.pdf。最後瀏覽日：2015年6月30。

23 有關當時的徵聘華語老師公告，參閱「（清華大學）徵求赴印度普內之華語教師」，東海大學華語中心，2012年3月27日，http://clc.thu.edu.tw/app/news.php?Sn=19，最後瀏覽日：2015年6月30。

24 陳牧民，「語文教育外交也休兵」。

25 "Mandarin for free, via Taiwan," *Sunday Guardian*, October 20, 2012, http://www.sunday-guardian.com/young-restless/mandarin-for-free-via-taiwan, (accessed: Jun. 30, 2015).

26 「印度臺教中心經費砍43% 立委疑國教排擠」，自由時報，2013年6月13日，http://news.ltn.com.tw/news/life/paper/687700。最後瀏覽日：2015年6月30。

27 "China to train 300 Indian teachers in Mandarin," *The Hindu*, August 25, 2012, http://www.thehindu.com/news/national/article3817554.ece, (accessed: Jun. 30, 2015).

灣居然還自砍經費，嚴重缺乏戰略眼光[28]。即使單純從語言教學的角度來看，印度是全世界人口最多的非華語國家，華語教學市場剛剛萌芽，加上孔子學院在印度的數量有限，是臺灣發展的大好機會[29]。

造成這些問題的原因可能是主管單位的位階太低以及可運用資源不足。以教育部而言，目前推動海外漢語教學業務是由兩岸及國際司的「海外臺灣學校及華語教育科」所負責。換言之，臺灣教育中心只是教育部國際及兩岸交流業務項下的一部分，必須要與其他眾多的海外交流事項排他性競爭預算及優先性。相較之下，中國大陸則是在教育部下設置直屬的「國家漢語國際推廣領導小組辦公室」（簡稱國家漢辦）來推動孔子學院及海外中文教學，主管人員則爲副部長層級。兩相比較，便可以看出臺灣教育中心與孔子學院主管位階的差距。在資源方面，中國大陸漢辦每 預算約66億元臺幣，每年約派出1萬5千多人至海外服務。孔子學院也出版漢語教材和工具書，並贈送圖書40多萬冊。相較下，我國部會每年挹注於華語文教育相關政策的資源合計約新臺幣4億元[30]。其中，臺灣教育中心每年的預算不超過兩千萬，只有漢辦的0.3%，根本無法相比。自然也不可能期待臺灣教育中心能有同樣的規模和成效。連教育部也坦承，與中國大陸所投入的巨大資源相較，臺灣華語文教育在海外市場經營上缺乏策略性，無法產生「以小博大」效應[31]。教育部雖計畫由華語科以委辦方式成立「財團法人華語文教育全球發展協會」，並將華語科現有例行性業務將逐步轉由該協會接辦。但此一民間性質單位是否能夠整合及動用官方資源，不無疑問，並未解決相關問題。

當一項議題獲得安全化之後，理應獲得特殊的優先性及更多的資源配置。但從2013年開始，臺灣教育中心並未被賦予這樣的地位跟資源，使得安全化的過程遭到中斷。臺灣政府對於是否持續推動臺灣教育中心，缺乏長程及全面性的戰略思考。

肆、臺灣書院

臺灣另一項在海外設置華語教學相關機構的嘗試是推動設置臺灣學院。這個構想起源於馬英九總統在2008年競選時，提出當選後將在世界廣設臺灣書院，以推動中華文化的構想。在其公布的2008文化白皮書中表示：「以文化作爲21世紀首要發展策略」、「以文化突圍，創造臺灣新形象：用文化補強傳統外交」，並提出「設置境外臺灣書

28 「教部砍補助 海外臺教中心紛熄燈」，自由時報，2013年4月28日。

29 董玉莉，「崛起中的印 華語文教學市場：臺灣的機會與挑戰」，臺北論壇政策研究創新獎勵論文，2013年2月。

30 教育部，「邁向華語文教育產業輸出大國八年計畫（102-109）」，頁6，19。

31 同前註，頁3。

院，以文化交心」等政策。馬英九總統就任之後，便由行政院文化建設委員會主導推動設置臺灣書院，並以華語文教育爲主要任務之一[32]。臺灣書院之所以跟華文語言教學產生聯繫，是因爲臺灣政府認爲：正體字是中國社會過去長期所使用的文字，所以是「認識中華文化無可取代的鎖匙」。臺灣是全球使用正體中文的主要地區，因此，臺灣對正體字的發展及保存自有重要且不可取代之地位。

因此，在推動中華文化的大架構下，「臺灣書院」希望整合華語文教學及正體字推廣、臺灣研究及漢學研究、臺灣多元文化等三大面向。換言之，推廣海外華語文教學也是臺灣書院的工作要項。在這方面，由於臺灣實施民主自由體制，所以在華語教材、教法上，呈現出多元、開放的特色，貼近國際教育發展趨勢。加上學習正體字，有助於學習者了解文化脈絡。所以，臺灣書院對於自己的品牌相當有信心。在做法上，希望建構網路教學及學習平臺，利用數位學習模式，服務各地的自學者及教學者；並期望與臺灣書院據點所在的當地教育機構合作，推動華語文教學師資的培訓、教材研發，藉以推廣正體字等[33]。

與臺灣教育中心不同是，該計畫是由文化部（及前身行政院文化建設委員會）所負責，但整合外交部等十四個單位官方及民間的資源。所以在位階上，臺灣書院比臺灣教育中心來得高。政府也投入更多的資源，初期總經費約新臺幣36億元，其中30億是從各部會已有經費調整支應，新增經費爲6億左右[34]。不過，臺灣政府也了解，臺灣書院在規模上仍無法與孔子學院相比。故歷任主其事者都強調臺灣書院與孔子學院進行區隔[35]。時任文建會主委盛治仁便表明，不可能做到直接派駐數千人至數百個實體書院長駐的規模，但要發揮創意及綜效，以「小而美、小而精緻」的方式，推動臺灣書院的工作[36]。至於據點，第一波是鎖定美國，希望隔年再擴展歐洲和亞洲[37]。

但在實際發展上，臺灣書院的發展規模卻比臺灣教育中心更爲侷限。臺灣書院於2011年10月正式啓動。該年10月14日，在美國紐約、休斯頓、洛杉磯三個城市同時成立。總統夫人周美青還特定前往紐約出席該地臺灣書院的開幕典禮，顯示政府對其重視。但自此之後，沒有成立任何新的據點。事實上，直到2014年10月，才在洛杉磯成立第一個臺灣書院實體據點[38]。迄今也只有美國境內紐約、休斯頓、洛杉磯三處書院。

32　文化部，「全球佈局行動方案102-105年國際交流中程計畫」，2013年4月24日，http://www.moc.gov.tw/images/egov/strategic/6738/p2-5-1-2.pdf。最後瀏覽日：2015年6月30日。

33　「『臺灣書院』簡介」，臺灣書院，http://zh-tw.taiwanacademy.tw/article/index.php?sn=17，最後瀏覽日：2015年6月30日。

34　「臺灣書院十月率先在美開辦」，自由時報，2011年8月5日，http://news.ltn.com.tw/news/politics/paper/514101。最後瀏覽日：2015年8月3日。

35　「龍應台要在公視設立臺語電視臺」，自由時報，2012年5月29日，http://news.ltn.com.tw/news/supplement/paper/587639。最後瀏覽日：2015年6月20日。

36　盛治仁，「有關臺灣書院之回應」，盛治仁的部落格，2011年4月8日，http://blog.udn.com/esheng/5066129。最後瀏覽日：2015年6月20日。

37　「臺灣書院 十月率先在美開辦」，自由時報，2011年8月5日。

38　「第1個實體臺灣書院 洛城入厝」，中央社，2014年10月3日，http://www.cna.com.tw/news/

換言之，比起臺灣教育中心在多國設立的情況而言，臺灣書院的分布地域更加狹隘。文化部雖然目前有在海外共有11處海外據點，因爲需要獲得駐在國同意等問題，無法將據點都改成「臺灣書院」。

而僅存於美國的臺灣書院實際上也沒有確實進行華語文教育。美國在臺協會執行理事施藍旗（*Barbara J. Schrage*）於2011年2月致函臺灣官方，說明「組織、架構完整的語言教學不被美國視爲『文化活動』；華語文教學不能直接由代表處人員處理；不能使用代表處場地設施辦理。」等三項原則[39]。使得臺灣書院放棄開設華語教學班，轉而聚焦於展演活動，不定期舉辦的各項展演或文化交流。有關以臺灣書院推動正體字教學的構想並未付諸實施。

臺灣書院雖然在數量和投入上遠不及孔子學院，並非不可行的構想。香港學者沈旭暉便認爲，臺灣書院以整合華文教學和正體字推廣爲宣傳重點，似乎更符合傳統中國的概念，對海外對中華文化有興趣的人而言，更有助了解漢學的文化脈絡。相對於孔子學院屢傳出因未干預學術自由而遭到反對聲浪或停辦，臺灣書院未必不能憑「小而美」競爭[40]。文化部長洪孟啓便表示，接收到不少國外代表處，傳達臺灣書院能進入該國的願望[41]。甚至連中國大陸方面也有人提議孔子學院與臺灣書院攜手合作，認爲可以將臺灣書院的繁體字教學內容界定爲更高層次的華語和漢學研究，作爲孔子學院教學的補充[42]。可見臺灣書院在國際上仍有一定的競爭力，只是沒有充分發揮潛能。

伍、結　語：不完全的安全化

整體而言，不論是臺灣教育中心或者臺灣書院都是「安全化」不完全的例子。臺灣政府感受到海外華語教學及正體字中文受到孔子學院及簡體字的影響，威脅到臺灣的文化力，因而採取特殊的因應措施，包括設置臺灣教育中心及臺灣書院等兩個類似孔子書院的海外機構。但此項「安全化」的嘗試因爲不同的因素而未竟全功。

首先，作爲安全化的倡議者，必須要有足夠的資源。教育部做爲臺灣教育中心的主要推動單位，但其推動此項計畫的資源有限。所以導致教育部對於推動此項計畫呈現

---

aopl/201410030035-1.aspx。最後瀏覽日：2015年6月20日。

39 「馬總統政見『臺灣書院』在美受阻」，**聯合報**，2011年4月5日。

40 沈旭暉，「孔子學院VS臺灣書院」，**亞洲週刊**，第29卷13期，2015年4月5日，http://www.yzzk.com/cfm/content_archive.cfm?id=1427342893231&docissue=2015-13。最後瀏覽日：2015年6月30日。

41 「駐日臺灣文化中心12日東京正名掛牌」，**自由時報**，2015年6月8日，http://news.ltn.com.tw/news/supplement/paper/887530。最後瀏覽日2015年6月20日。

42 「民革中央關於孔子學院與臺灣書院合作共促中華文化海外傳播的提案」，**中國統一戰線新聞網**，2015年3月2日，http://tyzx.people.cn/n/2015/0302/c393977-26622260.html。最後瀏覽日：2015年6月30日。

無力感，屢傳出派出的華語老師薪資遲發事件，整體相關發展也停滯不前，除了印度之外，幾乎呈現凍結狀態。而且就臺灣的政府分工現況而言，教育部過於專注於「語言教學」的教育面向，容易忽略文化外交的重要性，對於華語教學衍生的戰略合作機會的敏感度自然不如外交部或國安會等機構。就臺灣書院而言，主管的文化部雖然一度投入較多的資源，但經費旋即遭到限縮。

臺灣教育中心與臺灣書院看似有互補性，但其實兩者間幾乎沒有互動。教育部早在2003年成立「國家對外華語文教學政策委員會」、2006年改由行政院成立「海外華語文教育及正體字推動小組」，2011年9月再由行政院成立「國際華語文教育推動小組」。教育部則於當年10月成立「華語教育推動指導會」，實際上也是推廣海外華語教學的主要執行單位。除此之外，文化部及僑委會等單位也都有相關的海外華語教學計畫。教育部的報告中便直指臺灣的華語教育教學推動組織缺乏完整的體系與專責機構，使得各單位投入資源零散或項目重疊，既無共同目標又無法延續成果績效。事實上，就連臺灣教育中心與臺灣書院這兩個建置而言，既沒有整合，也沒有相互聯繫及進行互補合作。馬英九總統於「黃金十年國家願景」中便曾提出，「設立華語文專責推動組織，整合部會資源。」[43]教育部雖然準備推動設立「財團法人華語文教育全球發展協會」。但此一民間性質單位的位階及資源多寡仍不清楚。

其次，臺灣在推動海外華語教學「安全化」時，也遭遇「聽眾」選擇問題。臺灣書院雖然資源較臺灣教育中心豐沛，卻沒有成功說服「聽眾」的支持。美國作爲華語安全化的「聽眾」，並不接受以臺灣書院來推廣華語文的安全化論述，使得臺灣書院遲遲無法確實推動華語教學這項目標。在資源有限的情況下，臺灣應該排出合作國家的優先順序。在教育部的八年華語計畫中，曾列出美國等17個「攻堅國家」[44]。但從臺灣書院的推動來看，相關國家是否願意配合，其實也是重要因素，並非臺灣官方一廂情願便可以成事。以臺灣教育中心的推動案例而看，印度等國家其實相當歡迎臺灣的華語輸入，先集中資源投入這些國家才是比較務實的做法。

第三，從安全化的威脅源面向來分析，孔子學院雖然對臺灣的海外華語教學產生衝擊，但臺灣政府採取的策略並非是移除或降低威脅，而是採取與威脅源共處的妥協方式。臺灣基於現實考量，無論是推動臺灣教育中心或者臺灣書院，都沒有取代孔子學院的企圖心，而是希望搭華語熱的順風車，成爲與孔子學院有所區隔的品牌，與孔子學院共處。這在樣的心態下，孔子學院未必會被臺灣政府繼續認定是威脅源。如前所述，在安全化的過程中，對於威脅來源的界定需要有一致性。威脅源一旦改變，便不知「爲何而戰」安全化的過程便可能隨之中斷。這也可能是導致臺灣教育中心及臺灣書院在設置

43　教育部，「邁向華語文教育產業輸出大國八年計畫（102-109）」，頁4。

44　包括泰國、馬來西亞、印尼、越南、菲律賓、緬甸、印度、日本、韓國、英國、法國、德國、俄羅斯、荷蘭、美國、加拿大、澳洲等17個國家。見「邁向華語文教育產業輸出大國八年計畫（102-109）」，教育部，頁49。

之後，為何沒有獲得更多的政府支持。

臺灣教育中心及臺灣書院的建置及發展，在某種程度上反應臺灣建構對外文化安全戰略所面臨的挑戰。整體而言，臺灣沒有將文化安全的議題充分「安全化」：雖然在感受到威脅時，被動性的啓動應對措施，卻沒有發展出前瞻及持續性的作為。事實上，若以推動華語教學這項目標而言，臺灣書院與臺灣教育中心其實可以進行資源整合。因為就地域分布而言，兩者並不衝突。臺灣書院目前僅設立於美國，臺灣教育中心則集中於亞洲。而臺灣教育中心已在一些國家實體推動華語教學，這些經驗則可為臺灣書院所運用。集中資源在可行的受眾上，應是未來需要推動的方向。

參考文獻

中文

潘亞玲，「安全化國際合作與國際規範的動態發展」，**外交評論**，總第103期（2008年6月），頁51-59。

蔡育岱、譚偉恩，「敵人刑法與安全化理論：國際實踐和理論衝突」，**中正大學法學集刊**，28期（2010年1月），頁77-120。

「馬總統政見『臺灣書院』 在美受阻」，**聯合報**，2011年4月5日。

西文

Buzan, Barry, and Ole Waever & Jaap de Wilde, *Security: A New Framework of Analysis* (Boulder, Colo.: Lynne Rienner, 1998)

Nye, Joseph S., "Soft Power," *Foreign Policy*, No. 80 (Autumn 1990), pp. 153-171.

"CBSE to introduce Mandarin in schools from 2011-12 session," *The Economic Times*, December 5, 2010 (accessed: Jun. 30, 2015).

相關資料網站

「第1個實體臺灣書院 洛城入厝」，**中央社**，2014年10月3日，http://www.cna.com.tw/news/aopl/201410030035-1.aspx。最後瀏覽日2015年6月20日。

「印度盼我提供萬名華語教師」，**中時電子報**，2011年5月10日，https://tw.news.yahoo.com/印度盼我提供萬名華語教師-184817688.html。最後瀏覽日：2015年6月30日。

「民革中央關於孔子學院與臺灣書院合作共促中華文化海外傳播的提案」，**中國統一戰線新聞網**，2015年3月2日，http://tyzx.people.cn/n/2015/0302/c393977-26622260.html。最後瀏覽日：2015年6月30日。

「全球佈局行動方案102-105年國際交流中程計畫」，**文化部**，2013年4月24日，http://

www.moc.gov.tw/images/egov/strategic/6738/p2-5-1-2.pdf。最後瀏覽日：2015年6月30日。

日本臺灣教育中心，「中心簡介」，http://tecj.tku.edu.tw/?page=intro&lang=zh。最後瀏覽日：2015年6月30日。

印度臺灣華語教育中心，「成立宗旨」，http://tecindia.proj.nthu.edu.tw/index.php?lang=zh-TW&active=AboutUs&item=1。最後瀏覽日：2015年6月30日。

「印度臺教中心經費砍43%立委疑國教排擠」，自由時報，2013年6月13日，http://news.ltn.com.tw/news/life/paper/687700。最後瀏覽日：2015年6月30日。

「教部砍補助 海外臺教中心紛熄燈」，自由時報，2013年4月28日，http://news.ltn.com.tw/news/focus/paper/674480。最後瀏覽日2015年6月30日。

「臺灣書院 十月率先在美開辦」，**自由時報**，2011年8月5日，http://news.ltn.com.tw/news/politics/paper/514101。最後瀏覽日：2015年8月3日。

「駐日臺灣文化中心 12日東京正名掛牌」，**自由時報**，2015年6月8日，http://news.ltn.com.tw/news/supplement/paper/887530。最後瀏覽日：2015年6月20日。

「龍應臺要在公視設立臺語電視臺」，**自由時報**，2012年5月29日，http://news.ltn.com.tw/news/supplement/paper/587639。最後瀏覽日：2015年6月20日。

沈旭暉，「孔子學院VS臺灣書院」，**亞洲週刊**，第29卷13期（2015年4月5日），http://www.yzzk.com/cfm/content_archive.cfm?id=1427342893231&docissue=2015-13。最後瀏覽日：2015年6月30日。

東海大學華語中心，「（清華大學）徵求赴印度普內之華語教師」，2012年3月27日，http://clc.thu.edu.tw/app/news.php?Sn=19。最後瀏覽日：2015年6月30日。

泰國臺灣教育中心，「中心簡介」，http://www.tec.mju.ac.th/jp/about-us.html。最後瀏覽日：2015年6月30日。

財團法人高等教育國際合作基金會，「基金會活動」，http://www.fichet.org.tw/?event_cat=event-1。最後瀏覽日：2015年7月20日。

財團法人高等教育國際合作基金會，「臺灣教育中心資訊平臺」，http://www.fichet.org.tw/tec/#。最後瀏覽日：2015年6月30日。

馬來西亞臺灣教育中心，「教育中心簡介」，http://www.mtec.fcu.edu.tw/intro/super_pages.php?ID=intro1。最後瀏覽日：2015年6月30日。

「國立清華大學承辦印度臺灣華語教育中心102年成果報告」，**國立清華大學**，2014年1月，http://tecindia.proj.nthu.edu.tw/102.pdf。最後瀏覽日：2015年6月30日。

「邁向華語文教育產業輸出大國八年計畫（102-109）」，**教育部**，2014年5月26日，http://www.edu.tw/userfiles/url/20140529105812/（第3版）邁向華語文產業輸出大國八年計畫1030526-依國發會意見修.pdf。最後瀏覽日：2015年8月30日。

教育部網站，「教育部補助國內大學境外設立臺灣教育中心要點」，2013年5月29日修正，http://edu.law.moe.gov.tw/LawContentDetails.aspx?id=FL042302&KeyWordHL=&StyleType=1。最後瀏覽日：2015年6月30日。

盛治仁，「有關臺灣書院之回應」，**盛治仁的部落格**，2011年4月8日，http://blog.udn.com/esheng/5066129。最後瀏覽日：2015年6月20日。

陳牧民，「語文教育外交也休兵」，**自由時報**，2013年5月2日，http://talk.ltn.com.tw/article/paper/675627。最後瀏覽日：2015年6月30日。

「習近平：堅持總體國家安全觀 走中國特色國家安全道路」，**新華社**，2014年4月15日，http://news.xinhuanet.com/politics/2014-04/15/c_1110253910.htm。最後瀏覽日：2015年8月30日。

董玉莉，「崛起中的印 華語文教學市場：臺灣的機會與挑戰」，**臺北論壇政策研究創新獎勵論文**，2013年2月。

「『臺灣書院』簡介」，**臺灣書院**，http://zh-tw.taiwanacademy.tw/article/index.php?sn=17。最後瀏覽日：2015年6月30日。

「成立宗旨」，**蒙古臺灣教育中心**，http://www.tecm.org.tw/tw/mission.html。最後瀏覽日：2015年6月30日。

龔鵬程，「華語教學之淪陷」，**鵬程隨筆**（網站），2004年11月23日，http://www.fgu.edu.tw/~kung/post/post27.htm。最後瀏覽日：2015年8月30日。

Nemeth, Erik , "Cultural Security: Potential Value of Artworks and Monuments to Foreign Policy," Los Angeles World Affairs Council, Luncheon Talk, February 2012, Santa Monica, California, http://culturalsecurity.net/cs/pdfculturalsecuritylawac2012.htm (accessed: Oct. 30, 2015).

"Mandarin for free, via Taiwan," *Sunday Guardian*, October, 20 2012, http://www.sunday-guardian.com/young-restless/mandarin-for-free-via-taiwan (accessed: Jun. 30, 2015).

"China to train 300 Indian teachers in Mandarin," *The Hindu*, August 25, 2012, http://www.thehindu.com/news/national/article3817554.ece (accessed: Jun. 30, 2015).

"Army's special forces to hone linguistic skills to give greater punch to clandestine warfare," *The Times of India*, July 12, 2013, http://timesofindia.indiatimes.com/india/Armys-special-forces-to-hone-linguistic-skills-to-give-greater-punch-to-clandestine-warfare/articleshow/21012227.cms (accessed: Jun. 30, 2015).

"ITBP jawans learn Chinese to avoid confusion with PLA," November 1, 2014, http://timesofindia.indiatimes.com/india/ITBP-jawans-learn-Chinese-to-avoid-confusion-with-PLA/articleshow/45001193.cms (accessed: Jun. 30, 2015).

結論——從國際關係理論看「非傳統安全」之起因與未來發展

宋學文

壹、軍事安全在安全研究上之重要地位

自有人類以來，「生存」（survival）一直是部落、族群、社會與國家最關心的議題；因此，早期之國際政治之實務與國際關係之研究，也一直以攸關「生存」之議題爲主要著眼點，在諸多有關生存之議題中又以「軍事安全」（military security）爲其核心。蓋在人類數千年的歷史中，「軍事安全」大概是除了天災以外對人類生存最大的威脅來源。此即，孫子兵法在開宗明義所揭櫫的：「兵者，國之大事，死生之地，存亡之道，不可不察也」。這種以「軍事安全」爲核心的國家安全思維一直主導著各國外交政策與國際關係的學術研究；特別是人類經歷第一次與第二次世界大戰之後，各國對「軍事安全」產生了極大的焦慮感，更想盡各種辦法來提升自己的軍事與國防能力。

在第二次世界大戰之後，國際體系進入了美、蘇兩強對峙的雙極體系（bipolar system）；在1945至1990的四、五十年間，世人爲了記取在兩次世界大戰所對人類帶來的浩劫，各國政府以歐、美、日爲首（也是兩次世界大戰涉入最多或受創最深的國家）一邊更加提倡民主、自由與和平；一邊卻又依然極力強化其國防、軍事或科技之能力或研發，以待未來戰爭爆發時可以保家衛國。傳統上，國際關係不少學者，爲了方便研究，將上述強調或重視民主、自由與和平的學者或學說，稱之爲「自由主義」（liberalism）學派。而將強調國防、軍事與安全的學者或學說，稱之爲「現實主義」（realism）學派。我個人認爲，從政治的實務面來說，這種將研究國際關係的學理以「二分法」（dichotomy）之方式分爲「自由主義」與「現實主義」是粗糙的或不足的，儘管在理論之研究與研究方法上或許有其方便性與必要性。畢竟一個國家或一個政府在制定其重大之國防外交政策時會同時受到所謂「自由主義」與「現實主義」之影響；此外，政府往往需同時處理多種不同議題，而這些議題；有些需反映「自由主義」，有些則需反映「現實主義」，而有些需反應「既有自由主義又既有現實主義」的價值，因此一個國家之外交政策往往也會同時具有所謂「自由主義」與「現實主義」的特徵。

貳、「綜合安全」時代之來臨及其對安全研究之影響

爲了進一步去解釋分析或預測國際政治，在國際關係的學理中，出現了所謂的「結構現實主義」、「攻勢現實主義」、「守勢現實主義」、「新自由主義」、「新自由制度主義」等等名詞；這些名詞都爲了學術在研究方法上之分類或比較之便利性而產生；但這種分類依然有其分類學（typology）上的粗糙性，甚至矛盾性。譬如，在國際關係理論中最爲學術界所熟稔的「新自由制度主義」，在早期常被學者認爲是「自由主義」學派陣營的主要代表者。「新自由制度主義」雖主張國際的關係中衝突問題未必一定要透過戰爭來處理，也可透過制度機制與協商來促進或加強國際合作。換句話說「新自由制度主義」強調，國際政治雖是無政府狀態，但國際之衝突未必會透過戰爭來解決，各國政府可以透過互惠原則之協商、制度制定、制度運作與執行，來促進國家間的合作，從而達到國際和平；因此，它被歸類爲「自由主義」之陣營中是可以理解的；不過若我們更進一步去了解「新自由制度主義」雖強調「制度」可以消弭戰爭，爲國家帶來和平，但各國在合作之機制當中，國家之目的還是「利益」，而這些「利益」遲早皆可轉換爲「權力」（power）或威脅和平之軍事力量。此外，有關制度之制定原則、制定程序、制度內容、制度制定後之執行等等問題亦常以國家之權力爲談判之後盾，甚至有人認爲其實就是軍事力量作爲談判協商之主要依據，而國家權力或軍事力量的追求正是「現實主義」的核心主張。因此，「新自由制度主義」在本質上是並非是全然的「自由主義」而是「自由」與「現實」的摻糅或共軛。

事實上，從國際關係理論之研究來看國際政治之發展，在最近二十年來至少有下列數個的轉變：1.「自由主義」與「現實主義」二分法之不足；2.經貿議題與軍事安全議題的聯結性；3.多元主義（pluralism）與整合理論學派的興起；4.透過軍事手段解決國際衝突之方式逐漸式微；5.高階政治與低階政治的去科層化（de-hierarchic）；6.國家安全與經貿安全、人類安全、社會安全、環境安全、資訊安全、衛生安全等其他安全議題之聯結性，並導致「綜合安全」（comprehensive security）時代的來到。

參、「綜合安全」之研究刺激了國際關係之研究途徑與方法

在綜合安全考量下，軍事安全雖然依舊有其重要性，但其他領域（issue-areas）之安全問題對國家安全之影響也日益增加，從而使「國家安全」呈現多樣的面貌與極爲複雜性的議題聯結網絡。而上述這些現象，正反映著在國際關係研究中，所謂的「非

傳統安全」（non-traditional security）之興起。在第二次世界大戰後，因科技與通訊的發達及跨國公司（MNCs）、非政府組織（NGOs）、公民社會（Civil Society）角色之日益重要，加上個人主義（individualism）及宗教團體在國際事務所扮演角色之興起，已使得「非國家成員」（non-state actor）在國際關係中扮演更重要的角色；隨著民主主義與社會福利的觀念愈來愈受到重視，許多所謂的低階政治（low politics），如環境、人權、食品安全、氣候變遷等等議題往往比所謂的高階政治（high politics），如國防、軍事與外交更影響人們之日常生活，從而受到人們更多重視。事實上，「新自由制度主義」中常強調的「複合互賴」（complex interdependence）的核心假設：「國際社會中多元之溝通管道」、「議題之間之去科層化」及「軍事力量在國際衝突中所扮演之角色的式微」，已對「非傳統安全」在國際政治扮演更重要角色之論點作了一個理論的解釋、分析與預測。換句話說，「綜合安全」之時代來臨之後，傳統上，因爲別的國家採用軍事手段而對本國產生的安全之威脅，只不過是國家安全中的一部分因素而已，國家安全的範圍與許多「非國家因素」或「非軍事因素」做快速且複雜的聯絡。在此種前提下，「非傳統安全」很自然地就成爲政府與國際關係研究社群注目的焦點。

沿著這個邏輯發展，因國際關係研究社群中，在1990年興起了許多因對「傳統現實主義」及「結構現實主義」未能解釋及預測冷戰結束，而展開許多對「結構現實主義」及「現實主義」理論之批判，從而助長了許多「非傳統」的研究導向：包括「對國家主義（statism）之批判」、「對理性主義（rationalism）之挑戰」、「對戰爭是否已過時（obsolete）之質疑」、「對全球化與全球治理探索」、「對不同理論整合研究之需求」等等一些對理論與研究議題之辯論。這些辯論又進一步促成國際關係之研究方法上之變革；其中影響最深遠的便是對「跨層次分析（cross-level analysis）」研究之重視，從而造成在國際關係研究方法之多元化與異樣化，從而造成「國際體系的層次」、「國內政治結構的層次」與「個人或決策層次」之交錯分析，這種研究方法之去簡潔化（de-parsimony）之研究導向，導致國際關係研究的不同議題間快速擴散與聯結；其結果是國際關係的研究變得複雜且有趣，解釋力也增強了，分析力也加深了，但預測能力卻下降了。譬如，社會建構論（social constructionism）之興起，將國際關係之研究帶入強調理念（ideas）、認同（identify）、社會化（socialization）、社會習俗（Social Customs）及國內政治結構與國際政治結構互動之動態建構（dynamic construction）之研究觀點，而這些研究觀點，有許多將涉及哲學、心理學、傳播學及社會學等傳統上「結構現實主義」不重視，結構自由制度論持保留態度之領域。一時之間國際關係之研究領域愈來愈廣，而國際關係與其他學門之間的犬齒交錯也愈來愈多，使得國際關係領域與其他們之界域（boundary）也愈來愈模糊了。而國際關係之研究在「多元主義」與「批判主義」之互相堆疊下，在後冷戰時期之國際關係研究不論從理論或方法的角度來看，多呈現研究法之「去方法論」（de-methodology ）或百家爭鳴的現象，從而將傳統上極被受重視的研究方法之簡潔性（parsimony）做進一步鬆綁，甚至解放，這種現象也讓

「非傳統安全」之研究可以更多、更自由、更深地聯結至國際關係或政治學之研究中。但這種研究方法之解放，卻造成了「非傳統安全」之理論主張在法論上之嚴謹性與理論核心主張之共識性的問題。但這些學術上之理論與方法論的問題並爲遏止政府與學術界對「非傳統安全」之熱中，其原因與國際政治歷史發展之脈絡有關。

肆、「非傳統安全」逐漸受到政府與學界重視之背景與原因

世人對「非傳統安全」之關心，儘管已有數千年的歷史，且至第二次世界大戰後逐漸受到政府與學界重視之「綜合安全」也逐漸成爲一種主流觀點。但國際政治之實務界與學術界，針對「非傳統安全」如浪潮般的投入與2001年九一一事件有極爲密切的關係。911事件，讓世界唯一超強的美國與世界各國驚訝的覺醒「非傳統安全」所投射出來的殺傷力與無孔不入之滲透力，可能比傳統之軍事安全對國家帶來更巨大的安全威脅。因此，911之後，各國政府懍於「非傳統安全」可能帶來之嚴峻挑戰，紛紛投入巨大的人力與物力；面對「非傳統安全」可能帶來的浩劫，各國政府實務界與學術界都大聲疾呼「國土安全」、「社會安全與國家安全之聯結性」「如何防止恐怖攻擊」等相關議題之重要性及急迫性。在此同時，地球暖化的議題、氣候變遷的議題、環境議題、種族屠殺議題、人類安全議題、食品安全議題等等亦透過國際與網路之傳播，喚起世人對這些「非傳統安全」之焦慮。也因此更進一步促使「非傳統安全」受到政府、企業與民間更多重視。在此種國際政制發展之氛圍中，學術界在許多「政策研究導向」之前提下，紛紛冠上了「非傳統安全」之外衣而嘗試與「非傳統安全」做一些聯絡與呼應，以獲取更多的重視或經費補助。

伍、「非傳統安全」在學術發展上可能之契機與挑戰

自911之後至今，大約15年時間，國際關係之外交實務與學術界研究中，「非傳統安全」研究成了極熱門的議題。平心而論，「非傳統安全」的確揭露了非「國家／軍事」之安全的重要性，各國政府與學術界亦有投入更充裕資源於其中的必要性。但這代表著「非傳統安全」將與「傳統安全」脫鉤或分庭抗禮，甚至獨立成爲某一學術之專業學門嗎？其中，從問題分析與解決的策略管理之角度來看，「非傳統安全」之原因與啓動或許與「國家」或「軍事」可以無直接關聯，但「非傳統安全」之因應，處

理與解決是否會涉及軍事領域呢？換句話說，當我們以系統性（systemic）之「問題建構」（problem construction）的觀點或議題聯結（issue linkage）的觀點來看「非傳統安全」，或許「非傳統安全」之研究，終將涉及所謂的「傳統安全」；更有甚者，「非傳統安全」之本質可能不在於所謂之「傳統」或「非傳統」之名詞分野，其本質乃在於在高度之議題聯結與日益加深的政治/經濟相互依賴下是在所有的「安全」（security）問題，包括「傳統安全」、「非傳統安全」、「國家安全」與「社會安全」皆已朝「綜合安全」之方向發展，並涉及極爲複雜之「安全之系統性」的問題，而非個別議題的安全問題。

綜而言之，「非傳統安全」之研究，在未來將更活絡及多元化，但這種研究導向亦將對國際關係之研究帶來下列挑戰：

一、「非傳統安全」議題將持續受到政府、企業、民間與學術之重視，政府在組織編制上，是否有足夠的人力與物力之投入以因應許多長期、潛在或突發之「非傳統安全」之威脅？這個命題將賦予「非傳統安全」成爲一個永不能被忽視的議題；

二、「非傳統安全」之定義界定在是「非軍事性」，或不動用國家軍事力量的安全問題研究及處理方法」，換句話說「非傳統安全」處理「非軍事性」的問題，或者「不涉及到國家武力使用」的問題。它是冷戰結束之後的新發展，又稱之爲「新安全議程」或是「新安全研究」。不論「非傳統安全」、「新安全議程」或是「新安全研究」，都可涉及許多不同議題之處理，從而衍生出許多不同學門、領域之科際整合（interdisciplinary）研究。因此，未來之國際事務之範圍將愈來愈廣，導致幾乎所有的議題都會或可以與「非傳統安全」有關，從而使國際關係之研究成爲幾乎沒有特定領域之次學門。但從另一個角度來看，「非傳統安全」之研究，可能不再侷限政治學門或國際關係領域；如此一來，「非傳統安全」將「歸屬」於哪個學門？就將會影響「非傳統安全」之研究發展；

三、有些議題不容易界定爲所謂的「傳統安全」或「非傳統安全」。譬如：古人在作戰時強調「大軍未至，糧草先行」，所以糧食生產問題、食品分配問題、運糧問題、糧草價格問題，「傳統上」早已爲古代戰略與國家軍事安全之一部分，因此這些問題是「傳統安全」或「非傳統安全」議題？或既是「傳統安全」又是「非傳統安全」議題，恐怕會有一些見仁見智之分歧；此外，孫子兵法中所提之「兵者，無形」、「攻心爲上」之戰略，是否代表在古代「傳統上」就已經有「無形」與「攻心」之戰略，而這種戰略正是「恐怖攻擊」中，所謂「非傳統安全」之「恐怖主義」的「威嚇」與「震懾」特徵。若人類古代戰爭即已考慮到「心戰」，那麼古代戰爭中之「屠城以收威嚇之效」及2001年恐怖攻擊事件是否皆應爲「傳統安全」之「心戰」的一部分？這部分可能也會引起學術界對一些所謂之「非傳統安全」研究所涉議題是否為「非傳統安全」之爭辯；

四、所有成熟的學門必有其核心課程與共通語言，而今日有許多被冠上「非傳統安全」的議題研究常超出政治學門或國際關係領域，甚至涉及歷史、宗教、心理、衛生、食品、運動、環境、傳播、管理、法律、財政、科技等等；在此種情況下，在未來研究「非傳統安全」時之「核心課程」與「共通語言」為何？是否將造成不同議題間的「非傳統安全」研究彼此很難建構一些「共通語言」的問題？換句話說在眾多所謂「非傳統安全」之議題中，除了「非傳統安全」之模糊共識外，許多「非傳統安全」議題間彼此的「共通語言」與「核心課程」之建構將會是一個極大的挑戰；

五、此外，若「非傳統安全」之定義是以「非軍事」或「不動用國家軍事力量」作為區分「傳統安全」安全之定義，則我們就須先界定什麼是「國家」、「軍事」、「軍事手段」、「國家動用軍事力量」等名詞。但這些名詞有些極不易界定，譬如，某國之中央或地方政府暗中資助（但卻不承認）某恐怖主義組織之軍事能力，這種國家默許或國家暗中之行為該被視為「非傳統安全」議題或「傳統安全」議題？軍事與商業都可兩用（double usage）之科技，如通訊、網路，極不易界定為「軍事」或「非軍事」；又如生化與核能之科技，亦可發展為生化或核能戰爭，但也可以是醫療或工商業的用途，這些議題本身之「擴散性」或「聯結性」將造成在管理上認定上之分歧意見，從而不易界定是否為「非傳統安全」之領域；此外，各國政府在政策制定上或政策實行上，對這些科技採取「縱容」或「嚴格管制」的態度，是否涉及「國家」反恐之立場、責任與義務的問題？

六、金錢與資金是流動的，國家在金融管制上，採取寬容、包庇、管制或監督的手段，以育成或打擊各種「非傳統安全」之問題，是否涉及國家或政府已介入「非傳統安全」之操作？若「國家」已介入或不介入，是否仍然可以稱為「非傳統安全」？

陸、結　語

綜合言之，「非傳統安全」之多元性，擴散性、變異性與國家在此議題相關之政策制定與執行將使得「非傳統安全」這個名稱極難或有一個精確的定義，且在操作上，並非這些定義所能規範。我個人之淺見認為，在今日許多議題相互聯結，甚至產生高度複雜之互動與互賴之前提下，「傳統安全」與「非傳統安全」其實都反映著國際政治已朝

「綜合安全」的方向發展。而在「綜合安全」之大架構下，包含著「傳統安全」與「非傳統安全」之互相交織與鑲嵌，使得有關「國家安全」的議題，更爲多元化與複雜化。

國家圖書館出版品預行編目資料

臺灣與非傳統安全／林碧炤等著. 一一二版.一一臺北市：五南, 2018.07

面； 公分

ISBN 978-957-11-9781-4（平裝）

1.國家安全 2.臺灣 3.文集

599.933 107009213

1PAV

臺灣與非傳統安全

作　者 — 方天賜、左正東、宋學文、李俊毅、林佾靜、林泰和、林碧炤、孫國祥、崔進揆、張登及、張福昌、盛盈仙、郭祐輑、葉長城、趙文志、蔡育岱（367.5）、盧業中、譚偉恩

發行人 — 楊榮川

總經理 — 楊士清

副總編輯 — 劉靜芬

責任編輯 — 張若婕、高丞嫻

封面設計 — P.Design視覺企劃、姚孝慈

出版者 — 五南圖書出版股份有限公司

地　址：106台北市大安區和平東路二段339號4樓

電　話：(02)2705-5066　傳　真：(02)2706-6100

網　址：http://www.wunan.com.tw

電子郵件：wunan@wunan.com.tw

劃撥帳號：01068953

戶　名：五南圖書出版股份有限公司

法律顧問　林勝安律師事務所　林勝安律師

出版日期　2016年1月初版一刷

2018年7月二版一刷

定　價　新臺幣350元